植物迁地保育原理与实践

The Principle and Practice of *Ex Situ* Plant Conservation

黄宏文　主编

Edited by HUANG Hongwen

科学出版社

北　京

内 容 简 介

现代植物园起源于 16 世纪中叶欧洲文艺复兴后期自然科学与园林艺术的崛起，兴盛于 18 世纪西方殖民地对全球植物的探索、收集与发掘利用。历经了近 500 年的发展历史，传承了植物收集驯化、发掘利用的历史使命和社会责任；充满着人类对自然奥秘、奇特植物的好奇与探索，是人类探索自然、利用自然、改造自然，最终与自然和谐共生的渐进认知历史，是人类对植物世界从混沌无序到分门别类的有序认知历史。

本书梳理了植物引种驯化与人类文明和经济社会发展的关系、植物园发展历程及其植物收集历史、保护生物学的兴起与发展，介绍了植物迁地保护的原理和方法、植物园活植物收集与迁地保护及其应遵守的相关法规与公约，归纳了植物引种收集、维护监测、信息记录与数据管理、植物收集的使用与管理等迁地保护规范，概述了保护遗传学研究发展概况、植物迁地保护中的遗传因素、居群遗传风险及其迁地保育管理对策，综述了野外回归指南与回归研究进展。

本书可供农林、园林园艺、环境保护、医药卫生等相关学科的科研和教学人员及政府决策与管理部门的相关人员参考。

图书在版编目（CIP）数据

植物迁地保育原理与实践 / 黄宏文主编. —北京：科学出版社，2018.3
ISBN 978-7-03-045960-2

Ⅰ. ①植⋯　Ⅱ. ①黄⋯　Ⅲ. ①引种栽培–研究　Ⅳ. ①S322

中国版本图书馆 CIP 数据核字（2018）第 241831 号

责任编辑：岳漫宇　郝晨扬 / 责任校对：郑金红
责任印制：赵　博 / 封面设计：刘新新

科 学 出 版 社 出版

北京东黄城根北街 16 号
邮政编码：100717
http://www.sciencep.com

北京中石油彩色印刷有限责任公司印刷
科学出版社发行　各地新华书店经销
*

2018 年 3 月第 一 版　　开本：787×1092　1/16
2025 年 1 月第二次印刷　　印张：21　插页：8
字数：498 000

定价：**150.00 元**

（如有印装质量问题，我社负责调换）

《植物迁地保育原理与实践》编著者名单

主　编　黄宏文

分章编著者

第一章：黄宏文　廖景平　张　征

第二章：廖景平　黄宏文

第三章：廖景平　宁祖林　韦　强　张　征　黄宏文

第四章：康　明　黄宏文

第五章：任　海　简曙光　张倩媚　曾宋君　陈红锋

第六章

　　　　第一节：任　海　张倩媚　马国华　王峥峰　梁开明

　　　　第二节：叶其刚　康　明　黄宏文

　　　　第三节：任　海　曾宋君

　　　　第四节：王　勇　刘义飞　黄宏文

　　　　第五节：潘伯荣　陈国庆　尹林克　葛学军

　　　　第六节：李作洲　李建强　李晓东　黄宏文

参编人员（按姓氏拼音排序）

陈　磊	陈　玲	陈新兰	崔长杰	丁朝华
甘阳英	郭丽秀	黄瑞兰	季申芒	匡延凤
李　琳	李冰新	林侨生	刘　华	刘焕芳
秦素青	邵云云	宋政平	王　朋	王丹丹
吴　兴	谢思明	徐　凯	徐凤霞	许炳强
阳桂芳	余倩霞	岳　琳	湛青青	张静锋
张奕奇	赵　彤	邹　璞	邹丽娟	

前　　言

植物资源是全球生物多样性和生态系统的核心组成部分，是人类赖以生存和发展的基础，是维系人类社会和经济可持续发展的根本保障。数以万计的植物蕴涵着解决人类生存与促进经济社会可持续发展所必需的衣、食、住、行所依赖资源需求的巨大潜力，是人类共有的资源宝库。在全球气候变化日益严峻的今天，人类面临人口、资源、环境等方面的巨大压力，探索未知资源、保护植物资源及其多样性已经成为人类发展的重大使命和国家发展的战略选择。植物园作为专门从事野生植物收集、栽培驯化、科学研究和保护利用的研究机构，始终肩负着重要使命，是国家植物多样性保护和可持续利用、相关产业发展的植物源头资源保存库，是国家植物资源本底和生物战略储备的重要组成部分，也是国家宏观决策及公众教育的重要试验、示范和开放场所。

一、聚焦我国植物迁地保护存在的关键问题

从香港动植物公园自 1871 年建立算起，我国现代植物园的建立和发展仅有 100 多年的历史。我国植物园的大规模建设始于 20 世纪 50 年代，虽然我国植物园在能力建设、迁地保护、科学研究和资源发掘利用等方面取得了长足进步，已发展成为国际植物园界的重要力量，但与国际现代植物园相比，还存在一定的差距和问题。例如，迁地保育管理明显不足，活植物登录管理和迁地栽培信息记录缺乏规范且未受到充分重视，资源评价缺乏系统性和科学性、资料零散，严重影响了植物资源引种驯化对我国经济社会发展和生物产业转型升级的支撑作用（详见第二章）。

植物园是植物引种驯化与迁地保护的重要机构，负责植物收集和迁地栽培管理，保护植物多样性和提升植物收集的科学价值，同时发掘利用与驯化改良资源植物从而实现植物资源的可持续利用。制定一个长期持续的收集策略或规范，进行有目的的迁地收集管理是植物园长期积累植物资源的重要基础。目前我国活植物登录管理和信息记录比例低，缺乏植物引种收集和迁地保育管理规范，这些都制约了引种驯化和迁地栽培植物的科学价值。本书归纳整理了植物引种收集策略，迁地保育植物维护与监测、信息记录与数据管理，以及使用与管理规范，旨在推进我国植物引种和迁地保护数据采集的整体性和连续性、基础数据收集和标准化管理，加强植物资源引种驯化和保护利用，促进迁地收集植物的评估和生物多样性保护（详见第三章）。

植物园是稀有濒危植物迁地保护最主要的场所，目前约有 30% 的稀有濒危植物被保存在全球范围的植物园内，我国 160 多个植物园（树木园）引种保存了我国约 40% 的濒危植物。但是植物园在稀有濒危植物收集引种的过程中，普遍存在种源信息和谱系记录不清、遗传混杂和盲目定植等问题，很可能导致迁地栽培后代的近交衰退，为珍稀濒危植物的保护带来一系列的遗传风险。植物园开展稀有濒危植物的迁地保护，应研究迁地

保护过程中可能存在的遗传多样性丧失、近交与杂交、遗传适应等居群遗传学问题，在迁地保育管理中重视植物的遗传管理，避免迁地保育植物遗传多样性丧失、近交与杂交、遗传适应性变异、突变积累等遗传风险，将各种遗传风险控制在最低限度，在充分考虑长期保存物种的同时，保持稀有濒危植物后代（种子和种苗）的纯正性和适合度，保持物种适应环境变化的能力。植物园迁地保护还要注重遗传漂变、选择和有害突变累积影响迁地保育居群的遗传多样性及其居群遗传结构的三大居群遗传风险，避免迁地保育居群偏离原始野生居群遗传本底，增强居群健康度。通过实施相应的技术防范措施将迁地居群遗传风险降到最低（详见第四章）。

在生物多样性丧失日趋严重的全球背景下，迫切需要发展各种栖息地恢复技术，加强植物群落、居群和物种保护的主动管理。物种的引入和重新回归自然，特别是稀有和濒危物种的回归，已成为保护生物多样性的重要环节。近 500 年来，植物园和树木园保存了大量的迁地植物，特别是最近 50 年，植物园活植物收集逐步在生物多样性保护中发挥积极作用，并逐步参与到植物就地保护中。开展植物调查和采集、进行科学研究并积极参与濒危物种回归自然的管理工作是植物园使命的延展。植物园具有开展植物回归工作的优势，拥有充足的、准确命名的植物种质资源，也拥有必要的基础设施和繁殖设施，以及物种恢复和回归所需要的园艺技能和科学基础，因此，植物园在物种回归中发挥着重要作用。同时，植物园可与自然保护区合作，将退化生态系统和自然保护区的缓冲区及其周边地区作为物种回归或异地保存的主要场所，实施物种恢复计划，并将物种恢复与物种迁地保护相结合，同时把退化生态系统的恢复与物种的回归引种有机地结合起来，开展植物繁殖、回归、物种补充和迁移，以及破损或退化栖息地的恢复，争取良好的社会、生态和经济效益，在珍稀濒危植物保护和利用中发挥更广泛的作用（详见第五章和第六章）。

二、我国植物园的使命与基本任务

活植物收集和迁地保护是现代植物园的核心使命，是植物园科学内涵的基础和社会责任的承载。新中国成立后，重要乡土植物的引种驯化，国外经济植物的引种驯化，自然植物资源的保护以及珍贵、稀有、濒危植物的研究成为我国植物园工作的重点。中国科学院于 1963 年和 1978 年制订及修改补充的《中国科学院植物园工作条例》明确规定了植物园的 3 项基本任务：一是广泛收集并发掘野生植物资源，引进国外重要经济植物，重视搜集稀有、珍贵和濒危的植物种类，进行分类鉴定、评价、繁殖、栽培、保存、利用及选育新品种等研究，丰富我国栽培植物种类，保存植物种质资源，为农业、林业、园艺、医药、环境保护等生产服务；二是结合引种实践，研究植物的生长发育规律、植物引种后的适应性及其遗传变异规律和经济性状的遗传规律，研究植物引种驯化和提高植物产量品质与抗性的新技术、新方法，总结我国植物引种驯化的理论和方法；三是建立并布置具有园林外貌、科学内容的各种展览区和试验区，将其作为进行科学研究、科学普及的基地（俞德浚和盛诚桂，1983；盛诚桂和俞德浚，1984）。

引种驯化既是我国人民在长期实践中智慧的结晶，同时也具有现代生物学特征。从公元 6 世纪至今已提出了 20 多种引种驯化理论,我国北魏时期农学家贾思勰提出的"习以成性"理论和明朝徐光启提出的"三致其种"理论是古代引种驯化理论的杰出代表(李国庆和刘君慧,1982)。20 世纪初 "气候相似论"与"风土驯化论"的提出对植物园的引种理论和植物引种收集方法的研究起到了重要的指导作用(详见第二章)。

　　现代植物园模式诞生于西方。早在 16 世纪上半叶建立的欧洲大学药用植物园,以药用植物的收集、展示和教学为主要功能,是现代植物园的早期模式(Heywood,1987)。17 世纪,植物收集的趋势由收集药用植物转变为收集异国他乡的新植物,植物学与医学分离并逐步独立发展(Hill,1915;Heywood,1987)。随着 18 世纪海上贸易的增加,越来越多的植物从世界各地运到欧洲,收集香料植物和经济植物成为植物收集的主流,植物园进入植物收集的黄金时代。18～19 世纪,英国皇家植物园邱园派遣大量"植物猎人"到世界各个角落广泛采集植物,至 1767 年邱园成为欧洲植物收集最丰富的植物园(Hill,1915),这为后来邱园发展成为全球植物科学研究中心、开启现代植物园新时代奠定了重要基础。

　　"仰观宇宙之大,俯察品类之盛"。在广泛收集活植物的同时,植物猎奇者和植物学家开展了基于活植物收集的科学研究。早期植物学家专注于从各种渠道采集植物并对其进行准确的描述和归类,植物分类成为植物园活植物收集最迫切的需要。意大利比萨(Pisa)植物园首任主任 Luca Ghini(1490—1556)发明了植物腊叶标本制作方法并创建了欧洲第一个植物标本馆,后任主任 Andrea Cesalpino(1519—1603)建立了植物形态学和生理学研究的基础,提出了第一个有花植物分类系统。荷兰学者 Carolus Clusius(1526—1609)先后担任了维也纳(Vienna)大学植物园主任和莱顿(Leyden)大学植物园主任,描述了从亚洲引进的植物,奠定了荷兰郁金香育种和产业的基础,编写了栽培植物的详细目录并指导了莱顿植物园的建立。林奈(Carolus Linnaeus,1707—1778)依赖于植物园收集栽培的植物进行比较形态学研究(Dosmann,2006),通过研究乌普萨拉(Uppsala)植物园的植物分类,推广植物双名法命名系统,并于 1730 年建立了林奈分类系统,出版了乌普萨拉植物园引种栽培植物专著 *Adonis Uplandicus*。19 世纪末的恩格勒(Adolf Engler,1844—1930)分类系统是以植物园的植物收集栽培为基础的,或者说该系统是植物园"栽培出来的分类系统"(黄宏文等,2015)。植物园活植物收集为几代植物分类学家的研究工作提供了基础和有效的支撑,奠定了现代植物园设计、规划的基础并延续至今(Medbury,1991)。植物园栽培的千奇百样的植物甚至激起了早期生物学大师极大的研究兴趣,激发了人们的好奇心和猎奇冲动。随着时代变迁及学科发展,基于活植物收集的生物学研究广泛拓展至各个时代的前沿学科中(黄宏文等,2015)。

　　现代植物园具有近 500 年的发展历史,已成为野生植物资源收集、迁地保育、发掘利用的科学研究中心,在植物多样性保护的全球使命中,承担着保护、研究、监测和信息管理的重任。目前全球有 3000 多个植物园和树木园,遍及各个气候带、植物区系、生境地;迁地保护了至少 12 万种高等植物,占已知物种的 1/3,其中,濒危植物有 1 万～2 万种;保存有大量的重要植物类群,如木兰科、壳斗科、杜鹃科、槭树科等,以及大量农作物近缘种、经济植物、药用植物、园林植物等,促进了植物科学研究与植物认知并提供了公众服务与科学普及,每年接待游客 1.5 亿人次。我国植物园迁地栽培维管植物达 396 科 3633 属 23 340 种，其中我国本土植物有 288 科 2911 属，约 20 000 种，分别占本土维管植物科的 91%、属的 86%、物种的 60%；我国于 1992 年公布的 388 种珍稀濒危物种中，除少数在野外难觅踪迹或迁地栽培困难的物种外，绝大部分已经在植物园引种栽培保护（黄宏文和张征，2012）。

近 30 年来，随着经济发展及人口增长压力对自然生境的破坏，植物濒危物种数量大幅度增加。研究表明，我国濒危及受威胁植物物种数量高达 3782 种（汪松和解炎，2004），植物园迁地保育珍稀及濒危物种数量少于需要保护的数量，目前我国植物园迁地保育濒危及受威胁植物物种约 1500 种，仅占记载濒危及受威胁物种数量的 39%（黄宏文和张征，2012），植物引种驯化、迁地栽培和保护研究依然任重道远。

三、引种驯化与人类文明和经济社会发展的关系

距今约 1 万年前的旧石器时代末期或新石器时代初期，人类的祖先在采集和利用野生植物的过程中，逐步掌握了一些可食植物的生长规律，并将其栽培驯化为农作物，从而发明了农业；最初的农业生产完全模仿野生谷物的生长过程，采用“刀耕火种”的最原始的农业生产方式（陈文华，2005）。公元前 1 万年前后，史前农业的古栽培稻丰富了自然食物充足的中国南方腹心地带（朱乃诚，2001）。距今七八千年至五六千年，原始植物采集和史前农业在西亚、北非、东亚、南亚及中美洲、南美洲都有相当程度的发展。到了距今 5000～4000 年，出现了尼罗河的古埃及文明、幼发拉底河及底格里斯河两河流域的苏美尔文明、南亚次大陆的印度河流域文明、东亚黄河流域的中国文明及时代稍晚的美洲玛雅文明。古代文明发源地的自然环境千差万别，采集植物与驯化农作物的品种不尽相同，通常以旱粮作物为种植对象，都建立在旱地农业基础之上（杨邦兴和裘士京，1987）。我国史前栽培的粮食作物之一是粟，黄河流域及黄土地带是栽培粟的发生地，公元前 8000 年前后在太行山东侧及燕山南麓的山谷平原地带率先发生，在公元前 7000 年至公元前 5000 年，我国种植粟已达一定的规模（朱乃诚，2001）。

植物引种驯化不仅与早期文明密切相关，而且对文明古国的历史发展进程有巨大影响（详见第一章）。公元前 138 年和公元前 119 年，汉武帝派遣汉使张骞出使西域，引回苜蓿、葡萄、安石榴等大量经济植物；汉唐至宋朝期间，引种了莴苣、蓖麻等许多植物。11 世纪初开始广泛引种传播的早熟稻引发了我国第一次粮食生产革命。始于 16 世纪的对外域植物的引进栽培与明清人口的增长和经济社会的发展呈显著正相关关系，特别是引入我国的主要粮食作物，如红薯、玉米、花生和马铃薯等，引起了我国第二次粮食生产革命，对我国粮食供给、人口增长和经济社会的发展发挥了重要作用（黄宏文等，2015）。

引种驯化促进了近 500 年来人类文明的进步（详见第一章）。16 世纪以来，植物引种驯化引发的农业发展在全球经济社会发展中发挥了重要作用，植物的发现和引种驯化推动了农业、园艺、商贸及经济社会发展，是全球人口增长和经济发展的重要驱动力。后哥伦布时代的植物引种驯化，对现代西方文明，甚至对 18 世纪工业革命及欧洲崛起的现代经济社会文明具有重要的推动作用（黄宏文等，2015；黄宏文，2017）。

从古至今，人类从未停止过识别、采集、引种驯化和发掘利用植物资源。由于长期采集植物的积累，才导致驯化植物，萌生农业，同时植物采集又穿越农业发展并延续至今（俞为洁，2010）。植物引种驯化与迁地保护在全球气候变化日益严峻的今天尤为重要，探索未知资源已经成为人类发展的重大使命和国家发展的战略选择。

四、植物园的历史传承

在不同发展时期和不同历史背景下，植物园的使命、内涵和功能在不断发生改变，但植物园的历史传承作用基本恒定。IUCN-BGCS 和 WWF（1989）提出了人们广泛认可的植物园界定性标准：具有一定永久性和科学依据的活植物收集；具有适当的植物信息记录；监测迁地收集植物的生长发育、栽培繁殖和物候特征；有充足的植物解说系统；向公众开放，满足公众科学素质提升和文化生活增长的需求；与其他机构交换植物材料和信息；开展基于活植物保存的引种收集、栽培繁殖、新品种培育研究。我国当今植物园的发展应坚持植物园界定性标准，在引种收集和迁地保护方面，应持续开展植物野外考察和野生来源植物的收集，注重我国本土植物、特有植物与重要类群的收集；建立和维护种子库，建立和长期维护活植物收集的信息记录和科学档案；开展迁地收集植物的栽培与繁殖研究；开展植物收集评价、迁地保育评价和迁地栽培植物编目。在科学研究方面，开展植物园迁地栽培植物的分类学和基于活植物收集的专科、专属研究，开展药用植物和芳香植物及民族植物学和资源植物学研究，开展保护生物学（包括就地保护、迁地保护、栖息地恢复重建和珍稀濒危植物野外回归）研究；加强小种群和极小种群的遗传管理、重要濒危物种遗传完整性与采样策略的实施，避免迁地保存植物的杂交风险；通过迁地繁殖加强就地保护小种群的遗传多样性，促进国家濒危植物的迁地保护。在植物资源应用和可持续发展方面，参与实施生物多样性保护的公约、协议和立法；完善植物信息记录及其科学性，支持生物多样性保护，促进自然植物资源的可持续利用；协助城市绿化规划，支持生态文明建设并提供咨询服务。在公众教育方面，开展青少年和成人环境教育活动；开发和实施富有植物园特色的公众教育课程；开展保护生物学、园林园艺和基于活植物收集的职业教育与继续教育培训；开展生态旅游、自然导赏和园林旅游服务。

最近几十年来，我国植物园在植物引种驯化、迁地保护、资源利用和公众教育方面取得了长足的进步，于高山之巅、沙漠之腹、雨林之丛、冰雪之下广集世界奇花异卉，从世界 60 多个国家和地区引进植物数千种，迁地收集保存了大量我国本土植物资源，在我国乃至全球植物迁地保护中发挥着核心作用。但长期以来，我国植物园在引种驯化、迁地保护、信息管理和研究应用中依然面临一些突出问题。例如，缺乏植物引种收集和迁地保护规范，活植物收集信息记录和科学数据采集与标准化管理明显滞后、缺乏整体规划和连续性，对国家生物多样性保护、相关产业发展和可持续利用尚未充分发挥其基础支撑作用。为此，本书编撰梳理了植物引种驯化与人类文明和经济社会发展的关系、植物园发展历程及其植物收集历史、保护生物学的兴起与发展（第一章，由黄宏文、廖景平和张征编撰）；介绍了植物迁地保护方法、植物园活植物收集与迁地保护及其应遵守的相关法规与公约（第二章，由廖景平和黄宏文编撰）；在参考国内外重要植物园和植物保护机构的有关资料的基础上，归纳了植物引种收集、维护与监测、信息记录与数据管理、植物收集的使用与管理等迁地保护规范（第三章，由廖景平、宁祖林、韦强、张征和黄宏文编撰）；概述了保护遗传学研究发展概况、植物迁地保护中的遗传因素、居群遗传风险及其管理对策（第四章，由康明和黄宏文编撰）；综述了迁地保护植物野外回归指南与回归研究进展（第五章，由任海、简曙光、张倩媚、曾宋君和陈红锋编撰）；列举了我国研究较深入的报春苣苔、中华水韭、虎颜花、疏花水柏枝、新疆沙冬青、巴东木莲等的保护与回归案例（第六章，由各个案例的研究专家编撰）。

　　本书编撰的过程中涉及大量的资料查询、梳理和归纳，许多同事参与了资料的收集和梳理及对我国植物园的调查工作。本书承蒙植物园迁地保护植物编目及信息标准化项目（No.2009FY120200）、植物园迁地栽培植物志编撰项目（No.2015FY210100）、植物园国家标准体系建设与评估项目（KFJ-1W-No1 和 KFJ-3W-No1-2）、中国科学院植物资源保护与可持续利用重点实验室、广东省数字植物园重点实验室和广东省应用植物学重点实验室的大力支持，在此一并致谢。本书可供农林、园林园艺、环境保护、医药卫生等相关学科的科研和教学人员及政府决策与管理部门的相关人员参考。

2017 年 1 月 1 日

参 考 文 献

陈文华. 2005. 中国原始农业的起源和发展. 农业考古, (1): 8-15.

黄宏文, 段子渊, 廖景平, 张征. 2015. 植物引种驯化对近 500 年人类文明史的影响及其科学意义. 植物学报, 50(3): 280-294.

黄宏文, 张征. 2012. 中国植物引种栽培及迁地保护的现状与展望. 生物多样性, 20(5): 559-571.

黄宏文. 2017. "艺术的外貌、科学的内涵、使命的担当"——植物园 500 年来的科研与社会功能变迁（一）：艺术的外貌. 生物多样性, 25(9): 924-933.

李国庆, 刘君慧. 1982. 树木引种驯化理论初探. 河南农学院学报, (4): 53-63.

盛诚桂, 俞德浚. 1984. 植物的引种驯化. 植物杂志, (2): 2-4.

汪松, 谢焱. 2004. 中国物种红色名录(第一卷). 北京: 高等教育出版社.

杨邦兴, 裘士京. 1987. 文明起源与旱地农业. 安徽师大学报(哲学社会科学版), (2): 81-87

俞为洁. 中国史前植物考古——史前人文植物散论. 北京: 社会科学文献出版社.

俞德浚, 盛诚桂. 1983. 中国植物引种驯化五十年. 植物引种驯化集刊, 3: 3-10.

朱乃诚. 2001. 中国农作物栽培的起源和原始农业的兴起. 农业考古, (3): 29-38.

Dosmann M S. 2006. Research in the garden- averting the collections crisis. The Botanical Review, 72: 207-234.

Heywood V H. 1987. The changing role of the botanic garden. *In*: Bramwell D, Hamann O, Heywood V, Synge H. Botanic Gardens and the World Conservation Strategy. London: Academic Press: 3-18.

Hill A W. 1915. The history and functions of botanic gardens. Annals of the Missouri Botanical Garden, 2: 185-240.

IUCN-BGCS, WWF. 1989. The Botanic Gardens Conservation Strategy. IUCN-BGCS, UK and Gland.

Medbury S. 1991. Taxonomy and garden design: a successful marriage? Public Gard, 6(3): 29-32, 42-43.

目　　录

彩图

第一章　植物引种驯化与迁地保护的历史

人类对植物的引种驯化有千百年的历史，对促进人类社会文明进步产生了深远的影响。植物的引种驯化在促进农业发展、食物供给、人口增长、经济社会的进步中发挥了不可比拟的重要作用，是人类农业文明及后来的工业文明发展的原动力。然而，人类经济社会发展与人口增长带来了对自然资源和生态环境无休止的开发利用，因人类活动加剧而引起的植物栖息地减少、生境片断化加剧、生态环境恶化等趋势日益严峻，物种消失、植物资源储量剧减引发生态灾乱以致威胁人类本身，保护植物多样性已成为维系人类生存和可持续发展的重要共识。近年来人类亦更多地关注植物资源的保护和可持续利用。

生物多样性保护的目标是维护所有野生分类群现有的遗传多样性和种群生存力，维持生物的相互作用、生态过程和功能。就地保护和迁地保护是生物多样性保护的两种主要方法（Frankel and Soulè，1981；Hawkes et al.，2000）。就地保护着重自然居群和生态系统的保护，是在植物的原生境维持其生存和动态更新，使受保护的植物与其生物和非生物环境连续、动态地进化（Frankel and Soulè，1981）。但是栖息地丧失、气候变化、人类过度使用资源和生物入侵与疾病等，使目前生物多样性面临的威胁继续扩大。随着经济社会的发展和人类活动的加剧，生态系统受到越来越多人类因素和非人类因素的干扰，现有的就地保护手段已不能满足数量不断增加的受威胁物种的保护需要，而迁地保护已成为植物多样性和植物遗传资源保护的常规保育方式，并日益受到植物保护领域各方的重视。特别是随着气候变化对就地保育植物的影响加剧及众多的不确定性，迁地保护地位日趋重要。在全球气候变化的背景下，就地保护无法拯救所有的植物，迁地保护则有效弥补了就地保护条件下的不确定性、可控性差、监测困难等一系列不足。迁地保护途径，尤其是种子库收集保存提供了应对目前气候快速变化不确定因素的有效措施。迁地保护不仅为人类未来所需的植物多样性提供保障，而且是实施濒危植物回归自然的技术和材料的基础。当务之急是必须更有效地研究迁地保护的理论、技术和方法，采用更实用有效的迁地保护方法和技术，从而促进迁地保护在植物多样性保护中的广泛应用。

第一节　引种驯化与人类文明

植物引种驯化与人类早期文明史密切相关，曾对世界四大文明古国——中国、古埃及、古印度、古巴比伦的历史进程产生了巨大影响（del Tredici，2000）。尤其是哥伦布发现美洲新大陆以来的500多年，美洲植物的引种驯化及其广泛传播、栽培深刻改变了世界农业生产的格局，对促进人类社会文明进步产生了深远影响（黄宏文等，2015）。

同时，虽然植物园的引种驯化与园艺植物关系密切，但古往今来，植物引种驯化都是以一个国家农业和药物产业的发展需求为驱动力，成功的植物引种驯化及其产业化通常能够极大地增加一个国家的农业财富，并增强其综合国力。然而，对植物引种驯化的认识，除对个别案例有充分梳理和认知外，如大豆（*Glycine max*）、猕猴桃（*Actinidia* sp.）等，大部分文献通常将植物引种驯化解释为随机、缺乏有效组织和公众关注度低等低效率的过程（Heywood，2011a）。充分梳理植物引种驯化对人类文明演变的影响及其科学研究意义与社会价值，有利于"以史为鉴"，进而思考人类食物保障的未来和经济社会的可持续发展。

一、引种驯化与早期人类文明

植物引种驯化促进了人类早期文明和历史进程。以中国为例，汉武帝建元三年（公元前 138 年）与元狩四年（公元前 119 年），汉使张骞两次出使西域，从西域引种了苜蓿（紫花苜蓿，*Medicago sativa*）、葡萄（*Vitis vinifera*）、安石榴（*Punica granatum*）、胡麻（芝麻，*Sesamum indicum*）、胡蒜（蒜，*Allium sativum*）、胡桃（核桃，*Juglans regia*）、胡豆（蚕豆，*Vicia faba*；豌豆，*Pisum sativum*）、火葱（*Allium ascalonicum*）、胡瓜（黄瓜，*Cucumis sativus*）、红蓝花（*Carthamus tinctorius*）等。除此之外，由于丝绸之路开通，汉唐至宋朝期间（公元初至 1279 年）也有许多植物如莴苣（*Lactuca sativa*）、蓖麻（*Ricinus communis*）、胡椒（*Piper nigrum*）、菠菜（*Spinacia oleracea*）、小茴香（*Foeniculum vulgare*）、波斯枣（*Phoenix dactylifera*）、扁桃（*Amygdalus communis*）、油橄榄（*Olea europaea*）、水仙（*Narcissus tazetta* var. *chinensis*）、阿月浑子（*Pistacia vera*）及无花果（*Ficus carica*）等被引进（辛树帜，1962；刘旭，2003，2012；黄宏文等，2015）。

在古埃及甚至有更久远的植物引种采集的记载。早在约公元前 2500 年，古埃及皇室就有为宗教祭祀、皇室奢侈品、皇室化妆品等而进行的植物资源（如乳香、没药树脂、香药膏等）采集的远征。乳香为橄榄科植物乳香树（*Boswellia carterii*）及同属植物 *B. bhaurdajiana* 树皮渗出的树脂。特别是公元前 1493 年，古埃及女王哈特谢普苏特（Hatshepsut，约公元前 1508 年~公元前 1458 年）派遣远征军对非洲东部 Land of Punt（现索马里附近地区）的动植物资源进行收集利用。这次著名的远征采集记录了古埃及对没药（*Commiphora myrrha*）、黑檀木（*Dalbergia melanaoxylon*）、肉桂（*Cinnamomum cassia*）及其他植物香料、化妆品等资源的收集引种，同时也伴随着对许多动物，如猿、猴、狗等的收集引进（Petrie，1939）。

古罗马时期植物应用更广泛，采集使用的植物共 621 种，有的为史前可食用野生植物，有的沿用至今。罗马人既直接使用野生植物，也将野生植物进行驯化栽培利用，如芦笋（石刁柏，*Asparagus officinalis*）、留兰香（*Mentha spicata*）、野麦（野生二粒小麦，*Triticum dicoccoides*）、海芋属植物（*Alocasia* sp.）、续随子（*Euphorbia lathyris*）等，还开展了野生萝卜（*Raphanus sativus*）的驯化、用种子培养桑树（*Morus alba*）、黄瓜等作物移栽种植的农业活动，也发明了茴香（*Foeniculum vulgare*）和荆棘交替成行种植等栽培方法（Frayn，1975）。罗马人从其他地方引种了很多新植物，包括来自希腊和亚美尼亚等地的苹果（*Malus pumila*）、梨（*Pyrus* sp.）、李（*Prunus salicina*），经波斯从中国传来的桃（*Prunus persica*），来自叙利亚的无花果、油橄榄和扁桃；他们也引进漂亮的花卉，其中原产自我国并经我国先民改良过的栽培萱草（*Hemerocallis fulva*）大约在 2000 年前就传入罗马并为普利尼所知（罗桂环，2000）。罗马人还推动了植物的传播，大约在公元一世纪就有了桃树、苹果（郁龙余，1983）从希腊向罗马传播、再进一步向西欧传播；促进了葡萄在地中海沿岸地区、欧洲大陆和中亚的广泛栽培（This et al.，2006）。罗马人对玫瑰的使用由来已久，常将其作为婚丧装饰，公元 37~68 年在位的尼禄大帝每次狂欢都铺撒玫瑰花瓣，厚度足以使宾客窒息。

二、引种驯化与近代 500 年人类文明的进步

16 世纪以来，无论是西方殖民地发展史还是我国明清发展史，植物引种驯化引发的农业发展在全球经济社会发展中发挥了重要作用。16 世纪至今，世界范围的植物引种驯化的基本潮流和格局虽然没有多大改变（Stuart，2002），但每一种重要栽培植物的成功引种和驯化栽培，都对人类历史进程产生了不可估量的影响。500 年来，植物的发现和引种驯化推动了农业、园艺、商贸及经济社会发展。从历史发展进程看，植物的引种驯化是人口增长和经济发展的重要驱动力，无论在欧洲还是我国都是如此。16 世纪以来的植物引种驯化与西方近代文明进步是同步的，后哥伦布时代的植物引种驯化对现代西方文明具有重要而深远的影响，甚至对 18 世纪的工业革命及欧洲崛起的现代经济社会文明都具有重要的推动作用。16 世纪之后，南美植物，如玉米（*Zea mays*）、马铃薯（*Solanum tuberosum*）、菜豆（*Phaseolus vulgaris*），被引入欧洲大陆替代前哥伦布时期欧洲传统栽培的大麦（*Hordeum vulgare*）、小麦（*Triticum aestivum*）等粮食作物，对 18 世纪工业革命前欧洲人口稳定增长的驱动力是显而易见的，大量剩余劳动力造就的产业工人大军直接推动了欧洲 18 世纪 70 年代以后的工业革命（黄宏文等，2015）。据统计，1500 年欧洲人口约为 7000 万，马铃薯、玉米等南美植物的引进和驯化栽培及栽培技术的改进，极大地提高了欧洲的农业产量，促进了人口增长，至 1775 年，欧洲人口达到 1.4 亿，与 1500 年前相比增加了一倍（Malanima，2006；宋李键，2012）。历史学家、经济学家通常将 17~19 世纪英国农业生产方式发生的巨大变革，即英国农业革命，归咎于圈地运动、土地权集中、租地农场等制度性因素。虽然制度和变革前提不可忽视，但是，历史学家通常忽略了南美高产植物的引进驯化和品种改良带来的农业生产效率提高、人口增长、大量农业剩余劳动力推动工业革命所起到的重要作用。即使是关注植物引种驯化对人类文明进步作用的专著，也只是立意于植物引种驯化、传播、农产品生产与贸易的冲突在人类历史进程中的巨变事件（黄宏文等，2015）。例如，甘蔗与奴隶贸易、茶叶与大清帝国的倒塌、棉花与美国南方农业、马铃薯与爱尔兰对美国移民等（Hobhouse，1985）。

16 世纪以来的欧洲殖民地史也与植物引种驯化密切相关。Juma（1989）指出，占领统治殖民地与劳动力和植物遗传资源密切相关。殖民地过程通常伴随着经济植物在世界范

围的大规模引种和传播栽培，从而形成殖民地农业，而殖民地期间的植物园网络形成了全球植物种质资源交换的有效机制，而且远早于现代遗传资源相关学科的兴起（Heywood，2011a）。纵观世界近代植物园近 500 年的发展史，即以现存的建于 1545 年的意大利帕多瓦（Padua）植物园（世界文化遗产）为标志，始于欧洲的世界上最早的植物园多以植物的发掘和利用为目的，药用植物通常为最早的植物引种类群（Minelli，1995）。当然，我国最早的植物园雏形可追溯到夏朝（公元前 2100 年~公元前 1600 年），甚至可追溯到更早的神农本草园（约公元前 2800 年）（Xu，1997），二者也是以药用植物的收集利用为目的。西方殖民地期间建立的植物园在植物引种驯化中发挥了重要作用（黄宏文等，2015），如印尼茂物植物园（Bogor Botanical Garden，1817）、印度豪拉植物园（Acharya Jagadish Chandra Bose Indian Botanic Garden，1787）、斯里兰卡派勒代尼耶皇家植物园（Peradeniya Royal Botanical Garden，1821）、毛里求斯庞普勒穆斯植物园（Pamplemousses Botanical Garden，1735）、新加坡植物园（Singapore Botanical Garden，1859）、加勒比岛国圣文森特和格林纳丁斯的圣文森特植物园（St Vincent Botanic Garden，1765）、牙买加巴斯植物园（Bath Botanical Garden，1779）等。

从植物引种驯化角度看，殖民地期间建立的热带植物园，其目的虽然是服务于殖民地统治的植物资源发掘和农产品供给，但对全球的植物引种驯化，尤其是新物种、新种质、新农产品的发掘利用起到了非常重要的作用，有些甚至延续至今。例如，建于 1760 年的印度班加罗尔的拉尔巴格植物园（Lalbagh Botanical Garden）一直是英国在印度殖民地园艺产业及贸易的中转站，而圣文森特植物园作为新大陆热带最早建立的植物园，也是英国皇家植物园植物引种的重要据点。这些植物园的主要功能是为殖民地国家发现价格低廉的植物食品和农业贸易出口产品，如面包树（*Artocarpus altilis*）（圣文森特植物园）、木薯（*Manihot esculenta*）（庞普勒穆斯植物园）、肉豆蔻（*Myristica fragrans*）（圣文森特植物园）、竹芋（*Maranta arundinacea*）（圣文森特植物园）、海岛棉（*Gossypium barbadense*）（圣文森特植物园）、西谷椰子（*Metroxylon sagu*）（豪拉植物园）、海枣（*Phoenix dactylifera*）（豪拉植物园）、柚木（*Tectona grandis*）（豪拉植物园）、茶（*Camellia sinensis*）（豪拉植物园）、小粒咖啡（*Coffea arabica*）（豪拉植物园）（Heywood，2011a），尤其是豪拉植物园在英国东印度公司的植物资源商业开发中曾发挥过重要作用，而圣文森特植物园则是殖民地时期英国在整个西印度群岛（West Indies）进行植物引种驯化的重要基地。殖民地期间，植物园的显著特点是对众多经济植物或药用植物的引种驯化或传播，如橡胶树（*Hevea brasiliensis*）、咖啡、茶叶、金鸡纳树（*Cinchona calisaya*）等。随着后来专业性更强的研究机构的建立，一部分殖民地植物园关闭，由国家的农业试验站取代其对农业作物资源进行引种驯化。这些植物园的引种驯化工作推动了经济植物学的兴起及相关资源发掘的深入，对资源的发掘也逐步拓展到新作物、新果蔬、新保健品、新工业原料、新园林植物等类型，推动了相关经济和社会的发展。

人类对植物的引种驯化从未停止，正如美国政治家、思想家、第三任美国总统托马斯·杰斐逊（Thomas Jefferson，1743—1826）所说，"对任何国家的最大贡献莫过于增加一种有用的栽培植物"，"我今天收到了面包树的种子……对于一个国家的这类服务应胜于历史上最辉煌篇章中的所有胜利，也是对践行者的莫大喜悦和安慰"（Heywood，2011a）。现代植物园在植物引种驯化中的作用则从包括农林植物引种驯化的高度综合功能趋向园艺植物、药用植物、濒危植物及植物多样性保护等功能，在发达国家尤其如此。但在植物资源丰富的发展中国家或部分发达国家中，植物园对植物引种驯化则更趋向专业化、建制化、科学化和网络化特征，其中专类植物收集及其专类园区的建立发挥了重要作用。现代植物引种驯化更注重作物野生近缘种的收集、评价和发掘利用研究。作物野生近缘种作为栽培作物遗传多样性的源头资源，在全球气候变化的大背景下，对作物的遗传改良和新品种培育、抗病抗逆的新种质发掘及适应性栽培驯化具有越来越重要的作用。在欧洲，植物资源相对缺乏的国家仍然在进行特殊植物或作物对当地适应性和实用性的研究，如地中海国家。俄罗斯的植物园大多数仍然被作为植物引种驯化中心，进行经济植物的应用研究（Gorbunov，2001）。

三、植物引种驯化与我国粮食生产革命

11 世纪初开始广泛传播的早熟稻引起了我国第一次粮食生产革命（何炳棣，2000）。唐朝（618~907 年）和五代十国（907~960 年）时期，种植水稻地区人口的增长使我国经济和人口的重心由西北转到东南。宋真宗时期（998~1022 年）粮食的生产和保障成为国家重大需求。福建从占城国（现越南中南部）引入占城稻（何炳棣，2000）。据记载，大中祥符五年（1012 年），长江下游和淮河流域大旱，从福建装运了 3 万石*占城稻种分往江苏、浙江、安徽、江西旱区，随后占城稻在我国长江流域被广泛栽培（游修龄，1983；陈志一，1984；何炳棣，2000）。元朝时我国的水稻栽培已遍及各地。1329 年我国南粮北运利用到的粮食多达 350 余万石（孟繁清，2009）。宋真宗期间，占城稻因具耐旱特性，取代了"稍旱即水田不登"的水稻品种，并被推广到浙闽至淮南一带广泛栽培（游修龄，1983）。

始于 16 世纪，被称为我国第二次粮食生产革命的对外域植物的引进（何炳棣，1979），基本与西方后哥伦布时代的植物引种驯化同步。我国明朝后期（1550~1644 年）至清朝末期约 400 年时间，对原产于南美植物的引种栽培与明清期间人口增长的关系清晰地显示了植物引种驯化栽培与人口增长和经济社会发展的关系。我国明朝后期人口为 6000 万~7000 万，此后一直增长，康熙二十二年（1683 年）为 1.0 亿~1.5 亿，乾隆四十四年（1779年）为 2.75 亿，道光三十年（1850 年）为 4.3 亿，民国末年为 4.5 亿~5.0 亿（葛剑雄，1991；何炳棣，2000）。16~17 世纪，引入我国的主要农作物如红薯（*Ipomoea batatas*）（1563 年）、玉米（1520~1550 年）、花生（*Arachis hypogaea*）（1516 年）、马铃薯（1650年）等，在我国的粮食供给、人口增长与经济社会的发展方面发挥了重要作用（Ho，1955；何炳棣，1979，1989；陈树平，1980；王思明，2004）。据资料初步估计，我国秦汉时期的粮食产量为 417 亿斤[†]，隋唐时期为 626 亿斤，宋朝（1100 年）为 835 亿斤，明朝（1600 年）为 1392 亿斤，清朝（1800 年）已经达到 2088 亿斤（吴宾和党晓虹，2008）（注：2013 年我国粮食总产量为 60 193.5 万 t，即 12 038.7 亿斤），粮食产量与人口数量

---

* 1 石=100L

† 1 斤=500g

存在明显的正相关（图 1-1）。因此有人称"康乾盛世"为"番薯盛世"，或更准确说是"康熙乾隆盛世、玉米番薯盛世"。其他经济作物的引种驯化则丰富了我国的膳食组成结构，如番茄（*Lycopersicon esculentum*）、向日葵 （*Helianthus annuus*）（明万历年间，1573~1620 年）、辣椒（*Capsicum frutescens*）（约 1591 年）、南瓜 （*Cucurbita moschata*）（元末明初）、西葫芦（*Cucurbita pepo*）（约 17 世纪）、菜豆（约明后期）、菠萝（*Ananas comosus*）（1605 年）、番荔枝（*Annona squamosa*）（1614 年）、烟草（*Nicotiana tabacum*）（明朝）等（曹玲，2004；王思明，2004）。我国对外域植物的引种驯化非常广泛，几乎包含了我国除大豆外常见膳食组成的全部主要粮食、蔬菜、水果、佐料等。据统计，我国外域引种驯化的植物，包含粮食作物、经济作物、蔬菜作物、果树作物、饲料及绿肥作物、花卉作物、药用作物、林木作物共约 304 种植物（郑殿升，2011）。

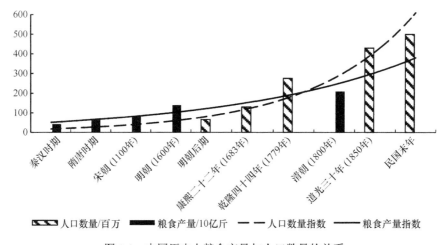

图 1-1　中国历史上粮食产量与人口数量的关系

　　我国作为全球植物多样性及作物遗传资源最丰富的国家之一，植物引种驯化及资源发掘利用始终受到国家层面的高度重视。近 50 年来我国的引种及迁地栽培保存取得了举世瞩目的进展，植物园迁地栽培维管植物约 396 科 3633 属 23 340 种；农作物资源保存数量达到 41.2 万份，涉及作物种及近缘种 1890 种；野生生物种质资源库收集植物种子 5.4 万份，共 7271 种植物（黄宏文和张征，2012；黄宏文等，2015）。我国的植物资源迁地栽培为我国农林、园艺、医药、环保产业的可持续发展提供了国家战略资源储备支撑和及极其丰富的源头资源材料，是全球植物多样性保护的重要组成部分。

第二节　植物园及其引种收集历史

　　世界各地的植物园除了收集栽培本地植物外，还共同承担着对全球植物多样性的保护责任。根据国际植物园保护联盟（Botanic Gardens Conservation International，BGCI）10 多年前的一个调查（Wyse Jackson，2001），当时在 153 个国家和地区大约 2178 个植物园中迁地保护了超过 80 000 个物种，其中《生物多样性公约》（Convention on Biological Diversity，CBD）生效之前，即 1993 年 12 月，收集的活植物量占其全部收集植物的

90%~95%。当时已知 12 989 种珍稀濒危植物，其中有 4319 种栽培保存在植物园，占珍稀濒危植物总数的 33.25%。在过去的几十年里，植物园收集栽培其所在地区的本土植物的数量一直呈上升趋势，许多植物园将珍稀濒危植物保护和特有类群的收集作为特殊的使命，建立了一些珍稀濒危植物的专类收集区。

不少学者论及现代植物园的历史时，认为大多始于欧洲大学药用植物园时期（Britton，1896；Gager，1938；Heywood，1987；Hawkes et al.，2000；Raven，2004；Guerrant et al.，2004；Wyse Jackson，2009；Wyse Jackson and Sutherland，2000），真正论述植物园的起源、发展历史和功能的综合研究少之又少，而且大多数主要关注的是特定时期植物园的设计、观赏用途及文化与宗教价值等。纽约植物园主任 Nathaniel L. Britton（1859—1934）论述了植物园的起源与发展。英国皇家植物园邱园主任 Arthur W. Hill 爵士（1875—1941）是研究植物园历史和功能的植物学家和植物园管理者、著名的垫状植物分类学家，长期从事植物野外考察工作，足迹遍及亚洲、非洲、美洲和大洋洲，并长期管理邱园，担任邱园主任助理（1907~1922 年）和主任（1922~1941 年）长达 34 年，在邱园的世界性植物收集、经济植物学发展、园林景观优化和设施提升等方面成就卓著，同时，他为建立邱园在英国植物园体系的核心地位和作用做出了重要贡献。1915 年 Hill 发表了论述植物园的历史和功能的长篇文章，讨论了园林在古代社会文明的作用、植物园的起源及早期历史、植物园发展史上的科技进步、代表性植物园的突出贡献与历史事件，并简要地阐述了植物园的功能（Hill，1915）。该文章是植物园起源和发展历史的经典之作，对于理解植物园的起源、发展历程和功能具有较高的学术和实用参考价值。

国际植物园协会（International Association of Botanic Gardens，IABG）主席、著名植物学家 Vernon Hilton Heywood（1927—），1987 年创建了国际植物园保护联盟（BGCI），对植物园发展战略、植物迁地保护做出了重大贡献，并按照功能变迁将现代植物园划分为早期大学药用植物园、经典欧洲模式植物园、热带植物园、市政植物园和特殊类型植物园 5 大类，由此可以窥视现代植物园的起源、发展脉络与功能变迁（图 1-2）。至 20 世纪 90 年代保护植物多样性成为现代植物园的重要议题和综合功能，公众环境意识逐步成为植物园的重要议题，植物园迈入科学植物园时代。Heywood 对植物园的深入研究对于人们理解植物园的发展历史、功能变迁和植物迁地保护具有极大的参考价值（Heywood，1987，1991a，1991b，1995，2001，2007，2009，2011a，2011b，2012a，2012b，2015；Watson et al.，1993；Heywood and Iriondo，2003；Heywood and Watson，1995）。

一、古代园林

回顾人类的早期历史，植物园与古代园林在一定形式上存在不可分割的联系（Hill，1915）。专门用于植物研究的"科学"植物园的概念可以追溯到古代园林。早在公元前2000 年，中国、古埃及、美索不达米亚（Mesopotamia）、希腊克里特岛（Crete）和后来的墨西哥等的皇家园林种植和展示了各国特使在访问、旅行或各国对外军事扩张时收集获得的一些植物。

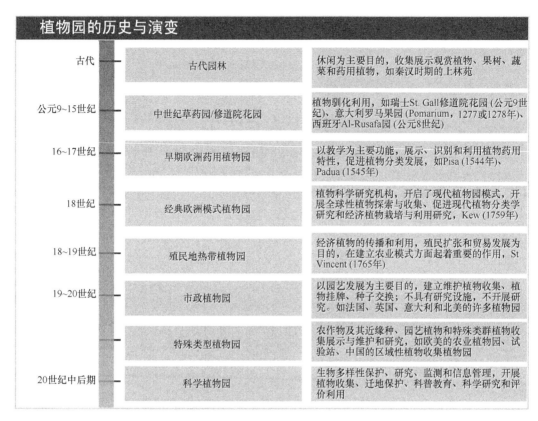

图 1-2　现代植物园的起源、发展历史与功能变迁

　　由于气候炎热干旱，古埃及的富人喜欢在树荫下休息，他们建立具有围墙围闭的花园，种植成行的树木，并配置不同的物种，包括桑树、海枣、无花果、槟榔（*Areca catechu*）、石榴树、柳树（*Salix* sp.）等，而且很早就建立了葡萄园。古埃及人也种植各种各样的花卉，包括玫瑰（*Rosa rugosa*）、罂粟（*Papaver somniferum*）、鸢尾（*Iris tectorum*）、雏菊（*Bellis perennis*）和矢车菊（*Centaurea* spp.）。古埃及人还在花园中建造长方形的池塘，种植芬芳的乔木和灌木。由于古埃及人相信神很喜欢花园，因此在寺庙中通常建有花园。古埃及的花园具有宗教意义，不同的树木与不同的神紧密联系。古埃及的休闲花园与农产品花园并没有严格的区别。美丽的花园用来种植水果和蔬菜，也用来生产葡萄酒和橄榄油。约公元前 1000 年，Thotmes III皇家园林是古埃及帝国鼎盛时期的园林，由 Nekht 规划设计，隶属于卡纳克神庙（Temple of Karnak）。该园林外形上为矩形，种植了成排的埃及姜果棕（*Hyphaene thebaica*），具藤架和莲花种植池，可能具有游乐园性质，而那些植物很可能具有更高的经济重要性（Hill，1915）。

　　生活在现伊拉克的亚述人（Assyrians）曾在公元前 900 年~公元前 612 年统治着中东的亚述帝国。当时，上层阶级的亚述人创建了很大的狩猎花园，该花园是拥有灌溉水渠的休闲庭院，并建造了池塘，种植了成行的棕榈树和柏树，有时也配置不同的植物物种，包括葡萄和一些花卉。亚述帝国于公元前 612 年被巴比伦摧毁，创建另一个庞大的巴比伦帝国。古巴比伦国王尼布甲尼撒二世（Nebuchadnezzar）建立了古代世界七大奇迹之一的空中花园。由于他的妻子 Amyitis 想念家乡多山的地形，国王建立了阶梯式的露台花园，花园中用人工泵水浇灌植物。巴比伦人喜欢花园，享受树荫的庇护。公元前 539 年，巴比伦帝国被波斯人（Persians）摧毁，建立了波斯帝国。波斯人是一流的园丁，他们建造了地下供水管道为花园供水，种植了果树和芳香灌木与花卉，修建了水池、喷泉、水道和小溪。

希腊人有时会围绕寺庙和其他公共场所种植树木以提供绿荫，但很少建造游乐性质的花园。他们通常在容器中种花，并不在露地种植花卉。尽管希腊旅行者崇尚东方的花园，但希腊花园都具有实用主义特色，他们常常建造果园、葡萄园和菜园。公元前 334 年或公元前 335 年，亚里士多德（Aristotle，公元前 384—公元前 322）在雅典建立了 Lyceum 学校植物园，园内种植了马其顿著名的征服者亚历山大（Alexander）征服希腊时获得的许多植物（Hill，1915；Watson et al.，1993），亚里士多德带领学生在植物园中游走讲学。亚里士多德去世后，植物园传给了他的弟子泰奥弗拉斯托斯（Theophrastus，公元前 371—公元前 287，植物学之父），据说这个植物园传承了三代人。泰奥弗拉斯托斯在其经典著作 *Enquiry into Plants and Minor Works* 中介绍了根据亚里士多德的 *De historia plantarum* 记录的 Lyceum 植物园中的约 500 种栽培植物。许多学者认为 Lyceum 植物园是欧洲记录最早的植物园（Hill，1915；Watson et al.，1993）。

古罗马人于公元前 30 年征服埃及后，引进了东方园林理念。富有的罗马人在宫殿和别墅旁建造花园，利用灌木修剪艺术、雕像和雕塑装饰罗马花园。罗马花园展出了树篱和藤蔓，以及各种各样的花卉，包括老鼠簕（*Acanthus ilicifolius*）、矢车菊、红花（*Carthamus tinctorius*）、仙客来（*Cyclamen persicum*）、风信子（*Hyacinthus orientalis*）、常春藤（*Hedera nepalensis* var. *sinensis*）、薰衣草（*Lavandula angustifolia*）、百合（*Lilium brownii* var. *viridulum*）、紫薇（*Lagerstroemia indica*）、水仙、罂粟、迷迭香（*Rosmarinus officinalis*）和紫罗兰（*Matthiola incana*）。城镇富裕的古罗马人建造的房屋常围绕成一座庭院，通常包含庭院廊柱的门廊、水池、喷泉和花坛。古罗马人征服英国后，引进了一些新的植物，包括玫瑰、韭（*Allium tuberosum*）、萝卜和李，他们也可能引进了白菜（*Brassica pekinensis*）。

古代墨西哥的花园独立于旧大陆，其起源具有本土的和独立的性质。在蒙特苏马（Montezuma）有很多花园，遍布香料灌木和花卉，特别是药用植物。由于拥有较世界上其他地区更多的药用植物，西班牙统治后，阿兹特克人（Aztec）将药用植物学作为科学加以研究。据说在 Iztapalan 和 Chalco 的花园收集了乔木和草本植物并进行科学布置（Hill，1915）。征服者在墨西哥城发现的阿兹特克花园（Aztec gardens）较欧洲同时代的任何花园更先进，欧洲人科学收集植物的概念可能是受到这些花园的启示（Watson et al.，1993）。

中国可能是植物园概念的真正创建者（Hill，1915）。大约公元前 2800 年，中国神农氏尝百草以测试草药的药性并发现了草药治愈疾病的功能，虽然神农百草园记述不详，但无疑这是识别植物特性的最早记录。上林苑是公元前 138 年汉武帝刘彻在秦代旧苑址上扩建而成的皇家园林，地跨长安、咸阳、周至、户县、蓝田五县县境，建有三十六苑、十二宫、三十五观等宫室建筑和园池，如引种西域葡萄的葡萄宫；种植了南方奇花异木的扶荔宫；上林苑种植植物种类繁多，有菖蒲（*Acorus calamus*）、山姜（*Alpinia japonica*)、肉桂、龙眼（*Dimocarpus longan*）、荔枝（*Litchi chinensis*）、槟榔、橄榄（*Canarium album*）、柑橘（*Citrus reticulata*）、香蕉（*Musa nana*）、使君子（*Quisqualis indica*）、籼稻（*Oryza sativa* subsp. *indica*）、乌榄（*Canarium pimela*）、美人蕉（*Canna indica*）和甜橙（*Citrus sinensis*）等，不仅天然植被丰富，初修时还有名果异树 2000 余种，是秦汉时期建筑宫苑的典型。

二、中世纪园林

公元 7 世纪阿拉伯人征服波斯，建立了庞大的帝国，他们接受了波斯花园的许多理念。伊斯兰花园用围墙围闭，而且往往被河道分成 4 个部分，中心是水池或凉亭。伊斯兰花园包含小溪和喷泉，其上装饰着马赛克和釉面砖；成行种植柏树用于遮阴。阿拉伯人也种植了果树。公元 8 世纪阿拉伯人征服西班牙，种植了欧洲白蜡树（*Fraxinus excelsior*）、月桂（*Laurus nobilis*）、榛（*Corylus heterophylla*）、核桃、杨树（小叶杨，*Populus simonii*）、柳树和榆树（*Ulmus pumila*）。除此之外，他们还种植了柑橘和柠檬（*Citrus limon*）、枣（*Ziziphus jujuba*）、无花果、扁桃、苹果、梨、榅桲（*Cydonia oblonga*）、李、桃，以及各种各样的花卉，包括玫瑰、蜀葵（*Althaea rosea*）、水仙、紫罗兰和百合。值得一提的是，中世纪欧洲地中海地区的植物园为后续植物发展奠定了基础，如公元 8 世纪阿拉伯人统治西班牙期间，有典籍记载了在西班牙南部安达卢西亚建立的首个引种驯化园，这个引种地是君主阿卜杜勒·拉赫曼（Abd al-Rahman）的皇宫花园，发挥了重要的植物引种功能。遵循阿卜杜勒·拉赫曼的旨意，该园从叙利亚及其他地区引种的大量植物通过该园驯化适应后，又被分发到西班牙的其他地方。这个引种园是地中海或欧洲早期植物园与现代植物园的过渡类型。从最早期的药用植物园、药草园、医学园等发展成现代的植物园是一个逐步演变的过程。最早的植物园可能是 1277~1278 年由教皇 Nicholas Ⅲ建于罗马的药用植物园用于栽培药用植物。据记载，1317~1320 年，在意大利萨勒诺大学里建立了公众医药植物园（Giardino de la Minerva），这可能是欧洲最早的植物园，虽保存至今，但已面目全非。中世纪是威尼斯植物园的鼎盛发展期，据称当时建有 500 多个植物园，面积不大，其中既有公共的也有私人性质的植物园，如 1333 年建立的威尼斯药用植物园，颇有名气，但在 18 世纪后被损毁（Heywood，2015）。

同时，欧洲逐渐恢复秩序，13 世纪后期开始建造花园、草药园和蔬菜种植园。欧洲中世纪的花园建造有围墙，既保护了野生动物，也为人们提供了隐居环境。14 世纪和 15 世纪的花园种植了草坪，散布着香草，其花坛抬升，为玫瑰和藤蔓植物搭建棚架，花园内也种植了果树，覆植了草坪。中世纪修道院建立了草药园，也建造了果园、葡萄园和蔬菜园，还为祭坛种植了花卉。

三、现代植物园及其植物收集

现代西方意义的植物园具有近 500 年的发展历史，中世纪修道院花园和草药园被普遍视为现代植物园的前身，其历史可追溯到 742~789 年查理曼大帝（Charlemagne）时

代，公元 9 世纪建立的瑞士圣加仑（St. Gall）修道院花园已具有 16 世纪意大利医学院
和其他大学药用植物园的基本理念（Hill，1915）。 圣加仑修道院花园由蔬菜园、药用
植物园和果园组成，栽培种植的植物种类丰富（Prioreschi，1996）。蔬菜园种植的蔬菜
有火葱（*Allium ascalonicum*）、洋葱（*Allium cepa*）、韭葱（*Allium porrum*）、蒜（*Allium
sativum*）、莳萝（*Anethum graveolens*）、山萝卜（*Anthriscus cerefolium*）、旱芹（*Apium
graveolens*）、甜菜（*Beta vulgaris*）、甘蓝（*Brassica* spp.）、芫荽（*Coriandrum sativum*）、
莴苣（*Lactuca* spp.）、黑种草（*Nigella damascena*）、罂粟、欧防风（*Pastinaca sativa*）、
欧芹（*Petroselinum crispum*）、萝卜（*Raphanus sativus*）、夏香薄荷（*Satureja hortensis*）
等。药用植物园设计为 16 个长方形种植池，种植的植物有豇豆（*Vigna unguiculata*）、
夏香薄荷、玫瑰（*Rosa* spp.）、西洋菜（*Nasturtium officinale*）、孜然芹（*Cuminum cyminum*）、
欧当归（*Levisticum officinale*）、茴香、艾菊（*Tanacetum vulgare*）、百合（*Lilium* spp.）、
撒尔维亚（*Salvia officinalis*）、芸香（*Ruta graveolens*）、德国鸢尾（*Iris germanica*）、唇
萼薄荷（*Mentha pulegium*）、葫芦巴（*Trigonella foenum-graecum*）、薄荷（*Mentha* spp.）、
迷迭香（图 1-3）。圣加仑修道院花园的果园亦为墓园，种植了欧洲栗（*Castanea sativa*）、
欧洲榛（*Corylus avellana*）、榅桲（*Cydonia oblonga*）、无花果、苹果（*Malus* spp.）、欧
楂（*Mespilus germanica*）、黑桑（*Morus nigra*）、梨（*Pyrus* spp.）、欧洲李（*Prunus domestica*）、
扁桃（*Amygdalus communis*）、桃（*Amygdalus persica*）、欧亚花楸（*Sorbus domestica*）、
月桂、胡桃等 14 种果树。

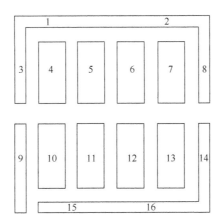

图 1-3 St. Gall 修道院药用植物园（Physic Garden）（Hill，1915）

1. 豇豆；2. 夏香薄荷；3. 玫瑰；4. 西洋菜；5. 孜然芹；6. 欧当归；7. 茴香；8. 艾菊；9. 百合；10. 撒尔维亚；
11. 芸香；12. 德国鸢尾；13. 唇萼薄荷；14. 葫芦巴；15. 薄荷；16. 迷迭香

1. 早期大学药用植物园

最早的大学药用植物园在 16 世纪建立于欧洲南部的意大利，附属于大学医学院，
先后建立了 Pisa（1544 年）（图 1-4）、Padua（1545 年）（图 1-5）、Firenze（1545 年）、
Pavia（1558 年）、Bologna（1568 年）等药用植物园。医生在药用植物园里讲解种植植
物的特性，学生利用最新印刷和出版的草药插图学习植物的药性（Hill，1915）。

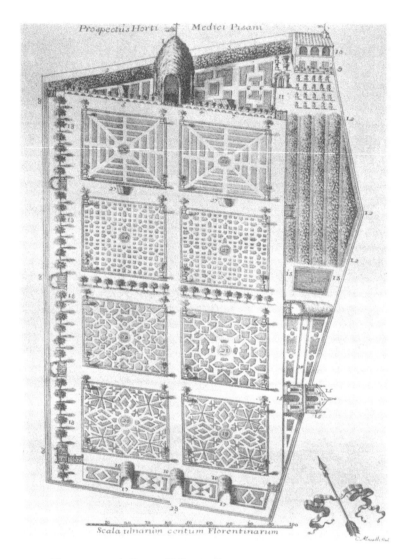

图 1-4 1723 年的 Pisa 植物园（建于 1544 年）（Hill，1915）

意大利传统的药用植物园传入欧洲北部和伊比利亚半岛（Iberian Peninsula），先后建立了荷兰 Leiden（1587 年）、Amsterdam（1638 年），德国 Tubingen（1535 年）、Leipzig（1580 年）、Jena（1586 年）、Heidelberg（1593 年）、Hanover（1666 年）、Kiel（1669 年）、Berlin（1679 年），瑞士 Zurich（1560 年）、Basel（1589 年），英国 Oxford（1621 年）、Edinburgh（1670 年）、Chelsea（1673 年），法国 Montpellier（1598 年）、Paris（1597 年），丹麦 Copenhagen（1600 年），瑞典 Uppsala（1655 年），西班牙 Spanish（1567 年）等药用植物园。这些药用植物园仍然存在，大多数在其原来的位置（Heywood，1987）。

最初建立的药用植物园（Medicinal or Physic Gardens）相当严格地种植药用植物，栽培的大多数植物资料源自迪奥斯科里季斯（Pedanius Dioscorides，约公元 40—90）的经典论文 *De Materia Medica*（发表于公元一世纪，后来修订了大约 1500 年）（Heywood，

图 1-5　839 年的 Padua 植物园（建于 1545 年）（Hill，1915）

1987）。大约于 16 世纪中期兴起的对植物世界的探索，激发了众多探险者的欲望和植物猎奇者的兴趣。在 Pisa 和 Padua 植物园建立后不久，严格药用价值以外的植物也被引种到药用植物园（Heywood，1987）。此时，植物园的发展趋势是尽可能收集种植更多的植物，欧洲各地不同类型的植物园相继建立，收集栽培的植物物种数量不断增多。例如，巴黎植物园在 1636 年共种植植物约 1800 种，1640 年增加到 2360 种，1665 年甚至多达 4000 种，成为引进植物数量最多、最吸引公众的植物奇观中心。16 世纪和 17 世纪期间，欧洲主要是从东欧和西亚引进植物到西欧，也有许多植物引自中海东部沿岸地区，特别是从土耳其引进球根类植物，为荷兰郁金香育种和现今的郁金香产业奠定了基础。

温室的建立为欧洲引种植物的栽培和繁殖提供了重要条件。Oxford 植物园于 1675 年建立温室，并通过装满燃烧木炭的小车为温室加热。1685 年 Chelsea 植物园修建火炉，通过地下通道传输热量为温室加热，使温室具有了更有效和更实用的加热装置；1723 年菲利普·米勒（Philip Miller）（1691—1771）担任 Chelsea 植物园园长，致力于对世界各地植物的采集，使许多植物源源不断地运往英国，使用温室繁殖和种植植物，栽培植物的数量积累到了前所未有的程度（Hill，1915）。

药用价值或其他特性不清楚的植物被引种到植物园，使植物园成为植物研究机构，此后植物园种植大量植物用于科学研究已成为常规（Heywood，1987）。Padua 植物园成立 16 年后建立了活植物解说；Pisa 和 Padua 植物园提供了 16 世纪末 17 世纪初几何形园林的范例，在很长的一段时间内主导了欧洲大陆的园林设计；Hans Sloane 爵士领导 Chelsea 植物园制作植物标本用以提供给伦敦皇家学会开展植物科学研究，改变了药用植物园仅仅栽培药用植物的单一功能（Hill，1915）。

2. 经典欧洲模式植物园

随着海上贸易的增加，越来越多的植物从世界各地运到欧洲，许多欧洲植物园扩大了活植物收集的范围和规模（Heywood，1987），从早期成立的药用植物园发展成为今天的植物研究专门机构，代表了经典欧洲植物园的演变模式。这类植物园除了进行植物学研究和植物物种保护外，还广泛开展了园艺展示与培训，建立和利用标本馆与实验室进行了更广泛的生物学研究，同时开放园区以供公众参观和开展教育活动。这种经典模式的植物园已成为其他国家广为仿效的主要研究机构（Raven，1981；Wyse Jackson，2009）。

经典欧洲模式植物园的典范是英国邱园（Kew Garden）或称英国皇家邱园（Royal Botanic Garden，Kew）。源于英国皇室奥古斯塔公主（Princess Augusta）对植物学的兴趣，在植物学家 Lord Bute 指导下于 1759 年建立邱园，首任活植物收集主任威廉·艾顿（William Aiton，1731—1793）、首任园长威廉·胡克（William J. Hooker，1785—1865）等人不惜一切代价从世界各地将各种植物大量引种到邱园进行栽培（Hill，1915；Mabberley，2011）。到 1768 年，邱园成为拥有 3400 种植物的植物园，那时著名植物学家林奈（Carolus Linnaeus，1707—1778）估计世界上仅有大约 6000 种植物（Mabberley，2011），可见邱园在初建的前 10 年对全球植物收集的贡献。1842 年邱园转变为国家植物园，成为植物科学研究中心和游览胜地，建立了集研究、展示、教育于一体的研究机构模式，随后此模式被美国的密苏里植物园和许多其他植物园效仿（Raven，1981；Mabberley，2011）。与其他植物园不同，邱园与任何大学或教育机构都没有隶属关联。在植物应用方面，邱园主要关注经济植物学，其宗旨和目的是鼓励和协助植物学家、旅行家、商人和企业家开展多种多样的植物收集和植物学研究（Hill，1915）。

邱园在其整个历史上对植物发现和分类发挥了突出的作用，尤其是在邱园扩张时期（1841~1885 年）和大英帝国植物园体系发展时期（1885~1945 年），邱园派遣了大批植物探险者、植物猎人、专业采集者和植物学家到世界各地采集植物，开展了世界性植物的收集。约瑟夫·班克斯爵士（Sir Joseph Banks，1743—1820）于 1772 年开始参与邱园的管理，1797 年被乔治三世国王选为邱园科学顾问，指导邱园事务 48 年，他派遣了许多植物猎奇者和植物学家到世界各地收集有园艺价值和植物学价值的植物，并且收集了大量经济植物（Hill，1915；Mabberley，2011），使邱园成为世界植物园的引领者。例如，班克斯派遣 Francis Masson 到南非采集植物，Archibald Menzies 前往澳大利亚和智利引种，William Ker 和 John Reeves 到中国（广州）采集，Allan Cunningham 到南非开普敦、澳大利亚塔斯马尼亚、新西兰和诺福克岛采集（Hill，1915；Mabberley，2011），邱园迎来其黄金时代，成为无与伦比的植物探索收集和园艺植物实验研究中心。

3. 热带植物园

热带植物园主要源于殖民地时期珍贵香料和经济作物的贸易，具有明显的殖民地经济社会和文化的特征。由于殖民扩张，在 18 世纪后期和 19 世纪早期主要是由英国和荷兰在印度、东南亚与加勒比海地区建立热带植物园（Heywood，1987），收集栽培各种香料植物和重要经济植物（Hill，1915）。

　　第一个热带植物园是毛里求斯的庞普勒穆斯植物园（Pamplemousses Botanical Garden，1735），最初的目的是为港口的船舶提供食物，后来开展了许多重要经济植物的驯化和传播。随后建立了西印度群岛加勒比的圣文森特植物园（St Vincent Botanic Garden，1765）、牙买加的巴斯植物园（Bath Botanical Garden，1779）、印度豪拉植物园（也称为 Calcutta Botanical Garden 或 Indian Botanic Garden，1787）、巴西里约热内卢植物园（Rio de Janeiro Botanical Garden，1808）、印度尼西亚茂物植物园（Bogor Botanical Garden，1817）、斯里兰卡派勒代尼亚皇家植物园（Peradeniya Royal Botanical Garden，1821）、新加坡植物园（Singapore Botanical Gardens，1859）等。目前全世界大约有 230 个热带植物园，主要分布于亚洲南部（Heywood，1987）。

　　西方殖民地期间建立的植物园对热带植物园的发掘、应用和传播发挥了重要作用，尤其是豪拉植物园对英国东印度公司的植物资源商业开发及马铃薯的种植推广，桃花心木、黄麻、甘蔗的引种和改善印度棉花的种植发挥了重要作用。豪拉植物园最重要的贡献还包括与邱园合作，把金鸡纳树（*Cinchona calisaya*）从南美引种到印度，随后又引种到斯里兰卡，在斯里兰卡的种植园和药厂种植并产生奎宁药物的金鸡纳树的引种栽培成功获得了巨大的经济社会效益，斯里兰卡政府的医院和药房多年来一直从这个来源获得奎宁，将所得药物广泛用于控制南亚地区疟疾的流行（Hill，1915）。茂物植物园非常著名的也是开展了有价值的植物科学基础研究和应用研究，特别是对众多植物物种的详细描述和编目，以包括金鸡纳树、橡胶、咖啡和其他经济植物的引种驯化研究而闻名于世（Hill，1915）。拉丁美洲西印度群岛圣文森特植物园则是殖民地时期英国在整个西印度群岛进行植物引种驯化的重要基地，引种繁殖了许多具有药用价值和商业价值的植物，也对来自亚洲和其他遥远地区具有重要价值的植物进行引种驯化实验。1793 年布莱船长（Captain Bligh）成功运回英国一批来自太平洋的有价值的植物，包括面包果；几年后引种运回肉豆蔻、丁香和其他香料植物（Hill，1915）。1876 年英国人 Henry Wickham 在南美洲亚马孙丛林采集橡胶种子，运回英国邱园进行种子萌发和幼苗繁殖研究，取得了成功，随后幼苗被分别引种到斯里兰卡种植园、印度尼西亚茂物植物园、马来西亚槟城植物园和新加坡植物园，植物园和橡胶种植园大规模繁殖和栽培的成功造就了后来发展成为全球工业支柱之一的橡胶工业。至今全球的橡胶工业仍然依赖橡胶的种植和生产，其中两项最重要的种植和生产技术——连续割胶法和橡胶芽接法分别于 1897 年和 1915 年由新加坡植物园和印度尼西亚茂物植物园研究发明。这两项技术促进了橡胶种植和生产的高效产业链的形成。

　　殖民地时期的热带植物园为经济植物或药用植物的引种驯化或传播做出了积极贡献，推动了相关经济和社会的发展，对经济社会发展有深远的影响，尤其是对食用植物和药用植物的引种。许多作物是在欧洲植物园如邱园、阿姆斯特丹植物园的合作下由热带植物园或通过热带植物园引进，包括丁香、茶、咖啡、面包树、金鸡纳树、甘蔗、棉花、油棕和可可；目前一些热带地区使用的农作物无疑源于热带植物园间的种质交换（Heywood，1987）。

4. 市政植物园

19 世纪和 20 世纪在法国、英国和意大利及英联邦国家如澳大利亚建立了大量的市政植物园。虽然这些植物园大多数没有上述主流的经典模式植物园的分类学或其他主要植物科学的设置，也没有相关研究设施或研究项目，但它们也会开展如植物收集、植物科普（名牌、解说）、种子交换等植物园的常规管理（Lighty，1982；Heywood，1987；Watson et al.，1993）。市政植物园最显著的特点是大多以园艺为主，往往保持较为精美的公园管理模式，重点开展生物教育活动；这些植物园通常有擅长的公众教育项目，其使命是公众教育和提供大众休息场所，植物科学相关研究不是这类植物园的主要职能。对植物的收集或保存栽培主要是为了逐步补充植物，除植物名称规范以外，缺乏植物园对活植物收集规范的档案信息管理，实际上隶属于公园管理部门。

美国几乎所有的公园或花园都称为植物园（Raven，1981），但北美建于 20 世纪的大量植物园不容易融入任何常规模式的植物园，它们常常是私人基金会和社区导向的，不属于国际主流模式传统，其重点功能是进行公众教育和园艺展示（Heywood，1987；Watson et al.，1993）。

5. 特殊类型植物园

随着植物收集的广泛和深入，以及植物种质资源发掘与利用的拓展，特殊类型植物园应运而生（Heywood，1987）。例如，在欧洲有独立发展成为特色的农业植物园，专门进行引种栽培和研究农业或园艺植物及其近缘类群，这类植物园通常作为大学或国家农业机构研究所、部门或试验站的一部分。19 世纪在印度孟买、金奈（Chennai，旧称马德拉斯 Madras）、乌塔卡蒙德（Ootacamund）和阿利布热（Alipore）成立类似的农业园艺植物园。印度尼西亚的爪哇建立了种质资源收集园，其功能包括果树种质资源的迁地保护、种子贮藏和休闲。在世界各地新建立的现代药用植物园，则会收集和种植药用植物，向公众传播药用植物知识，通常也与研究实验室或协会合作专门从事天然药物开发和民族医药的研究。还有许多其他类群植物如兰花、竹、杜鹃、银桦、棕榈、本土植物等的专类植物园，专门聚焦专科、专属、专类植物的收集保育。这类植物园通常利用某个特定植物类群在当地分布的有利气候环境条件优先收集栽培本土植物，同时关注特定地区濒危物种的迁地栽培和保护（Heywood，1987）。

四、植物猎人对植物收集的贡献

植物探索和引种驯化是人类最古老的活动之一，文明之初人类就从异域他乡收集新奇和有用的植物，并伴随人类探索新的领地和迁徙定居于新的家园。有组织的植物探索可以追溯到公元前 1493 年埃及女王哈特谢普苏特（Hatshepsut）派遣远征军对非洲东部 Land of Punt 的动植物资源的收集利用。古代东西方的植物交换是古代贸易路线和历次征战的产物。始于 15 世纪末的探索时代（The Age of Exploration），源于人类对香料、药用植物和黄金的需求（Hill，1915）。探索通往"东方"的海上航线，哥伦布对美洲大陆的"发现"可谓是不期而遇的重要成果，并带来了旧大陆和新大陆爆炸性的动植物交换，引发了著名的"哥伦布大交换"（The Columbian Exchange）。

17 世纪和 18 世纪科学思想崛起，兴起了与植物探索有关的旅行和自然探险，包括汉斯·斯隆（Hans Sloane，1660—1753）对西印度群岛，詹姆斯·坎宁安（James Cunningham，？—1709）对中国，乔治·埃伯哈德·朗郎弗安斯（Georg Eberhard Rumphius，1627—1702）对印度尼西亚马鲁古群岛（Moluccas）、约瑟夫·班克斯爵士（Sir Joseph Banks，1743—1820）对加拿大纽芬兰（Newfoundland）和拉布拉多（Labrador）、南美洲塔希提岛（Tahiti）、新西兰、澳大利亚、马来群岛、赫布里底群岛（Hebrides）和冰岛的植物探索（Janick，2007），植物猎人和专业的植物采集者对探索植物世界、收集植物资源和引种驯化利用做出了积极贡献。

葡萄牙人于 1516 年从海路抵达中国，将柑橘带到印度，后来再将其引种到葡萄牙，并传播至整个欧洲（威尔逊，2015；罗桂环，2005）。一般认为詹姆斯·坎宁安是到中国的第一个英国植物采集者，他于 1698 年抵达厦门。大约 100 年后，业余植物学家乔治·伦纳德·斯汤顿爵士（Sir George Leonard Staunton，1737—1801）在北京采集植物标本和活植物。其后几年英国东印度公司扩大了与中国的贸易，派出许多雇员在其位于中国贸易口岸工作。1800~1860 年，几个植物学家率先从沿海受限制地区向中国内陆拓展收集植物，如威廉·科尔（William Kerr，？—1814）、约翰·里维斯（John Reeves，1812—1831）在广州收集植物（Hu and Watson，2013）。

威廉·科尔是英国邱园专业的植物采集员，受约瑟夫·班克斯爵士的派遣，来到中国学习园艺技术，并为邱园采集新的活植物材料；1804~1813 年他驻扎在广州，从广州及其周边苗圃购买植物，使得 230 多种植物第一次成功种植于邱园，英国庭园中非常常见的观赏灌木——蔷薇科棣棠属（Kerria spp.）植物就是以他的姓氏命名的。约翰·里维斯是英国博物学者，1812~1831 年生活在中国，任英国东印度公司驻华茶叶检察官。里维斯在广州建立了当地野外采集联络网，以便为他提供标本，进而大量收集植物、哺乳动物、爬行动物、鸟类、软体动物和鱼。他还委托中国艺术家描绘了大量植物和动物的彩图，这些图现存于伦敦大英博物馆。里维斯从广州附近的苗圃和公园采集栽培植物并送回伦敦，为英国首次引入了大量中国名贵观赏植物，包括杜鹃花、山茶花、牡丹花和菊花，其子约翰·拉塞尔·里维斯（John Russel Reeves Junior，1804—1877）追寻其足迹，在中国工作了 30 年，为英国采集了许多标本和活植物（Hu and Watson，2013）。

中国香港是重要的贸易口岸，好几个业余植物学家利用在香港工作的机会从附近岛屿采集植物，如英国的克拉克·阿裨尔（Clarke Abel，1789—1826）于 1816~1817 年、理查德·布林斯利·希德（Richard Brinsley Hinds，1811—1846）于 1812~1847 年、约翰·乔治·钱皮恩（John George Champion，1815—1854）于 1847~1850 年和美国的查尔斯·莱特（Charles Wright，1811—1885）于 1854~1855 年在香港采集植物。最杰出的植物采集者是苏格兰园艺学家罗伯特·福琼（Robert Fortune，1812—1880）于 1843~1861 年 4 次来华采集植物标本，对华南早期植物调查和认知做出了重要贡献的是亨利·弗莱彻·汉斯（Hery Fletcher Hance，1827—1886）（Hu and Watson，2013）。

罗伯特·福琼是英国园艺学家、著名旅行家和最杰出的专业植物采集者，先后受雇于英国皇家园艺学会和英国东印度公司，在中国华南、东南苗圃购买植物，访问了福州、广州、香港、宁波、上海、厦门，其至组织了武夷山考察，发现了顶级黑茶，从中国引进约 190 种观赏植物，其中有许多是今日我们庭园中最重要、最熟悉的种类（Hu and Watson，2013；威尔逊，2015）。福琼最著名的是将茶树引进到印度东北部大吉岭（Darjeeling）地区，奠定了印度茶叶产业的基础，他率先使用"Wardian case"装载活植物，并通过长途海运转运。他采集的标本提供了许多早期中国植物的记录，其中有 25 个新种和新属；英国花园中的棕榈科棕榈（*Trachycarpus fortunei*）就是福琼于 1844 年采集并以他的名字命名的。

著名植物采集家及植物学家亨利·威尔逊（Ernest Henry Wilson，1876—1930）是邱园具有巨大贡献的植物采集者，他于 1897 年进入邱园工作，1919 年担任哈佛大学阿诺德树木园副主任，1927 年升任主任。1899 年威尔逊进入中国，开展了广泛的植物采集，在其后的 12 年里，他 3 次回到中国寻找观赏植物及具有经济价值的植物，采集植物标本 65 000 多份，成功将 1500 多种原产自中国的植物引种到欧美各地栽培，赢得了"中国威尔逊"的绰号（Farrington，1931；Briggs，1993；王印政等，2004；Dosmann，2007；Hu and Watson，2013；威尔逊，2015）。威尔逊在中国引种的植物成为邱园活植物收集的重要组成部分，这些植物多数在大卫·普兰（David Prain，1857—1944）任主任时（1905~1922 年）送到邱园，包括 1911 年种植于杜鹃谷地（rhododendron dell）的植物、1914 年种植于冬青路（holly walk）的李属植物（*Prunus* spp.）和 1915 年种植的 24 棵橡树。中国植物在邱园广泛种植，许多植物专类园区至少包含一种威尔逊引种的活植物，如栒子属（*Cotoneaster*）、槭属（*Acer*）、梓属（*Catalpa*）、香槐属（*Cladrastis*）、崖柏（*Thuja*）、云杉属（*Picea*）、五加科（Araliaceae）、红豆杉属（*Taxus*）、松属（*Pinus*）、栗属（*Castanea*）和鹅耳枥属（*Carpinus*）等，威尔逊收集的植物是这些专类收集园区的核心。

爱丁堡皇家植物园标本馆采集员乔治·福雷斯特（George Forrest，1873—1932）无疑是在中国的所有植物猎人中最成功的，他开展了 7 次长途考察（1904~1907 年、1910~1911 年、1912~1914 年、1917~1919 年、1921~1922 年、1924~1925 年、1930~1932 年），主要集中在云南西部。福雷斯特是一个有条理的、专注的、活跃的植物采集者，对植物有敏锐的眼光。与他的同代人不同，福雷斯特及其当地的采集团队许多时候要回到同一地区对每个地点的所有植物进行广泛收集，他还首创了培训当地人采集植物的方法，并与当地合作者建立起强有力的团队，有时有 40 个纳西人加入采集小组为他采集植物（Mueggler，2011），其至在福雷斯特因心脏衰竭在野外去世后，当地采集者继续采集植物并将种子和标本送到威尔士。福雷斯特自己发现了无数新种，引种了许多早期法国传教士采集的植物。福雷斯特总计采集了 31 000 多号标本，还引种了 6000 多种活植物供观赏栽培（Hu and Watson，2013）。

美国农学家弗兰克·尼古拉斯·迈耶（Frank Nicholas Meyer，1875—1918），荷兰人，受雇于美国农业部，是专业的植物猎人。1905 年他被美国农业部派遣来中国调查农业和搜集资源植物，先后开展了 4 次主要的中亚植物考察，采集了大量的种子和活植物送回美国，1918 年在长江溺亡（Hu and Watson，2013）。1905 年他担任比利时总领事的翻译第一次来到中国上海，是对树木感兴趣的业余博物学家。尽管当时驻扎在河南，但他远行到甘肃、陕西、江苏，收集了大量的植物标本，采集了许多树木的种子送到比利时国家植物园和阿诺德（Arnold）树木园。在 1905~1908 年第一次的采集中他运回了中国的柿子（*Diospyros kaki*）、君迁子（*Diospyros lotus*）、楸树（*Catalpa bungei*）、七叶树（*Aesculus chinensis*）和银杏（*Ginkgo biloba*）等植物，并邮寄回美国数以千计的蔬菜作物种子。后来的 3 次旅行（1909~1911 年、1912~1915 年、1916~1918 年）同样收获丰厚。他还进行了探险，西至俄罗斯、突厥斯坦，东至朝鲜，收集标本数万份、植物 2500 种，其中有许多著名的作物如大豆、多种谷物、水果、竹子、中国白菜、豆芽、竹笋和荸荠。他还引种了我国西部著名的观赏植物如蓝丁香（*Syringa meyeri*）、圆柏变种（*Juniperus squamata* var. *meyeri*）、榔榆（*Ulmus parvifolia*）、榆树、豆梨（*Pyrus calleryana*）、板栗（*Castanea mollissima*）、黄刺玫（*Rosa xanthina*）和黄连木（*Pistacia chinensis*）等。

英国植物学家奥古斯丁·亨利（Augustine Henry，1857—1930）于 1882 年任驻宜昌医疗官和中国海关助理，在此期间对植物学产生了强烈的兴趣，在其后 7 年里他大量收集宜昌和湖北西部与四川地区的植物及标本，对中国近代植物分类学做出了贡献。后来他调离到台湾，对台湾南部植物作了广泛收集，1896 年出版了台湾本土植物名录，其中收录了 1328 种台湾本土植物、81 种栽培植物和 20 种驯化植物，记录了福琼时代以来发现的植物。亨利在中国工作的 20 年时间，向伦敦寄送了 15 000 多号标本，其中至少有 500 个新种。他后来成为中国山地植物区系研究领域的知名人物，在中国期间他长期担忧所见到的大面积的森林砍伐，是早期的自然资源保护主义者，在随标本寄送的信件中多次敦促英国皇家植物园邱园派出合适的、训练有素的植物学家探索和编目中国中部与西南地区的植物。虽然亨利本人采集了一些种子，但他更大的贡献是由于他的园林植物发现和在他的敦促下，E. H. 威尔逊进入中国为邱园和阿诺德树木园引种收集植物。亨利在 1886~1892 年到达云南蒙自，在元江沿岸森林中发现了野生茶。他将他所采集的大部分标本送回邱园，少数复份标本收藏于欧美一些其他的标本馆，发现新植物众多，如水青树科新属水青树属（*Tetracentron*）、杜仲科杜仲属（*Eucommia*）、槭树科金钱槭属（*Dipteronia*）、省沽油科瘿椒树属（*Tapiscia*）、葫芦科雪胆属（*Hemsleya*）、茜草科香果树属（*Emmenopterys*）、夹竹桃科毛药藤属（*Sindechites*）、苦苣苔科石蝴蝶属（*Petrocosmea*）与半蒴苣苔属（*Hemiboea*）、胡麻科茶菱属（*Trapella*）、百合科舞鹤草属（*Maianthemum*）、毛茛科尾囊草属（*Urophysa*）。

综上所述，殖民地期间的植物探险和对植物的广泛收集、驯化研究及其传播，虽然带有明显殖民地经济和社会的特点，但是从植物学研究和植物引种驯化及其全球传播的角度看，具有重要的时代意义，对促进农业生产效率的提高和各地经济社会的发展多具有积极作用。中国由于当时的经济和社会条件所限，在这一重要的植物引种时期，多数是被动地任凭西方人采集和研发。毫无疑问，中国的植物和植物资源对全球的贡献巨大，正如 E. H. 威尔逊在他后来所著的《中国——园林之母》一书中饱含感激地写道："中国是园林的母亲，千真万确……中国对世界园林资源的贡献有目共睹。花卉爱好者从中国获得今天玫瑰的亲本，包括茶玫瑰或茶玫瑰的杂交种、攀缘或多花类型，还有温室的杜鹃和报春；果树种植者获得桃、橙、柠檬和葡萄柚。可以确定地说，在美国或欧洲找不到一处没有中国植物的园林，这其中的乔木、灌木、草本和藤本美丽绝伦""一个立国已有数千年，有着稠密的农业人口的国家，依靠土地维系生活，在 20 世纪竟然以最丰富的温带植物区系炫耀于全世界"（威尔逊，2015）。

第三节　保护生物学兴起与发展

生物多样性及其资源是地球再生资源的核心组成部分，是人类赖以生存和发展的基础，是维系人类经济社会可持续发展的最根本的保障。除了人类现已利用的少部分生物资源外，绝大部分有着更大的经济和社会价值的生物质资源尚未被人类认识和利用，数以万计的植物、动物和微生物蕴涵着解决人类可持续发展所必需的衣、食、住、行所依赖资源需求的巨大潜力。21 世纪人类面临的最重大挑战之一是如何解决对生物资源的极大需求和可持续发展之间的矛盾。而解决这一矛盾的主要途径是加速发展革命性的生物质资源利用的新理论和新技术，发掘广泛存在于野生生物（动物、植物、微生物）资源库中的有用物种、种质、基因，开展种质创新、培育新品种，创造新技术、开发新工艺，实现规模产业化（中国科学院生物质资源领域战略研究组，2009；Huang，2011）。然而，过去数十年来，人口数量的急剧增加，城市化和工业化进程的迅猛推进，科学技术的快速发展，人类对地球资源的过度使用，造成了栖息地破坏、环境迅速恶化、物种灭绝、气候变化、物种入侵、人兽共患疾病、环境污染和生物多样性急剧下降等问题，使世界面临自白垩纪末期恐龙灭绝以来最大的浩劫，生物多样性已经面临空前的挑战，乃至威胁到人类自身的生存。保护生物多样性，保护丰富的生物资源，保护人类的生存环境，已成为人类急需解决的重大问题。现代社会中的许多重大环境问题的出现，使保护生物学应运而生，并带动了保护生物学的发展（蒋志刚和马克平，2009）。

一、保护生物学的兴起

人类对自然的认识是一个渐进的过程，从 18 世纪欧洲关注于对生物及其环境的自然探索，开展了人类历史上空前的伟大探险和全球性动植物资源的收集，到 19 世纪早期兴起生物地理学，开始重点收集即将灭绝的稀有植物标本，人类见证了早期的自然环境和资源破坏。19 世纪中期至 20 世纪初期，由于大面积的森林砍伐和植物野外栖息地的破坏，欧美的环境观念发生了巨大变化，由"征服自然"的传统观念逐渐转变为保护主义的理念，保护的概念得以广泛运用，特别是自然资源管理和森林、野生生物等的保护。现代自然保护以 19 世纪中期首次应用科学原则保护印度森林为标志，保护伦理包括 3 个核心原则：人类活动破坏了环境、公民有责任为后代维护环境、以经验主义为基础的科学方法确保实施保护职责。1842 年印度马德拉斯董事会（The Madras Board of Revenue）开始对当地进行保护，由植物学家亚历山大·吉布森（Alexander Gibson）牵头系统实施基于科学原理的森林保护计划，是世界上首个国家层面的森林管理行动（Barton，2002）。这种地方森林保护尝试逐渐受到英国政府更多的关注。在自然保护先驱休·克莱格霍恩博士（Dr. Hugh Cleghorn）的影响下，英属印度政府总督达尔豪斯勋爵（Lord Dalhousie）于 1855 年引进了世界上第一个永久性和大规模的森林保护计划，并迅速扩展至其他英属殖民地（Cleghorn，1861）及美国，成为森林保护的典范。1872年美国建立了黄石国家公园，它是世界上第一个保护动植物及其环境的国家公园。英国于 1869 年通过了世界上首个保护立法——《海鸟保护法案》，建立了许多保护协会，如1889 年成立的皇家鸟类保护协会（Royal Society for the Protection of Birds）。美国于 1891年通过了森林保护行动（Forest Reserve Act），将森林保护区纳入联邦管制，1901~1909年西奥多·罗斯福（Theodore Roosevelt）在任美国总统期间把自然资源保护议题提到国家议程（Brinkley，2009），建立了一系列保护森林的国家公园和自然保护区。

"保护"（conservation）一词在 19 世纪末才开始被广泛使用，内容涉及资源管理和资源保护，而真正形成保护生物学这一学科大约是在 20 世纪 80 年代初期（Brussard，1985）。早在 20 世纪初期，随着森林学、水产学和野生动物管理的出现，就已经萌发和孕育了保护生物学的思想（Soulé，1986）。从 20 世纪 50 年代开始，世界经济渐趋空前繁荣，城市化浪潮席卷全球，人与环境之间的矛盾日益突出，全世界面临着人口爆炸、资源短缺、能源危机、粮食不足、环境污染等五大问题的挑战。人们开始将人类自身放在生态系统之中，正确全面地看待人在生态系统中的地位和作用，尝试利用生态学来解决一些人类面临的实际问题，协调人类既是栖息者又是操纵者之间的关系，以求达到人类社会在经济生产和环境保护之间协调发展的目的（Pimm et al.，1995）。20 世纪 60 年代新热带地区栖息地大规模的人为改变使科学家认识到其结果是物种将在科学描述和研究之前就灭绝，因此应赋予北美传统的国家公园以自然保护功能，在世界各地建立自然保护区网络。保护区网络的设计成为保护生物学的第一个理论问题和独特的使命任务（Kaplan and Kopishke，1992）。20 世纪 70 年代美国生态学家试图通过应用岛屿生物地理学理论解决保护区网络的设计，从而阻止栖息地的人为改变（MacArthur and Wilson，1967；May，1975；Simberloff，1976）。岛屿生物地理学理论的原理被应用于保护区网络的设计，甚至被一些国际保护机构所采用。基于对热带森林砍伐、物种消失和物种遗传多样性降低的高度关注，Bruce Wilcox 和 Michael E. Soulé 于 1978 年在美国加利福尼亚大学圣迭戈分校组织召开了以"保护生物学"（Conservation Biology）为主题的第一届国际保护生物学大会，使得生物多样性危机受到普遍关注，推动保护生物学发展和保护策略及相关保护计划实施进入了新时代。20 世纪 80 年代保护生物学只是以具有自身保护实践和文化的专业性企业和社会机构出现。在某种意义上，保护生物学于 1985 年 5月在美国密歇根州安阿伯市举行的第二届保护生物学会议成为有组织的学科，会议讨论了设立新的保护生物学学会和创办新的保护生物学杂志的需要。1985 年美国保护生物学协会的创立和 1987 年 *Conservation Biology* 杂志的创刊，标志着保护生物学作为一门新兴学科迅速发展起来。

保护生物学是研究人类活动或其他因子对物种、群落和生态系统的干扰及其保护（Soulé，1985），如何保护生物物种及其生存环境，从而保护生物多样性的科学（蒋志刚和马克平，1997），其目标是评估人类对生物多样性的影响，提出防止物种绝灭的具体措施（Soulé，1986；Wilson，1992）。由于地球上的生物物种正面临一场空前的生存危机，因此 Soulé（1986）将保护生物学称为"危机学科"，它是处理危机的决策科学。经过过去几十年的发展，人类在宏观和微观层面对生物界认知的不断深入和现代生命科学技术的日益进步，保护生物学及其分支学科的科学性、理论性、系统性甚至应用技术性日臻完善，保护生物学已发展成一个具有深远影响的综合性学科（蒋志刚和马克平，2009；Kareiva and Marvier，2012）。随着保护生物学的快速发展，保护生物学内在的多学科基础不断完善，一些新的分支学科包括保护遗传学、保护社会学、保护行为学和保护生理学应运而生。

二、保护理念的演变

保护生物学是以任务驱动（mission-driven）的学科（Soulé，1985），容易受到新的、流行的方法的影响（Redford et al.，2013）。在过去 80 年的保护实践中，涉及保护的新方法不断出现，20 世纪 70 年代后期以来出现过至少 10 种与生物多样性保护相关的新方法，如热带雨林天然产品市场营销、生物多样性热点、整合保护和发展、生态旅游、生态认证、以群落为基础的保护、生态系统或环境服务补偿、森林砍伐和退化排放量减少、保护特许权及整合农业、可持续利用和保护的景观方法等（Redford et al.，2013）。总体上看，过去几十年来许多基本的保护原理、保育组织及全球性措施和影响力几乎没有什么变化（Adams，2004），但新的时尚的保护方法反映了保护理念、目的和保护过程已经发生了改变，这些改变主要涉及如何看待人与自然的关系，进而影响到支撑保护的科学依据的改变（Mace，2014）。

Mace（2014）认为，现代保护的理念经历了 4 个主要阶段的转变（表 1-1）。20 世纪占主导地位的保护方法是建立保护区，但人被排除在外。20 世纪 60 年代以前，保护理念大体是保护自然本身，重点是维持野生状态和自然栖息地的完整性，通常不考虑人类，支持的学科包括野生动植物生态学、自然历史及理论生态学。这种以物种保护和保护区管理为重点的理念贯穿了整个 20 世纪 60 年代，到现在依然是人们关于自然保护的主流意识。

表 1-1　自然保护观念转变（译自 Mace，2014）

时间	保护理念	主要观点	科学基础
1960 1970	保护自然	物种 野生状态 保护区	物种、栖息地和野生生物生态学
1980 1990	防止人类破坏自然	物种灭绝、受威胁和濒危 栖息地丧失 污染 资源过度利用	种群生物学 自然资源管理
2000 2005	自然为人类服务	生态系统 生态系统方法 生态系统服务 经济价值	生态系统功能 环境经济学
2010	人与自然共存	环境变化 可恢复力 适应性 社会生态系统	资源经济学 社会科学和理论生态学

20 世纪七八十年代，随着人类活动对自然环境的影响加大，人类对栖息地破坏、自

然资源过度利用及物种入侵的认识逐渐增强，出现了"防止人类破坏自然"的保护理念，以群落为基础的生物多样性保护和自然资源管理的方法开始迅速传播。此时保护生物学关注的重点转移到人类对物种和栖息地的威胁，以及如何扭转或减少人类对物种和栖息地影响的策略上。因此产生了最小可存活种群和野生生物资源可持续利用水平的理念，对以群落为基础的管理和野生生物可持续利用的激烈争论始于这个时期（Hutton et al.，2005），并一直延续到了现在。

20 世纪 90 年代初，以群落为基础的保护方法，特别是以群落为基础的自然资源管理与更传统的生物多样性保护方法出现越来越多的分歧（Hutton et al.，2005）。到了 20 世纪 90 年代后期，大量证据显示人类对栖息地造成的压力无处不在且持续存在，而人们努力实行的自然保护措施未见成效；物种灭绝速率继续逐渐攀升，生物多样性保护的压力越来越大（Pimm et al.，1995）。人们逐渐意识到，人类一直忽视了自然为他们提供的是极其重要的、不可替代的资源和生态服务（Daily，1997）。随着对自然环境管理不善所付出的代价逐渐累积，重视大自然能够带来的潜在利益日渐清晰（Costanza et al.，1997；Balmford et al.，2002）。保护思想从保护物种向以保护生态系统为重点的综合管理转移，目的是维持生态系统平衡，为人类提供可持续资源和生态系统产品与服务（Turner and Daily，2008），这就是"自然为人类服务"理念的核心。

千年生态系统评估（The Millennium Ecosystem Assessment）是人们更为广泛地接受自然环境保护理念的划时代转变。虽然还存在强烈的反对者和众多的怀疑者，但人们将其理念、原理和方法很快在保护行动和环境政策中付诸实践（Redford and Adams，2009）。此时，出现了更深远、更和谐的"人类是生态系统的组成部分"的概念，并被人们广泛接受，大大减少了将人和自然孤立对待的做法。

关注自然的效益和生态系统服务的保护理念已产生更大的影响。然而近些年来，这一理念也发生了微小变化：从过于功利主义地管理大自然使人类获得最大总体效益，转变为人与自然双向互动的关系（Carpenter et al.，2009）。这种"人与自然共存"的理念更强调可持续发展的重要性及人类社会和自然环境的弹性互动。这一理念适用于从全球范围到地区层面的不同尺度，并以资源经济学、社会科学及理论生态学作为理论支持（Carpenter et al.，2009；Ostrom，2009）。

尽管过去几十年里自然保护的流行理念经历了几次变化，但是新理念的产生并没有完全取代过去的理念，因此目前保护生物学领域存在多重理念并存的交叉格局，产生了多元化的观点和目的及其科学支撑（Mace，2014）。保护科学和实践的 4 个理念虽然有时相互支持实施，但潜在的意识差异会导致不同理念之间产生越来越多的摩擦和争议。最近北美非政府组织的"美国大自然保护协会"（The Nature Conservancy）从关注于保护，转向了保护成果的开发，甚至提出保护科学（conservation science）的概念，强调最大限度地保护生物多样性，同时协调人类福祉的提高（Kareiva and Marvier，2012），导致了人们的激烈争论（Soulé，2014；Kareiva，2014）。科学技术并不总是能与概念和目标同步，多重保护理念的保护可能会产生不同的后果，在很多方面产生不同的影响和争议，如在如何测量保护的成功、如何设计生态系统管理及如何将经济价值分配给大自然等（Mace，2014）。

在"保护自然本身"的理念下，保护成功可用已成熟的指标测量，如对列入世界自然保护联盟（International Union for Conservation of Nature，IUCN）濒危物种红色名录或保护区覆盖的物种数量变化极小测量（Butchart et al.，2010）。在"防止人为破坏"的理念下，可以通过受威胁类型分别测量保护成功程度，如报告不存在风险的物种和地区，但需强调如果压力不减弱，这些物种和地区会很快有风险。基于生态系统的"人类利用自然"和"人与自然共存"理念，保护成功的评价指标需要联系自然与人类福祉，并且需要明确界定人类所需要的利益和具体的受益者（Fisher et al.，2008），这时测量保护成功是非常困难的。例如，人们普遍认为保护最大数量的野生物种和完好的栖息地才符合为该地区的人们提供最大化的生态系统服务的要求。尽管大多数生态系统功能的增强有赖于更丰富的生态和物种多样性（Cardinale et al.，2012），但满足人类不断增长的充足食物供应和干净饮水的需求，更有赖于将完整的荒野转化为农业用地、开挖沟渠甚至消耗许多河流和湿地，从而减少多样性。自然贡献于人类福祉的方式是增加物种多样性和遗传多样性（UN Convention on Biological Diversity，2010）。但当给予测量保护成功的指标背后复杂流程和交互影响时，将不可避免地出现矛盾，并且很可能难以找到明确的政策。

不同的保护理念对生态系统管理的影响也不相同。在"人与自然共存"理念下，保护科学已经完全远离关注物种和保护区，转向人与自然共享环境，保护的形式、功能、适应性和恢复力更复杂（Mace et al.，2012），即使有最好的意图，人类对大自然承载力的保护将会产生意想不到的潜在不良结果（Redford and Adams，2009）。"人与自然共存"理念不同于"人类利用自然"理念的线性关系特征，而是具有更多层次和多维的关系，因此很难将其概念化，更不用说去测量。试图开发大规模的保护测量指标会产生大量多余的测量方法。例如，联合国《生物多样性公约》的战略规划设立了 20 个目标和约 100 个指标，包括解决生物多样性丧失、降低生物多样性的直接压力、促进可持续利用、保护生态环境、保持自然状态等。然而，这些条款对于人类社会和生态学却有着不同的含义。对人类社会而言，一个简单的行为改变或技术创新可以提高人的适应能力和恢复力，但对于物种、生态群落和生态系统来说，适应性和恢复力则取决于生物物理过程，需要正确的构成要素处于适当尺度的空间和时间，可能并不适合人类进行管理。例如，扭转成熟森林长期衰退或恢复海洋完整的营养系统可能要花上几个世纪，这远远超出了环境政策的正常时间尺度。在这些自然系统中，一旦失去多样性，将需要进行人类难以理解的复杂的恢复过程，并且需要长期致力于修复或恢复（Mace，2014）。

保护生物学是处理危机的科学，是保护自然环境及其生物多样性的科学（Soulé，1985），需要回归到自然及其生物多样性保护的自身需求（McCaugley，2006）。不同保护理念之间的差异并不像其出现时那么明显。例如，尽管强烈关注人类，但"人与自然共存"实际上可能非常类似于"保护自然本身"，二者都包括人类对赖以生存并要留给后代的环境的希望和愿望。"人与自然共存"牵引出从环境产生的其他社会需要，需要更好的政策支持，有更广泛的关注度，有许多重要的特征在未来几十年里将继续成为保护的重点，维持连贯和包容的保护生物学重点，发展相关的科学工具和政策决策，寻求坚实的共同学科基础，确保人与自然的美好未来（Mace，2014）。

三、从国家和区域到全球立法与行动计划的概况

自然保护（nature conservation）也称为自然保护运动（nature conservation movement），是一项政治、环境和社会运动，旨在保护包括动物、微生物和植物物种及其栖息地在内的自然资源。

20 世纪中期兴起了对特定目标物种的保护，著名的案例是国际野生生物协会的前身，纽约动物学会领导的南美洲大型猫科动物保护运动（Landres et al.，1988）。20 世纪初纽约动物学会建立了特定物种保护的概念，通过进行必要的保护研究，确定了特定物种最适合的重点保护区域（Nix，1982；Scott et al.，2002）。

到了 20 世纪 70 年代，美国和加拿大率先通过《濒危物种法案》（Endangered Species Act，US；Species at Risk Act，SARA，Canada），澳大利亚、瑞典和英国制定了《生物多样性行动计划》（Biodiversity Action Plans），数百种特定物种被纳入了保护计划。值得一提的是，联合国采取行动保护优秀的文化景点或重要的自然景点，将其纳入了人类的共同遗产，该项目于 1972 年在联合国教育、科学及文化组织（联合国教科文组织，UNESCO）大会通过。美国是第一个通过国家立法开展生物保护的国家，早在 1966 年就通过了《濒危物种法案》，1970 年通过了《国家环境政策法》（Garson et al.，2002），通过投入资金和保护措施，开展了大规模的栖息地保护和濒危物种研究。对自然的保护已发展到世界各地，例如，印度于 1972 年通过《野生生物保护法》（Wildlife Protection Act）（Margules and Pressey，2000）。

1980 年兴起的城市自然保护运动具有重要影响。英国在伯明翰首先建立了地方保护组织，其后在英国各地纷纷建立起城市保护机构，随后延伸至英国海外殖民地。英国的城市自然保护运动在发展初期虽然被认为是草根运动（主要开展的是城市野生生物的学术研究，最初被认为是激进的），但保护运动的观点不可避免地与其他人类活动联系在一起，现已成为主流的保护思想。大量的研究工作针对的是城市保护生物学，成立了保护生物学会（Society for Conservation Biology）（Garson et al.，2002）。

地球的生物圈是一个个组成部分相互关联的功能整体，局部的污染和生物多样性变化将影响整个生物圈。因此，生物多样性保护是一项全球性的任务，需要各国共同努力。自 1973 年《濒危野生动植物物种国际贸易公约》（Convention on International Trade in Endangered Species of Wild Fauna and Flora，CITES）签订以来，国际上已签署了一系列国际公约。1992 年 6 月在巴西里约热内卢召开的联合国环境与发展大会，签署了《生物多样性公约》（CBD）、《里约环境与发展宣言》（Rio Declaration）和《联合国气候变化框架公约》（United Nations Framework Convention on Climate Change）。

1985 年 11 月，在西班牙拉斯帕尔马斯（Las Palmas）召开了主题为"植物园和世界自然保护战略"（Botanical Gardens and the World Conservation Strategy）的国际植物园会议，来自世界 39 个国家的 140 余名科学家呼吁全人类行动起来，对植物种质进行有效的监测和保护（贺善安，1987）。会议指出，数百年来，植物园一直是植物多样性科学研究的主要中心，是植物引种机构，并为农林、园艺和药物提供各种新物种。由于地球

上人们赖以生存的植物遭到破坏和发生衰退，有 60 000 种以上的植物将要在我们这一代人的时期内灭绝。近年来，世界上的许多植物园已经动员力量进行植物保护，采取野外就地保存的方式，把植物引种到植物园开展迁地保存。会议号召全世界植物园联合起来，采取世界性保护战略保护植物。

《生物多样性公约》是一项保护地球生物资源的国际性公约，于 1992 年 6 月 1 日在内罗毕由联合国环境规划署发起的政府间谈判委员会第七次会议上通过；1992 年 6 月 5 日，由签约国在巴西里约热内卢举行的联合国环境与发展大会上签署；于 1993 年 12 月 29 日正式生效；常设秘书处设在加拿大的蒙特利尔。联合国《生物多样性公约》缔约国大会是全球履行该公约的最高决策机构，一切有关履行《生物多样性公约》的重大决定都要经过缔约国大会的通过。《生物多样性公约》是一项有法律约束力的公约，旨在保护濒临灭绝的植物和动物，最大限度地保护地球上多种多样的生物资源，造福于当代和子孙后代。目前世界上大多数国家已致力于执行《生物多样性公约》，以保护生物多样性。随后许多国家开始实施生物多样性行动计划项目，鉴定和保护受威胁物种，保护栖息地。20 世纪 90 年代后期生物多样性保护的专业性日渐成熟，许多国家和地区先后建立了生态与环境管理研究机构和环境协会。

1999 年 8 月在密苏里植物园召开了第 16 届国际植物学大会，大会的两大热点问题分别是：①植物资源保护和利用的矛盾仍然是当今最突出和难以解决的重大问题；②生物多样性的丧失及其保护是植物学家目前和今后关心与研究的焦点（王仁卿等，2000；BGCI，2000）。大会主席、密苏里植物园主任 Peter H. Raven 极力推动了全球对生物多样性消亡的关注。植物多样性为人类提供了几乎所有的食品和大多数药品，影响着当地的气候，为所有生命提供栖息地，然而植物多样性遭受到了人类惊人的毁坏，预计到 21 世纪中叶，将有 1/3 种类灭绝或濒临灭绝，如果不及时采取行动，目前所有的植物物种将有 2/3 在 21 世纪末被毁掉。Raven 建议监测世界植物多样性，查明最濒危的植物，在自然状态或植物园、种子库采取措施保护濒危植物；通过互联网共享植物多样性信息，在国家层面保持对植物状况的动态调查，特别关注对药用植物的保护。

2000 年 4 月，来自 14 个国家的重大国际和国家组织、研究机构和其他生物多样性保护机构的植物学家在西班牙大加那利岛开会研究推进第 16 届国际植物学大会决议与启动全球植物保护行动的必要性。会议决定在联合国《生物多样性公约》框架内，尽快实施全球植物保护战略和相关程序，支持和促进各种水平的植物保护，阻止当前正持续的植物多样性的丧失。会议制定了"全球植物保护战略"的主要基础，会后出版了《大加那利岛宣言》，号召实施全球植物保护战略（BGCI，2000），为《全球植物保护战略》的起草和发表奠定了重要基础。

《全球植物保护战略》（Global Strategy for Plant Conservation，GSPC）是由生物多样性公约秘书处和国际植物园保护联盟推动制定的，目标是遏制目前不断发生的植物多样性丧失、保护植物多样性，于 2002 年 4 月得到《生物多样性公约》缔约国大会第六次会议批准实施，明确提出了全球要在 2010 年前实现的 16 个目标。《全球植物保护战略》推动了全球植物多样性的保护和可持续利用，对世界生物多样性保护做出了重要贡献，同时也推动了各国及区域层面的植物多样性保护，特别对不发达国家及生物多样性热点区域的植物多样性保护发挥了积极引领作用。该战略经过第三方机构及全球众多专家评估于 2009 年由《生物多样性公约》秘书处发表评估报告，高度评价了该计划执行以来取得的重要进展及其必要性、可行性与持续性。后续《全球植物保护战略》编制完成，并于 2010 年 10 月由《生物多样性公约》第十次缔约国大会通过决议实施。《全球植物保护战略》提出了至 2020 年全球植物多样性保护及可持续利用的更高目标，包括认识和编目植物多样性、立即有效保护植物多样性、公平与可持续利用植物多样性、推进植物多样性可持续发展、维系地区生物圈重要性的意识和教育及该战略实施的能力建设与公众参与必要性 5 个方面的 16 个目标。《全球植物保护战略》为全球、区域、国家和地区的植物多样性保护行动提供了完整的、系统的、可考核的、创新性的框架，有助于就各项主要宗旨、目标和行动达成共识，促进全球植物保护的合作和配合。

我国保护生物学研究起步较晚，力量相对薄弱，但发展较快。在我国，关于大多数物种受威胁状况的本地调查有所欠缺，重点保护野生动植物缺乏长期的、系统的有效监测，许多新方法和新技术还没有被有效应用；我国建立的自然保护区已达 2697 个，面积约为 146.3 万 km^2，约占全国陆域国土面积的约 15%（中华人民共和国环境保护部，2014），规模虽大，但其设计与管理水平有待进一步提高。虽然 1959 年中国科学院在鼎湖山建立了我国第一个自然保护区，但真正意义的生物多样性保护和研究开始于 20 世纪 80 年代后期。参照 IUCN 的标准，1980 年国务院环境保护领导小组开始组织专家编制我国珍稀濒危植物名录，于 1987 年出版了《中国珍稀濒危保护植物名录》（第一册）（国家环保局和中国科学院植物研究所，1987），1989 年出版了《中国珍稀濒危植物》（354 种）（傅立国，1989）和 1991 年出版了《中国植物红皮书》（第一册）（傅立国，1991）等。我国植物园于 20 世纪 80 年代初期以来就以我国的珍稀濒危植物为对象，开展了迁地保护及其研究工作，获得了较大的进展（许再富等，2008）。1990 年中国科学院成立了生物多样性工作组，1992 年 3 月改立为中国科学院生物多样性委员会，统一协调中国科学院生物多样性研究工作。1993 年《生物多样性》杂志创刊发行。1994 年，我国政府颁布了《中国 21 世纪议程》和《中国生物多样性保护行动计划》以履行生物多样性保护国际公约。这些均表明我国加快了生物多样性研究和保护的步伐。1994 年 8 月，中国科学院生物多样性委员会、林业部野生动物和森林植物保护司与中国植物学会青年工作委员会联合召开了第一届全国生物多样性保护与持续利用研讨会；《生物多样性研究的原理与方法》（1994 年）、《保护生物学》（1997 年）、《濒危植物裂叶沙参保护生物学》（1999 年）和《保护生物学基础》（2000 年）等专著的出版则标志着我国保护生物学已有较大的发展，并已达到较高的水平，而且保护生物学研究的热点已从学科及其方法的介绍转到了生物多样性保护与区域可持续发展的研究方面。

随着植物多样性保护战略的实施和全球气候变化日益受到重视，植物迁地保护被提升到前所未有的高度。尤其是《全球植物保护战略》的实施，极大地带动了世界各国植物园参与植物多样性保护的引领效应。由国家林业局保护司、中国科学院植物园工作委员会、环境保护部自然司会同我国众多植物园、东北林业大学等机构参与起草并发布的《中国植物园保护战略》（*China's Strategy for Plant Conservation*）（中国植物保护战略编撰委员会，2008）中英文版也进一步发挥了我国作为植物多样性大国的引领作用，得到国内外高度关注和评价。

在全球气候变化的大背景下，植物多样性保护的热点和焦点不断发生变化。尤其是迁地保护在全球气候变化日益严峻的形势下，不断被赋予新使命和责任。随着对气候变化对就地保护植物分布的影响的认识不断加深，发现就地保护难以保护许多植物；迁地栽培和种子库则提供了有效的补充，大规模抢救性收集、迁地栽培及种子库储存势在必行。与 2000 年 4 月大加那利岛专门小组召开特别会议推动了《大加那利岛宣言》和《全球植物保护战略》的诞生类似，2006 年这个小组（虽然人员有调整）再次汇聚大加那利岛研究全球气候变化背景下的植物保护战略，并发布了《大加那利岛宣言Ⅱ——气候变化与植物保护》（The Canaria Declaration II on Climate Change and Plant Conservation）（BGCI，2006）。显然，植物迁地保护的意义和使命得到了进一步的明确和强化。该宣言明确提出，由于在全球气候变化背景下自然生境中许多植物生存和繁衍的不确定性，植物迁地保护应发挥其确定性保护的关键作用，并强调了推进迁地保护居群遗传多样性最大化的方法和技术研究。毫无疑问，全球气候变化背景下植物迁地保护热点已经从珍稀濒危植物类群保护和物种多样性保护转到更加关注气候变化敏感类群、生态功能服务关键类群和人类生计必需类群等。例如，无路可徙植物，即位于山顶、地势低的岛屿、高纬度及大陆边缘的植物类群；狭域分布植物，即稀有、特有类群；弱扩散能力或长世代植物；对极端气候（洪水、干旱等）敏感植物；生境特异植物；共进化核心植物类群；对气候变化生理反应差的植物类群；生态系统过程与功能或原始产能的基部植物类群；对人类未来利用潜力有直接价值的植物类群等。植物迁地保护将肩负越来越重要的使命。

（黄宏文　廖景平　张　征）

参 考 文 献

曹玲. 2004. 明清美洲粮食作物传入中国研究综述. 古今农业, (2): 95-103.

陈树平. 1980. 玉米和番薯在中国传播情况研究. 中国社会科学, (3): 187-204.

陈志一. 1984. 关于"占城稻". 中国农史, (3): 24-31.

傅立国. 1989. 中国珍稀濒危植物. 上海: 上海教育出版社.

傅立国. 1991. 中国植物红皮书(第一册). 北京: 科学出版社.

葛剑雄. 1991. 中国人口发展史. 福州: 福建人民出版社: 263.

国家环境保护局, 中国科学院植物研究所. 1987. 中国珍稀濒危保护植物名录(第一册). 北京: 科学出版社.

何炳棣. 1979. 美洲作物的引进、传播及其对中国粮食生产的影响(三). 世界农业, (6): 25-31.

何炳棣. 1989. 1368—1953 中国人口研究. 葛剑雄译. 上海: 上海古籍出版社.

何炳棣. 2000. 明初以降低人口及其相关问题. 葛剑雄译. 北京: 生活·读书·新知三联书店.

贺善安. 1987. 保护植物种质的重要文件——大加那利岛宣言. 植物杂志, (1): 7.

黄宏文, 段子渊, 廖景平, 张征. 2015. 植物引种驯化对近 500 年人类历史的影响及其科学意义. 植物学报, 50(3): 280-294.

黄宏文, 张征. 2012. 中国植物引种栽培及迁地保护的现状与展望. 生物多样性, 20(5): 559-571.

蒋志刚, 马克平, 韩兴国. 1997. 保护生物学. 杭州: 浙江科学技术出版社.

蒋志刚, 马克平. 2009. 保护生物学的现状、挑战和对策. 生物多样性, 17(2): 107-116.

刘旭. 2003. 中国生物种质资源科学报告. 北京: 科学出版社.

刘旭. 2012. 中国作物栽培历史的阶段划分和传统农业形成与发展. 中国农史, (2): 5-18.

罗桂环. 2000. 西方对"中国——园林之母"的认识. 自然科学史研究, 19(1): 72-88.

罗桂环. 2005. 近代西方识华生物史. 济南: 山东教育出版社.

孟繁清. 2009. 元代海运与河运研究综述. 中国史研究动态, (9): 11-18.

宋李键. 2012. 工业革命为什么发生在 18 世纪的英国——一个全球视角的内生分析模型. 金融监管研究, (3): 93-106.

王仁卿, 宋凯, 郭伟华, 程伟, 张明才. 2000. 植物多样性: 面临的严重威胁及其保护——第 16 届国际植物学大会评述. 植物学通报, 17(2): 155-159.

王思明. 2004. 美洲原产作物的引种栽培及其对中国农业生产结构的影响. 中国农史, (2): 17-28.

王印政, 覃海宁, 傅德志. 2014. 中国植物采集简史, 中国植物志(第一卷). 北京: 科学出版社: 658-732.

威尔逊 E H. 2015. 中国——园林之母. 胡启明译. 广州: 广东科技出版社.

吴宾, 党晓虹. 2008. 论中国古代粮食安全问题及其影响因素. 中国农史, (1): 24-31.

辛树帜. 1962. 中国果树历史的研究. 北京: 农业出版社.

许再富, 黄加元, 胡华斌, 周惠芳, 孟令曾. 2008. 我国近 30 年来植物迁地保护及其研究的综述. 广西植物, (6): 764-774.

游修龄. 1983. 占城稻质疑. 农业考古, (1): 25-32.

郁龙余. 1983. 中印栽培植物交流略谈. 南亚研究, (2): 83-89.

郑殿升. 2011. 中国引进的栽培植物. 植物遗传资源学报, 12(6): 910-915.

中国科学院生物多样性委员会. 1994. 生物多样性研究的原理与方法. 北京: 中国科学技术出版社.

中国科学院生物质资源领域战略研究组. 2009. 中国至 2050 年生物质资源科技发展路线图. 北京: 科学出版社.

中国植物保护战略编撰委员会. 2008. 中国植物园保护战略. 广州: 广东科技出版社.

中华人民共和国环境保护部. 2014. 中国履行《生物多样性公约》第五次国家报告. 北京: 中国环境科学出版社.

祖元刚, 张文辉, 阎秀峰, 葛颂, 杨逢建, 潘开玉, 丛沛桐, 郭延平, 周福军, 孙海芹, 吴双秀, 于景华. 1999. 濒危植物裂叶沙参保护生物学. 北京: 科学出版社.

Adams W M. 2004. Against extinction: The story of conservation. London: Earthscan.

Balmford A, Bruner A, Cooper P, Costanza R, Farber S, Green R E, Jenkins M, Jefferiss P, Jessamy V, Madden J, Munro K, Myers N, Naeem S, Paavola J, Rayment M, Rosendo S, Roughgarden J, Trumper K, Turner R K. 2002. Economic reasons for conserving wild nature. Science, 297(5583): 950-953.

Barton G. 2002. Empire forestry and the origins of environmentalism. Cambridge: Cambridge University Press: 48.

BGCI (Botanic Garden Conservation International). 2000. The Gran Canaria declaration-calling for a global program for plant conservation. Richmond: Botanic Gardens Conservation International.

BGCI (Botanic Garden Conservation International). 2006. The Gran Canaria declaration II on climate change and plant conservation. Richmond: Botanical Gardens Conservation International.

Borokini T I. 2013. Overcoming financial challenges in the management of botanic gardens in Nigeria: A review. International Journal of Environmental Sciences, 2(2): 87-94

Briggs R W.1993. "Chinese" Wilson. London: HMSO.

Brinkley D G. 2009. The wilderness warrior: Theodore roosevelt and the crusade for America. New York: Harper Collins.

Britton N L. 1896. Botanical gardens. Science, 4(88): 284-293.

Brussard P F.1985. The current status of conservation biology. Bull Ecol Soc Amer, 66: 9-11.

Butchart S H M, Walpole M, Collen B, Strien A, Scharlemann J P W, Almond R E A, Baillie J E M, Bomhard B, Brown C, Bruno J, Carpenter K E, Carr G M, Chanson J, Chenery A M, Csirke J, Davidson N C, Dentener F, Foster M, Galli A, Galloway J N, Genovesi P, Gregory R D, Hockings M, Kapos V, Lamarque J F, Leverington F, Loh J, McGeoch M A, McRae L, Minasyan A, Morcillo M H, Oldfield T E E, Pauly D, Quader S, Revenga C, Sauer J R, Skolnik B, Spear D, Stanwell-Smith D, Stuart S N, Symes A, Tierney M, Tyrrell T D, ViéJ C, Watson R. 2010. Global biodiversity: Indicators of recent declines. Science, 328(5982): 1164-1168.

Cardinale B J, Duffy J E, Gonzalez A, Hooper D U, Perrings C, Venail P, Narwani A, Mace G M, Tilman D, Wardle D A, Kinzig A P, Daily G C, Loreau M, Grace J B, Larigauderie A, Srivastava D S, Naeem S. 2012. Biodiversity loss and its impact on humanity. Nature, 486(7401): 59-67.

Carpenter S R, Mooney H A, Agard J, Capistrano D, DeFries R S, Díaz S, Dietz T, Duraiappah A K, Oteng-Yeboahi A, Pereira H M, Perrings C, Reid W V, Sarukhan J, Scholes R J, Whyte A. 2009. Science for managing ecosystem services: Beyond the millennium ecosystem assessment. PNAS (Proc Natl Acad Sci USA), 106(5): 1305-1312.

Cleghorn H. 1861. The forests and gardens of South India (Original from the University of Michigan, Digitized Feb 10, 2006 ed.). London: W. H. Allen. OCLC 301345427.

Costanza R, d'Arge R, de Groot R, Farber S, Grasso M, Hannon B, Limburg K, Naeem S, O'Neill R V, Paruelo J, Raskin R G, Sutton P, van den Belt M. 1997. The value of the world's ecosystem services and natural capital. Nature, 387(6630): 253-260.

Cugnac A D. 1953. Le rôle des jardines botaniques pour la conservation des espèces menacées de disparition ou d'altération. Annales de Biologie, 29: 361-367.

Daily G C. 1997. Nature's services: Societal dependence on natural ecosystems. Washington, D.C.: Island Press.

del Tredici P. 2000. Plant exploration: a historic overview. *In*: Ault J R. Plant exploration: protocols for the present, concerns for the future, symposium proceedings, March 18-19, 1999. Chicago Botanical Garden, Glencoe, Illinois: 1-5.

DeMarie E T. 1996. The value of plant collections. Public Gard, 11(2): 7, 31.

Dosmann M S. 2006. Research in the garden-averting the collections crisis. The Botanical Review, 72(3): 207-234.

Falk D A, Millar C I, Olwell M. 1996. Restoring diversity: Strategies for the reintroduction of endangered plants. Washington D.C.: Island Press.

Falk D A, Olwell M. 1992. Scientific and policy considerations in the restoration and reintroduction of endangered species. Rhodora, 94(879): 287-315.

Farrington E I. 1931. Ernest H. Wilson, plant hunter. Boston: Stratford.

Fisher B, Turner K, Zylstra M, Brouwer R, de Groot R, Farber S, Ferraro P, Green R, Hadley D, Harlow J, Jefferiss P, Kirkby C, Morling P, Mowatt S, Naidoo R, Paavola J, Strassburg B, Yu D, Balmford A. 2008. Ecosystem services and economic theory: integration for policy-relevant research. Ecological Applications, 18(8): 2050-2067.

Frankel O H, Soulè M E. 1981. Conservation and evaluation. London: Cambridge University Press.

Frayn J M. 1975. Wild and cultivated plants: a note on the peasant economy of Rome Italy. Journal of Roman Studies, 65: 32-39.

Gager C S. 1938. Botanic gardens of the world: materials for a history. Brooklyn Botanic Garden Record, 27: 151-406.

Garson J, Aggarwal A, Sarkar S. 2002. Birds as surrogates for biodiversity: An analysis of a data set from southern Québec. Journal of Biosciences, 27(S2): 347-360.

Given D R. 1987. What the conservationist requires of *ex situ* collections. *In*: Bramwell D, Hamann O, Heywood V H, Synge H. Botanic Gardens and the World Conservation Strategy. London: Academic Press.

Glowka L, Burhenne-Guilman F, Synge H, McNeely J A, Gündling L. 1994. A guide to the convention on biological diversity. Environment Policy and Law paper no. 30. Gland: IUCN.

Gorbunov Y N. 2001. The role of Russian botanic gardens in the study and development of economic plants. BGCI News, 3: 7.

Guerrant E O Jr, Havens K, Maunder M. 2004. *Ex situ* plant conservation: Supporting species survival in the wild. Washington D.C.: Island Press.

Guerrant E O Jr, Pavlik B M. 1997. Reintroduction of rare plants: genetics, demography, and the role of ex situ conservation methods. *In*: Fiedler P L, Kareiva P M. Conservation biology for the coming decade. New York: Chapman & Hall.

Hardwick K A, Fiedler P, Lee L C, Pavlik B, Hobbs R J, Aronson J, Bidartondo M, Black E, Coates D, Daws M I, Dixon K, Elliott S, Ewing K, Gann G, Gibbons D, Gratzfeld J, Hamilton M, Hardman D, Harris J I M, Holmes P M, Jones M, Mabberley D, Mackenzie A, Magdalena C, Marrs R, Milliken W, Mills A, Lughadha E N, Ramsay M, Smith P, Taylor N, Trivedi C, Way M, Whaley O, Hopper S D. 2011. The role of botanic gardens in the science and practice of ecological restoration. Conservation Biology, 25(2): 265-275.

Hawkes J G, Maxted N, Ford-Lloyd B V. 2000. The *ex situ* conservation of plant genetic resources. Dordrecht: Kluwer Academic Publishers: 1-250.

Heslop-Harrison J. 1974. Postscript: the threatened plants committee. Succulents in peril, supplement to International Organization for the Study of Succulent Plants. IOS Bulletin, 3(3): 30-32.

Heywood V H, Iriondo J M. 2003. Plant conservation: old problems, new perspectives. Biological Conservation, 113(2003): 321-335.

Heywood V H, Watson R T. 1995. Global biodiversity assessment. Cambridge: Cambridge University Press for the United Nations Environment Program UNEP.

Heywood V H. 1987. The changing role of the botanic garden. *In*: Bramwell D, Hamann O, Heywood V, Synge H. Botanic gardens and the world conservation strategy. London: Academic Press: 3-18.

Heywood V H. 1990. Botanic gardens and the conservation of plant resources. Impact of Science on Society, 158: 121-132.

Heywood V H. 1991a. Developing a strategy for germplasm conservation in botanic gardens. *In*: Heywood V H, Wyse Jackson P S. Tropical botanic gardens: their role in conservation and development. London: Academic Press: 11-23.

Heywood V H. 1991b. Botanic gardens and the conservation of medicinal plants. *In*: Akerele O, Heywood V, Synge H. Conservation of medicinal plants. Cambridge: Cambridge University Press: 213-228.

Heywood V H. 1995. A global strategy for the conservation of plant diversity. Grana, 34: 363-366.

Heywood V H. 2001. Floristics and monography - an uncertain future? Taxon, 50: 1-18.

Heywood V H. 2007. Botanic gardens as introduction centres for plants of economic importance–a reappraisal. 3rd Global Botanic Gardens Congress, Wuhan, China, Wuhan Botanical Garden, CAS.

Heywood V H. 2009. Introduction perspectives for economically important wild species and neglected crops in the Mediterranean. Bocconea, 23: 107-114.

Heywood V H. 2011a. The role of botanic gardens as resource and introduction centres in the face of global changes. Biodivers Conserv, 20(2): 221-239.

Heywood V H. 2011b. The genesis of IOPB a personal memoir. Taxon, 60(2): 320-323.

Heywood V H. 2012a. European code of conduct for botanic gardens on invasive alien species. Strasbourg: Council of Europe.

Heywood V H. 2012b. The role of New World biodiversity in the transformation of Mediterranean landscapes and culture. Bocconea, 24: 69-93.

Heywood V H. 2015. Mediterranean botanic gardens and the introduction and conservation of plant diversity. Fl Medit, 25(Special Issue): 103-114.

Hill A W. 1915. The history and functions of botanic gardens. Annals of the Missouri Botanical Garden, 2: 185-240.

Ho P T. 1955. The introduction of American food plants into China. Am Anthropol, 57(2): 191-201.

Hobhouse H. 1985. Seeds of Change: Five Plants that Transformed Mankind. London: Sidgwick & Jackson.

Hu Q M, Watson M F. 2013. Plant exploration in China. In Plants of China: A companion to the Flora of

China. Beijing: Science Press: 213-236.

Huang H. 2011. Plant diversity and conservation in China Planning a strategic bioresource for a sustainable future. Botanical Journal of the Linnean Society, 166(3): 282-300.

Hutton J, Adams W M, Murombedzi J C. 2005. Back to the barriers? Changing narratives in biodiversity conservation. Forum Dev Stud, 32(2): 341-370.

Janick J. 2007. Plant exploration: from Queen Hatshepsut to Sir Joseph Banks. Hort Science, 42(2): 191-196.

Juma C. 1989. The gene hunters: Biotechnology and the scramble for seeds. Princeton: Princeton University Press.

Kaplan H, Kopishke K. 1992. Resource use, traditional technology, and change among native peoples of lowland South America. *In*: Redford K H, Padoch C. Conservation of neotropical forests. New York: Columbia University Press.

Kareiva P, Marvier M. 2012. What is conservation science? BioScience, 62(11): 962-969.

Kareiva, P. 2014. New conservation setting the record straight and finding common ground. Conservation Biology 28: 634-636.

Landres P B, Verner J, Thomas J W. 1988. Ecological uses of vertebrate indicator species: A critique. Conservation Biology, 2(4): 316-328.

Lighty R W. 1982. The origin and characteristics of the public gardens of the United States. Bull Amer Assoc Bot Gard Arbor, 16(4): 157-159.

Lighty R W. 1984. Toward a more rational approach to plant collections. Longwood Program Seminars, 16: 5-9.

Mabberley D J. 2011. The role of a modern botanic garden the evolution of Kew. 植物分类与资源学报 (Plant Diversity and Resources), 33(1): 31-38.

MacArthur R A, Wilson E O. 1967. The theory of island biogeography. Princeton: Princeton University Press.

Mace G M, Norris K, Fitter A H. 2012. Biodiversity and ecosystem services: a multilayered relationship. Trends Ecol Evol, 27(1): 19-26.

Mace G M. 2014. Whose conservation? Science, 345(6204): 1558-1560.

Malanima P. 2006. Energy crisis and growth 1650-1850: The European deviation in a comparative perspective. J Global Hist, 1(1): 101-121.

Margules C R, Pressey R L. 2000. Systematic conservation planning. Nature, 405(6783): 242 -253.

May R M. 1975. Island biogeography and the design of wildlife preserves. Nature, 254(5497): 177-178.

Mayr E. 1982. The growth of biological thought: Diversity, evolution and inheritance. Cambridge: Belknap Press.

McCaugley D J. 2006. Selling out on nature. Nature, 443, 27-28.

McCracken D P. 1997. Gardens of empire: botanical institutions of the Victorian British Empire. London: Leicester University Press.

McMahan L R, Guerrant Jr E O. 1991. Practical pointers for conserving genetic diversity in botanic gardens. The Public Garden, 6(3): 20-25, 43.

Mill J, Hall F.2002. The Australian network for plant conservation. *In*: Boyes B. Biodiversity – the big picture. Queensland: Proceedings of the 2001 South-East Queensland Biodiversity Recovery Conference, Southern Queensland Biodiversity Network.

Miller J S, Lowry II P P, Aronson J, Blackmore S, Havens K, Maschinski J. 2016. Conserving biodiversity through ecological restoration: The potential contributions of Botanical Gardens and Arboreta. Candollea, 71(1): 91-98.

Minelli A. 1995. The Botanical Garden of Padua 1545-1995. Venice: Marsilio.

Mistretta O. 1994. Genetics of species reintroductions: Applications of genetic analysis. Biodiversity and Conservation, 3(2): 184-190.

Mueggler E. 2011. The paper road: Archive and experience in the botanical exploration of West China and Tibet. Berkeley and Los Angeles, CA, US and London, UK: University of Californian Press.

Nix H A. 1982. Environmental determinants of biogeography and evolution in Terra Australis. *In*: Baker, W

R, Greensdale P J M. Evolution of the Flora and Fauna of Australia. Adelaide: Peacock: 47-76.

Osborne M A. 1995. Nature, the exotic, and the science of French Colonialism. Indianapolis: Indiana University Press.

Ostrom E. 2009. A general framework for analyzing sustainability of social-ecological systems. Science, 325(5939): 419-422.

Petrie W M F. 1939. The making of Egypt. London: Sheldon Press: 68.

Pimm S L, Russell G J, Gittleman J L, Brooks T M. 1995. The future of biodiversity. Science, 269(5222): 347-350.

Prioreschi P. 2003. A History of medicine, Vol. Ⅴ-medieval medicine. Omaha: Horatius Press.

Raven P. 1981. Research in botanical gardens. Bot Jahrb, 102: 53-72.

Raven P. 2004. Botanical gardens and the 21st century. Proceedings of The California Academy of Sciences, 55(S1): 275-282.

Redford K H, Adams W M. 2009. Payment for ecosystem services and the challenge of saving nature. Conservation Biology, 23(4): 785-787.

Redford K H, Padoch C, Sunderland T. 2013. Fads, funding, and forgetting in three decades of conservation. Conservation Biology, 27(3): 437-438.

Scott J M, Heglund P J, Morrison M L, Haufler J B, Raphael M G, Wall W A, Samson F B. 2002. Predicting species occurrences: Issues of accuracy and scale. Washington D.C.: Island Press.

Sharrock S, Hird A, Kramer A, Oldfield S. 2010. Saving plants, saving the planet: Botanic gardens and the implementation of GSPC Target 8. Botanic Gardens Conservation International, Richmond, UK.

Simberloff D S. 1976. Species turnover and equilibrium island biogeography. Science, 194(4265): 572-578.

Soulé M E. 1985. What is conservation biology? A new synthetic discipline addresses the dynamic and problems of perturbed species, communities, and ecosystems. Bio Science, 35(11): 727-734.

Soulé M E. 1986. Conservation biology: The science of scacity and diversity. Sunderland Massachusetts: Sinauer Associates Inc.

Soulé M E. 1987. Viable populations for conservation. Cambridge: Cambridge University Press.

Soulé M. 2014. Also seeking common ground in conservation. Conservation Biology, 28(3): 637-638.

Stuart D. 2002. The plants that shaped our gardens. Cambridge: Harvard University Press.

This P, Lacombe T, Thomas M R. 2006. Historical origins and genetic diversity of wine grapes. Trends in Genetics, 22(9): 511-519.

Turner R K, Daily G C. 2008. The ecosystem services framework and natural capital conservation. Environmental and Resource Economics, 39(1): 25-35.

UN Convention on Biological Diversity. 2010. Strategic Plan for Biodiversity 2011-2020. Montreal.

Watson G M, Heywood V, Crowley W. 1993. North American botanic gardens. Horticultural Reviews, 15: 1-62.

Wilson E O. 1992. The diversity of life. Cambridge: Belknap Press.

Wyse Jackson P S. 2009. Growing an international movement for plant conservation and plant resource management-the development of the international botanic garden community. Bulletin Kebun Raya Indonesia, 12: 41-48.

Wyse Jackson P S, Sutherland L A. 2000. International agenda for botanic gardens in conservation. Botanic Gardens International, UK.

Wyse Jackson P. 2001. An international review of the *ex situ* plant collections of the botanic gardens of the world. Botanic Gardens Conservation News, 3(6): 22-33.

Xu Z F. 1997. The status and strategy for *ex situ* conservation of plant diversity in Chinese botanic gardens-discussion of principles and methodologies of ex situ conservation for plant diversity. *In*: Schei P J, Wang S. Conserving China's Biodiversity. Beijing: China Environmental Science Press: 79-95.

第二章 植物迁地保护的方法

　　植物多样性保护有就地保护（*in situ* conservation）和迁地保护（*ex situ* conservation）两种主要方法，即在原生生态系统中保护自然居群的个体和群体的就地保护，以及在原生生境以外保存植物的个体和群体及其遗传多样性的迁地保护。但由于两种方法各自存在的缺陷和不足，又有了一些根据具体保护对象及不同立地条件或保护实践等限制改良的、介于就地保护和迁地保护之间的中间保护技术和方法（intermediate conservation）（Cohen et al.，1991；Volis et al.，2009，2010；Heywood，2014，2015）。植物迁地保护是在自然栖息地以外保护植物（Given，1994），是按照科学的采样标准收集、保存和繁殖植株及植物材料（Heywood and Iriondo，2003）。迁地保护的特殊技术还包括植物器官或组织的低温保存，如种子库、花粉和离体培养贮藏库、植株的营养繁殖与维护保存库等。活植物收集是植物园实施的主要的迁地保护方法，拥有长期的历史资料记录，近半个世纪以来在濒危物种保护和以保护本土植物为目的的科技和实施策略等方面发展迅速。植物迁地保护计划的制定，取决于植物类群所处的环境和对保护的需求，以及保护管理、恢复计划与迁地保护等多项对策。本章介绍了植物迁地保护的历史发展、保护方法、国际国内法规与公约。

第一节 植物迁地保护的变迁与沿革

　　过去 50 年，人们对保护及其与可持续发展目标的相互关系的理解有了重大的改变（Heywood，2014）。例如，对就地保护作为解决生物多样性保护主流思想的反思，以及对其实用性和有效性的质疑。目标物种就地保护的主要目的和长期目标是保护、管理和监测自然栖息地的特定种群，使其可维持自然进化过程，在天然基因库中产生新的变异以适应环境的变化。就地保护与迁地保护既是植物多样性保护的两种主要方法，也是两个极端途径，其间存在各种类型的中间保护形式，例如，微型保护区（micro-reserve）方法在欧洲一些地区获得广泛认可并实施（FAO et al.，2001；FAO et al.，2004；Burney and Burney，2007；Lefevre et al.，2012；Annapurna et al.，2013；Dawson et al.，2013；Koskela et al.，2013；Fos et al.，2014；Heywood，2014，2015；Aravanopoulos et al.，2015）。在全球范围内，尽管北美洲、欧洲的许多国家（包括一些地中海区域国家）和澳大利亚在高度濒危物种的保护和恢复计划方面有相当丰富的经验，但对两种保护策略的实践、理论框架及其相互关系的认识依然处于不断发展、进步和完善的状态。

一、迁地保护思想的由来与演变

　　美国的植物迁地保护实践始于 18 世纪中叶，欧洲则更早，几乎与现代植物园的起源、发展和美洲新大陆的发现同步，但保护生物学出现之前所谓的保护最多仅可被称为迁地栽培（*ex situ* cultivation）。植物多样性保护可通过多种方法的相互补充实现，任何一种保护方法的重点和保护程度都取决于其采取的特定保护策略，以实现保护目标和应用的目的（Cohen et al.，1991）。Cohen 等（1991）将植物迁地保护划分为植物探索和引种阶段、保护阶段、维护更新阶段和有效利用阶段 4 个发展阶段（图 2-1）。

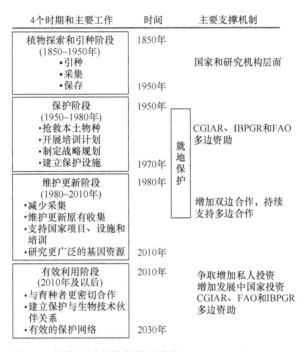

图 2-1 植物迁地保护的发展阶段（Cohen et al.，1991）

1. 植物探索和引种阶段

1850~1950 年，主要是西方国家著名的植物采集者开展全球性植物资源探索考察，从世界各个角落广泛收集有价值的和稀有的植物遗传资源，建立起庞大的植物迁地收集、栽培及保存于植物园和种质资源圃，从而积累了庞大的植物收集数量。这一阶段最突出的贡献者是美国农学家弗兰克·尼古拉斯·迈耶（见第一章）、美国植物探索家威尔逊·奕波普诺（Wilson Popenoe，1892—1975）、俄罗斯植物学家及遗传学家古拉·瓦维洛夫（Nikolai I. Vavilov，1887—1943）和美国植物学家及探险家大卫·费尔柴尔德（David Fairchild，1869—1954）等，他们通过植物引种累积了资源搜集、启动了检疫系统，从分类学角度研究了植物资源。早期资源采集先驱及其继任者的杰出贡献，是通过植物引种发挥了对世界农业发展发挥的核心作用。人们一直认识到，发达国家的作物生产及产量一直依赖于植物引种及驯化，即便是本土资源丰富的发展中国家，现在依然高度依赖于从其他国家引进作物，例如在非洲和美洲的发展中国家生产的作物中，不到 1/3 的作物是来自当地的植物（Cohen et al.，1991）。这个时期的主要工作中有 3 项重要的组成部分，一是从国家或国际层面的植物搜集建立起了充足的农业种质基地，或直接通过引种收集建立种质基地；二是建立了国家检疫体系，包括引种植物入境后检查种子、检测种子健康，建立起培育植物的种植设施；三是国家育种机构和植物保护机构与生物多样性保护机构密切有效的合作，极大地促进了作物引进，继而促成了植物引种在世界农业中发挥的核心作用。

2. 保护阶段

1950~1980 年，国际上启动了以应用为驱动的广泛的生物多样性保存，以抢救本土资源，并启动了培训项目，制定了迁地保护战略规划，建立了迁地保护设施。尤其是 20 世纪 60 年代，为了应对采集植物的紧迫需求，建立了一些迁地保护设施，包括种子基地和中期储存设施。早在 20 世纪 40 年代末，美国就建立了永久的区域植物引种站作为中期储存设施；1978 年前美国国家种子贮存实验室（National Seed Storage Laboratory，NSSL）建立了长期种子贮存设施（-18℃）。1974 年建立的国际植物遗传资源委员会（International Board for Plant Genetic Resource，IBPGR），推动了全球植物种质资源保护网络的发展，从最初重点收集粮食作物，到后来增加了饲料种质等许多有价值的植物类群保存，其核心作用是促进野外收集和建立有效的国际种质贮存设施。植物园保护联盟秘书处（Botanic Gardens Conservation Secretariat，BDCS）和植物保护中心（Center for Plant Conservation，CPC）则促进了对全球濒危植物和受威胁植物的保护（IUCN-BGCS and WWF，1989）。这一时期作物保存方面的主要进展是国际农业研究中心咨询小组（Consultative Group for International Agricultural Research Center，CGIARC）的成立，该小组推动了全球性主要作物种质的收集和基因库的建立，系统评估了历史上在利用上发挥重要作用的传统作物收集保存现状，如对甘蔗、橡胶、油棕、菠萝和一些药用植物与香料等热带种植种质保存的评估，以便建立更合适的保护模式。

3. 维护更新阶段

1980~2010 年，此时期主要任务是维护和更新现有迁地保存的遗传资源，保持遗传资源的生存力，开展广泛的繁殖评估，适当条件下回归植物收集的原产地等。同时在该时期建立了国际合作、推进了基因库中保存植物生存力的维护，减少了遗传流失，提高了种子活力和保存质量。国际合作在遗传资源迁地保护和保持遗传资源生存力等方面发挥了关键作用。在此期间加强了国家项目与全球收集项目的密切合作，规范了地方保护项目与全球植物保护项目的联动，促进了基因库的现代化建设和管理，加强和巩固了植物迁地保护。

4. 有效利用阶段

2010 年及以后。前 3 个阶段已经在一定程度上促进了迁地保护植物的收集和利用，但植物资源利用也受到了一些因素的限制，如迁地保护缺乏资源特色、存活力低或活力丧失、保育个体数量太少以至于不足以评价和应用传播；最大的挑战是加强维护和传播迁地的收集植物，而植物资源迁地保护效率的提高和更广泛的应用也是 21 世纪面临的挑战。此阶段的重要任务是要与育种者建立更密切的联系，充分开展生物技术和传统育种技术研究，加强迁地保护资源的有效利用，以满足使用者的需求；开展植物资源的本底调查和筛选工作，做好作物育种改良的前期准备，提升种质创新能力。因此 2010 年及以后的第四阶段是更有效地利用生物多样性的时代，更多地强调通过先进的育种技术促进更有效地利用植物资源。同时，迁地保护与联合国粮食及农业组织（Food and Agricultural Organization，FAO）、国际农业研究中心咨询小组（CGIAR）和国际植物遗传资源委员会（IBPGR）[现国际植物遗传资源研究所（International Plant Genetic Resources Institute，IPGRI）]等国际机构建立了更有效的互动和保护网络，增加了私人投资和多边融资，以及发展中国家的保护项目等。

二、迁地收集保护理念和实施的演变

当代关注植物多样性减少和植物迁地保护必要性的思维和行动可追溯到苏联遗传学家和植物学家古拉·瓦维洛夫及其继任者在 20 世纪初期的开拓性工作（1926 年，1949~1950 年），他首先认识到农作物地方品种及其野生亲缘类群对支撑农业发展的重要性（Maunder et al.，2004）。瓦维洛夫发现更广泛的遗传多样性可提供病虫害抗性基因，因此需要保存古老作物的遗传多样性，发掘作物野生近缘种遗传多样性的价值（Hawkes，2002）。瓦维洛夫开展了世界范围内育种材料的搜集，研究了栽培植物的起源和地理分布，并长期致力于小麦、玉米和其他谷物育种（Marshall，1951；Stebbins，1952；Turrill，1952）。在 20 世纪 20 年代和 30 年代，瓦维洛夫和美国植物学家、农学家杰克·哈伦（Jack Harlan，1917—1998）注意到世界各地的耕地中传统作物品种（地方品种）正在丧失。从此以后，科学工作的重点转变为保护植物的遗传多样性，收集材料并将其保存于迁地贮藏机构，是植物迁地保护的里程碑（Scarascia-Mugnozza and Perrino，2002）。瓦维洛夫等的工作奠定了形成植物迁地保护策略和科学框架的基础（Guerrant et al.，2004）。

在法国、荷兰和英国等对殖民地期间的植物园，特别是热带地区的植物园，在保护和发掘植物资源发挥的历史作用进行评价和推崇下，1923 年在巴黎举行的第一届国际保护自然大会首次提出了继续发挥植物园保护资源功能和作用的倡议，特别提到山地植物园和农业试验站及其在保护植物中的用途、市政植物园的作用和需要确保植物园的土地使用权及保持植物园种植植物准确与足够的辨识标牌。而后 1931 年在巴黎举行的第二届国际自然保护大会上作出决议，提出了稀有或本土植物物种、濒临灭绝的植物物种应种植和保存于有科学设施的植物园中；同时法国还专门决定在其海外领地建立和发展植物园以保存和驯化本土植物和国外物种，并且建立试验站和自然保护区以研究本土植物和保存濒危物种，并形成植物保护网络（IUCN-BGCS and WWF，1989）。

在早期讨论欧洲植物园的保护作用时，de Cugnac（1953）首先将植物园保护濒危植物的理念发展为植物园利用植物迁地收集（*ex situ* collection）保护野生植物多样性的特殊作用，提出了与保护区密切合作，建立迁地保护设施，开展特定区域植物的保护性收集，提出解决植物保护问题（Maunder et al.，2001；Guerrant et al.，2004；Borokini，2013）。1953 年 6 月 4~6 日，国际生物科学联合会（International Union of Biological Science，IUBS）植物园分会（Sub-Commission of Botanic Garden）在巴黎举行的"植物园的科学组织"国际学术研讨会上，首次全面尝试让世界植物园参与保护植物和评价濒临灭绝的物种

（Jovet and Guinet，1953）。会议主题如下。

1）植物园的定义。

2）准确鉴定栽培植物。

3）保护本土植物和活植物收集：提议将一些植物园改造成"避难所（sanctuary garden）"，使其在各自的区域负责编目和监测当地的稀有植物，并最终承担保存和拯救植物的责任。会议通过了"在国际自然保护联盟范围内，建立和发展植物园的植物保护角色"的决议。

4）种子交换（Index Seminum）名录：提出了一系列种子交换的实用的建议。

5）实验植物园：认为实验植物园应保存遗传实验材料和组建实验研究机构。

6）资金筹措：会议希望告知政府为其管辖的植物园提供广泛的服务，政府应赞成为实验植物园的正常运作提供必要的资金，植物园的实际工作应立足转化为具有经济价值和实用价值的成果。

7）植物园之间的国际关系：扩大现有的国际接触（主要是种子交换），并决定建议联合国教科文组织"在每个国家都应建立一种规范的服务，以允许国家之间快速交换有用的或有价值的活材料，完全免除海关和检疫规则限制"。

8）植物园名录：建议国际分类学联合会（International Union of Taxonomy）[现国际植物分类学会（International Association for Plant Taxonomy，IAPT）]协助 IUBS 准备一个综合的植物园名录，包括植物园的活动、物种保存数量、特别的植物收集等，促进世界植物园间更好的国际合作。

9）植物园代表会议：会议认为应定期举行植物园代表会议。

1954 年在巴黎举行的第八届国际植物学大会（International Botanical Congress）上成立了国际植物园协会（International Association of Botanic Gardens，IABG），1963 年 IABG 出版了第一版《国际植物园名录》（International Directory of Botanical Gardens）（Howard et al.，1963）。然而，现在看来，植物园界并没有努力采纳会议的建议和致力于遗传资源的保护行动，世界自然保护联盟（IUCN）也没有建立植物园分支机构，仅认可了由植物园和树木园自主发挥在植物保护中的作用。之后的几十年，国际植物园协会在制定全球植物园发展规划、引导植物园发展方向、提供科技指南和技术标准、协调植物园国际合作机制等方面发挥了核心作用。

1962 年在加拿大蒙特利尔举行了第三届国际植物园协会大会，会议主题是"植物园的现代作用"，会议讨论了植物园品种登录、植物展示的挂牌方法、植物园栽培植物的鉴定和植物园的现代展示方法，同时会议提出要探索植物园和树木园人才培训的方式和途径，建议植物园（树木园）之间开展种子交换和人员交流，鼓励开展植物园迁地栽培植物的分类学工作（Howard，1963）。1964 年 8 月在英国爱丁堡召开了第四届国际植物园协会大会，重点讨论了植物园种子交换的标准，提出要规范种子交换的格式，注重交换种子的纯度、物种名称的准确鉴定，并强调要加强野生来源种子的交换（Green，1964）。会议特别讨论了植物园应专门组织开展迁地栽培植物（cultivated plant）的分类学研究问题，认为应加强植物园栽培植物的名称审定，建立专门类群的活植物收集，承担迁地栽培植物（不包括栽培的农作物）的分类学研究，积极开展植物名称确认和植物收集的信息记录，指出植物园和树木园应为所有植物学科研究提供植物材料和信息记录（Green，1964）。Green（1966）专门撰文论述了活植物收集信息记录的重要性及其价值，强调植物园是科学研究机构，植物园科学管理与维护活植物收集具有现实和潜在的价值及深远的意义，但信息记录系统是植物园的软肋，需要建立有效的信息记录系统和植株个体的登录号（accession number）体系，并阐明了登录号制定的原则、形式及其科学研究价值（见第三章）。1966 年在美国马里兰州举行的第五届国际植物园协会大会上成立了以IABG 主席、爱丁堡植物园园长 H. R. Fletcher 博士为主席的专门委员会，专门研究如何有效整合植物的名称审定和活植物收集的信息记录（Fletcher，1967）。会议交流了当时全球约 600 个植物园在迁地栽培植物分类学研究和植物名称审定方面的调查情况，讨论了植物园植物信息记录的方式，确认了活植物信息记录及其长期保存的科学价值。

1968 年，应 IUCN 物种生存委员会的要求，英国皇家植物园邱园的植物学家 Ronald Melville 博士为《稀有和濒危植物红皮书》（Red Data Book）编制物种清单，该清单包括了植物园栽培的相当数量的稀有植物，同年邱园设立了种子组并开展了低温贮藏种子计划（Prance，2010）。

1970 年在以色列特拉维夫举行的第十八届国际园艺大会上，国际植物园协会合办了野生植物保护研讨会，讨论了植物园在濒危植物保护中的作用（Henderson，1971），植物保护首次成为国际植物园协会的议题。会议评述了植物园的发展历史与其从事植物保护的关系，认为植物园的责任是提供教学所需的植物材料和研究设施，通过地理区域植物种植和特殊的植物展示发挥更综合的教育功能。会议认为植物园可建立濒危植物种植区，开展专门的濒危植物研究。会上交流了英国达勒姆（Durham）大学植物园保存蒂斯河谷（Teesdale）植物区系、开展杜鹃属和报春花属植物分类学研究的情况；新建立的夏威夷植物园则将其目标定位于发展成为教育和研究机构，研究植物的园艺、农业和药用价值，收集和保存受灭绝威胁的植物，栽培本土植物和建立本土植物种植区。会议建议植物园建立适合的条件种植濒危物种，一些植物园可建立种子库来保护植物。

1974 年在马来西亚吉隆坡举行了关于热带植物园的作用和发展目标的研讨会，其中保护野生植物资源是其主要主题。1975 年在俄罗斯莫斯科举行的国际植物园协会全体会议，会议认为，在 IABG 主持下世界上许多植物园联合起来就能在保护植物的使命中提供有效的支撑。会议呼吁全世界植物园及其所有员工积极参与自然保护，保护植物使命成为植物园最重要的组成部分（IUCN-BGCS and WWF，1989）。

世界自然保护联盟（IUCN）随后举办的国际会议促进了近几十年来迁地保护事业的发展，植物园迁地保护的作用在 20 世纪 70 年代后也逐步得以确认并为学术界所接受（Guerrant et al.，2004）："植物园的工作目标是成为濒危物种的'诺亚方舟'，承担濒危物种收集，在栖息地破坏或退化期间保存濒危植物"。1975 年，在英国皇家植物园邱园举办了关于"活植物收集在植物保护和以保护为导向的研究与公众教育中的功能"的重要国际会议（Simmons et al.，1976），会议重点关注和评价了植物园对受威胁植物的搜集、维护、传播、调查和交流物种的方式。随后于 1978 年在邱园举行了第二次会议，会议主题为"植物园在保护稀有和受威胁植物方面的实际作用"，会议倡议扩大世界自然保护联盟的工作范围，Gren Lucas 建议世界自然保护联盟的受威胁植物委员会应建立

"植物园保护协调机构"（Botanic Gardens Conservation Coordinating Body），推介植物园种植的受威胁植物；该机构已成功运作并准备编制非洲南部、中美洲、马卡罗尼西亚（Macaronesia）、墨西哥（仙人掌）、哈瓦那群岛和马达加斯加（多肉植物）植物园种植的受威胁植物名录（IUCN-BGCS and WWF，1989）。

1984 年，在马来西亚槟城（Penang）的科姆特（Komter）举办了"热带植物园国际研讨会"，同时其主题"保护和国际合作"也是 1984 年在法国南希（Nancy）和 1985 年在英国达拉谟（Durham）举行的国际植物园协会欧洲——地中海分会两次会议的主要议题之一。美国植物园和树木园协会也采取了措施，包括对北美植物园和树木园的详细调查，调查数据表明接近一半的受访植物园将学术和信息资源、保护和保存列为植物园最重要的功能，出版了《北美活植物收集初步目录》（Correll，1980）。同样在美国，阿诺德植物园（Arnlod Arboretum）建立的植物园和树木园的网络——美国植物保护中心（US Center for Plant Conservation），致力于保护美国的濒危植物，目标是制定一个完整的国家植物保护计划，包括收集、传播和研究活动（IUCN-BGCS and WWF，1989）。

1985 年，植物园迁地保护历史上具有里程碑意义的事件是世界自然保护联盟植物园保护秘书处（IUCN Botanic Gardens Conservation Secretariat）和世界自然基金会（World Wildlife Fund）组织开展了对全球大约 1300 个植物园的调查，重新定义了植物园及其作用，分析了全球植物园的体系、分布、组织机构、管理和植物园的保护作用、专业培训及档案与信息记录现状，制定了《植物园保护战略》（Botanic Gardens Conservation Strategy）（IUCN-BGCS and WWF，1989）。《植物园保护战略》的目的是促使植物园更大程度地参与实施全球保护战略，它提供了植物园参与保护的理由，并就植物园如何实现植物迁地保护提供了政策指导。该战略概述了植物园为实现全球保护战略而确定的生物多样性保护的 3 个主要目标的贡献：维持基本的生态过程、生命保障系统，保存遗传多样性，以及确保物种与生态系统的可持续利用。该战略认为植物园在全球保护过程中的主要作用是促进植物遗传多样性的保护，并帮助确保植物物种及其所在生态系统的可持续利用。

该战略提供了对当时世界上 1300 个植物园的现状分析，结果表明当时的植物园类型就已经存在巨大的、非常理想的多样性，其中 2/3 的植物园分布在生物多样性丰富的热带地区，1/3（约 400 个植物园）分布于欧洲温带地区，全球植物园每年有数量多达 1 亿的游客入园参观，是向公众宣传植物保护重要性的理想场所，在实现就地保护和迁地保护植物中发挥着主导作用。虽然许多植物园致力于迁地保护和就地保护，但仍有不少其他植物园停滞不前或处于徘徊状态，植物园界尚未有效地组织形成全世界植物保护网络。

为实现全球植物保护目标，《植物园保护战略》提出了下述建议。

1）每个植物园应在其"使命"中阐述对保护的承诺，并制定更专业的管理标准来实现其使命。

2）提供更加协调一致的活植物登录制度（accession policy）。

3）改进植物信息记录的方法，包括改进活植物收集管理的计算机化，促进植物园间的数据信息交换。

4）理顺就地保护和迁地保护之间的正确关系：在就地保护方面，列出了植物园在栖息地评价、稀有物种监测、栖息地和保护区管理方面的作用；在迁地保护方面，提出了建立保护性收集、基因库和其他种质库的严格的规则和程序，并提出了实施居群采样以保持充分的遗传多样性的方法。

5）强调植物园应为每年数量高达 1 亿的游客提供服务设施。

6）建议每个植物园作为植物资源中心和信息管理中心为当地社区提供服务。

7）为人员培训提供框架，重点开展保护培训。

《植物园保护战略》还关注植物园间如何更好地开展合作和如何加强与其他保护组织的合作。该战略概述了合作对象、最需要植物园保护的优先区域和最需要保护的优先物种。《植物园保护战略》认为，最重要的是建立国家层面植物园之间的合作，提出了国家植物园组织的构架，并概述了一系列目标。该战略倡导开展国际合作，提出了植物园之间的"南北"合作技术联络方案，呼吁制定全球监测和协调植物迁地保护收集的方案，设立高级别秘书处来监督植物园保护战略的执行。

近些年来，植物园的植物收集及其保护设施被用于应对因人类活动造成的物种多样性衰减的研究，现代植物园继而成为本土植物和珍稀濒危植物的保育中心（Heywood，1987；Watson et al.，1993），众多植物园建立了野生物种迁地保护中心，收集、保存着数量庞大的活植物，是自然栖息地以外植物多样性最丰富的收集机构（Heywood，1991a），植物园和树木园的使命从传统的园艺植物资源收集发展到积极主动的植物保护收集，同时还寻求更有效的方法提升迁地保护作用，为保护植物多样性做出贡献。保护思想的另一基本科学进展是从基于标本的方法转变为对植物居群收集的观点（Mayr，1982），例如，20 世纪 90 年代中期居群遗传学作为植物园迁地保护工作的指导性原理和方法之一（Maunder et al.，2004）。国家和区域层面的迁地保护机构在迁地保护工作中取得了积极进展，植物遗传资源保护工作主要是由联合国粮食及农业组织（FAO）、国际植物遗传资源研究所（International Plant Genetic Resource Institute，IPGRI）和世界各地的作物基因库等机构承担的，这些机构主要保护的是农作物品种和少量的野生物种，特别是农作物的近缘种（Heywood，1991a；IPGRI/FAO/FLD，2004）。建立了国家和区域层面的植物保护战略联盟，进一步促进了国家保护战略的实施，如澳大利亚植物保护网络（Australian Network for Plant Conservation）、美国植物保护联盟（Plant Conservation Alliance of the United States）和英格兰植物保护计划（New England Plant Conservation Program）等（Guerrant et al.，2004）。传统的栖息地保护策略转变为更积极抢救或挽救的人为干预，如濒危植物的小种群恢复与自然回归，创建了植物迁地保护与物种研究和恢复项目紧密合作与协同发展的路径（Falk et al.，1996；Guerrant and Pavlik，1997）。迁地保护的价值受到国际条约和立法承认，如《生物多样性公约》确立了迁地保护的价值（Glowka et al.，1994），强调要保存有价值的资源，以服务于国家层面的需求，最好在植物原产地开展保护活动，支持受威胁物种的恢复和野外回归，将植物重新引入自然栖息地，将迁地保护和生物多样性问题整合到更广泛的议程，协调可持续开发、栖息地恢复、生态系统健康与服务，以及公众环境教育之间的关系（表 2-1）。

表 2-1　《生物多样性公约》关于物种保护的具体建议（译自 Glowka et al.，1994）

第八条　就地保护（*in situ* conservation）
（d）促进保护生态系统、自然栖息地和维持自然周边物种种群的生育力……
（f）重建和恢复退化生态系统，促进受威胁物种的恢复，特别是通过制定和实施计划或其他管理战略……
（h）防止引进、控制或根除威胁生态系统、生境或物种的外来物种……
（k）制定或维持必要的立法和（或）其他监管规定，以保护受威胁的物种和居群……
第九条　迁地保护（*ex situ* conservation）
（a）采取措施对生物多样性组成部分进行迁地保存，最好是在原产国；
（b）建立和维持植物迁地保存与研究的设施，最好是在遗传资源的原产国；
（c）采取措施恢复和重建受威胁物种，并在适当条件下将其重新引入其自然栖息地；
（d）除非根据上文第（c）项需要采取特别的临时迁地措施，否则应规定和管理从自然栖息地收集生物资源以满足迁地保存的目的，不威胁生态系统和原生境居群。

野生植物保护主要通过就地保护来保持现有种群的生存力，其指导方针来自研究调查导致居群规模减小和居群消失概率增加的遗传过程和统计分析（Soulé and Simberloff，1986；Higgins and Lynch 2001；Volis and Blecher，2010），大量的理论和实证研究致力于居群生存力最佳保护的特定问题。尽管过去几十年里保护规划和举措有所增加，但目前栖息地丧失或退化、物种日益受到威胁甚至灭绝的形势依然严峻，需要更有效的创新性方法和实际行动来处理居群、物种和生态系统等方面的生物多样性丧失问题，通过保护生态系统、物种和遗传多样性改善生物多样性现状（Heywood，2015）。对植物物种的保护是一个复杂和多方面的过程，涉及保护区的维护和管理，以及针对物种与种群水平的就地保护行动，也包括种子库、田间基因库、植物园活植物保护收集、冷冻保存、细胞/组织培养种植和保存植物材料的迁地保护行动。迄今为止，大多数努力的目的是将保护区内物种的生存和持续存在作为就地保护措施，然而仅对少数受威胁的植物物种实施了物种层面的保护行动（如保护或恢复计划）。《生物多样性公约》中生物多样性就地保护目标的规划未能协调基于区域和基于物种的行动，导致保护目标重叠和混乱，远未达到预定的目标（Heywood，2015）。迁地保护计划的成功取决于保存期间充分的物种代表性和储存种质在未来恢复行动中的使用效率（Husband and Campbell，2004）。因此，迁地保护的长期挑战是制定迁地保存策略，防止或减小人工植物种群（即活植物迁地收集或种源）受到遗传多样性和种群大小的威胁，并为就地恢复行动提供有效的遗传材料（Guerrant and Pavlik，1997）。农业部门的迁地保护，如种子库、田间基因库、冷冻保存及细胞/组织培养等主要保护方法，倾向于以农场保护地方品种、栽培品种或遗传保存。事实上，就地保护和迁地保护之间的界限并不清楚，其间存在各种类型的中间保护方法（Burney and Burney，2007；Annapurna et al.，2013；Heywood，2014），尤其是过去 10 多年来研究人员进行了一些创新性实验，提出了几种迁地保护和就地保护的整合保护方法，缩小了就地保护和迁地保护之间的差距（Maunder et al.，2004；Volis and Blecher，2010；Heywood，2014，2015）。

第二节　迁地保护方法

迁地保护植物资源包括从传统的花园到农场、种质资源圃、种子库和植物园（树木园）保存的所有活植物、种子、外植体和基因组样本。迁地保护种质的保存寿命取决于物种、组织类型、细胞类型、发育阶段、健康状况、细胞的化学成分及贮存条件等因素，迁地保护种质的基本原则是通过调节各类种质的贮藏生理、存储的最佳工艺条件和生存力监测，控制种质变质，保持种质活力。迁地保护涉及迁地保护种质资源的短期、中期和长期保存及其维护、繁殖、基础研究、应用研究、资源管理，以及现有种群复壮和回归野外、人为控制环境等一系列保育工作。迁地保护方法包括种子贮存、离体保存、田间种质库、植物园（树木园）活植物收集等各种技术（Hawkes et al.，2000；Guerrant et al.，2004），如表 2-2 所示。

表 2-2　植物保护策略和技术（修订自 Hawkes et al.，2000）

策略	技术	内容
迁地保护	种子贮存	收集种子，在基因库存储
	离体保存	在无菌环境下培养植物组织
	田间种质库	异地田间栽培
	植物园和树木园	植物园收集植物物种或树木园收集树木
	DNA/花粉存储	适宜条件下保存 DNA 或花粉
就地保护	遗传保存	在设定的长期保护区域内，管理自然野生居群及其遗传进化潜力
	农场保存	在传统耕作系统内管理本土传统作物品种

Guerrant 等（2004）还罗列了专用保护设施栽培（cultivation in dedicated conservation facility）、控制环境下的专业栽培（specialist cultivation in controlled environment）、展示或参考收集的混合栽培（cultivation in mixed display or reference collections）、DNA/花粉保存（DNA/pollen storage）、商业栽培（commercial cultivation）、社区花园（community garden）等迁地保护技术。本节主要介绍种子贮存、离体保存、超低温保存、田间种质库和植物园活植物收集栽培保存等迁地保护技术的原理与方法。

一、种子贮存

种子贮存（seed storage）是长期保存植物种子最有效的迁地保护方法，是对于普通种子而言最有效的存储技术，常用于存储传统的农作物种子；也用于按地理区域与分类群保存野生植物种子，特别是林业树木及有价值的野生物种种子。种子贮存的最大优势是能够保存大量的基因型并且保存时间较长。通常收集种子并干燥至适宜的湿度，在适当的低温条件保存。保育设施可以是密闭条件下用硅胶储存，或用冰柜储存，种子库大规模保存（Guerrant et al.，2004）。

种子贮存的技术方案主要取决于种子类型、贮存条件和所要保持种子寿命的长度。长期贮存需要最佳水分含量和降低储存温度，可根据控制种子变质的反应动力学原理优化种子水分含量并把温度降低到一定程度。种子类型及其代谢生理与温度、湿度环境条件的调控原理可以用于提高种子库贮存的效率，增加迁地收集保存的物种数量和种子类型数量。通常，种子生命力的丧失是由种子的呼吸作用和代谢消耗引起的。当种子含水量为 3%~7%，种子内基本上不含自由水，大多数的酶活性处于钝化状态，生化反应停止或者很缓慢地进行，加上是低温条件，呼吸作用也非常微弱，甚至不能形成偶联反应进行呼吸，可以说新陈代谢几乎处于停止状态。因此，通过改善种子的贮存环境，可大大延长种子贮存寿命而达到长期保存的目的。

种子类型、种子质量、种皮的完整性、种子含水量及保存环境是影响种子寿命的五大因素，其中种子类型是最重要的因素（田新民等，2014）。根据种子的生理特点，种子可分为正常型种子（orthodox seed）、中间型种子（intermediate seed）和顽拗型种子（recalcitrate seed）。75%~80%的被子植物的种子是正常型种子，能在-20℃的低温环境下保存很长时间；5%~10%的被子植物的种子为顽拗型种子，热带地区大约47%的物种的种子为顽拗型种子；10%~15%的被子植物的种子为中间型种子，有一定的耐脱水能力，在低温条件下可以存活一定时间。

正常型种子的含水量能降至 5%以下而种子不受伤害，并且其贮存寿命随种子含水量和贮存温度的降低而增加，大部分林木和栽培农作物的种子属于正常型种子。顽拗型种子脱离母株时未经过成熟脱水期，其含水量相对较高，通常含水量为 20%~60%；对脱水及低温高度敏感，采收后不久便自动进入萌发状态，一旦脱水，即使含水量仍很高，也会影响种子的萌发，导致种子活力迅速丧失，温度过高或过低也会严重影响种子活力，因此不耐贮存，寿命很短，这类种子主要包括一些水生植物、相当数量的热带植物及少部分温带植物的种子。多数顽拗型种子含水量降至 15%~20%时便会受到伤害，并且对0℃以下的低温敏感。Farrant 等（1988）根据忍耐水分亏缺能力的不同又将顽拗型种子分为低度、中度和高度三类。低度顽拗型种子能忍受一定的水分丧失和较低的温度，一般分布于亚热带和温带地区，如壳斗科栗属的板栗、棕榈科丝葵属的丝葵等；中度顽拗型种子能忍受中等程度的脱水和稍高的温度，如可可和橡胶树；高度顽拗型种子通常分布于热带雨林湿地，种子脱落酸（abscisic acid，ABA）含量低，缺乏脱水素蛋白，仅能忍受少量的水分丧失，而且对温度高度敏感。顽拗型种子对低温脱水的敏感性，给种子的长期贮存带来了极大困难，而大多数顽拗型种子又具有极高的经济价值和保存价值，因此对顽拗型种子保存的研究显得尤为重要。

种子贮存支撑了全球农业可持续发展和粮食供应，使数千种野生物种保存于国家种质库和国际种质库设施中。作为应对灭绝的保险政策，种子贮存的成本估计是就地保护的1%。同时，种子贮存的相关设计、成本、风险和科学挑战也取决于物种、保存方法和设定的存储时间。研究数据表明，常规温度下种子库贮存的种子的寿命低于预期寿命，但顽拗型种子采取超低温贮存可长期保护顽拗型种子的植物。政策层面上《全球植物保护战略》也促进了低温贮藏来保护热带和温带植物的实施（Li and Pritchard，2009）。

植物园在从事活植物迁地收集保存的同时，考虑建立种子（种质）库作为活植物收集的补充方法和保护手段是必要的。联合国粮食及农业组织、国际植物遗传资源委员会和其他相关国际机构在过去几十年中对农作物物种及其部分近缘种的保护相当成功，已经制定了工作程序和标准并将其应用于植物园界（Wang et al.，1993；Hong et al.，1996；Hong and Ellis，1996；IUCN-BGCS and WWF，1989）。迄今为止，对大多数野生植物遗传多样性对于人类的重要性还没有得到足够的认识，有必要对种子库进行密集抽样和保护评估，加强对具有高经济价值物种的保护。随着保护理念和方式的改变，植物园必须在保护领域发挥越来越重要的作用，建立种子收集和储存的技术特色，通过植物园间种子交换机制推进多样性及物种保护（IUCN-BGCS and WWF，1989）。

二、离体保存

离体保存（*in vitro* storage）由 Henshaw 和 Morel 于 1975 年首次提出（徐刚标，2000），主要是利用组织培养技术，在无菌条件下添加生长抑制剂，通过缓慢生长保存植物种质的一种技术，该技术用于培养植物的组织、细胞、分生组织等，被认为是对田间收集资源的补充和备份的好方法（Dulloo et al.，2010），特别适合用于长期存储植物的繁殖体。

植物细胞和培养体在适宜条件下存在着一种典型的生长模式（Reed，1989；林富荣和顾万春，2004），即首先进入被称为延滞期的慢生长阶段；随后是快生长阶段，细胞呈指数状态增生；最后培养体进入生长静止期，细胞数量保持恒定。从延滞期到生长静止期的时间长度受多种因素的影响，通过调节和改变与培养体生长有关的某些条件，则可能延长继代培养所需的时间。种质离体培养保存就是通过改变培养物生长的外界环境条件，使细胞生长降至最小限度，但不死亡，从而达到保存种质的目的。这种保存方法最大的优点是使保存材料维持缓慢而不间断的生长，因而又称为缓慢生长种质保存（low growth conservation）方法（张宇和和盛成桂，1983；许再富，1998；徐刚标，2000；曾继吾等，2002）。

限制细胞生长的技术途径主要有改变培养物最适生长温度、调整培养基养分水平、应用渗透性化合物或生长抑制剂、降低培养环境含氧量等。多数情况下，综合使用上述几种途径进行缓慢生长保存。低温保存植物培养物的关键是正确选择适宜低温以提高保存后的存活率。不同植物甚至同一种植物不同基因型对低温的敏感性不一样。植物对低温的耐受性取决于基因型，也与生长习性有关。通常认为，温带植物在 0~6℃条件下保存；而热带植物最适低温为 15~20℃（徐刚标，2000），当降至 0~12℃时生长速率明显下降；少数热带种类最佳生长温度为 30℃，一般在 15~20℃时可降低生长速度（许再富，1998；徐刚标，2000）。

植物生长发育状况依赖于养分的供给，如果养分供应不足，则植物生长缓慢，植株矮小。通过调整培养基的养分水平，可有效地限制细胞生长。采用 1/2 MS 培养基加弱光照，使得垂枝桦（*Betula pendula*）组培苗在组培瓶中延续休眠状态，保存时间达 2 年以上；咖啡树分生组织培养的小植株在无蔗糖的 1/2 MS 培养基上可保存 2.5 年；对省藤属（*Calamus*）植物，采用减少培养基中碳含量、降低培养基水分含量、低盐（10%~50%的无机盐含量）等措施，降低了该属植物细胞生长速度而使继代时间保持在 6 个月以上（林富荣和顾万春，2004）。

在培养基中添加高渗化合物或天然激素，如甘露醇、山梨醇、蔗糖、脱落酸（ABA）、矮壮素（CCC）、多效唑（PP333）等，均能起到抑制细胞生长、延长保存时间的效果。这类化合物提高了培养基的渗透势负值，造成水分逆境，降低细胞膨压，使细胞吸水困难，新陈代谢活动减弱，延缓细胞生长。例如，对于桫椤（*Alsophila spinulosa*）配子体世代的保存采用加大孢子播种密度（4000 个/m²）、选用高盐培养基或加 2, 4-D、蔗糖浓度为 0~1%，附加细胞分裂素和生长素的比为 10∶1，以及仅用 MS 培养基的微量元素制作培养基等均可延续其生长速度，使保存材料 9~16 个月不继代也不会死亡（林富荣和顾万春，2004）。

离体培养保存技术是中期保存种质的重要手段，对于顽拗型种子来说，甚至被认为是主要的种质保存方法。目前该技术主要被应用在稀有濒危植物的种质繁殖与种质保存、果树优良品种种质保存及热带植物种质保存方面。离体培养保存面临的主要问题是组织和细胞培养中存在着大量的遗传变异性，尤其是其中当包含了愈伤组织时（张宇和和盛成桂，1983；许再富，1998）。组织培养的遗传不稳定性，使得这一技术很难被用于种质的长期保存。因此，在离体培养保存中要选用性质稳定的培养物，如茎尖分生组织（张宇和和盛成桂，1983）。一些报道认为，如果将种质离体培养与超低温保存相结合，把分生组织培养在液态氮（–196℃）中，则能较好地保存遗传稳定性（张宇和和盛成桂，1983；Reed，1989），并可实现对顽拗型种子种质的长期保存。

三、超低温保存

超低温保存（cryopreservation）是指在–80℃（干冰温度）到–196℃（液氮温度）甚至更低温度条件下保存生物材料。保存的材料有原生质体、悬浮细胞、愈伤组织、体细胞胚、胚、花粉胚状体、花粉、茎尖（根尖）分生组织、芽、茎段、种子等（徐刚标，2000；曾继吾等，2002）。

植物的正常生长发育是一系列酶反应活动的结果。植物细胞处于超低温环境中时，细胞内自由水被固化，仅剩下不能被利用的液态束缚水，酶促反应停止，细胞生长和新陈代谢活动被极大地抑制甚至完全停止，植物材料处于"假死"状态，能安全稳定、长期有效地保存各种离体组织及种子。如果在降温、升温过程中，没有发生化学变化，而物理结构变化是可逆的，所以保存后的细胞能保持正常的活性和形态发生潜力，且不发生遗传变异（Lyndsey and Withers，1986）。超低温保存是长期贮存植物种质的最有效方法，它甚至被认为是实现生物种质永久保存的唯一途径。

在生物样品降温过程中，细胞外水首先结冰，由于细胞膜阻止细胞外水进入细胞内，细胞内水处于超低温状态，这样便产生细胞内外蒸气压差，细胞按其蒸气压梯度脱水。脱水速率与程度主要取决于降温速率和细胞膜对水的透性。当降温速率适宜，脱水和蒸气压变化保持平衡时，细胞内溶液冰点将平稳降低，从而避免胞内结冰。如果降温速率过慢，细胞脱水过度，由此可能发生下述损伤：胞内高含量溶液可能会引起"溶液效应"；液态水减少可能引起细胞膜系统不稳定；细胞体积可能减小到细胞成活的最小临界值；胞外水被固化，脱水不能使细胞产生质壁分离；有弹性的细胞壁将产生阻止细胞体积减小的拉力，结果造成膜损伤。如果降温速率过快，或水外流速率和蒸气压变化不平衡，细胞内结冰，也会引起机械损伤。但是，降温速率非常快时，细胞迅速通过冰晶生长危险温度区，就不会死亡。如果生物材料经高含量的渗透性化合物处理后，快速投入液氮，这时由于水溶液含量太高而不可能形成冰晶，因而能保持无定形状态，这种状态下的水分子不会发生重组，也就不会产生结构和体积变化，当然也就保证了复苏后的细胞活力（严庆丰和黄纯农，1994）。

要想成功地进行超低温保存，选择在最适生长阶段的材料是很重要的。培养细胞处于指数生长早期，具有丰富稠密、未液泡化的细胞质，同时具有细胞壁薄，体积小等特点，比在延迟期和稳定期的细胞耐冻能力强。通常通过缩短继代培养时间，从生长周期中除去延迟期和稳定期，增加分裂象细胞比例，减少细胞内自由水含量。有时可通过提高培养基中糖的含量或添加甘露醇、山梨醇、脱落酸、脯氨酸、二甲基亚砜、2,4-D 等物质培养几天，来增强细胞的抗冻能力。

对某些植物材料，尤其是对低温敏感植物的超低温保存，要通过低温锻炼对其进行预处理。在低温锻炼过程中细胞膜结构可能发生变化，蛋白质分子间双硫键含量减少，硫氢键含量增多，细胞内蔗糖及与其类似的具有低温保护功能的物质也会积累，从而增强了细胞对冰冻的耐受性。

除一些对脱水不敏感的材料以外，几乎所有的植物材料都需经过冰冻保护剂处理，超低温保存后方能存活。冰冻保护剂种类有很多，但大体可归为两大类：一类是能穿透细胞的低分子质量化合物，如二甲基亚砜、各种糖、糖醇等物质；另一类是不能穿透细胞的高分子质量化合物，如聚乙烯吡咯烷酮、聚乙二醇等。大多数冰冻保护剂在保护细胞的同时也会对细胞产生毒害作用，其保护作用和毒性的大小与保护剂剂量呈正相关。确定适宜的保护剂种类、含量是植物组织、细胞超低温保存成功的关键因素之一。

四、田间种质库

田间种质库（field gene bank）亦称"种质圃""田间基因库""野外基因库"，是保存活体种质资源的园地，是在露天条件下广泛收集和种植不同植物种类、维持有限物种遗传多样性水平的方法，通常用于专科、专属、专类植物的收集栽培，也常用于育种、野外回归、研究和其他目的，如农作物近缘野生种、珍稀濒危植物、多年生乔木和灌木的长期保存（Guerrant et al，2004）。

国际上田间种质库常用于无性繁殖果树与经济作物等种质资源的保存和资源评价发掘，如苹果、猕猴桃、柿子、胡桃、梨、柑橘、茶、桑、橡胶、咖啡等植物种质资源的保存。IBPGR 在全世界积极支持和促进木薯、甘薯、香蕉、可可、甘蔗等重要田园种质库的建立，已初步形成保护网络（陈叔平，1992）。我国目前已建立起作物种质资源保存体系，包括国家种质资源长期库、复份库、中期库及各省市地方中期库和国家种质资源圃，形成了功能清晰、分工合理、保存安全的国家种质资源保存体系。我国对全部目标种质资源，首先在其原生态区进行了至少两年的农艺性状鉴定，然后给予每一份种质资源全国统一的唯一编号，将其编入种质资源目录，同时繁殖足够的种子。这些种子一部分被送交国家库长期保存，另一部分进行抗病虫性、抗逆性和品质特性鉴定（王述民，2002）。截至 2010 年，我国农作物物种种质资源保存数量达 412 038 份，仅次于美国；我国建立了一个长期保存库、一个复份保存库和约 40 个活体种质栽培资源圃（黄宏文和张征，2012）。

田间种质资源保存是具非正常型种子的植物最为常见的保存方法，也特别对那些产生种子很少的植物、无性繁殖植物、具有很长生命周期的植物等具有重要的应用价值。田间种质库也包括对温室或遮阳棚中盆栽植物的维护保存。联合国粮食及农业组织（FAO）粮食和农业遗传资源委员会（2013）编撰了《粮食和农业植物遗传资源基因库标准草案》，对田间种质资源圃标准做出了规范，并推荐了种质收集的管理技术指导和培训手册。田间种质资源圃标准包括地点的选择、种质的获得、田间活体资源收集圃的建立、田间管理、更新和繁殖、描述、评价、记录、分发、安全及安全备份（Biodiversity International et al.，2011；Reed et al.，2004）。

在选择田间种质资源圃的位置时需考虑许多因素，包括对种质资源圃所保育植物而言合适的气候、海拔、土壤、排水等农业生态条件；应使病虫害、动物损害、洪水、干旱、火灾、雪和冰冻、火山爆发、冰雹、偷盗或故意破坏等相关的天灾人祸的风险降到最低；应将相同物种的作物或者野生种群的基因流混杂或污染的风险降至最小；应有长期土地所有权与足够大的土地利用空间，便于将来种质资源收集范围的扩大；应有足够的繁殖与检疫设施，以及充足的水源和电力供应。

田间种质资源圃应具有最适合物种的气候环境和土壤类型，以便降低环境不适应的风险。解决环境适应性差问题的一个办法是采用分散处理方法，即将种质资源布置在不同的农业生态环境中，而不是集中在一个地点的种质资源圃中。将适应性相似的种质资源一起保存在一个与其原生环境相似或与其自然栖息地相似或接近的地点，原生环境的自然条件可以通过提供较强的遮阴强度和排水来模拟实现。

田间种质资源圃若要避免病虫害，昆虫媒介非常重要。如果有可能，田间种质资源圃应该位于没有重大病原性疾病和虫害的地点，或者远离所知的真菌和病毒感染区来降低与植物保护相关的风险和管理费用，以确保分发材料来源干净。在种植之前应该检查土壤的洁净程度，确保其未被真菌、白蚁或其他土壤寄生物感染，以及种植前应采取措施净化土壤。如果没可能，所选择的地点应该与种植相同作物的田地保持一定的距离，以此降低病虫害的威胁，并且患病植物应该按严格淘汰程序除掉。另外，若将大量植物集中在一起会使植物易于染病，这很容易导致疾病暴发。从疾病管理角度，应该对如此大的单一种属的种质进行特别的监测。

应该将田间种质资源圃设在一个安全的地点，且该地点具有长期的土地协议和保证或公共土地使用权及资金支持，同时还应将该地区的开发计划统筹考虑在内。土地使用历史记录中的土地害虫与杂草状况和所施肥料数量的信息非常重要。例如，前期肥料的使用量能影响根系和块茎的生长，过多的残余肥料可以抑制红薯的块根发育；如果将足够的降雨或辅助灌溉系统的供水作为一个选择标准考虑在内，就能够避免干旱胁迫。除了土地使用历史，建圃时将可以确定和校正土壤自然和营养状况的方法考虑在内，可从根本上充分考虑土壤的物化性质。

田间种质资源圃应有足够的土地空间，这不仅是为所保育物种的类型和数量考虑，而且是为满足未来收集数量的增长和可能的扩繁需要，特别是多年生植物物种，要充分考虑树木作物所需的扩张空间。田间种质资源圃还应有足够的空间容纳需连续重栽和轮作的一年生作物，这种连续重栽和轮作可避免连作的可能污染，同时一年生作物与多年生作物之间的轮作可控制病虫害和管理土壤肥力。如果植物材料在收获后下次种植前需要储存，则更需要提供足够与合适的空间确保保藏设施的需求。

五、植物园活植物收集

植物园（包括树木园）的活植物收集（living plant collection）是根据植物学标准和植物类别或用途，将植物归类收集栽培，并具有信息记载及档案记录的专类活植物收集，具有多学科综合特征，对基础植物生物学研究具有重要意义；与经济繁荣、社会发展和人类生活密切相关，既包括农林植物引种驯化的综合功能，也包括园艺植物、药用植物、濒危植物及植物多样性保护，是植物园的核心和"灵魂"，为新品种培育、农业与生物产业发展乃至经济社会进步提供庞大的核心资源（黄宏文等，2015）。我国非常重视引种驯化、活植物收集与植物园建设。早在 1956 年我国第一个中长期科技规划《1956—1967 年科学技术发展规划纲要》中，植物园活植物收集就被列入了"植物引种驯化培育的理论研究"课题，在中国科学院的规划指导下，先后在北京、南京、庐山、武汉、广州、昆明、西双版纳、西安等地恢复和新建了 10 个以植物引种驯化为中心的植物园，各省（自治区、直辖市）也先后建立了一些规模大小不同的植物园、树木园和药用植物园（周泽生，1986）。植物园建立在不同气候区，形成了植物引种驯化的网络体系，创造了风土驯化、北移南进的有利条件，丰富了不同地区的植物资源（陈封怀，1965）。

20 世纪初"气候相似论"与"风土驯化论"的提出，对植物园的引种理论和引种收集植物方法的研究起到了重要的指导作用。气候相似论是由德国树木学家迈依尔（Mayr H.）在 1906 年和 1909 年提出的，他认为以温度为主的气候指标对植物园引种具有制约作用，植物引进时栽培地和原产地的气候必须相似，引进的植物，特别是多年生乔木和灌木才能正常地生长发育（廖馥荪，1966）。气候相似论对植物的引种和驯化产生了巨大影响，但它对从根本上改造木本树种持怀疑态度，坚持认为木本树种的本性不变，低估了林木的变异性和育种的可能性（朱慧芬等，2003；李振蒙和李俊清，2007）。而苏联园艺和育种学家米丘林（Ivan Vladimirovich Michurin，1855—1935）提出了著名的"风土驯化论"，此学说的基本原理是生物体与其赖以生存的环境之间存在着对立统一的关系，生物体的遗传可塑性使得它经过引种和驯化而适应新的环境成为可能。该理论的核心是改造植物的遗传保守性，使植物适应新的环境。具体做法是利用植物的遗传不稳定性，特别是以可塑性最大的幼龄实生苗作为引种和风土驯化材料，通过逐步迁移的办法，使其在新的环境影响下逐步改变原有的本性，最终适应预定的新环境，达到驯化的效果（周泽生，1986；张日清和何方，2001；朱慧芬等，2003）。其依据一是植物在个体发育的幼龄阶段具有较大的变异性和可塑性，二是实生苗对新环境有较大的适应能力。由于植物园所在的栽培地与原产地环境差异较大，引种不能一步到位，必须采取逐步迁移的办法实现逐步驯化。植物在新的环境中顺利通过成活、生长、开花、结实各阶段，不断消除与气候条件的矛盾才能达到传代和驯化成功的目的（陈封怀，1965）。这些早期的理论为植物园更广泛的引种奠定了重要基础，也为后续的迁地保护尽可能多地保护植物多样性发挥了重要的作用。

第三节　植物园与迁地保护

近500年来，甚至可以上溯到近700年来，植物园植物的引种驯化及其广泛栽培深刻改变了世界农业生产的格局，对促进人类文明和社会进步产生了深远的影响，对人类历史进程产生了不可估量的作用（黄宏文等，2015；Heywood，2015）。活植物收集是植物园的核心和"灵魂"，传承了现代植物园几个世纪科学研究的脉络和成就，也是现代植物园进行科学研究、公众教育和迁地保护的载体和核心使命，体现着植物园的科学内涵和社会责任。植物园收集和迁地栽培的活植物既是植物保护的基础性资源和尚未被人类充分使用的全球性资源，又是植物园的传统技能优势领域。植物园对保护生物学和全球气候变化研究的贡献充分体现在植物园庞大的标本收集、活植物收集、科学研究队伍及设施技术，以及与公众在植物科学和保护科学的长期、有效的互动（Heywood，1987；Watson et al.，1993；Donaldson，2009；Cibrian-Jaramillo et al.，2013；黄宏文等，2015；Heywood，2015）。

一、植物园的迁地保护

植物园和树木园在保护植物多样性方面发挥着越来越大的作用，主要体现在探索和保存当地的本土植物，开展以保护为导向的保护性收集，迁地栽培与展示稀有、濒危和受威胁物种；研究植物学、生态学、植物栽培和繁殖并建立相关设施；评估物种潜在的农艺、园艺或其他经济价值；维护和监测植物园或与其相关的保护区的物种居群，参与回归计划；开展公众教育，提高公众保护意识等多个方面（Walters，1973；IUCN-BGCS and WWF，1989；Heywood，1990；Watson et al.，1993）。

世界各地的植物园收集和栽培了大量本土植物，并致力于专门维护迁地保护植物并提高保护管理效率。IUCN 和 WWF 组织的调查表明（IUCN-BGCS and WWF，1989），植物园专类保护性收集园区种植了大约占已知植物一半的活植物样本，特别是稀有或濒危物种。IUCN 植物园保护协调机构（IUCN Botanic Garden Conservation Coordinating Body）保护监测中心（Conservation Monitoring Centre）管理的数据库记录了大约 250 个植物园的受威胁和濒危物种数据，有超过 20 000 种（次）受威胁植物和濒危植物的栽培记录。世界自然保护联盟的抽样调查表明，在该联盟收录的 15 800 种受威胁植物中，有 4346 种植物种植于植物园的活植物收集区中，实际收集的受威胁植物物种数会更高。目前面临的主要问题是种植植株数量较少，缺乏物种足够的遗传多样性。从部分濒危植物在将近 100 个植物园的种植分布看，虽然一些物种平均种植的植物园数量高达 4.65 个，但大多数植物则只在个别植物园栽培种植；77%的植物在 5 个或更少的植物园种植，有 362 种植物仅在一个植物园种植（IUCN-BGCS and WWF，1989）。美国植物园和树木园协会（American Association of Botanical Gardens and Arboreta，AABGA）植物收集委员会（Plant Collections Committee）编写的《北美活植物收集目录》（*Preliminary Directory of Living Plant Collections of North America*）列出了 58 个植物园和树木园有记录的活植物收集，包括稀有和濒危植物（IUCN-BGCS and WWF，1989）。印度植物调查局（Botanical Survey of India）于 1983 年发表了印度一些植物园栽培的稀有和濒危植物的初步统计清单。大量植物园和树木园单独保留了面积为 1~100 000hm^2 的自然植被区或保护区，包括稀有植物的原生地，或者靠近热带原始森林和其他重要保护区。全球大约有 50 个植物园建立了种子库；以保护为主要使命的植物园只有不到 50%；特别是欧洲的植物园，约有 50%的植物园对特定的物种或感兴趣的特定地区承担特殊的保护责任。值得倡导的是，约 50%的植物园和树木园采取了主要种植野生来源植物的植物搜集策略。

在 20 世纪 90 年代，国际植物园保护联盟（Botanic Gardens Conservation International，BGCI）广泛调查了植物园迁地栽培植物，特别梳理了特定区域植物类群、代表性科级分类群、珍稀濒危植物类群等。结果显示，大部分野生植物在《生物多样性公约》签署之前就栽培在植物园，在过去几十年里，植物园栽培的地区本土植物的数量一直呈上升趋势，许多植物园将珍稀濒危植物保护和特色类群的栽培作为主要任务，建立了珍稀濒危植物的专类收集（Wyse Jackson，2001；Wyse Jackson and Kennedy，2009）。目前 BGCI 数据库收载的全球植物园迁地栽培植物有 261 000 个分类群，约为 105 000 个物种（Sharrock et al.，2010）。面对全球生态系统和景观不断退化的严峻形势，维护生物多样性和提高生态系统服务至关重要，也关乎人类未来。当前，"整体修复"（holistic restoration）的概念已被用于维护生物多样性和提高生态系统服务的质量和数量，植物园和树木园往往具有维护生物多样性和提高生态系统服务的质量和数量所需的全方位技能和资源来支撑生态修复工程的实施，包括确定生态系统恢复所需的适当的物种组成、种植规划和可持续维系的设计、繁殖并用于回归的苗木及辅助植株、监测恢复过程与其成功与否，并且在公众教育、能力建设和生态修复的可持续发展模式中扮演重要的角色（Miller et al.，2016）。目前全球各地有 3000 多个植物园和树木园，遍及各气候带、植物区系、生境地，迁地保护了至少 12 万种高等植物，占已知物种的 1/3，其中，濒危植物有 1 万~2 万种；保存有大量的重要植物类群，如木兰科、壳斗科、杜鹃科、槭树科等和大量农作物近缘种、经济植物、药用植物、园林植物等；促进了植物科学知识进步和公众服务的提升，每年接待游客 1.5 亿人次。

综上所述，世界各地植物园和树木园形成了令人欣慰的保护理念并作出了对保护的广泛承诺，这也清楚地表明植物园和树木园进一步参与植物多样性保护的强烈愿望，并希望通过广泛合作，获取现代保护的理论和技术的指导与建议。然而我们必须强调，植物园的保护工作大多还缺乏有效组织，缺乏整体协调。展望未来，植物园界将在植物多样性的评估、保护和发展中发挥出重要作用（IUCN-BGCS and WWF，1989）。

二、中国植物园的迁地保护

中国作为全球植物多样性最丰富的国家之一，对世界园林植物和经济植物的贡献闻名于世。例如，20 世纪 20 年代，在著名植物学家 E. H. 威尔逊回忆卷记《中国——园林之母》中就非常生动地介绍了中国园林栽培植物种类、规模和对西方园林的贡献，而他本人则因为 19 世纪末至 20 世纪初，历时 11 年 4 次进入中国中西部地区进行的探险和植物采集而闻著名（威尔逊，2015）。中国植物保护取得了卓著的进步，但是中国植物多样性保护依然面临巨大的挑战。近 30 年来，随着经济发展及人口增长对自然生境的破坏，植物濒危物种数量大幅度增加，植物园肩负着保护植物的重要使命。

1. 发展历程和能力建设

2014~2017 年的调查表明，我国有植物园和树木园 162 个，1950 年以前的 67 年间建立的植物园现存有 12 个，占现有植物园总数的 7.4%，1950~1964 年 15 年间建立的植物园有 47 个，占 29%；1965~1979 年 15 年间建立了植物园 16 个，占总数的 9.9%；1980~1994 年 15 年间建立植物园 36 个，占 22.2%；1995 年以来建立植物园 51 个，占 31.5%，目前我国植物园建设已进入稳步发展阶段（表 2-3）。

表 2-3　中国植物园名录

序号	省（自治区、直辖市、特别行政区）	植物园名称	建园年份
1	北京	北京药用植物园	1955
2	北京	北京植物园	1956
3	北京	中国科学院植物研究所北京植物园	1956
4	北京	北京教学植物园	1957
5	上海	第二军医大学药用植物园	1956
6	上海	上海植物园	1974
7	上海	中国科学院上海辰山植物园	2010
8	重庆	重庆市药用植物园	1947
9	重庆	重庆市南山植物园	1958
10	重庆	重庆市植物园	1985
11	重庆	重庆大学植物园	2012
12	安徽	黄山树木园	1958
13	安徽	合肥植物园	1987
14	福建	福州植物园	1959
15	福建	厦门华侨亚热带植物引种园	1959
16	福建	厦门市园林植物园	1960
17	福建	福建农林大学教学植物园	2011
18	甘肃	民勤沙生植物园	1974
19	甘肃	麦积植物园	1982
20	甘肃	兰州树木园	1989
21	甘肃	兰州植物园	2008
22	广东	南亚热带植物园	1954
23	广东	中国科学院鼎湖山树木园	1956
24	广东	中国科学院华南植物园	1956
25	广东	广东树木公园	1958
26	广东	华南农业大学树木园	1972

续表

序号	省（自治区、直辖市、特别行政区）	植物园名称	建园年份
27	广东	中国科学院深圳市仙湖植物园	1983
28	广东	东莞植物园	1998
29	广东	中山树木园	2003
30	广东	广东药科大学药用植物园	2007
31	广东	潮州植物园	2008
32	广西	广西林业科学研究院树木园	1956
33	广西	中国科学院广西植物研究所桂林植物园	1958
34	广西	广西石山树木园	1959
35	广西	广西壮族自治区药用植物园	1959
36	广西	南宁树木园	1963
37	广西	青秀山植物园	1985
38	广西	柳州岩溶植物园（龙潭公园）	1986
39	贵州	贵州林业科学研究院树木园	1963
40	贵州	贵州省植物园	1964
41	贵州	贵阳药用植物园	1984
42	贵州	贵州省中亚热带高原珍稀植物园	1997
43	贵州	贵州省黎平县国有东风林场树木园	2003
44	贵州	遵义植物园	2002
45	海南	兴隆热带植物园	1957
46	海南	海南省林业科学研究所枫木树木园	1958
47	海南	海南热带植物园	1958
48	海南	兴隆热带药用植物园	1960
49	海南	中国林业科学研究院热带林业研究所试验站热带树木园	1973
50	海南	兴隆热带花园	1992
51	河北	石家庄市植物园	1998
52	河北	高碑店市植物园	2002
53	河北	保定市植物园	2003
54	河北	唐山植物园	2010
55	河南	鸡公山植物园	1976
56	河南	洛阳国家牡丹园	1984
57	河南	郑州黄河植物园	1984
58	河南	洛阳国际牡丹园	1999
59	河南	中国国花园	2002
60	河南	洛阳隋唐城遗址植物园	2005
61	河南	郑州市植物园	2007
62	黑龙江	黑龙江省森林植物园	1958
63	黑龙江	小兴安岭植物园	1978
64	黑龙江	鸡西动植物公园	1996

序号	省（自治区、直辖市、特别行政区）	植物园名称	建园年份
65	黑龙江	金河湾湿地植物园	2008
66	湖北	东湖磨山园林植物园	1956
67	湖北	中国科学院武汉植物园	1956
68	湖北	华中药用植物园	1979
69	湖北	宜昌三峡植物园	1998
70	湖南	湖南省南岳树木园	1978
71	湖南	湖南省森林植物园	1985
72	湖南	郴州南岭植物园	1989
73	湖南	中南林业科技大学树木园	2003
74	湖南	湘南植物园	2008
75	湖南	桂东植物园	2013
76	吉林	长白山植物园	1958
77	吉林	长春森林植物园	1982
78	吉林	长春市动植物公园	1987
79	江苏	中国科学院南京中山植物园	1929
80	江苏	南京药用植物园	1958
81	江苏	无锡太湖观赏植物园	1993
82	江苏	扬州植物园	2011
83	江苏	徐州植物园	2011
84	江苏	崇川植物园	2015
85	江西	江西省中国科学院庐山植物园	1934
86	江西	赣南树木园	1976
87	江西	大岗山树木园	1979
88	江西	江西省林业科学研究院南昌植物园	1980
89	辽宁	熊岳树木园	1915
90	辽宁	沈阳药科大学药用植物园	1955
91	辽宁	中国科学院沈阳应用生态研究所树木园	1955
92	辽宁	沈阳市植物园	1959
93	辽宁	大连市植物园	1980
94	辽宁	大连英歌石植物园	2003
95	辽宁	沈阳市树木标本园	2009
96	内蒙古	阿尔丁植物园	1956
97	内蒙古	内蒙古林业科学研究院树木园	1956
98	内蒙古	赤峰市植物园	1987
99	内蒙古	呼和浩特植物园	1990
100	宁夏	宁夏银川植物园	1986
101	青海	西宁市园林植物园	1984
102	山东	山东农业大学树木园	1956

序号	省（自治区、直辖市、特别行政区）	植物园名称	建园年份
103	山东	山东中医药高等专科学校植物园	1958
104	山东	青岛植物园	1976
105	山东	山东临沂动植物园	1999
106	山东	济南植物园	2004
107	山东	潍坊市植物园	2007
108	山东	泰山林业科学研究院森林植物园	2009
109	山东	山东中医药大学百草园	2013
110	山西	五台山树木园	1985
111	山西	大同植物园	2006
112	山西	金沙植物园	2009
113	山西	太原植物园	2014
114	陕西	榆林红石峡沙地植物园	1957
115	陕西	西安植物园	1959
116	陕西	宝鸡植物园	1979
117	陕西	西北农林科技大学树木园	1984
118	陕西	陕西榆林卧云山民办植物园	1985
119	陕西	榆林黑龙潭山地树木园	1988
120	陕西	中国科学院秦岭国家植物园	2001
121	四川	成都市植物园	1983
122	四川	峨眉山植物园（峨眉山生物资源试验站）	1984
123	四川	中国科学院华西亚高山植物园	1986
124	新疆	中国科学院吐鲁番沙漠植物园	1976
125	新疆	乌鲁木齐市植物园	1986
126	新疆	塔中沙漠植物园	2002
127	新疆	新疆伊犁龙坤农林开发有限公司植物园	2009
128	云南	西双版纳热带花卉园	1953
129	云南	中国科学院昆明植物研究所昆明植物园	1955
130	云南	西双版纳药用植物园	1959
131	云南	云南省林业科学院昆明树木园	1959
132	云南	中国科学院西双版纳热带植物园	1959
133	云南	昆明园林植物园	1978
134	云南	香格里拉高山植物园	1999
135	浙江	浙江大学植物园	1928
136	浙江	杭州植物园	1956
137	浙江	温州植物园	1963
138	浙江	安吉竹博园	1974
139	浙江	浙江竹类植物园	1982
140	浙江	舟山市海岛引种驯化园	1993

序号	省（自治区、直辖市、特别行政区）	植物园名称	建园年份
141	浙江	浙江农林大学植物园	2002
142	浙江	杭州天景水生植物园	2003
143	浙江	嘉兴植物园	2007
144	浙江	桐乡植物园	2008
145	浙江	宁波植物园	2011
146	香港	香港动植物公园	1871
147	香港	香港嘉道理农场暨植物园	1956
148	香港	城门标本林	1970
149	澳门	澳门植物园	1985
150	台湾	台北植物园	1896
151	台湾	恒春热带植物园	1906
152	台湾	嘉义植物园	1908
153	台湾	台湾高山植物园	1912
154	台湾	下坪热带植物园	1923
155	台湾	双溪热带树木园	1935
156	台湾	福山植物园	1990
157	台湾	扇平森林生态科学园	1993
158	台湾	高雄市原生植物园	1994
159	台湾	内双溪森林药用植物园	1995
160	台湾	自然科学博物馆植物园	1999
161	台湾	台东原生应用植物园	2005
162	台湾	太麻里海岸植物园	2009

我国植物园覆盖了我国主要气候区，分布于热带潮湿地区（32 个）、亚热带地区（68 个）和温带地区（62 个）。未来我国还需加强高原寒带、寒温带和极端环境地区的植物园建设。

我国植物园在植物迁地保护能力和人才队伍建设方面取得了长足的进步，已发展成为国际植物园界的重要力量。目前我国植物园总面积已达 102 007.2hm²，其中植物专类园区面积达 5400hm²，植物保育区与苗圃区面积达 1014.9hm²，园区植被面积达 76171.7hm²。我国已建成一定规模的迁地保护设施，其中植物组织培养微繁技术设施面积已达 36 745m²，种子库或种子标本库面积达 11 962m²。同时，我国植物园已建立了较大规模的人才队伍，植物园员工总数达 11 227 人，其中研究队伍 2876 人，园林园艺管理队伍 2937 人，公众教育队伍 1161 人，知名的植物专科专属专家 100 多人，已成为国际植物园界与植物迁地保护领域的重要力量。

2. 迁地保护的规模与质量

根据对我国主要植物园迁地保护植物的抽样调查，我国目前迁地保护维管植物有 396 科 3633 属 23 340 种，其中本土植物 288 科 2911 属 22 104 种，分别占我国本土高等植物科的 91%、属的 86% 和物种的 60%，植物园的迁地保护构成了我国植物迁地保护的核心和中坚力量。同时，我国植物园保护了我国最新的《中国植物红皮书》名录中约 40% 的珍稀濒危植物，建立了 1195 个植物专类园区，对我国本土植物多样性保护发挥了积极作用。

中国科学院所属的 15 个植物园（表 2-4）由于建制性特征，长期从事专科专属和一些专门植物类群的搜集、研究和发掘利用，具有历史长、积累丰富、区域代表性强和数据积累系统性强等特征，在植物引种登录数（303 450 号，占全国植物园的 78.3%）、迁地保护物种数（20 000 种，占全国总数的 86%）、中国和地方特有植物种数（24 740 种，占 73.56%）、珍稀濒危植物种数（4228 种，占 40.05%）等方面发挥了显著的引领作用。中国植物园联盟成员单位具有广泛的覆盖性和区域代表性，其活植物登录数（374 420 号）占全国植物的 96.56%、迁地保护物种数（155 710 种）占 62.08%、中国和地方特有植物种数（8173 种）占 24.3%、珍稀濒危物种数（5288 种）占 62.08%。

在全国植物园体系中，具有行业代表性，植物迁地保护信息相对完整，在迁地保护物种、专类园区数量、中国和地方特有植物数量、珍稀濒危物种数量位居前 50 的植物园，涵盖了我国活植物收集登录数的 100%、活植物收集物种记录的 56.93%、分类群记录的 51.13%、专类园区数量的 53.22%、特有物种记录的 24.15%、珍稀濒危物种记录的 46.27%、药用植物记录的 53.13%，具有广泛的迁地收集代表性，对我国植物迁地保护发挥了核心作用。

我国近几十年对国内外植物的引种、迁地栽培和保护形成的庞大的资源平台，对基础植物研究如植物分类学、形态解剖学、生殖发育及遗传育种等发挥着重要的支撑作用，2012~2014 年培育了植物新品种 1321 个，获国家授权的新品种有 452 个，对资源的发掘利用都发挥了极其重要的作用。

我国植物园已成为优质的旅游景区和重要的旅游目的地，已建成较为系统的科普旅游服务设施，设立了大中小学生和公众教育课程体系，开展了富有植物园特色的公众教育活动，2012~2014 年接待参观游客人数达 155 582 304 人，其中青少年人数为 29 574 832 人，取得了较好的社会效益。

三、植物园的迁地保护策略

植物物种正在以前所未有的速度消失（Thibodeau and Falk，1986）。据估计，世界范围内，多达 65 000 种植物处于受威胁状态（IUCN-BGCS and WWF，1989；Raven，1990），可能还有正在遭受遗传侵蚀的风险（Heywood，1992）。美国约 20 000 种植物中有 10% 的物种濒危（Brumback，1980），至少 1000 种植物受到威胁（Smithsonian Institution，1975；Heywood，1990）。全球的植物园和树木园已经开展了大量的植物保护活动，一方面，植物园栽培的物种个体数量虽然有限，但可作为许多濒危植物种类的"诺亚方舟"，并且至少涵盖了植物 α-多样性；另一方面，许多植物园在地方植被区系内维护着包含受威胁物种在内的大量地方植物类群，有助于监测当地本土植物居群（IUCN-BGCS and WWF，1989）。然而，全球许多植物园的保护工作依然组织效率低下

表 2-4 中国科学院植物园及其植物迁地保育

植物园名称	通信地址	面积/hm²	建园年份	活植物收集与特色专类园
中国科学院广西植物研究所桂林植物园	广西桂林市雁山镇雁山街85号	73	1958	是以岩溶植物资源迁地保护为目标的综合性植物园，已建成了7个专类园区，珍稀濒危植物园、杜鹃园、金花茶园等10多个专类园区，收集保存植物3500多种，其中珍稀濒危植物收集示范珍稀濒危植物420多种；建成了中国苦苣苔科植物保育中心，咯斯特岩溶植物专类园从野外收集岩溶植物276种，定植151种
中国科学院华南植物园	广东省广州市天河区天源路1190号	282.5	1929	前身为中山大学农林植物研究所创建于1929年，1954年改隶属于中国科学院，易名为中国科学院华南植物园。植物迁地保护园于1956年，立足华南，面向东南亚，辐射世界同纬度地区，2003年10月更名为中国科学院华南植物园，是我国面积最大的南亚热带植物园和最重要的植物种质资源基地，建有木兰园、棕榈园、美国等38个专类园区，迁地保育植物约14000余种14500个分类群，活植物登录数32123号。其中迁地保育木兰等科植物274种，代表性植物有焕镛木、华盖木等国家Ⅰ级重点保护野生植物，观光木、是世界木兰中心；建有我国收集物种最丰富的丛生竹园，保育竹物种300多种，有国家特有植物箭竹、单枝竹；有竹子专类国家Ⅱ级保护野生植物307种，有国家Ⅱ级重点秀英竹等国家Ⅱ级保护野生植物，姜花收集云南朝竹等，地涌金莲及其药专砂保护野生植物园有砂仁类人前作，紫竹、小竖竹等，喝尾蕉属，山姜属，观赏姜类花蕉、观赏花卉闭鞘姜属、郁金、土田七、益智等
中国科学院华南植物园鼎湖山树木园	广东省肇庆市鼎湖区鼎湖山树木园	1154.7	1956	主要以就地保护为主要功能，建有竹园、杜鹃园、药园、茶园等专类园。隶属于中国科学院华南植物园，是我国第一个自然保护区，1979年成为我国首批纳入联合国教科文组织人与生物圈（MAB）保护区和世界典型南亚热带性植物的成员，其南亚热带典型常绿阔叶林季风常绿阔叶林有400多年的历史，是华南地区生物多样性最富集的地区之一，分布有野生高等植物1993种，栽培植物564种。其中国家重点保护野生植物有23种，有30多种的植物的模式标本产自鼎湖山。
中国科学院昆明植物研究所昆明植物园	云南省昆明市盘龙区蓝黑路132号中国科学院昆明植物研究所	67.9	1938	引种保育"中国-喜马拉雅植物亚区"，是我国西南地区重要资源植物保育中心。西南特色资源植物引种驯化及开发利用基地，建现已收集保育活植物6490种4150种5900个分类群（含品种），已建成14个专类园区。其中山茶园收集了云南山茶71个品种，华东山茶100多个品种，茶梅10个品种及金花茶5种，野生山茶10余种。其中珍稀濒危植物605种及栽培品种，其中野生珍稀濒危植物100多种及栽培植物10属100余种，杜鹃园收集50余种，如华木莲、多歧苏铁、云南金钱槭等；木兰园收集木兰科植物10科40属200余种。其中有肇庆珍稀植物云南红豆杉、银杉、水松和云南德家级保护植物17种；裸子植物收集有10科40属200余种，美国大叶柏等国外引入的树木50余种
江西省中国科学院庐山植物园	江西省九江市庐山会都口植育物9号植育苗	333	1934	我国植物科学研究的大型植物园，重点收集保存山地植物资源，引种保存活植物约5400种，其中国家级保护植物115种；建成松柏园、杜鹃园、蕨类植物园等专类园区13个，特别在松柏类植物、杜鹃花属植物和蕨类植物的引种保育方面取得了丰硕成果。松柏园收集裸松柏类植物11科48属248种，代表种有红豆杉、东北红豆杉、南方红豆杉、欧洲刺柏等；杜鹃园杜鹃分类区，国际友谊杜鹃园，杜鹃同引种区中引种及栽培品种320余种，品种近200个，代表种有云锦杜鹃，井冈山杜鹃、猴头杜鹃、江西杜鹃、羊角杜鹃、鹿角杜鹃、耳叶杜鹃、红滩杜鹃、桃叶杜鹃、露珠杜鹃、马银花、马缨杜鹃、羊踯躅等
江苏省中国科学院植物研究所南京中山植物园	江苏省南京市中山门外前湖后村1号	186	1929	我国中北亚热带植物科学研究中心，以植物资源的收集、引种、开发利用和保护为主要目标，活植物收集登录数26000号。迁地收集活植物4380种，以观赏类植物19个，其中松柏园收集植物120种，如水杉、池杉、金钱松、圆柏、雪松、薔薇园等，禾草园收集植物104种，如阳江珍稀濒危植物325种，如月季花、芒属观赏草等，收集物种325种，如月季花、荇菜等，狗牙根、羊胡子草等

续表

植物园名称	通信地址	面积/hm²	建园年份	活植物收集与特色专类园
中国科学院秦岭国家植物园	陕西省西安市小寨东路3号	200	2001	收集秦巴山区及同纬度地区的物种并进行迁地保护和就地保护研究。其中秦巴特色植物专类保护和就地保护区，将建设植物迁地保护区、动物迁地保护区、生物多样性就地保护区及农业观光生态度假等4个。其中秦巴特色植物专类园栽培植物36科58种，代表性物种有庙台槭、青榨槭、香果树等秦巴特色植物；杨柳科专类园栽培植物2属82种，代表性物种有中华长寿杨等；药用专类园栽培植物30科151种，代表性物种有姣母树、红豆杉、厚朴等；木兰园迁地栽培植物7属63种，代表性物种有宝华玉兰、西康玉兰、厚朴、鹅掌楸、水青树、天目木兰和黄山木兰等
中国科学院上海辰山植物园	上海市松江区辰花路3888号	207	2010	立足华东，面向东亚，是面向国家战略和地方需求。进行区域战略植物资源的搜集，保护又可持续利用研究的综合性植物园，设置有中心展示区、植物保育区、五大洲植物区和外围缓冲区等四大功能区。建设有月季园、正地收集活植物18886号4296种坑花园、水生植物园、展览温室、药用植物园、岩石和药用植物园、矿坑花园（含品种），包括木兰科、兰科、蔷薇科、凤梨科、早生植物、药用植物、早生类园、8018个分类群（含品种），其中华东系园保育野生物种数232种250个分类群（含品种），380个经济植物、珍稀濒危植物等专类园。专类种及温室植物登录号
中国科学院深圳仙湖植物园	广东省深圳市罗湖区莲塘仙湖路160号	588	1983	是植物科学研究、物种迁地保存与研究、植物文化休闲及生产应用等功能于一体的多功能风景园林植物园。建有国家苏铁种质资源保护中心、阴生植物区、沙漠植物区、孢子植物区、药用植物区、引种区、珍稀树木园、盆景园、木兰园、棕榈园、百果园、水景园等17个植物专类区。以及全国首座以生物命名的自然博物馆——深圳古生物博物馆。收集有8000余种植物。其中苏铁植物240种，代表性物种有多歧苏铁、仙湖苏铁；棕榈科植物190种，代表性物种有大王椰子、琼棕、霸王棕、桄榔、双子棕；裸子植物100种，代表性物种有长叶竹柏、油杉；日本香柏、长叶松等；木兰科植物148种，代表性物种有华盖木、二乔木兰、香籽含笑、观光木等
中国科学院沈阳应用生态研究所树木园	辽宁省沈阳市沈河区万柳塘路52号	156.2	1955	立足东北，收集、保存和研究我国东北地区原生植物种质资源。已建有裸子植物园、珍稀濒危植物园、非豆科固氮植物区、水栀区、槭树园等10余个专类区，是具东北区域特色的植物种，其中乔木672种，其中木本植物1038种，灌木和部分草本植物及藤本植物。迁地栽培植物86种，代表性物种有紫白蔹、知母、地椒、白头翁、桔梗等；蔷薇科物区收集植物56种，代表性物种有山楂、山杏、海棠、绣线菊、稠李、绣线梅、委陵菜等；豆科植物区收集植物20种，代表性物种有刺槐、国槐、胡枝子、锦鸡儿、秋胡颓子等；裸子植物区收集有16种，代表性物种有银杏、油松、东北红豆杉等。园内植物经过50多年的生长和自然更新，郁然成林，被誉为"大城市中的小森林"
中国科学院吐鲁番沙漠植物园	新疆乌鲁木齐市北京南路818号	150	1976	地处欧亚大陆腹地暖温带端干旱区，是世界海拔最低的植物园。重点开展世界温带荒漠带荒漠植物的引种收集与保育。目前已收集荒漠植物700余种，珍稀濒危植物90种，具有典型干旱区特征和独特的温带荒漠植物系特征。已建成荒漠植物活体种质标本园、民族药用植物专类园、荒漠经济果木专类园、荒漠观赏生观赏植物专类园、荒漠珍稀濒危特有植物葡萄观及干旱区荒漠资源圃等11个专类园。其中荒漠植物活体种质标本园有植物170种175个分类群230个登录号，代表性物种有白麻、麻黄、锦鸡儿、罗布麻等；民族药用植物105种，代表性物种有甘草、车前、红柳、月见草、毛罗勒、薄荷草等；荒漠珍稀濒危特有植物95种，代表性植物荒漠观赏生观赏植物90种95个分类群，代表性物种有一叶萩、小檗、接骨木、枸杞、琵琶柴、四合木、鹅绒藤、朴仲木等代表性荒漠观赏植物有盐爪爪、盐穗木、碱蓬等；荒漠经济果木85种90个分类群，代表性物种有沙枣、山楂、红枣、香梨、核桃和石榴等；展示了典型干旱荒漠稀濒危植物准噶尔无叶豆专类区，代表性荒漠观赏植物沙冬青、沙漠类等特色的荒漠生态景观。在荒漠稀濒危植物的研究及荒漠类等特色的荒漠类系特征方面研究方面达到国际领先水平

续表

植物园名称	通信地址	面积/hm^2	建园年份	活植物收集与特色专类园
中国科学院武汉植物园	湖北省武汉市洪山区	59.1	1956	立足华中，收集保护亚热带和暖温带战略植物资源。迁地保育活植物 11 056 种，建有植物专类园区 15 个，收集水生植物 441 种，代表性物种有荷花、再力花、睡莲、水罂粟、浮萍、凤眼莲、黑藻、金鱼藻等；猕猴桃 57 种，代表性物种有中华猕猴桃、美味猕猴桃、软枣猕猴桃、毛花猕猴桃，培育的猕猴桃品种‘金桃’和‘金艳’引领了世界猕猴桃市场；药用植物 1585 种，代表性植物有罂粟、曼陀罗、浙江叶下珠、淫羊藿、薄荷、板蓝根等；兰科植物 528 种，代表性物种有万代兰、卡特兰、蝴蝶兰、文心兰等；华中古老孑遗和珍稀特有植物 396 种，代表性物种有珙桐、绒毛皂荚、小勾儿茶、鄂西鼠李和七子花等；野生林特有果植物 291 种，代表性物种有柿子、枇杷、湖南山核桃、海棠、短梗稠李、石灰花楸、四照花、山荆子等；乡土园林植物 177 种，代表性物种有板栗、枣，樟树、梧桐；竹类 110 种，代表性物种有龟甲竹、黄金碧玉竹、紫竹、方竹等；杜鹃花科 82 种，代表性物种有鹿角杜鹃、羊踯躅等；山茶科 409 种，代表性物种有毛柄连蕊茶、杜鹃红山茶、金花茶。该植物园是我国重要的战略植物资源保育基地和三大核心植物园之一。
中国科学院西双版纳热带植物园	云南省勐腊县勐仑镇	1125	1959	立足我国云南，面向西南和东南亚，收集活植物 48 681 号 12 000 多种，建有 38 个植物专类区，其中收集热带水果 324 种，代表性物种有杧果、柚子、香蕉等；棕榈科 414 种，代表性物种有巨箬棕、象鼻棕等；竹类 237 种，代表性物种有版纳甜龙竹、白毛巨竹、滇竹等；滇南植物 136 种，代表性物种有潺槁木姜子、狭萼荷苞果、望天树；滇南土著植物 854 种，代表性物种有滇南风吹楠、高榕、勐仑翅子树等；榕属 168 种，代表性物种有枕果榕、黄葛榕、澳洲大叶榕等；龙脑香科 50 种，代表性物种有云南娑罗双、版纳青梅、缠结龙脑香等；姜科 345 种，代表性物种有豆蔻、勐海姜等。该植物园保存有面积约 250hm^2 的原始热带雨林，是我国面积最大、收集物种最丰富、植物专类园区最多的热带植物园
中国科学院植物研究所北京植物园	北京市海淀区香山南辛村 20 号	74	1956	以收集保存我国北方温带及与其生态环境相似地区、横断山与东喜马拉雅地区野生植物资源为主，重点进行珍稀濒危植物、特有植物、经济植物、观赏植物和环境修复植物的收集、保存与评价研究，并兼顾国外重要类群植物资源的引种驯化和资源植物的发掘利用。栽培和保育植物 145 000 号，3475 种，6544 个分类群，其中乔灌木约 2000 种，热带、亚热带植物 1000 余种，花卉近 500 种（含品种），果树、芳香、油料、中草药、水生等植物 1500 余种。迁地保育珍稀濒危植物 82 种、中国特有和地方特有植物 308 种。种子标本室收集种子标本 75 000 余号，22 500 余种。已建成树木园、宿根花卉园、月季园、牡丹园、本草园、紫薇园、野生果树资源区、环保植物区、水生植物区、珍稀濒危植物区、热带亚热带植物展览温室等 16 个植物专类园区。其中壳斗科植物 45 种 338 个分类群；月季 360 个分类群；丁香 27 种 120 个分类群；水生藤本植物 42 种 210 个分类群，代表性植物有睡莲、王莲、紫藤、南蛇藤等；裸子植物 97 种，代表性植物有红豆杉、松、柏、杉等；珍稀濒危植物 48 种，代表性植物有银鹊树、夏蜡梅、鹅掌楸等
中国科学院植物研究所华西亚高山植物园	四川省都江堰市玉堂镇白马村	55.3	1986	以收集、保育、展示、研发杜鹃属和我国西南地区其他珍稀濒危植物为主要目标，已建成露地定植区 25hm^2，露地苗圃 5hm^2，保护地 1800hm^2，收集保存活植物约 2200 种，其中保存野生杜鹃 402 余种。初步建成了亚洲保存野生杜鹃原始种类最多的杜鹃专类园，并于 2000 年命名为被“中国杜鹃园”，是以收集、保育、研究杜鹃属资源植物及横断山与东喜马拉雅地区珍稀濒危植物为主，西部地区科研、教育、保育和旅游休闲功能的特色植物园。其中中国杜鹃园收集植物 2000 种，代表性物种有杜鹃属植物、粉被灯台报春、大百合等；低海拔杜鹃园收集物种 200 种，代表性物种有波叶杜鹃、峨眉银叶杜鹃、喇叭杜鹃、大叶木莲、连香树、蓝果树、珙桐、篦子三尖杉等

和科学性差，缺乏统一的具有理论依据或专业技术的保护管理标准；同时植物保护的理论和实践也有待提升，特别是需要积累针对植物园保护的经验，制定和实施可靠和实用的方法与指南，用于实际保护实践。植物园应在国家层面或区域层面建立协调机制，设计灵活的方法，发挥多种功能，整合现有的植物遗传资源网络及其他植物种质资源保护机构的保护活动，重新审视和明确阐述植物园的使命；尤其是在制定活植物收集和登录管理制度，确定优先保护类群，集中收集与展示本土植物，服务地方发展及人民生活的需求等方面强化植物园的使命和责任。加强植物收集的信息记录，评估植物园信息保存和信息记录系统，引进计算机信息管理系统，推广植物保护的信息记录标准是植物园的基础工作之一。在保护方面，尽管植物园并不是保护组织或机构，但植物园的植物收集和管理实际上发挥了保护植物的能动作用，如大量保护行动的开展，包括濒危植物迁地栽培、自然保护区濒危物种的维护和当地野生植物居群的监测等。植物园应继续加强保护本土植物、稀有植物和受威胁植物，优先保护对于生态系统稳定性具有重要意义的物种、人类已经利用但尚未驯化的物种、具有潜在应用价值的物种和农作物近缘种，积极开展保护性收集、提高物种个体数量及其遗传代表性、建立种质基因库平台等综合保护的科技能力和实践（IUCN-BGCS and WWF，1989）。

1. 开展迁地收集植物的保护评估

植物物种及其多样性保护是一个复杂的、涉及面广的过程，既涉及就地保护的栖息地维护和管理及针对物种及种群水平的保护行动，也涵盖了迁地保护的各种策略及其众多的实践措施。其主要目的是确保目标物种可持续生存和繁衍，但迄今为止，仅对少数受威胁的植物物种进行了物种层面的保护行动，包括保护计划和恢复计划，而且主要集中于少数几个国家，其原因涉及科学、社会和政治等复杂因素。显然，《生物多样性公约》中生物多样性就地保护目标的规划存在未能协调基于区域和基于物种的行动且付诸实施，导致保护目标重叠、混乱甚至多项保护目标并未取得实质性进展（Heywood，2015）。

同时，许多植物园和树木园立足保护本土、稀有、受威胁或濒危物种，并在继续实施植物迁地保护的进程中，因此对全球植物园的迁地保护数据进行评估是当务之急，尤其是重新审视优先保护的4类物种：对生态系统稳定性具有重要意义的物种；人类直接使用的物种，虽然尚未驯化但已广泛种植，目前尚处于近乎野生遗传的状态；潜在有用物种；农作物野生近缘种（IUCN-BGCS and WWF，1989），而对实际遗传资源植物与具有潜在价值植物的筛选也尤为重要。因此更需要调查和确定迁地收集植物物种在国际、区域或国家层面的重要性。具有国际重要性的粮食和工业作物、牧草物种、森林物种、多用途树木种质与作物野生近缘植物在编目方面已取得了一些进展，但还应特别注意被忽视的植物类群，如药用植物和芳香植物（IUCN-BGCS and WWF，1989）。

应对气候变化的植物保护《大加那利岛宣言Ⅱ——气候变化与植物保护》，明确提出了植物园在迁地保护中的不可替代性和优于就地保护的核心作用，指出了植物园应对气候变化的优先研究方向：加强植物多样性与气候变化趋势的研究，结合微生境，弄清楚在全球气候变迁下潜在的受威胁物种和潜在的入侵物种；增强对气候变化对生物资源影响的认识；部署野外监测计划，评价和长期监测气候变化对植物多样性的影响；确立未来可能成为保护植物多样性最大化的避乱地（具有多异生境环境的特殊山区），将这些地区作为就地保护的重要地区优先规划；以植物分布格局及生物学特征资料为基础，评估制定生物多样性迁移廊道的计划（BGCI，2006）。同时，对气候变化环境下的迁地保护作用进行了重新评估，并明确了气候变化环境下迁地保护的优先类群：特别要优先挽救对气候变化应答弱的植物类群，如无路可迁的植物类群，即分布在山顶、低矮岛屿、高海拔及大陆边缘的植物；有限分布的植物类群，如稀有和特有植物；扩散能力弱及长代际植物类群；对极端气象敏感的植物类群，如遇洪水、干旱易衰退或灭绝的植物；特异生境及特化植物类群，如对气象变化极端敏感的植物；共进化关键植物类群；气候生理反应差的植物类群；生态系统过程和功能关键的植物或基础类群。该宣言还强调了对人类未来有直接价值或潜在价值的植物类群。

2. 采取灵活有效的整合保护策略

目前，大多数国家受威胁物种的就地保护行动严重不足、目标性差，主要原因是缺乏一致的战略和预期目标，过分强调了监测或低水平干预的管理计划。就地保护的主要重点是对居群规模严重减少或极其濒危物种的恢复计划，而且物种恢复计划经常与物种重新引入概念混淆，加上《生物多样性公约》目前制定的就地保存目标不明确，与保护区和迁地保存目标重叠等多方面因素招致了公众对就地保护的质疑（Heywood，2015）。保护区在保护目标生物多样性方面也存在局限性，在快速变化的世界（全球变化）中缺乏灵活性，保护区的管理通常没有足够强调对生物多样性，特别是对物种的保护。必须在保护区的规划和管理及物种的迁地保护与恢复之间实施更加紧密与灵活的整合保护策略，才能有效推进生物多样性保护与物种保护。

自然保护区的就地保护和植物园的迁地保护之间的相对优势需要重新思考与定位。迁地保护是植物园和树木园常见的保护形式，既有保护性收集、个别样本保存，又有基因库或其他种质形式的保护。植物园迁地保护尽管存在某种程度的价值缺陷，但在许多情况下是避免植物物种灭绝的唯一选择。气候变化所引起的第六次生物大灭绝显而易见（Barnosky et al.，2011），植物园的迁地保护应发挥关键作用。植物园的迁地保护植物收集不仅是植物的"诺亚方舟"，也是进行栖息地恢复和濒危植物回归自然的基础。植物园的核心功能仍是植物引种，植物园应充分发挥"取其所长、弃其所短"的不可替代作用，采取灵活多样的保护策略，平衡就地与迁地保护，有效推进植物物种及其多样性保护。

迁地保护中，把活体栽培保护与种子库或基因库保存有机结合则可大大提高保护候选植物物种的数量和质量。植物园和树木园需要制定活植物收集策略，规范植物迁地保育制度及植物种植、信息记录管理相应的人力和经费保障。植物园对迁地保护当地的本土植物具有自然优势，但要评估其迁地保护承载能力，制定统一的实施政策，特别是当本土植物非常丰富时，则要寻求综合保护策略与保护办法。例如，南非开普敦（Cape）植物园承担当地多达6000种植物的保护责任，在哥伦比亚，当地的植物区系多达5万种，但对许多植物知之甚少且植物园数量有限，工作人员几乎不了解绝大多数物种的繁殖或种植要求，包括已知的濒临灭绝或受威胁的物种（IUCN-BGCS and WWF，1989）。

植物园还要积极承担就地保护责任，通常重点在于保护个别物种和居群，还会涉及具有有限保存期的小规模保存。保护植物园和树木园自身范围内或相邻距离的自然植被，开展其自然植被区的植物编目，知晓自然植被区可能具有特殊保护价值的物种，积极动员分类学家的力量和相关设施，保护这类小规模自然植被是植物园最具特色的保护职能。就地保护的目的是允许居群能够在其所构成的群落和环境中自我维护，使其具有继续进化的潜力。因此，植物园在确保有关居群的遗传基础，研究物种的居群结构、生殖生物学和基因流等研究中可发挥重要作用，甚至在与植物园相关的小规模保护地区，很可能能够保存区域外的远交物种的变异，针对单个物种居群保护的脆弱性，缓解周边植被的环境压力。

3. 重视迁地收集植物的遗传多样性

一般来说，植物园传统的迁地收集对植物物种的居群结构和遗传多样性关注不够，缺乏保护迁地目标物种的居群遗传多样性的理念（Heywood，1985）。植物保护的注意力迄今仍然集中在通过大规模保存或维持大面积的未开发植被，重点保持生态系统的稳定性，而不是保护单个物种或居群。此外，与动物的居群结构比较，植物居群存在着显著不同。例如，植物因固着生长，其散布和迁徙是由花粉和种子（或繁殖体）的传播完成，受地理环境条件的影响更大，表现出比动物更大范围的表型可塑性，植物基因流动比动物更高，所有这些都更显著地影响植物居群的遗传分化模式（详见第四章）。

以栽培保存活植物为形式的植物园迁地保护存在的缺陷包括种植的个体数量很少；引种初期取样有限，不足以代表目标物种广泛的基因型；在迁地栽培的居群中存在自交风险，导致结实率低或不结实，或影响种子的纯合度；栽培植物与相邻的栽培物种存在杂交风险；无性繁殖材料的遗传基础狭窄；许多栽培植物，特别是在人工环境如温室中的植物存活率低；等等。所有的这些问题都几乎不可避免地导致了一定程度的遗传流失。然而，植物园可采取措施来消除或减缓上述问题。例如，扩大引种植物的采样范围，维护各种不同种源的植物材料和繁殖材料并持续维护其详细的数据记录，使用人工辅助授粉，种植距离适当，隔离保存，重视保护性收集等（IUCN-BGCS and WWF，1989）。

植物园迁地收集尽管存在一定的保护价值缺陷，但迁地种植保存可被视为最后的保护手段，可避免物种灭绝。许多在野外已经灭绝的物种已通过迁地栽培得以保存。最典型的案例是许多植物园栽培的富兰克林树（*Franklinia alatamaha*），由约翰·巴特拉姆（John Bartram）和他的儿子威廉·巴特拉姆（William Bartram）于 1765 年 10 月 1 日在佐治亚州东南部沿阿尔塔马哈河的巴塔林堡附近首次发现。当时已错过了花期，无法确定其种类。于是威廉在 1773 年回到该地区，制作了美丽的插图；1776 年威廉收集到这种植物的种子并带回费城种植。后来其他几位采集者沿阿尔塔马哈河观察了巴特拉姆父子当时的富兰克林树，最后一次观察到野生富兰克林树的是英国苗圃主约翰·里昂（John Lyon），时间为 1803 年，但从那时起再也没有人报道在野外发现富兰克林树（del Tredici，2005），如今富兰克林树繁茂地生长在许多植物园。

4. 加强迁地收集植物的鉴定和信息记录

植物园迁地"栽培植物"的名称鉴定、信息记录和分类学研究问题一直是国际植物园协会的工作重点和国际植物园界的历史传统，但是这个问题至今依然没有得到根本的解决。无论是英美国家的植物园，如爱丁堡植物园、邱园、密苏里植物园、纽约植物园，还是中国的绝大多数植物园，目前都存在相当数量的未鉴定的"疑难物种"，植物园栽培植物的鉴定和信息记录将是未来相当长时期的重要任务。

对植物园栽培植物的鉴定和信息记录的重视始于 1964 年 8 月在英国爱丁堡召开的第四届国际植物园协会大会，会议提出植物园应建立专门类群的活植物收集，承担迁地栽培植物的分类学研究（不包括栽培作物），积极开展植物名称确认和植物收集的信息记录（Green，1964）。1966 年在美国马里兰举行的第五届国际植物园协会大会继续建议全球植物园开展栽培植物分类学研究，有效整合植物的名称审定和活植物收集的信息记录（Fletcher，1967）。

我国植物园在活植物登录管理和信息记录方面均存在滞后问题。首先体现在对引种登录信息管理重视不够，仅 43.3%的植物园（78 个）有引种记录、27.2%的植物园（49 个）有植物登录记录本。其次对植物定植、繁殖和物候观测资料的积累和长期保存不够，仅 29.4%的植物园（53 个）有植物定植记录、23.3%的植物园（42 个）有植物繁殖记录、33.9%的植物园（61 个）有物候记录，活植物信息记录严重不足；并且仅 22.8%的植物园（41 个）有计算机化植物记录系统，植物园活植物信息化管理水平低。由此导致我国植物园科学数据保存与信息共享严重滞后，未形成长期、稳定、高效的植物迁地保护的国家体系。

与国际现代植物园近 500 年的发展历史相比，我国现代意义上的植物园历史时间短，仅有 100 多年的历史，大规模资助建设的现代植物园始于 1950 年，与国际现代植物园相比还存在一定差距。我国植物园最突出的问题在于活植物收集和迁地保护管理明显不足。根据 2014~2017 年的调查，我国仅 56.7%的植物园（102 个）开展了野外考察与植物引种，27.2%的植物园（49 个）开展了植物迁地保护的数据管理，23.3%的植物园（42 个）开展了植物繁殖，33.9%的植物园（61 个）开展了物候观测，27.2%的植物园（49 个）开展了种子交换，18%的植物园（34 个）开展了入侵生物的监控，36%的植物园（69 个）印制了《栽培植物名录》，19%的植物园（36 个）编撰有《种子交换名录》，25.7%的植物园（49 个）开展了园际种子交换。总体上看，我国植物园植物迁地保护管理有待加强。

我国植物园未来要立足于迁地保护植物及其信息档案和科学数据的全面整理，建立迁地保护植物综合数据库，开展基于活植物收集的科学研究和资源评价，促进迁地保护工作和资源开发应用。要建立统一的中国植物园植物迁地保护管理规范，从植物引种收集、维护监测和信息记录等方面夯实植物园的中心工作和管理质量；要制定中国植物园质量评定评价和等级划分体系，引导我国植物园满足植物收集、科学研究、资源评价利用和公众教育的要求，重视植物引种收集和迁地保护工作；建立我国植物园统一的活植物管理平台，增强植物园可持续发展能力，促进我国植物园永续发展，支撑国家植物迁地保护战略；应建立全国统一的国家战略植物资源储备的长效机制，进一步扩大引种收集，使迁地保存规模涵盖我国本土植物的 70% 以上，并建立国家迁地保护植物中心数据库，规范迁地植物保护的基础数据管理；建立与我国其他生物资源保存与发掘利用的联动机制，支撑我国的生物资源发掘利用和生物产业的发展。

第四节　植物迁地保护相关法规和指南

植物园（树木园）是植物迁地保护的重要机构，应遵循一系列国际国内的制度、行动、指南、行动计划和法规框架，以确立植物园迁地保护的使命、发展战略和工作基础。

迁地保护机构及其网络组织须遵守国际和国内的相关政策和规定，履行国家和国际义务，按照已批准的专业指南开展野生植物收集及其多样性保护（Wyse Jackson and Sutherland，2000；IUCN/UNEP/WWF，1980，1991；Glowka et al.，1994；Leadlay and Greene，1998；BGCI，2001；Wyse Jackson and Kennedy，2009），如按照《生物多样性公约》（CBD）、《濒危野生动植物物种国际贸易公约》（CITES）等规定的条款，确保与区域内各国的充分合作；根据最新的 IUCN 红色名录，优先开展受威胁物种的迁地收集管理和具有经济、社会和文化价值的受威胁居群保护。迁地保护实施方案最好是在目标物种的生态地理区域就近实施或在其区域内实施，并由目标物种分布的所在国家负责实施。自然分布区以外的物种迁地保护项目，是物种受自然灾害、政治和社会破坏的重要补救举措，且在任何情况下迁地保护植物收集不得影响栖息地野外物种及其居群生存力，不得破坏野外栖息地。

植物园的收集和保育不接受非法收集的任何植物材料，所有引种收集工作必须符合国内国际法规的规定，特别是 CITES 和 CBD 及采集地当地法规。CBD 履约国家的植物收集和迁地保护必需尊重国际公约及其相关技术规范，不断完善植物记录系统及保持记录的完整性、准确性、规范性。随着国际公约的广泛认可和各国相关法规的完善，不同国家实施特别的法规将使植物收集和迁地保护更加规范、更加符合规范化管理的趋势，尤其是在这些植物离开植物园收集进入应用时，须注意符合有关规定。所有植物收集均须在有关规范和协议约束下，创建有序的植物引种收集过程和保育规程，确保引种重点，避免混乱或重复，规范从活植物收集中将植物移植到其他地点，或从植物收集中注销植物管理规范。

一、生物多样性公约

《生物多样性公约》由全球 168 个缔约国签署，于 1993 年 12 月 29 日生效，其主要目的是保护生物多样性、可持续利用生物多样性、公平合理分享生物多样性所产生的惠益。

植物园致力于建立符合生物多样性保护精神和法律的最高标准，确认履行《生物多样性公约》的责任，遵守《遗传资源使用和利益分享原则》（Principles on Access to Genetic Resources and Benefit-Sharing）和《国际植物交换网络》（International Plant Exchange

Network）等的相关规定，在采集、转移或使用活植物材料时遵守各项公约法律条款。

按照《生物多样性公约》的规定，植物园活植物收集管理应遵循采集许可、材料使用协议、材料转移协议（包括植物发布表格）、接受非监管/非控制来源的植物赠送、坚持活植物收集的长期记录和使用协议、长期保存 CBD 植物转移（发布）表格、与捐赠国家分享利益和信息等程序原则。重要的是既要遵守《生物多样性公约》的限制，也要注意在使用、转移和效益分享中出现的问题和由此带来的责任。同时，植物园迁地保护要遵守国家战略发展，开展对迁地保护植物的鉴定和监测，兼顾就地保护与迁地保护的互补和综合，开展生物多样性的可持续利用，开展保护研究与培训，开展公众教育和提高公众保护意识，完善保护技术并开展科学合作。

二、全球植物保护战略

《全球植物保护战略》（GSPC）的目标是遏制目前植物多样性的不断丧失，保护植物多样性，到 2020 年完成 16 个以产出为导向的目标，其中 8 个与植物迁地保护有关。

根据《全球植物保护战略》，植物园要确保植物收集满足分类学要求的标准；提高综合保护水平，将研究与保护性收集和野外回归相结合；研究迁地保护活植物收集与专门园区植物的栽培需求；收集和种植列入红色名录的物种，并尽可能保护这些物种的遗传多样性；每年评估植物园外来入侵植物，有效清除和控制入侵植物，监测潜在的疑似入侵物种并防止其从植物园逃逸；与政府机构合作监测和防止外来植物病虫害，遵守植物检疫和其他任何必要的检疫法规，协助检疫部门的检疫监测工作；与教育部门和科技部门合作，提供植物材料和园地支持公众教育，提高公众保护意识；以活植物收集为基地，为职工、学生和志愿者开展园艺科学、实践及相关学科的培训，提高他们的园艺专业技能；以活植物收集为基础，参与所有层次的联合与合作，提高植物种植管理和利用水平。

三、植物园保护国际议程

《植物园保护国际议程》（The International Agenda for Botanic Gardens in Conservation，IABGC）提供了植物园迁地保护制度发展的全球框架，还提供了有效实施符合国际条约和国内法律、政策与策略的生物多样性保护的项目框架。议程明确规定了植物园在生物多样性保护中发展全球伙伴关系和联盟的作用，提出了植物园植物迁地保护的监测方式。

根据《植物园保护国际议程》，植物园要维护和提高植物园活植物收集的标准，防止世界范围植物物种及其遗传多样性的丧失与全球自然环境的进一步恶化；提高公众对植物多样性的价值和受威胁程度的认识；组织实施有利于改善世界自然环境的行动计划；倡导并推行世界植物资源对当代和子孙后代的可持续利用；履行议程规定的保护、研究、监测和信息管理、公众教育及提高公众意识的全球使命；评价和完善植物园植物保护政策和实践，提高迁地保护的保护效果和效率；建立一致的植物多样性保护水平和标准，整合植物迁地保护和就地保护技术；在植物园活植物收集中维护植物物种的遗传多样性及其应用；发展和实施最佳的植物园植物保护实践；支持和实施议程所列出的迁地保护工作；利用园艺知识和技术提高植物遗传资源的可持续利用；发展和维持植物遗传资源收集，特别是具有重要经济价值的受威胁植物、具有经济价值的野生植物，包括作物近缘种、栽培种、主要品种、当地品种；为植物资源的合理使用提供方便。

四、濒危野生动植物物种国际贸易公约

《濒危野生动植物物种国际贸易公约》（CITES）于 1973 年 3 月 3 日在美国首都华盛顿签署，又称为《华盛顿公约》。其目的是规范和监测濒危物种贸易，减少市场直接从野外掠夺的动植物资源。中国于 1981 年正式加入 CITES，设立的 CITES 管理机构为国家林业局，CITES 科学研究机构为中国科学院，共同负责我国濒危野生动植物物种国际贸易的工作。

植物园不得开展濒危植物交易，尤其是国家间的濒危植物贸易；如确实需要从野外收集 CITES 列出的植物或将其转移至其他机构时，植物园应确保相关人员了解 CITES 及其含义，遵守 CITES 规定，需要时须获得 CITES 许可后方能采集或转移列入 CITES 附录中的植物；与海关合作，获得违反 CITES 规定的被没收的植物，帮助海关养护和鉴定植物；持有和提供（如果需要）CITES 文书/文件/许可证，在计算机数据库中维护更新 CITES 的任何文件，以方便为 CITES 有关的植物采取相应的行动。

五、中国植物保护战略

通过国家林业局、中国科学院和环境保护部及其他相关部门的共同努力和通力协作，完成了《中国植物保护战略》（China's Strategy for Plant Conservation，CSPC），并将该战略于 2008 年初正式对外公布。该战略是中国对《全球植物保护战略》（GSPC）做出的国家响应。《中国植物保护战略》以《全球植物保护战略》提出的 16 个目标为基本框架，对每个目标从现状概述、存在问题和行动计划 3 个方面阐述中国植物保护的战略及实施计划，主要集中在对现存植物多样性的了解与编目、植物多样性保护、野生植物资源的可持续性利用、植物多样性教育和公众意识的提高 4 个方面。

中国植物园在野外引种工作中要全面收集中国本土植物，对植物物种进行调查、编目；建立迁地保护植物的科学评价标准，评估植物物种生存状况；加强植物迁地保护与就地保护，加强可持续利用模式的发掘整理和创新，制定中国受威胁植物的迁地和就地保护、利用的可持续模式，完善植物保护和可持续利用的管理模式；加强迁地保护的科学研究，提高保护的效率和质量，实施野外回归计划；建立具有重要社会经济价值的植物近缘种种质库；加强外来物种和入侵物种监测；引进外国植物时，要遵守有关国际公约和条款，尤其是 CITES；加强野生植物的人工培植、驯化和利用；加快发展地方名优植物产品，系统整理民族传统知识；加强植物科学、生态科学和植物应用知识的传播，提高公众科学素质；加强植物多样性保护机制建设和促进制度完善，提高生物多样性保护科技支撑。

（廖景平　黄宏文）

参 考 文 献

陈封怀. 1965. 关于植物引种驯化问题. 植物引种驯化集刊, 1: 7-13.

陈叔平. 1992. 国际种质资源保存和研究动向. 世界农业, (12): 13-15.

黄宏文, 段子渊, 廖景平, 张征. 2015. 植物引种驯化对近 500 年人类历史的影响及其科学意义. 植物学报, 50(3): 194-280.

黄宏文, 张征. 2012. 中国植物引种栽培及迁地保护的现状与展望. 生物多样性, 20(5): 559-571.

李振蒙, 李俊清. 2007. 植物引种驯化研究概述. 内蒙古林业调查设计, 30(4): 47-65.

粮食和农业遗传资源委员会. 2013. 粮食和农业植物遗传资源基因库标准草案. CGRFA-14/13/22.

廖馥荪. 1966. 植物引种驯化理论研究. 植物引种驯化集刊, 2: 154-160.

林富荣, 顾万春. 2004. 植物种质资源设施保存研究进展. 世界林业研究, 17(4): 19-23.

田新民, 李洪立, 何云, 洪青梅, 胡文斌, 李琼. 2014. 热带作物顽拗型种子保存研究进展. 热带农业科学, 34(8): 52-58.

王述民. 2002. 中国农作物种质资源保护与利用现状. 中国种业, (10): 8-11.

威尔逊 E H. 2015. 中国——园林之母. 胡启明译. 广州: 广东科技出版社.

徐刚标. 2000. 植物种质资源离体保存研究进展. 中南林学院学报, 20(4): 81-87.

许再富. 1998. 稀有濒危植物迁地保护的原理与方法. 昆明: 云南科技出版社.

严庆丰, 黄纯农. 1994. 植物组织和细胞的玻璃化冰存的研究.细胞生物学杂志, 16(3): 117-125.

张日清, 何方. 2001. 植物引种驯化理论与实践述评. 广西林业科学, 30(1): 1-6.

张宇和, 盛成桂. 1983. 植物的种质保存. 上海: 上海科学技术出版社: 63-141.

曾继吾, 易干军, 张秋明, 霍合强. 2002. 果树种质资源离体保存研究进展. 果树学报, 19(5): 302-306.

周泽生. 1986. 木本植物引种驯化的理论和方法述评(一). 陕西林业科技, (3): 52-57.

朱慧芬, 张长芹, 龚洵. 2003. 植物引种驯化研究概述. 广西植物, 23(1): 52-60.

Annapurna D, srivastava A, Rathore T S. 2013. Impact of population structure, growth habit and seedling ecology on regeneration of embelia ribes burm. f.-Approaches toward a quasi *in situ* conservation strategy. American Journal of Plant Sciences, 4(6A): 28-35.

Aravanopoulos F A, Tollefsrud M M, Graudal L, Koskela J, Kätzel R, Soto A, Nagy L, Pilipovic A, Zhelev P, Božic G, Bozzano M. 2015. Development of genetic monitoring methods for genetic conservation units of forest trees in Europe. European Forest Genetic Resources Programme (EUFORGEN), Biodiversity International, Italy: Rome: xvi, 46.

Barnosky A D, Matzke N, Tomiya S, Wogan G O U, Swartz B, Quental T B, Marshall C, McGuire J L, Lindsey E L, Maguire K C, Mersey B, Ferrer E A. 2011. Has the earth's sixth mass extinction already arrived? Science, 253(5022): 866-872.

BGCI (Botanic Garden Conservation International). 2001. Botanic garden agenda for conservation. London: Botanic Gardens Conservation International.

BGCI (Botanical Gardens Conservation International). 2006. The Gran Canaria Declaration II. On Climate change and plant conservation. London: BGCI Press. http://www.bgci.org/ourwork/ policytools/[2015-3-10].

Biodiversity International, Food and Fertilizer Technology Center, Taiwan Agricultural Research Institute-Council of Agriculture. 2011. A training module for the international course on the management and utilisation of field genebanks and *in vitro* collections. TARI, Fengshan, Taiwan.

Borokini T I. 2013. Overcoming financial challenges in the management of botanic gardens in Nigeria: A review. International Journal of Environmental Sciences, 2(2): 87-94.

Brumback W K. 1980. Endangered plant species and botanic gardens. Longwood Prog Sem, 12: 65-71.

Burney D A, Burney L P. 2007. Paleoecology and "inter-*situ*" restoration on Kaua'i, Hawai'i. Frontiers in Ecology and the Environment, 5(9): 483-490.

Cibrian-Jaramillo A, Hird A, Oleas N, Ma H, Meerow A W, Francisco-Ortega J, Griffith M P. 2013. What is the conservation value of a plant in a Botanic Garden? Using indicators to improve management of *ex situ* collections. The Botanical Review, 79(4): 1-19.

Cohen J I, Williams J T, Plucknett D L, Shands H. 1991. *Ex situ* conservation of genetic resources: global development and environmental concerns. Science, 253(5022): 866-872.

Correll P G. 1980. Botanical gardens and arboreta of North America: An organizational survey. Los Angeles: AABGA.

Dawson I K, Guariguata M R, Loo J, Weber J C, Lengkeek A, Bush D, Cornelius J, Guarino L, Kindt R, Orwa C, Russell J, Jamnadass R. 2013. What is the relevance of smallholders' agroforestry systems for conserving tropical tree species and genetic diversity in circa situm, *in situ* and *ex situ* settings? A review. Biodiversity and Conservation, 22(2): 301-324.

de Cugnac A. 1953. Le rôle des jardines botaniques pour la conservation des espèces menacées de disparition ou d'altération. Annales de Biologie, 29: 361-367.

del Tredici P. 2000. Plant exploration: a historic overview. *In*: Ault J R. Plant exploration: protocols for the present, concerns for the future, symposium proceedings, March 18-19, 1999. Chicago Botanical Garden, Glencoe: 1-5.

del Tredici P. 2005. Against all odds: Growing Franklinia in Boston. Arnodia, 63(4): 2-7.

Donaldson J S. 2009. Botanic gardens science for conservation and global change. Trends in Plant Science, 14(11): 608-613.

Dulloo M E, Hunter D, Borelli T. 2010. *Ex situ* and *in situ* conservation of agricultural biodiversity: major advances and research needs. Notulae Botanicae Horti Agrobotanici Cluj-Napoca, 38(2): 123-135.

Falk D A, Millar C I, Olwell M. 1996. Restoring diversity: Strategies for reintroduction of endangered plants. Washington D.C.: Island Press.

FAO, DFSC, IPGRI. 2001. Food and Agricultural Organization (FAO), Danida Forest Seed Center (DFSC), International Plant Genetic Resources Institute (IPGRI). Forest genetic resources conservation and management. Vol. 2. In Managed natural forests and protected areas (*in situ*). Rome: IPGRI.

FAO, FLD, IPGRI. 2004. Food and Agriculture Organization of the United Nations (FAO), Danida Forest Tree Seed Center (DFSC), International Plant Genetic Resources Institute (IPGRI). Forest genetic resources conservation and management. Vol.1. Overview, concepts and some systematic approaches. Rome: IPGRI.

Farrant J M, Pammenter N W, Berjak P. 1988. Recalcitrance: A current assessment. Seed Sci Technol, 16(1): 155-166.

Fletcher H R. 1967. International association of botanic gardens. Taxon, 16(1): 42-45.

Fos S, Laguna E, Jimenez J. 2014. Plant micro-reserves in the Valencian region (E of Spain): are we achieving the expected results? Passive conservation of relevant vascular plant species. Flora Mediterr. 24: 153-162.

Given D R. 1994. Principles and practice of plant conservation. Portland: Timber Press.

Glowka L, Burhenne-Guilman F, Synge H, McNeely J A, Gündling L. 1994. A guide to the convention on biological diversity. Environment Policy and Law paper No. 30. Gland: IUCN.

Green P S. 1964. International association of Botanic Gardens Meeting. Taxon, 14(4): 134-135.

Green P S. 1966. Thoughts on authenticated and documented living collections. Taxon, 15(8): 289-291.

Guerrant E O Jr, Pavlik B M. 1997. Reintroduction of rare plants: Genetics, demography, and the role of *ex situ* conservation methods. *In*: Fiedler P L, Kareiva P M. Conservation biology for the coming decade. New York: Chapman & Hall.

Guerrant E O, Havens K, Maunder M. 2004. *Ex situ* plant conservation: Supporting species survival in the Wild. Washington D. C.: Island Press.

Hawkes J G, Maxted N, Ford-Lloyd B V. 2000. The *ex situ* conservation of plant genetic resources. Dordrecht: Kluwer Academic Publishers.

Hawkes J G. 2002. The evolution of plant genetic resources and the work of O. H. Frankel. *In*: Rao V R, Brown A H D, CSIRO, Jackson M T. Managing plant genetic diversity, Proceedings of an international conference. Kuala Lumpur: xvii-xviii.

Henderson D M. 1971. The international association of botanic gardens. Taxon, 20(2/3): 391-393.

Heywood V H, Iriondo J M. 2003. Plant conservation: old problems, new perspectives. Biological Conservation, 113(2003): 321-335.

Heywood V H. 1987. The changing role of the botanic garden. *In*: Bramwell D, Hamann O, Heywood V, Synge H. Botanic gardens and the world conservation strategy. London: Academic Press: 3-18.

Heywood V H. 1990. Botanic gardens and the conservation of plant resources. Impact of Science on Society, 158: 121-132.

Heywood V H. 1991a. Developing a strategy for germplasm conservation in botanic gardens. *In*: Heywood V H, Wyse Jackson P S. Tropical botanic gardens: Their role in conservation and development. London: Academic Press.

Heywood V H. 1991b. Botanic gardens and the conservation of medicinal plants. *In*: Akerele O, Heywood V, Synge H. Conservation of medicinal plants. Cambridge: Cambridge University Press: 213-228.

Heywood V H. 1992. Conservation of germplasm of wild species. *In*: Sandlund O T, Hindar K, Brown A H D. Conservation of biodiversity for sustainable development. Oslo: Scandinavian Univ Press.

Heywood V H. 1999. Is the conservation of vegetation fragments and their biodiversity worth the effort? *In*: Maltby E, Holdgate M, Acreman M, Weir A G. Ecosystem management: Questions for science and society. Berlin: Springer: 65-76.

Heywood V H. 2014. An overview of *in situ* conservation of plant species in the Mediterranean. Fl Medit, 24: 5-24.

Heywood V H. 2015. *In situ* conservation of plant species-an unattainable goal? Israel Journal of Plant Sciences. http: //dx.doi.org/10.1080/07929978.2015.1035605 [2016-12-31].

Higgins K, Lynch M. 2001. Metapopulation extinction caused by mutation accumulation. Proceedings of the National Academy of Sciences of the United States of America, 98(5): 2928-2933.

Hong T D, Linington S, Ellis R H. 1996. seed Storage behaviour: A compendium. IPGRI Handbooks for Genebanks: 4.

Hong T D, Ellis R H. 1996. A protocol to determine seed storage behaviour. IPGRI Technical Bulletin No. 1. Rome: International Board for Plant Genetic Resources.

Howard R A, Wagenkrecht B L, Green P S. 1963. International directory of botanical gardens. Regnum Vegetabile: 28.

Howard R A. 1963. The international association of botanic gardens. Taxon, 12(7): 247-249.

Husband B C, Campbell L G. 2004. Population responses to novel environments: implications for *ex situ* plant conservation. *In*: Guerrant E O J, Havens K, Maunder M. *Ex situ* plant conservation: Supporting species survival in the wild. Washington D. C.: Island Press.

IPGRI/FAO/FLD. 2004. Forest genetic resources conservation and management. Vol. 3. Plantations and genebanks. Biodiversity International, Rome.

IUCN/UNEP/WWF. 1980. World conservation strategy: Living resource conservation for sustainable development. Gland: IUCN.

IUCN/UNEP/WWF. 1991. Caring for the earth: A strategy for sustainable living. Gland: IUCN.

IUCN-BGCS, WWF. 1989. The botanic gardens conservation strategy. IUCN-BGCS, UK and Gland.

Jovet P, Guinet G. 1953. Discussions, designation des membres de la sous-commision des Jardins Botaniques (UISB). Recommendations et Voeux. L'Annee Biologique, 57: 215-223.

Koskela J, Lefèvre F, Schueler S, Kraigher H, Olrik D C, Hubert J, Longauer R, Bozzano M, Yrjänä L, Alizoti P, Rotach P, Vietto L, Bordács S, Myking T, Eysteinsson T, Souvannavong O, Fady B, Cuyper B D, Heinze B, von Wühlisch G, Ducousso A, Ditlevsen B. 2013. Translating conservation genetics into management: Pan-European minimum requirements for dynamic conservation units of forest tree genetic diversity. Biological Conservation, 157(1): 39-49.

Leadlay E, Greene J. 1998. The Darwin technical manual for botanic gardens. Botanic Gardens Conservation International, UK.

Lefevre F O, Koskela J, Hubert J, Kraigher H, Longauer R, Olrik D C, Schuler S, Bozzano M, Alizoti P, Bakys R, Baldwin C, Ballian D, Black-Samuelsson S, Bednarova D, Bordacs S A, Collin E, Cuyper B D, Vries S M G D, Eysteinsson T O, Frydl J, Haverkamp M, Ivankovic M, Konrad H, Koziol C, Maaten T,

Paino E N, Ozturk H, Pandeva I D, Parnuta G, Pilipovic A, Postolache D, Ryan C, Steffenrem A, Varela M C, Vessella F, Volosyanchuk R T, Westergren M, Wolter F, Yrjan L, Zariņa I. 2012. Dynamic conservation of forest genetic resources in 33 European countries. Conservation Biology, 27(2): 373-384.

Li D Z, Pritchard H W. 2009. The science and economics of *ex situ* plant conservation. Trends in Plant Science, 14(11): 614-621.

Lyndsey A, Withers L A. 1986. *In vitro* approaches to conversation of plant genetic resources. *In*: Withers L A, Aldrrson P G. Plant tissue culture and its agricultural applications. London: Butterworths: 261-276.

Marshall H S. 1951. The origins of cultivated plants. Kew Bulletin, 6(3): 380.

Maunder M, Havens K, Guerrant Jr E O, Falk D A. 2004. *Ex Situ* methods: A vital but underused set of conservation Resources. *In*: Guerrant E O, Havens K, Maunder M. *Ex situ* plant conservation: supporting species survival in the wild. Washington D. C.: Island Press.

Maunder M, Higgens S, Culham A. 2001. The effectiveness of botanic garden collections in supporting plant conservation. A European case study. Biodiversity and Conservation, 10(3): 384-401.

Mayr E. 1982. The growth of biological thought: Diversity, evolution and inheritance. Cambridge: Belknap Press.

Miller J S, Lowry II P P, Aronson J, Blackmore S, Havens K, Maschinski J. 2016. Conserving biodiversity through ecological restoration: The potential contributions of botanical gardens and arboreta. Candollea, 71(1): 91-98.

Prance G T. 2010. A brief history of conservation at the Royal Botanic Gardens, Kew. Kew Bulletin, 65(4): 501-508.

Raven P H. 1990. The politics of preserving biodiversity. Bioscience, 40: 769.

Reed B M, Engelmann F, Dulloo M E, Engels J M M. 2004. Technical guidelines for the management of field and *in vitro* germplasm collections. IPGRI/FAO/SGRP, Rome.

Reed S M. 1989. *In vitro* conservation of germplasm. *In*: Stalker H T, Chapman C. Scientific management of germplasm: Characterization, evaluation and enhancement. Rome: IBPGR.

Scarascia-Mugnozza G T, Perrino P. 2002. The history of *ex situ* conservation and use of plant genetic resources. *In*: Rao V R, Brown A H D, CSIRO, Jackson M T. Managing plant genetic diversity, proceedings of an international conference. Kuala Lumpur: 1-22.

Sharrock S, Hird A, Kramer A, Oldfield S. 2010. Saving plants, saving the planet: Botanic gardens and the implementation of GSPC Target 8. Botanic Gardens Conservation International. Richmond, UK.

Simmons J B, Beyer R I, Brandhan P E, Lucas G L, Oarry V H T. 1976. Conservation of threatened plants. New York and London: Plenum Press.

Smithsonian Institution. 1975. Report on endangered and threatened plant species of the United States. House Document Number 94-51, Serial Number 94-A. Washington D.C.: Government Printing Office.

Soulé M E, Simberloff D. 1986. What do genetics and ecology tell us about the design of nature reserves. Biological Conservation, 35(1): 19-40.

Stebbins G L. 1952. Comments on literature in plant evolution. Evolution, 6(1): 131-133.

Thibodeau F, Falk D. 1986. A new response to endangerment. Pub Gard, 1: 14-19.

Turrill W B. 1952. The history and genetics of cultivated plants. Kew Bulletin, 7(1): 84-86.

Uma Shaanker R, Ganeshaiah K N. 1997. Mapping genetic diversity of Phyllanthus emblica: forest gene banks as a new approach for *in situ* conservation of genetic resources. Curr Sci, 73: 163-168.

Volis S, Blecher M. 2010. Quasi *in situ*: a bridge between *ex situ* and *in situ* conservation of plants. Biodivers Conserv, 19(9): 2441-2454.

Volis S, Blecher M, Sapir Y. 2009. Complex *ex situ-in situ* approach for conservation of endangered plant species and its application to *Iris atrofusca* of the Northern Negev. *In*: Krupp F, Musselman L J, Kotb M M A, Weidig I. Environment, biodiversity and conservation in the Middle East. Proceedings of the First Middle Eastern Biodiversity Congress. Aqaba, Jordan, 20-23 October 2008. BioRisk 3: 137-160. doi: 10.3897/biorisk.3.5.

Volis S, Blecher M, Sapir Y. 2010. Application of complex conservation strategy to *Iris atrofusca* of the

Northern Negev, Israel. Biodiv Conserv, 19(11): 3157-3169.

Walters S M. 1973. The role of botanic gardens in conservation. J Royal Hort Soc, 98: 311-315.

Wang B S P, Charest P J, Downie B. 1993. *Ex situ* storage of seeds, pollen and *in vitro* cultures of perennial woody plant species. FAO Forestry: 113.

Watson G W, Heywood V, Crowley W. 1993. North American Botanic Gardens. Horticultural Reviews, 15: 1-62.

Wyse Jackson P S, Sutherland L A. 2000. International agenda for botanic gardens in conservation. Botanic Gardens Conservation International, Richmond, UK.

Wyse Jackson P, Kennedy K. 2009. The Global Strategy for Plant Conservation: a challenge and opportunity for the international community. Trends in Plant Science, 14(11): 578-580.

Wyse Jackson P. 2001. An international review of the *ex situ* plant collections of the botanic gardens of the world. Botanic Gardens Conservation News, 3(6): 22-33.

第三章　植物迁地保护的规范与管理

　　植物园（树木园）是植物迁地收集与保护的重要机构，负责管理迁地植物收集，利用所有资源和手段充分保护植物多样性和提升植物收集的价值。植物园既要科学收集、长期保存与维持迁地栽培的植物遗传基因和植物材料，又要负责活植物的管理、风险因素控制和种群动态管理，同时要开展野外回归、栖息地恢复和管理。植物园应加强迁地保育体制机制建设，提高植物收集与管理能力，提高生物多样性保护专业技能；要共享活植物收集信息和迁地保育研究成果，支持生物多样性保护；要开展基于活植物收集的生物学和生态学研究，促进植物就地保护；要提高公众生物多样性保护意识，理解重要的保育问题和防止生物灭绝的意义。制定一个长期不间断的植物收集策略及迁地保育规划，进行有目的的收集管理，是一个植物园长期积累植物资源的重要基础。在全球气候变化日益加剧的今天，世界各地植物园应立足本土植物区系特色、立足植物多样性的高涵盖、立足居群代表性等综合收集策略，有效实施有利于全球植物多样性迁地保护的全球战略。

　　本章重点阐述了植物园活植物迁地收集和迁地保护管理规范，并将其用于指导活植物引种、保存、管理和可持续发展。提升植物园迁地保育的标准和水平，关键在于确定植物园活植物收集的原则和标准，界定活植物收集的目的、可行性和预期结果，使植物迁地保护成为植物园的重要使命和发展战略之一；同时，这些规范也为提升和管理活植物收集与园艺展示及管理提供指导原则，确保活植物收集在现在和未来得到良好的管理。

第一节　植物引种收集

　　活植物收集是植物园的核心和"灵魂"，承载着一个植物园的历史、现状、实力和声誉（黄宏文等，2015），是植物园的科学意义和社会价值的载体，也是植物园迁地保育使命的基础。植物园活植物收集是根据植物学标准和植物类别或用途，将植物收集、归类、栽培并具有信息记录及数据管理的专类活植物收集（Lighty，1984；Watson et al.，1993；DeMarie，1996），分类学、植物地理学、栖息地和应用是最常见的收集主题（Dosmann，2006）。现代植物园成立之初即开展药用植物收集，在 Padua 和 Pisa 植物园建立后不久，严格药用价值以外的植物也被引种到药用植物园（Hill，1915）。过去几十年里，植物园植物收集的发展趋势是持续重点收集植物园所在区域的原生本土植物，许多植物园还承担了珍稀濒危植物和其他具保护价值植物的迁地保育责任（Wyse Jackson，2001）。活植物收集的范围、类型及评价是制定和完善植物园植物迁地保育制度的基础，是制定植物园发展战略和未来优先发展方向的重要环节。植物收集是植物园的中心任务，尤其是与研究和教学有关的任务（Taylor，1986），通常植物园根据制定的植物收集策略对植物进行收集，虽然早期可能是任意的、短期的收集，但长期收集是必需的（Lighty，1984）。植物引种采集必须遵循植物采集指南和标准，同时还要遵循严格的法律、法规和制度要求（Hohn，2007）（详见第二章）。植物园维护迁地保育植物收集的健康状况、完整性和可持续性，制定植物采集制度并予以保障是至关重要的。植物园现有的采集和保存制度（aquisition and retention policy）要适应迁地保育植物收集的目标，还要定期评估迁地保育收集并落实到植物园的战略规划中。

一、植物收集的类型

植物园活植物收集通常以分类学、植物地理学、栖息地和应用为常见主题；保护性收集以物种保护为目的，其目标物种是已列入 IUCN 红色名录的种类、珍稀濒危和受威胁植物与未来可能达到受威胁程度的物种。植物园通常基于研究目的、保育设施和人力资源条件开展保护性收集，本土植物收集是植物园迁地保育的优先策略，要收集保育我国甚至更小区域范围的本土植物和特有植物。研究性收集是现代植物园的重点任务，植物园要强化以研究驱动的活植物收集的代表性和科学性，提升基于活植物收集的科学研究水平和专项研究深度。异地收集是植物园迁地保育的补充或备份，是植物保护、资源评价和发掘利用的需求，植物园可建立和完善异地保育机制。历史性收集则反映了植物园的发展历史和植物科学的发展与贡献，是植物园的强制性收集。

1. 分类学收集

分类学收集（taxonomic collection）是植物园活植物收集的核心类型，是根据植物分类系统，按特定的科、属或其他分类等级，或按专门类别，将专科、专属、专类植物归类收集和栽培，具有学术性、专业性、特征性和用途性等特点，在我国通常称其为植物专类园（区），如木兰园、棕榈园、蔷薇园、杜鹃园、猕猴桃园、山茶园、药用植物园、蕨类植物区、裸子植物区和特有植物区等（黄宏文等，2015），这种专类园及其植物收集的植物分类原则突出，体现出植物的进化、系统排列与亲缘关系，既是植物分类和系统进化等科学研究的基地，又为植物资源的发掘利用和科学教育提供了支撑平台。

分类学收集的分类群、范围及其重要性和优先等级，取决于植物园引种保育规划和活植物收集与迁地保育制度界定的迁地保育目标及主要任务，一般要综合考虑植物园所在地区起源的植物类群或分布的优势类群、IUCN 红色名录或本国本地区的珍稀濒危植物和本土植物、基于分类系统或分类原则的代表性植物类群、标本馆模式标本植物等。同时要根据植物园的景观规划、愿景、目标和价值取向，充分考虑植物的生理生态特性和植物园的环境条件，如气候、土壤、海拔、地形和光照等，选择和确定重点植物类群的有效保育和栽培分布策略，营造植物专类园区。分类学收集的专类园区应以确定的特定科、属的植物收集保育为主，尽可能丰富这些科、属的植物多样性及科学性。

特定类群分类学收集物种的代表性、广泛性体现了一个植物园迁地保育的实力和国际国内地位，是植物园迁地保育的核心和重点。很多有悠久传统的植物园有分类学种植池或系统种植地，按公认的分类系统收集和归类种植不同分类等级的植物，如通常使用的恩格勒（Engler）系统、克朗奎斯特（Cronquist）系统、塔赫他间（Takhtajan）系统、达尔格伦（Dahlgren）系统等植物分类系统（Leadlay and Greene，1998）。英国皇家植物园邱园使用 Bentham & Hooker 系统进行分类学收集保育，按照从原始到进化的顺序将植物分组归类栽培；最近邱园增加了基于分子系统学的 APG 分类系统种植展示，用于说明植物分类收集在分子水平的进化。德国柏林植物园至今仍保存着按恩格勒系统种植的分类学收集专类园区，也是国际著名植物专类园之一（黄宏文等，2015）。中国科学院华南植物园的木兰园、姜园、竹园，中国科学院武汉植物园的猕猴桃专类园和水生植物园，以及中国科学院西双版纳热带植物园的棕榈园和榕树园等都是我国乃至世界范围内重要的分类学收集和专类园区典范（黄宏文和张征，2012）。

2. 生物地理学收集

生物地理学收集（biogeographical collection）是植物园活植物收集的另一种核心类型，是以生态环境条件或特定的地理区域进行界定归类的植物收集和群落性种植。生物地理学收集既包括根据生态环境条件相似性开展的特殊生态类型植物收集，如水生植物园区、岩石植物园、荒漠植物区、盐生植物园、湿地植物区、雨林植物区、高山植物温室、岛屿植物区等，又包括来自同一地理区域或栖息地的重点类群或优先保育类群的植物收集，如澳大利亚山龙眼科植物、马达加斯加岛棕榈科植物、热带美洲的附生凤梨科植物、欧洲球根植物（Leadlay and Greene，1998），还包括按照植物区系特征进行的植物收集和栽培种植，如澳大利亚植物园、北美植物区、温带木本植物园和华南特有植物区等。

生物地理学收集用于收集和展示植物特殊的生境或特殊的植物生物现象，如热带雨林高温、高湿环境与热带雨林独木成林、板状根、支柱根、绞杀、滴水叶尖等植物现象；或者展示某些特别有趣的植物类群的栖息地和分布，如苦苣苔科植物与喀斯特石灰岩环境、红树林植物与胎生现象。生物地理学收集具有科学研究价值和公众科学教育价值，可在一定程度上研究和展示植物文化、植物与人类文明发展和经济社会进步的关系，如南美洲经济植物的引进与人类近 500 年文明进步的关系（黄宏文等，2015）。同时，生物地理学收集园区应尽量多地栽培具有相似生态环境的植物，特别是环境典型类群、区域典型类群、广泛代表性类群及特异类群，这样既能满足提升植物园"同园"栽培条件下研究的需求，也能改善景观布局，提升植物园活植物收集的整体水平和植物迁地保育水平。

生物地理学收集可充分体现群落学建园思想，实行"生态种植"，兼顾栖息地类型，鼓励植物收集专类园区在地形、土壤和气候允许的条件下最大限度地实施生态种植，并推进乔木、灌木和草本植物自然有机组合的收集保育模式。该类收集园区可有效实行多功能种植，强调地理区系成分，突出具有民族植物学、生物多样性保护和教育意义的物种保育与展示，强化生物地理学收集物种潜在保育技术的研发和对公众的解说功能。

3. 保护性收集

一般来说，植物园保育的物种明显存在植物多样性代表不均衡的现象，如明显强调了某些科、属植物和某些功能性类群的收集（Hurka et al., 2004）。目前全球植物园的地理分布也不甚均衡，植物园大多建立在北温带地区且局限于该区域的植物收集，而热带地区及南半球的植物收集比例严重偏低；保护理念出现前，植物园收集栽培的大多数物种活体植物个体数量有限，对物种遗传多样性的代表性低，不能反映野生物种的遗传完整性（Hurka et al., 2004）。保护性收集（conservation collection）是以物种保护为目的、按照居群生态学和遗传多样性原则从自然种群取样，涵盖物种的大部分遗传资源，对种源（provenance）有详细记录的植物收集（贺善安等, 2005）。因此保护性收集通常是濒危物种迁地保育中最重要的收集，目的是防止野外物种的减少或遗传流失，另外还有恢复、强化和野外回归的特别目的，保护性收集是为满足保护生物学研究、公众教育、国内或国际植物保护项目的需求而开展的植物收集。

根据最近的研究，1992 年公布的珍稀和濒危植物 388 种（傅立国, 1992），除少数物种因野外难觅踪迹或迁地栽培困难的物种外，绝大多数物种均在植物园得到引种栽培保护（黄宏文和张征, 2012）。我国目前濒危及受威胁植物数量高达 3767 种（中国科学院和环境保护部, 2015），但植物园迁地保育珍稀及濒危物种约有 1539 种，迁地保育数量严重滞后，仅占我国记载濒危及受威胁植物物种数量的 41%（黄宏文和张征, 2012）。因此我国植物园还需加强珍稀濒危植物的保护性收集，为珍稀濒危植物的迁地保育做出贡献。

保护性收集的目标物种多是已列入 IUCN 红色名录或我国珍稀濒危和受威胁植物名录的物种，也包括目前还未达到这样的等级但未来很可能达到受威胁程度的物种。保护性收集主要用于野外回归的迁地保育物种，在取样策略上需要考虑物种的"完整性"或"遗传完整性"，其中，居群结构及其遗传多样性是常用的评估指标，只有在最大程度上保育物种水平的遗传多样性和较为合理的原始居群结构特征，才会有利于野外回归计划的成功实施。许多研究已重点关注保护植物遗传完整性的重要性，这也是植物保护策略研究的重点（黄宏文, 1998；康明等, 2005）。保护性收集通常包括了大量的植株，特异基因型或生境型个体，需要专门研究计划和专项研究经费支持在植物园专门区域进行布局保育和定向研究。一般一个植物园只能承担数量有限的物种的保护性收集，要对成百上千个物种采取严格的研究和保护性收集保存是难以实现的（贺善安等, 2005）。因此，植物园应根据自身条件开展有特色的珍稀濒危植物的保护性收集。

4. 本土植物收集

本土植物收集（native collection）是指收集特定区域的本土（indigenous）植物或特有的（endemic）植物。一般来说，本土植物对于特定地区具有较强的生态适应性，更有一些本土植物已经适应了非常有限的、不寻常的环境，或恶劣的气候或特殊的土壤条件，因此其分布区域非常受限。广义的本土植物是与外来植物（exotic plant）和入侵植物（invasive plant）相对应的概念。植物园迁地保育的优先策略是收集保育本国甚至更小区域范围的本土植物和特有植物，通常收集植物园所在地区有很强生态适应性的代表性植物，更应加强本国和本地区特有植物的收集保育。

世界上许多地区的本土植物已被广泛收集和种植在植物园，并在植物园得到了专门的维护管理。早在 20 世纪八九十年代，BGCI 广泛调查了植物园收集栽培的特定地区和特定科级分类群植物（特别是针对珍稀濒危植物的收集栽培）情况。结果表明，世界上占很大比例的野生植物栽培于植物园，其中大部分是在 CBD 签署之前就收集栽培在世界各地的植物园；目前世界植物园收集了 80 000~100 000 种，其中约 15 000 种是野外受威胁物种（Wyse Jackson，2001）。中国植物园迁地保育维管植物 396 科 3633 属 23 340 种，其中我国本土植物有 288 科 2911 属，约 20 000 种，分别占我国本土高等植物科的 91%、属的 86%和种的 60%，对植物多样性保护发挥了积极作用（黄宏文和张征，2012）。

在气候、土壤类型和空间条件允许时，植物园应尽可能多地收集和种植本土植物，本土植物的收集应以 100%的野生来源为目标；应研究和避免基因污染，同区域种植的本土植物应避免种源混杂；应强化本土濒危植物类群及特有类群的收集保育，为本土濒危植物和极小种群植物的保护和野外回归繁育材料；每个物种的居群代表性和特异基因型需从引种时予以高度重视，为物种保护、栖息地恢复或研究项目培育植物材料；在植物园各类植物园区的建设上，应重视收集展示典型的本土植物，做到本土植物收集与园艺展示和保护的良好联动；各植物专类园区应围绕中国植物保护战略，培育和展出一定数量的中国受威胁的本土植物；应为所在地区的典型生境和特殊生境（栖息地）培育本土植物，制定本土植物自然或半自然区域管理制度，最大可能地提升当地本土植物物种管理水平；要在现有野外回归的基础上，充分考虑其他适宜本土物种的自然回归和栖息地恢复。

5. 研究性收集

研究性收集（research collection）是基于特定的研究需求和研究兴趣的活植物收集。原则上植物园的整个活植物收集都可被视为以迁地保育为基本导向的研究性收集，基于活植物收集的科学研究，如现代植物园建立初期的药用植物收集、殖民地时期的经济植物收集乃至植物分类学史上为植物命名和建立植物分类系统开展的植物收集均为研究性收集。从一定程度上说，Andrea Caesalpino（1519—1603）建立第一个有花植物分类系统（1583 年）、林奈（Carolus Linnaeus，1707—1778）推广双名法和建立林奈分类系统（1730 年）、Jussieu（1748—1836）建立第一个自然分类系统（1789 年）、George Bentham（1800—1884）和 Joseph D. Hooker（1817—1911）发表 Bentham & Hooker 分类系统（1862~1883 年）、Engler（1844—1930）和 Prantl（1849—1893）提出第一个系统发育分类系统（1887~1915 年）等都与研究植物园的活植物收集密不可分且和分类学专类园密切相关，甚至可以毫不夸张地说，这些分类系统都是研究植物园活植物收集的结果。

以研究或研究项目为导向的研究性收集可以强化植物园活植物收集，提升活植物收集的物种代表性和科学性。例如，姜科分类学家 R. E. Holttum（1895—1990）任新加坡植物园主任达 24 年（1925~1949 年），为完善和修订姜科植物分类系统，他收集了姜科几乎所有属的活植物和腊叶标本，为描述每个物种提供了活植物"同园"栽培条件下的观测（黄宏文等，2015）。基于此，Holttum 对姜科属的概念作了修订，并发表了新的姜科植物分类系统。为编撰《中国植物志》的木兰科，1956 年以来中国科学院华南植物园共引种收集木兰科植物 12 属 159 种 436 号（含变种和亚种），其中中国本土植物 133

种 383 号；引自美国、英国、泰国等 12 个国家物种 26 种 53 号；直接从野外引种收集 112 种 239 号，已知野生来源物种 146 种 359 号。目前华南植物园迁地保育木兰科植物 12 属 148 种 281 号，其中中国本土物种 127 种 253 号，国外物种 21 种 28 号，野外采集 物种 101 种 172 号，已知野生来源物种 138 种 236 号，建成了世界上最大的木兰科植物 专类园，被国际木兰科植物协会和 BGCI 命名为"世界木兰中心"（陈新兰，2014）。

植物园活植物收集具有重要的科学研究意义，如开展在全球气候变化背景下的生物 学及生物多样性研究，在物候学、结构生理学、植物生态学及恢复生态学、植物迁移与 地植物学、外来入侵植物，以及比较类型的前沿研究方面发挥着越来越重要的作用（黄 宏文等，2015）。因此要根据植物园科学研究的总体需求和专门研究项目导向，加强活 植物收集，尤其是研究性收集的迁地保育维护，保持高标准的引种信息、登录信息、种 源信息、栽培管理与病虫害信息、繁殖技术、定植记录、物候观测、分类信息查证与鉴 定等信息的长期记录，确保活植物收集及单株植物都能适应和满足科学研究、物种保护、 资源发掘、园艺展示和科学教育的综合需求，提高活植物收集的科学价值。

6. 异地收集

异地收集（off site collection）是将部分迁地保育植物重复保育栽培在植物园以外的 分园、保育基地、试验基地或类似机构的植物收集。异地收集是植物园迁地保育的补充 或备份，是植物类群适应不同气候条件迁地保育的需要，是植物园在植物资源评价和发 掘利用研究中开展迁地保育植物及品种生态适应性观察和研究的需要。在植物园某个保 育设施遭遇灾害时，重复保育的异地收集将确保植物种质不会因灾害而丢失（Given， 1994）。

植物园迁地保育收集的大多数植物要保育种植在现有保育园区、展示园区和树木 园，同时可采取异地收集策略保育特殊的植物类群或生态适应性研究类群。异地收集园 区可以是与植物园建立了特殊合作关系的分园或迁地保育基地，也可考虑给其他植物 园高于一般植物园间植物材料交换或种子交换的正常转移地位，建立特殊情况下重要植 物类群迁地保育的"植物交换园"，但必须是收集种植一些特殊植物类群的环境适宜的 园区。

植物园要制定必要的"异地收集园区标准"，评价异地收集园区是否符合异地收集 植物园的遴选要求，这些标准也将用于规范候选园区的管理，确保成功开展特殊类群植 物的异地收集。植物园将与符合标准要求的植物园签订合作备忘录或合作协议。原则上 异地收集植物园必须是与植物园具有相似或互补环境条件的国内植物园，少数情况下可 与有合作或材料和人员交换的其他国家或地区植物园建立植物异地收集关系。

选择的异地收集植物园和分园或基地应遵循以下条件：需有良好的园艺管理标准， 以确保异地收集植物得到良好的维护和管理；有足够的土地使用权或园地拥有权时限， 以确保园地土地不被卖出而有能力持续推进建立异地收集；对异地收集有真正的兴趣， 以确保园地权属者有兴趣和长期承担植物栽培管理责任；不得开展异地收集植物材料的 商业化买卖，遵守《生物多样性公约》；承担异地收集植物的信息记录与长期保存；异 地收集园区应具有可访问性，以确保植物园员工开展植物监测和植物繁殖工作；须签署植物材料繁殖协议，以确保植物园栽培的植物死亡后能重新获得该植物材料；建立合作退出机制，以应对合作者变更、项目结束或其他争议。

植物异地收集的任何新的合作开始时，需要制定植物信息记录与长期保存、异地收集与植物园植物收集的关系和植物记录保存于植物园植物记录数据库等制度。须明确成为异地收集园区的必备条件，对异地收集植物充分开展良好的信息记录与长期的数据保存，并且植物园员工应能查阅这些记录以检查进度、来源、现有状态等。

7. 历史性收集

历史性收集（historic collection）通常指植物园活植物收集中反映植物园历史上对植物的探索、科学研究、景观建设和景观改良与资源应用的植物收集。一般来说，历史性收集是强制性收集，通常并不常见或被广泛应用，除非被确信为植物园起源和发展历史的证据性植物收集或足够独特而需要登记入册的历史上收集的植物（Dosmann，2008）。

邱园保存着 18 世纪、19 世纪和 20 世纪初期 200 多棵历史性植物和按 Bentham & Hooker 分类系统布置的展示园区，如约 1740 年的黑胡桃木（*Juglans nigra*）、1762 年的银杏（*Ginkgo biloba*）、1762 年的槐树（*Sophora japonica*）、1846 年栗叶栎（*Quercus castaneifolia*）、1846 年的意大利五针松（*Pinus pinea*）等。阿诺德树木园罗列了 6 类历史性收集（Dosmann，2008）：①早期采集的植物，可能缺乏足够的记录文件，但与植物园的起源有关，代表了植物园发展的历史篇章，有些登录可能是原产地野外已不复存在的基因型，具有极高的保护价值；②来源于历史上重要的苗圃、植物学机构和园艺学家栽培保育的植物，可能完全缺乏记录文件，但依然栽培保存于植物园，这些植物通常代表了最初的引种栽培，很可能全是从野外采集的，有些登录可能是原产地野外已不复存在的基因型，具有极高的保护价值；③植物园早期开展品种选育培育的有特色的栽培品种，已经经历了较长历史时期的维护且目前完全处于自然生长状态；④名称拉丁化前的栽培品种，反映了 1953 年栽培植物命名法规产生以前栽培品种命名的植物学背景；⑤分类等级由种变为栽培品种的分类群，是历史上选育和引种的观赏植物的无性繁殖材料，引进初期给予了一定的分类单元名称，但现在被确定为栽培品种，用于说明名称改变的基因型代表；⑥活植物收集中优先保育的具有历史重要性和美学价值的植物收集，如盆景植物收集。

植物园在制定活植物收集规范和迁地保育战略时，要充分梳理规划历史与变迁、植物收集与专类园区规划建设历史，在园区景观和植物管理方面要特别关注历史性植物及其植物收集。在景观管理上，植物园应注重所有景观发展的历史过程，确认各景点的建设历史，创建景观编目；制定景观评价和发展计划，在景观评价和发展框架下制定景观管理制度，并制定历史景点的维护标准，整体保护特别重要的历史区域及历史性植物；在园区的未来发展规划中坚持历史景观区域及历史性植物的维护；注重任何与植物有关的建筑或园林作品的价值，梳理其规划建设历史，将其列入植物园发展战略。在历史性植物及植物收集方面，植物园应制定历史性植物及植物收集标准，加强资料整理，创建历史性植物和植物收集目录；制定特殊制度以管理、维护、繁殖、监测和记录历史性植物及植物收集，注意考虑发展和更新的空间、时间和合理的要求；要建立历史植物及其收集的管理制度标准；历史景观管理规范和历史植物与植物收集管理制度应纳入植物园收集管理规范，并要确认这些区域在未来发展中需要纳入整体发展并充分维护其独立性。

二、引种收集的优先原则

一般来说，植物园应从一开始就有植物迁地保育的引种采集指南，以便规范迁地保育的主要收集类型和收集范围。但由于历史的原因，发展历史较长的大多数植物园最初并没有植物采集制度和保存维护制度。例如，英国爱丁堡植物园截至 2013 年迁地栽培了 345 科 2682 属 13 343 种、17 326 个分类群、34 498 号登录，迁地栽培乔木 67 630 株，是世界上迁地保育植物数量最多的植物园之一。爱丁堡植物园的整个活植物收集是 340 多年的历史中累积起来的，但活植物收集的增加、类型和组成在 20 世纪 70 年代初才开始得到一系列活植物收集制度、文件的规范指导（Leadlay and Greene，1998）。

制定引种收集制度，要充分考虑植物园的气候条件和可提供的迁地保育设施；考虑迁地保育及其维护投入的人力、财力和保护效率；考虑植物材料的来源，如野外采集引种、贸易或植物园间交换，其中必须以野外引种收集为主要来源；考虑植物材料繁殖的难易程度；要根据植物园的目标定位，引进和采集植物用于园艺展示与景观营造、公众教育与解说、科学研究以及保护项目。

在评估引种植物的用途与目的后，要确定研究项目和教育项目优先发展的分类群收集，并对不同级别的分类群尽可能多地采集野生来源的植物以供研究的需要，还要优先更换信息记录不完整、来源不清楚的植物。为满足未来研究和现有教育功能的需要，需采集和获得通常所谓世界性分布的一般性代表植物类群。科级等级的优先顺序取决于现有研究的优先顺序。例如，参考活植物收集中已有较好代表性的科、具有潜在研究价值的科等。优先程度级别最低的是那些最不可能或最难采集和保育的类群，如寄生、腐生植物等。

确定优先引种收集的植物类群时，一般须考虑科学研究和研究兴趣驱动的植物类群（R）、迁地保护的重要类群（C）、公众教育植物类群（E）、教育教学重要类群（T），如植物系统分类学和进化生物学教学所需的类群，以及历史性收集植物类群（H）。

引种收集的植物须符合引种收集的选择条件。引种收集时须考虑必须符合植物园活植物收集的目标和发展战略规定的优先引种保护类群；已知植物学名和种源（引种来源）的类群；必须符合 CBD、CITES 等所有公约和法律制度，不收集任何非法购买、进口或收集的植物材料；应尽量避免重复，但用于迁地保育或科学研究、公众教育或大型活动（如赠送和出售）目的的植物除外；符合引种植物园的常规管理维护措施的植物；购买的植物材料，销售者须具有销售植物的知识产权并遵守有关法规；从植物园间种子交换和种子库获得的植物材料须是从自然栖息地采集的野生植物材料，如果是源于植物园栽培植物的繁殖材料则须知晓其原植株自然栖息地或野外来源相关信息；野外采集的所有植物须遵守国际国内各项法规；接受赠送的植物材料须符合引种收集标准，且须评价其健康状况和入侵性，不接受携带病虫害的植物和入侵性植物。

以英国爱丁堡植物园为例，爱丁堡植物园以耐寒植物为优先保育类群及优先采集的重要参数，以数字代码 1~3 确定优先等级，其中数字 1 表示优先程度最高（表 3-1）。应注意的是，收集制度是重要的管理文件，为植物引种收集提供指南，执行中允许具有灵活性，可广泛提高迁地保育的效率。

表 3-1　爱丁堡植物园植物引种收集优先次序（整理自 Leadlay and Greene，1998；
RBGE Living Collection Policy，2006）

代码	说明	植物类群
H1	爱丁堡植物园决定专门研究的、具有较强耐寒性的科、属。如空间许可，所有属和种应收集种植多个野生来源的材料	天南星属（*Arisaema*），小檗科（Berberidaceae），龙胆科（Gentianaceae），鸢尾属（*Iris*），*Nothofagus*，八角科（Illiciaceae），木兰科（Magnoliaceae），绿绒蒿属（*Meconopsis*），松科（Pinaceae），报春花科（Primulaceae），杜鹃属（*Rhododendron*），蔷薇科（Rosaceae，欧亚系），虎耳草科（Saxifragaceae），伞形科（Umbelliferae），林仙科（Winteraceae）
H2	与 H1 列出的科关系较近且具有较强耐寒性的科，以及爱丁堡植物园已有长久兴趣但目前尚未积极收集研究的科。最少收集 50% 的属和 25% 的种。一般不需收集种植多个野生来源的材料，但地理分布广的物种除外	槭属（*Acer*，北美种类 *N. American*），桤木属（*Alnus*），罂粟科（Papaveraceae，除绿绒蒿属 *Meconopsis* 外），蔷薇科（Rosaceae，除欧亚种之外）
H3	爱丁堡植物园需要很少代表性材料的以耐寒为主的科。每个科通常仅需几个属，每个属仅需一两种即可	紫草科（Boraginaceae），桔梗科（Campanulaceae），石竹科（Caryophyllaceae），胡桃科（Juglandaceae），柳叶菜科（Onagraceae），毛茛科（Ranunculaceae）
T1	爱丁堡植物园决定专门研究的不耐寒的科和 H1 列出的科中不耐寒的属。依赖于栽培条件、可用空间和科或属的大小，应收集种植所有属和所有种的许多野生来源材料	芒毛苣苔属（*Aeschynanthus*），树萝卜属（*Agapetes*），石斛属（*Dendrobium*），芭蕉科（Musaceae），杜鹃属（*Rhododendron*，越橘杜鹃组 section Vireya）
T2	与 T1 的科关系较近的科和爱丁堡植物园有长久的兴趣但目前尚未积极收集研究的科。最少收集 10% 的属和 5% 的种，具体数量因科而异。通常不需要栽培很多野生来源的材料，但具有广泛地理分布的种类除外	爵床科（Acanthaceae），美人蕉科（Cannaceae），茅膏菜科（Droseraceae），不耐寒的蕨类，苦苣苔科（Gesneriaceae，除芒毛苣苔属），姜科（Zingiberaceae）
T3	爱丁堡植物园仅需少量代表性类群的不耐寒的科。每个科收集几个属，每个属收集一两个种即可	凤梨科（Bromeliaceae，除丽穗凤梨属 *Vriesea* 外），兰科（Orchidaceae，除选择的一些属外）

三、植物引种收集的方式和要求

1. 引种收集的方式

过去 400 年，植物引种的基本程序并未发生改变，但通常很难有连贯一致的政策路线（Heywood，2011）。尽管引种具有公认的重要性，但除了少数例外，早期的植物引种大体上是随机的，存在组织不良、协作不足和效率低下等问题。然而，从植物园收集保存的庞大数量看，植物园的引种收集是非常成功的。植物园引种收集植物的主要方式有野外采集、种子交换、购买、赠送等，其中以野外采集为主要引种方式。在使用其他引种方式时，引种收集的植物须有明确的野生来源记录，避免从其他植物园或机构引进有遗传污染或来源不明的植物。

野外采集是植物园引种和活植物收集的主要途径，是实现活植物收集目标和完成迁地保育任务的主要方式，需根据植物园的发展定位、国家植物资源迁地保护的战略需求和《生物多样性公约》，制定迁地保育中长期规划、年度引种计划和引种目标。野外引种存在获得野外采集许可、筹备与组织实施等复杂环节甚至困难，需要提前做好野外工作准备并形成常规性野外引种程序。

为提高植物园的植物引种收集效率和质量，要形成植物引种和植物收集的制度、规范和流程管理。为此，植物园要建立覆盖全园的引种工作制度性日志，全面统计引种地区和重点引种类群，加强植物引种种源信息管理，制定迁地保育总体规划和切实可行的引种计划，避免重复引种，确保优先地区和优先类群的植物引种；要组织多个引种队伍开展引种工作，引种队伍须由具有丰富野外引种经验、分类学基础较好、对植物迁地保育现状熟悉的科技骨干带队和负责实施引种工作；要前瞻性地分析植物引种收集的薄弱地区和薄弱类群，制定和组织特定目标地区和目标类群的野外优先引种和补充引种，强化特定地区和特定类群植物引种，持续开展植物幼苗、种子和枝条等多种材料的野外引种，提高引种效率，强化薄弱地区和薄弱类群的收集；要鼓励年轻员工或缺乏经验的员工、植物保育管理者参加野外引种，鼓励迁地保育员工熟悉有关保育植物的野外生存环境，优化迁地保育条件，提升保育效率；鼓励与研究部门、考察地区有关机构合作，共同承担野外考察和植物引种工作，与有分类学经验的研究者合作开展植物鉴定、查证和特定地区与特定类群植物多样性编目，编辑出版特定地区植物考察手册，开展公众野外考察培训和人才培训；所有参与植物野外考察和植物引种的员工，必须遵守 CBD、CITES、植物检疫法规和任何地方法律，从而进行植物采集、交换/转移植物材料。

来自商业市场销售的植物很可能缺乏野生来源信息记录，即使具有野生来源信息也有可能不符合《生物多样性公约》。植物园一般不接受这类来历不明的植物材料。但是有时可能有充足的理由购买这些材料，或用于特殊目的，如用于园林景观、园艺展示、公众教育或解说，或者不能从野外获得这些材料，或这些材料需要用于教学或时令花卉和植物的展示。对于上述任何情况均须判断其利弊，作出慎重的抉择。但是原则规定，从市场购买的、缺乏野生来源信息的植物材料，不能纳入活植物迁地保育收集范畴。

2. 引种收集的要求

植物引种收集须填写详尽的野外引种记录本，采集凭证标本，拍摄引种收集植物与环境照片。要求引种记录完整，主要包括引种号、引种人、中文名、异名、科名、引种时间、地点、海拔、经纬度、原生生境（栖息地）、分布、生长习性、生物学特征（花、果、叶等）、遗传变异、伴生植物、材料类型、凭证标本、野外材料照片和（或）采集地照片等（附录1）。

材料类型与数量：引种植物材料被认为用于栽培繁殖及迁地保育，常被称为繁殖体（propagule），其类型分为种子、植株、幼苗、插条、鳞茎、球茎等。从种子到种子是引种驯化的基本原则（陈封怀，1965），植物园按引种计划开展引种收集时，野外引种要以种子、植物营养器官等为主；采挖林下灌木、草本及乔木幼苗时，不得破坏栖息地原生植物种群生态；幼苗收集的数量一般不少于 5~10 株，种子不少于 50~200 粒；用于迁地保育和回归目的的濒危植物引种采集，应遵循居群遗传学原则（详见第四章）。

物种鉴定与信息登录：原则上由各引种队完成物种初步鉴定、引种信息（含引种植物及其栖息地照片）录入引种数据库、悬挂引种标签等工作，对分类特征不足以致暂时无法鉴定的种类，须邀请园内外专家协助完成种类鉴定。引种队为保育管理人员提供栽培管理技术指导，跟踪观察种类生长情况。

验收与资料管理：要在每年年底组织引种验收和年度引种收集汇总，包括引种收集数量、成活率、生长状况，物种鉴定和订正，植物信息记录（引种信息和数据信息）。原则上引种队须在移交引种材料时，整理完善的引种原始记录、凭证标本、引种植物及其栖息地照片，将其移交至植物信息记录组管理。

四、植物引种收集制度

植物引种收集制度是界定、强调和指明植物园在可预见的未来为实现其科学研究、物种保护、公众教育和观赏展示所需要的专科、专属、专类植物，确保有序地、合理地实施植物引种和采集，使植物园在任何时候都能提供最合适的植物材料，满足活植物收集的多种用途（Leadlay and Greene，1998）。植物园活植物收集有多种用途，如支持植物区系和专著性研究、标本鉴定、实验研究（如细胞学、遗传学、生理学）、保育与回归、园艺学研究、各种层次的教育活动、植物园展览及艺术创作和摄影等，同时以植物收集营建的园林景观提供了高质量的城市绿地，吸引游客到植物园参观游览。

植物分类群的引种收集要遵从引种收集的优先原则，引种收集时必须及时填写详尽的引种记录本，采集凭证标本和拍摄图片；引种人要跟踪引种植物登录、鉴定与查证、科学数据收集与更新；植物园须保持引种信息的完整性和持久性；同时植物园要持续开展植物引种收集，以维持和提升植物迁地保育数量和质量。

1. 加强保护性收集

植物园开展保护性收集时，应优先收集植物园历史上或科学研究中研究人员感兴趣的科和属的植物物种，如有重要科研价值的植物和稀有栽培植物品种。选择的物种在符合引种采集制度的条件下，要优先收集稀有（rare）、渐危（vulnerable）或濒危（endangered）物种，如考虑 IUCN 植物红皮书所列的物种和以所在植物园为最佳迁地保育场所的受威胁（threatened）物种。要优先收集所在地区被列入多样性保护行动计划中的所有的物种和被保护关注的区域本土物种。优先收集全国范围内在自然条件下稀有、渐危、濒危的具抗性的近缘观赏植物或经济植物。要积极推进与其他植物园的密切合作，努力收集与其他植物园相比具有不同居群来源的植物，扩大植物园保护收集的遗传代表性。在稀有、渐危和濒危物种收集不具有遗传代表性时，可主要用于研究性实验和公众教育。任何保护性收集不应孤立于其他保护机构的保护评价，要整合到更大范围的保护项目中，力求整合到更大范围的保护策略和保护技术中，扩大保护参与性和影响力。扩大遗传代表性，活植物收集中每个物种保育植株数量越多，其遗传变异越高。实际操作中应尽量扩大取样居群范围；在迁地保育空间明显限制了物种收集的植株数量时，可努力采集与提高植物园感兴趣的分类群的最大范围的多样性；要定期评估重要类群迁地保育的遗传代表性，跟踪迁地保护植物多样性的变化。开展野外回归，植物园必须开展一些重要植物的野外回归和栖息地恢复，还应进一步开展和参与其他植物的野外回归工作。保障资源和技术，准备隔离居群和保持准确的植物记录。当考虑优先选择物种开展野外回归时，应参照《全球植物保护战略》（GSPC）目标 8 所列出的保护任务。

2. 持续开展引种收集

开展野外考察和植物引种收集是植物园必须坚持的长期目标，是植物多样性保护的需要，是满足活植物收集的各类使用的需求和愿景，并能维持和增加植物园迁地保育活植物数量及其对生物多样性保护的贡献。爱丁堡植物园 4 个园区迁地保育的活植物登录数有 34 000~40 000 号，但根据爱丁堡植物园的计算，如果没有新的引种收集或植物繁殖，其现有的活植物收集数量将在 3 年半左右的时间减少一半，所以不断增加新登录植物是维持活植物收集和迁地保育数量所必需的。因此植物园必须持续开展植物引种收集，并且必须制定和实施年度引种收集目标。例如，爱丁堡植物园在 1990 年以前每年新引种登录活植物约 4000 号，其中主要从中国、不丹和尼泊尔等生物多样性丰富的国家引种；1990 年以后每年引种收集的植物数量下降，但计划每年新增活植物登录约 1500 号（Rae et al.，2006）。新增引种收集植物登录数下降的原因主要有《生物多样性公约》的限制、引种收集财力和人力的限制及现有迁地保育植物因衰老或病虫害而死亡，如《生物多样性公约》提出了采集限制、材料使用协议、材料转移协议等制度，提出了对珍稀、渐危、濒危等植物的保护和采集限制，许多国家制定了严格的植物标本和活植物采集限制，加之野外采集费用极大地增加而野外考察经费预算极大地减少的问题，以及许多组织和参与野外引种工作的专家逐步退休，甚至出现引种人才的青黄不接等。

为了应对新增引种登录植物数量逐步减少的问题，植物园需要重视引种收集人才队伍的培养，鼓励年轻的、缺乏引种经验的员工积极参加植物收集和野外工作；鼓励有经验的员工带领和培养年轻的、缺乏经验的员工参加野外引种工作；鼓励引种工作者积极熟悉和评价本园植物迁地保育现状，分析现有保育植物的种源地和健康状况；收集和分析最新的植物分类学和植物多样性保护文献，分析植物引种收集和多样性保护的薄弱地区与薄弱类群；提前筹划采集许可，制定和分析连续 5 年的全园野外采集日志，采取更有条理的、积极的方法计划和组织野外采集，提高植物引种收集的效率和生物多样性保护的效率。

必须承认，任何时候迁地保育活植物都会存在一定数量的死亡。植物园每年新增引种收集植物的数量需适度增加，只有适度提高引种收集年度目标，才能平衡迁地保育能力、新登录植物繁殖能力，以及应对现有保育植物的自然死亡。例如，爱丁堡植物园将引种目标确定为每年新增活植物登录数 2000 号（Rae et al.，2006），而在实际引种收集工作中，常常会增加新登录引种收集活植物数量。

五、迁地保育评价

为了不断提高活植物收集的质量并扩大其应用，植物园应确保活植物收集评价成为其植物收集制度的组成部分，并成为植物园及其活植物管理工作的组成部分（Aplin，2013；BGCI，2016）。活植物收集的评价是由有经验的专业人员定期进行的有计划、有记录的活动，用以审查迁地栽培植物及其管理实践的价值，也涉及评估需要改变和调整的工作内容（Aplin，2013），侧重于以植物园定位、使命和任务为导向的植物收集的战略机制，以确定引种收集、登录与信息管理及植物收集的研究价值和保护价值并作出适当的调整，包括保护和研究价值评价、成本效益评价、适应性评价、分类学评价及潜在类群脆弱性评价，不包括如清查编目、鉴定查证、定位、风险评估和植物适应性与应用评价等常规管理工作（BGCI，2016）。值得重视的是，只有当植物园具有指导其植物收集发展和管理的活植物收集制度（living collection policy）时，战略性植物评价才最有效，评价也才有相应的基础依据；同时植物评价结果和评价过程有利于审定和提升活植物收集的设定目标、提高管理标准、瞄准目标资源并评判植物园的价值和贡献，有时甚至是植物园生存的理由（BGCI，2016）。

1. 提升野生来源比例和鉴定查证比例

植物园高水平的活植物收集，既要满足和促进植物基础生物学研究，又要服务于植物资源保护和可持续利用。持续提升野生来源比例和鉴定查证比例是提高迁地保育目标与提高活植物收集质量和迁地保育效率的重要保障。植物园要充分利用庞大的活植物收集资源，长期开展植物基础生物学特性的观察与特征图片、凭证标本的采集。设定迁地保育的目标是评价迁地保育现状、确定和落实优先保育的有效方式，这将提高植物迁地保育的标准，指导迁地保育和提升迁地保育效率。但是迁地保育通常会受制于多种因素，如极端寒冷、极端酷暑等极端气候因素，野外引种次数、收集数量与质量等引种因素，以及保育设施、管理水平、信息记录与数据、资金与人力等管理因素等。这些因素既会影响植物园实现迁地保育的基本要求，又将制约植物园优先保育安排及实施迁地保育标准。

迁地保育目标通常被认为是增加植物园迁地保育植物物种的总体数量，但当迁地保育植物达到一定数量之后，提高野生来源的植物材料的比例和植物鉴定查证的比例成为更为重要的迁地保育目标。因此更为重要的是，植物园要确认野生来源的植物材料对于科学研究和生物多样性保护的重要性，以及植物鉴定和准确命名的研究价值和保护价值，将每年新登录引种收集植物与提升野生来源比例和鉴定查证比例一起作为植物园的迁地保育目标。以爱丁堡植物园为例，2002/2003~2012/2013 年的 10 年间，爱丁堡植物园迁地保育植物的物种数量为 13 343~14 218 种，分类群数量为 17 326~18 043 个，物种数量和分类群数量并未随着时间推移和新增引种登录数而不断增加（表 3-2）。但爱丁堡植物园于 2006 年计划在其后 10 年里提高迁地保育植物中野生来源的比例和鉴定查证的比例，其中 2002~2005 年迁地保育植物中野生来源植物所占比例均为 53%，计划到 2016 年将野生来源的比例提升到 60%，每年约提高 0.7%；把植物名称鉴定查证的比例从 2005/2006 年的 31%提高到 40%，每年约提高 1.7%（Rae et al.，2006）。根据爱丁堡植物园年报统计，到 2012/2013 年其野生来源保育植物的比例提高到了 58%，鉴定查证植物名称的比例提高到了 34%。

表 3-2 爱丁堡植物园活植物收集和迁地保育统计

活植物收集/单位	2002/2003 年	2003/2004 年	2004/2005 年	2005/2006 年	2006/2007 年	2007/2008 年	2008/2009 年	2009/2010 年	2010/2011 年	2011/2012 年	2012/2013 年
科	339	337	336	333	344	345	346	354	351	351	345
属	2 753	2 733	2 734	2 722	2 728	2 725	2 751	2 747	2 733	2 711	2 682
种	14 148	14 218	13 601	13 505	13 407	13 406	13 528	13 457	13 374	13 398	13 343
分类群（含种下分类单元）	18 043	18 082	17 854	17 761	17 650	17 599	17 725	17 558	17 382	17 377	17 326
登录数/号	41 570	34 956	33 954	33 517	34 353	34 401	33 985	34 904	34 695	34 574	34 498
植物记录/株（丛、盆）	66 954	66 646	53 925	53 706	66 044	66 758	57 388	69 384	68 621	67 236	67 630
新登录数/号	1 864	2 109	2 298	2 266	1 976	1 955	2 570	1 784	2 507	2 057	1 971
野生来源比例/%	53	53	53	55	59	56	56	57	57	58	58
查证比例/%	25.7	30.8	25.7	31	31	32	32	33	33	34	34

为提高植物园迁地保育野生来源植物的比例，需要特别加强野生来源植物的引种收集。如果新增加的引种收集植物是非野生来源的，则将显著影响迁地保育植物总体野生来源的比例。植物名称的鉴定及查证比例的提升，则需要植物园非常重视并大力开展植物鉴定和植物名称鉴定及合格名称的变更查证，解决引种收集时必然存在的植物鉴定问题。

2. 持续监测迁地保育现状

为长期跟踪监测活植物收集和迁地保育物种及数量的变化趋势，遏制迁地保育物种数量及登录植物数量逐步减少，植物园要积极评估植物引种收集过程，维护和适度增加迁地保育植物物种及数量，注重高标准的维护迁地保育管理和获得高质量的野生来源材料，提升活植物收集与迁地保育管理。

开展活植物收集和迁地保育现状监测是评价迁地保育和检查保育目标的有效机制。为了审查评价准确，植物收集的信息记录必须及时更新和持续管理维护，植物园必须坚持周期性植物清查，每年审查评价如下基本信息：活植物科、属、种、分类群、登录数/号和植株数，野生来源比例，植物查证比例，新增分类群数量和新登录数量，死亡物种数量和死亡登录数量（表 3-2）。植物园应提高迁地保育植物信息记录水平，包括本土植物数量、特有植物数量、珍稀濒危物种数量、IUCN 名录物种数量和分类群数量，加强历史信息记录整理、补充和完善，尤其是要重视植物引种的采样方法即遗传信息的记录，促进迁地保育植物的保护价值和科学价值，将上述信息应反映在植物园的年度报告中。通常每 5 年植物园应开展一次重要的或优先收集保育的科和属的评价审查，并以表格形式记录在植物园活植物收集策略及迁地保育管理制度中（表 3-3），并为未来修订和重新制定植物园迁地保育的发展战略提供依据。

表 3-3　爱丁堡植物园红豆杉属（*Taxus*）迁地保育统计

	分类群	植株数	野生来源登录数	总登录数	野生来源比例/%
1990 年	10	60	11	19	58
1995 年	11	246	39	49	80
2001 年	11	214	54	66	82
近 10 年变化/%	10	257	391	247	
近 5 年变化/%	0	−13	38	35	

为此植物园须每年对迁地保育植物的科、属、种、分类群、总的登录数、植物记录、新登录数（即每年引种登录数）、野生来源比例、查证比例做基本数量统计；对于植物园迁地保育的重要科和属的数量，应每隔 5 年统计其变化趋势，做出发展态势分析和制定引种收集及迁地保育发展战略；迁地保育的其他科和属级分类群可根据研究重点或研究兴趣和植物园发展战略增加物种保育数量，但只有在一定时期进行的定期评估审查基本数据得出的变化趋势才可信；须列出植物园重要的科、属作为评估和监测的对象，每次评估审查均须包括这些类群。例如，爱丁堡植物园年报均统计了迁地保育植物的基本数据（表 3-2），为持续监测迁地保育现状统计，在植物园活植物收集策略及迁地保育管理制度中统计了所有分类群的登录数量（图 3-1），并对重点保育类群杜鹃属、球果类和红豆杉属的登录数与其他重要数据做出统计分析（图 3-2，图 3-3，表 3-3），为制定和调整引种策略与迁地保育目标提供重要的数据基础。

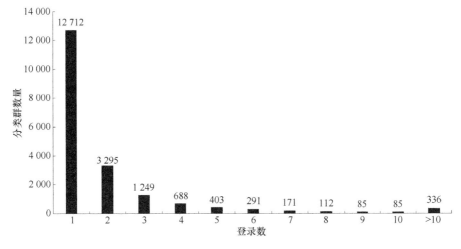

图 3-1　爱丁堡植物园活植物收集所有分类群的登录数量

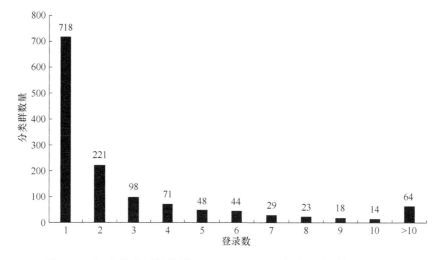

图 3-2　爱丁堡植物园杜鹃属（*Rhododendron*）每个分类群的登录数量

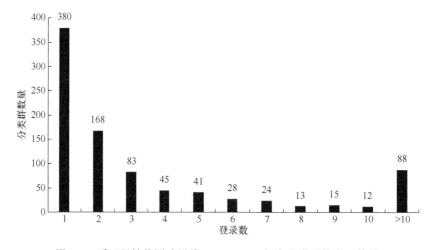

图 3-3　爱丁堡植物园球果类（conifers）每个分类群的登录数量

3. 植物迁地保育评价

对植物迁地保育进行评价是植物园的基础工作，是植物园调整活植物收集策略与提升迁地保护工作水平的需要，不仅有助于将来规划和调整植物园的引种保护、栽培繁殖和开发利用，而且有利于督促植物园及园艺工作者做好保育工作，还可以检验植物园开展迁地保育的成效（陈新兰，2014）。美国的一些植物园注重迁地保育植物的适应性，主要着眼于迁地收集植物的观赏性和应用。例如，芝加哥植物园于 1985 年启动了植物评价项目，对 1400 多个分类群进行了评价，目的在于筛选出适宜美国中西部地区发展的植物种类（胡建竹，2011）。密苏里植物园开展了优异植物（plants of merit）评价等一系列植物评价工作（胡建竹，2011）。阿诺德树木园（Arnold Arboretum）于 1945 年起持续开展栽培植物的适应性评价（陈新兰，2014）。

澳大利亚塔斯马尼亚皇家植物园（Royal Tasmanian Botanical Garden，RTBG）着眼于迁地保育植物收集，尤其是专科、专属、专类植物收集及其园区的发展战略与优化，侧重于植物园的保育水平研究。RTBG 构建了界定性指标（defining）、应用性指标（use）和管理性指标（managerial）构成了评价指标体系，界定性指标包括区域性、保护性、植物学重要性、历史性等二级指标，应用性指标包括解说性、教育性、旅游性、观赏性、商业性和美学性等二级指标，管理性指标包括园艺、园区维护、管理等二级指标，RTBG 采取评分加权的方式，对 45 个专类植物收集及其园区进行评分来判断各专类园区及其植物收集的迁地保育水平（胡建竹，2011）。该评价体系涵盖了迁地保育的引种、保育和应用三方面，考虑的因素较全面，并将影响评价目标的众多因素进行了归类分级。但评价指标的权重值只有 3 个等级，分级较粗略，而且部分迁地保育指标没有采用权重值来评判各指标的相对重要性程度。

按照层次分析法对指标层次结构的设计要求，胡建竹（2011）构建了姜科（Zingiberaceae）植物迁地保育评价体系。陈新兰（2014）基于上述评价，建立了木兰科（Magnoliacae）植物迁地保育评价体系，主要从植物的引种、管理、适应性及应用等方面选择分布范围、种源、材料类型、引种信息、养护管理、抗逆性、科研等 15 个评价指标，构建木兰科植物迁地保育评价体系（表 3-4），使用 Yaahp 层次分析法软件 V7.5 完成评价模型的构建。1956 年以来，中国科学院华南植物园木兰科共引种收集物种 12 属 159 种 436 号（含种下分类群，下同），其中 133 种 383 号引自中国云南、广西、广东等 17 个省（自治区），26 种 53 号来源于美国、英国、泰国等 12 个国家；野外采集物种 112 种 239 号；已知野生来源物种 146 种 359 号；目前，存活的物种有 12 属 148 种 281 号，其中中国本土物种 127 种 253 号，国外物种 21 种 28 号；野外采集物种 101 种 172 号；已知野生来源物种 138 种 236 号。评价结果表明，华南植物园木兰科植物迁地保育状况良好，评为 I 级的有 90 种，占总数的 67.67%，评为 II 级的有 33 种，占总数的 24.81%，评为III级的有 10 种，占总数的 7.52%。在已开花的 107 种木兰科植物中，有 78 种可结果，53 种的种子能繁衍后代。结合观赏价值，推荐了深山含笑、乐昌含笑等 20 种优秀的种类作为观赏开发利用。

表 3-4　木兰科植物迁地保育评价指标与评分标准（陈新兰，2014）

评价指标体系		评分标准				
		5分	4分	3分	2分	1分
科学性	分布范围	热带至南亚热带地区或广泛分布的植物	中亚热带地区的植物	北亚热带地区的植物	温带地区的植物	高海拔（1500m以上）地区的植物
	种源	野外采集		其他机构赠送/交换		商业渠道获得
	材料类型	种子		整个植株		营养繁殖材料
管理性	引种信息	植物名称、引种时间、引种地点、材料类型、登录号、原产地生境、引种数量、凭证标本/野外照片等	前述 8 项具前 6 项	前述 8 项具前 4 项	前述 8 项具前 2 项	均不具备
	养护管理	科学浇水、合理施肥、综合防治病虫害、适时修剪、及时除草等	前述 5 项具前 4 项	前述 5 项具前 3 项	前述 5 项具前 2 项	上述 5 者具前 1 项
	定植情况	已定植，且正确定植（光照、土壤、水分、坡向等因素适合植物生长）		已定植但由于部分因素不适合植生长		未定植
	物候观测	已进行全面观测（包括萌芽期、展叶期、开花期、果熟期、落叶期/休眠期）且记录完整	已进行全面观测但记录不完整	集中在花果期且记录完整	集中在花果期但记录不完整	未观测

续表

评价指标体系		评分标准				
		5 分	4 分	3 分	2 分	1 分
管理性	繁殖状况	已繁殖且掌握关键繁殖技术	已繁殖但尚未完全掌握关键繁殖技术	已繁殖但尚未掌握关键繁殖技术	已繁殖但不成功	未繁殖
适应性	抗逆性	耐寒、抗热、耐旱、耐贫瘠、抗病虫害	满足其中 4 项	满足其中 3 项	满足其中 2 项	满足其中 1 项或均不满足
	生长状况	长势优良	长势良好	长势一般	长势较差	长势差或死亡
	发育状况	种子能繁衍后代	种子不发育	结果而无籽	开花而不结果	不开花
应用性	科学研究	研究全面	研究较全面	研究一般	研究少	未研究
	观赏利用	开发利用广泛	开发利用较多	开发利用一般	开发利用较少	未开发利用
	经济利用	具药用或香料或材用价值，开发利用广泛	具药用或香料或材用价值，开发利用较多	具药用或香料或材用价值，开发利用一般	具药用或香料或材用价值，开发利用较少	具药用或香料或材用价值，未开发利用
	公众教育	活植物展示、标识解说、媒体宣传、教育活动	前述 4 项占前 3 项	前述 4 项占前 2 项	前述 4 项占前 1 项	均不占有

第二节 维护与监测

植物园迁地保育种质资源丰富，其中包括不少珍稀名优植物。为了保护植物园宝贵的种质资源，防止植物资源流失，保证科研、公众教育、种质保存、种子交换工作顺利进行，合理开发利用植物园宝贵的种质资源，保护知识产权，同时为了规范植物园的种子采收、珍稀种苗的开发推广和科研交流，植物园需对迁地保育植物开展高水平维护管理与监测。

一、植物繁殖

植物繁殖是植物迁地保育和管理的基础，植物园要将迁地保育植物繁殖列为常规工作和年度考核的基础绩效指标，要有计划地、周期性地持续开展迁地保育植物繁殖，确立重点繁殖类群，研究繁殖关键技术与方法，完善和实施植物繁殖信息记录与植物繁殖制度，促进迁地保育基因库的维护、植物多样性保护和植物资源的可持续利用。

1. 繁殖的优先原则

植物引种，尤其是野外考察和植物收集通常受制于野外环境、居群大小、植物保护、栖息地管理等诸多客观条件，同时迁地栽培条件和迁地环境因素也制约着迁地保育，植物园通常会存在保育植物数量不足、个体数量逐步减少甚至完全死亡等问题，因此植物园必须持续开展迁地保育植物繁殖。植物园确立迁地保育植物繁殖重点类群应遵循以下优先原则：个体数量少于 5~10 株（丛）的植物，尤其是孤样本的本土植物、中国和地方特有植物及珍稀濒危植物类群；科学研究的重点类群，尤其是形态特征出现"同园"

栽培条件下自然分化的类群；新品种培育类群，尤其是申报国家品种权保护的新品种繁殖；具有重要经济价值的类群，特别是具有农业或能源开发价值的植物；具有园林观赏价值的类群，特别是夏季、秋季和冬季具有观花、观果价值的植物；具有教育教学和历史价值的其他植物类群，包括系统分类学上重要代表类群、植物学史和科学史上的代表植物。

2. 主要繁殖技术

繁殖是植物生长发育到一定阶段，通过一定方式产生新个体的过程。植物通过繁殖增加了个体数量，使种群得以延续，同时也扩大了植物的生活范围，通过变异和选择产生适应性更强的后代。植物园收集的很多植物类群通常难以繁殖，常规的关于繁殖的文献有时并不包括这些物种繁殖的报道。为此，植物园需要根据迁地保育物种的分类学隶属关系、生态特征、常规标准规范和探索性实证研究，制定繁殖和定植方案，研究和探索扦插、压条、嫁接、组织培养等专门的繁殖技术。大多数情况下实施无性繁殖以保留物种遗传特性，源于种子库材料的繁殖主要是现有种子的繁殖和控制自然授粉混杂。

植物园植物繁殖的方式主要包括有性繁殖和无性繁殖两大类，包括播种、分离、扦插、压条、嫁接和离体培养等繁殖技术。有性繁殖主要指种子繁殖。无性繁殖即利用植物营养体的再生能力，将根、茎、叶等营养器官在人工辅助之下，培育成独立的新个体的繁殖方式，包括扦插、嫁接及组织培养等方法。与有性繁殖相比，无性繁殖操作容易，快速而经济，是植物大量繁殖的主要手段，能保持植物及品种的优良特性。

（1）种子繁殖

种子繁殖的优点是繁殖系数大，实生苗根系发达，适合大面积播种，是培育新品种的常规手段。观赏植物在生产上可用种子繁殖的种类约占60%以上，高活力种子出苗整齐，生长旺盛，同时还能提高植株的品质，增加产量，对环境适应性强，并有免疫病毒的能力。但种子繁殖也有其缺点：后代易出现变异，缺乏稳定性，从而失去植物原有的优良性状。特别是用于回归计划的种子繁殖，需测定种子的遗传纯正性，以防遗传污染使濒危植物的回归功亏一篑。

很多观赏植物的种子具有休眠现象。种子休眠是植物经长期演化获得的一种对环境条件及季节性变化的生物学适应性，它对"种"的保存、繁衍是极为有利的。但同时，种子休眠造成不能适时播种或播种后出苗率低，这对观赏植物的生产造成了制约。引起种子休眠的原因多种多样，有内源抑制物问题，有的可能属于生理代谢问题，还有的是由胚本身的发育状况引起的，等等。总的来说，各种休眠的原因一般不是孤立发生作用的，而是互相联系、互相影响，共同控制着种子的休眠，从而使种子休眠的问题更加复杂。

赤霉素浸泡和层积处理是打破观赏植物种子休眠，使种子提早萌发的主要措施。赤霉素能促进由许多种不同原因引起的休眠或静止种子的萌发，被认为是种子萌发的主要促进剂。用浓度为1200mg/L赤霉素浸种12h，然后在50℃的水浴中浸种30min，可使福建含笑种子发芽率达48%。用300mg/L赤霉素浸种6h，可以有效缩短法国薰衣草种子的发芽时间，提高种子发芽率，能明显促进幼苗的生长。用不同浓度的赤霉素对大白杜鹃种子进行处理均能提高种子的发芽率和发芽势，并能促进种子提前萌发。赤霉素的浓度和浸种时间的选择是尤为重要的，不同植物有不同的适应范围，只有选择适当的赤霉素浓度和浸泡时间才能更好地打破休眠，提高种子萌发率。

适当的低温层积处理能够克服种皮的不透性，增强种子内部的新陈代谢，从而促进种子的萌发。李铁华等（2008）的研究表明，层积可使楠木种子中的发芽抑制物作用减弱，从而提高种子的发芽率。层积前用赤霉素浸泡对巨紫荆种子萌发的作用明显，用250mg/L 赤霉素浸种 2d 后，低温层积 60d，种子的发芽率可达到 25.5%。观赏植物种子用赤霉素处理并结合低温层积，能有效解除休眠，促进种子的萌发。

（2）扦插繁殖

扦插繁殖是将植物体的根、茎或叶的一部分作为繁殖材料，促使其产生不定根或不定芽，进而培育成根茎兼备、完全独立的植株的一种无性繁殖方法。其方法是选取一段合适的枝条、根或叶，将其插入湿润土壤或其他排水良好的基质上，经过一段时间，在插入的部分可以生长出不定芽、不定根，进而长成新植株。这是由于一些植物在适宜条件下，很容易长出不定根和不定芽。扦插是植物快速繁殖中最常用的手段之一，具有简单易行、繁殖速度快、不受树种限制、繁殖系数较高、成本低并能使幼苗保持母株的优良特性等优点。扦插的取材、时间，依植物种类而异。扦插成活率的高低，与植物种类、扦插的时间、温度、湿度、基质的情况等关系密切。总体上，提高插穗生根是扦插繁殖的关键，要从扦插基质、扦插季节和生根剂方面探索促进生根的有效方法。

选择不同的扦插基质对不同植物插穗的生根率有较大的影响。观赏植物中常见的扦插基质有土壤、蛭石、珍珠岩、泥炭土、河沙、炉灰渣、碳化稻壳和花生壳、腐殖土和苔藓。不同材料的基质特性不同，如蛭石、河沙、炉灰渣、珍珠岩等，有通气、保水、无菌无毒等优良特性；而泥炭土、碳化稻壳和花生壳、腐殖土则有丰富的养分，呈微酸性，有利于植物的养分吸收；有时多种基质混合效果会更加突出。由于不同植物根系需水和透气的要求不同，在选用扦插基质时应根据不同植物的不同特性选择合适的基质。有时选用优选扦插基质并结合生长调节剂可以进一步提高插穗生根率及生根质量。

扦插季节对扦插成活率有很大影响，这是因为在不同的扦插时期，插穗本身的条件及插床的温度、水分、湿度等环境条件发生了变化，扦插成活率也不同。有些植物的插穗如温梓树在一年中的任何时候扦插都可以成活，而有些植物如樱桃树和橄榄树只能在一年中的特殊时期才能扦插成活。

生根剂的使用对于绝大多数植物扦插繁殖生根率的提高有显著的促进作用。常见的植物生根剂主要有吲哚乙酸（indoleacetic acid，IAA）、吲哚丁酸（indole butyric acid，IBA）、萘乙酸（naphthalene acetic acid，NAA）等。生根剂对生根有促进作用，能加快扦插苗生根速度，提高扦插苗成活率，促进提早生根和增加生根数量。但是浓度使用不当时，生根剂不仅不会促进提早生根，还会导致扦插苗死亡。大部分观赏植物都能用扦插来繁殖，采用的具体方法主要是嫩枝扦插、硬枝扦插、根插和叶插。

（3）嫁接繁殖

嫁接是根据一定的目的，将一株植物的枝或芽等营养器官，移接到另一植株上，使两者彼此愈合形成一个新的植株的园艺技术。用于嫁接的枝条或芽称为接穗，而承接接穗的植株称为砧木，嫁接成活后的苗称为嫁接苗。嫁接成活的原理是具有亲和力的两株植物在结合处由形成层和射线、未成熟的木质部细胞各自增生新细胞形成愈伤组织，愈伤组织进一步分化形成维管组织，导管、筛管互通，将接穗和砧木连接为一个整体，从而形成一个新的植物个体。因此嫁接时两个切开面的形成层要相互对准、贴紧，以促进产生愈伤组织，提高嫁接成活率。

嫁接不但能保持亲代的优良特性，也可使植株提前结实，增强植株的抗旱、抗寒、抗病等抗逆性，甚至能改变植株的株型。一般用能耐寒、耐旱、耐贫瘠土壤的植物为砧木，用花、果或种子等具有优良品质的植物为接穗，嫁接成活的植株可以具有接穗与砧木二者的优点。因此嫁接不仅是繁殖苗木的重要的繁殖方法，还常用于果树、花卉和树木的良种培育，创造新品种，如通过诱导接穗和砧木的愈伤组织形成不定芽创造新品种。另外发现芽变时也用嫁接来保存和鉴定变异的芽体。

影响嫁接成活的因素除上述技术因素外，还有接穗与砧木两种植物间的愈合情况、两种植物间的亲缘关系。一般来说，亲缘关系近的植物嫁接后容易成活，反之则成活率低。因此品种间嫁接成活率高，种间嫁接难度大一些，属间、科间嫁接则难以成活。植物的习性对嫁接成活的影响较大，木本植物嫁接较容易，草本植物、藤本植物嫁接较困难。嫁接后的管理对成活率也有很大的影响。

（4）组织培养

植物离体快速繁殖是植物组织培养应用的一个重要分支，包括茎尖、茎段、胚、胚轴、子叶、未授粉子房或胚珠、授粉子房或胚珠、花瓣、花药、叶片及游离细胞和原生质体等外植体的培养。植物离体快速繁殖技术是目前生物科技领域应用最广泛、经济效益最高的种苗繁育技术之一，也是快速繁殖植物新品种的最重要的方法。从20世纪70年代开始，观赏植物离体快速繁殖研究取得了很大的进展，其研究内容涉及很多重要的观赏植物，但真正能进行商品化和规模化生产的还不到100种。具有代表性的就是兰花的组织培养与快速繁殖。兰花工业化生产取得了成效后，也推动了观赏植物的试管快速繁殖技术研究，国内外相继建立了试管苗产业，进行了规模化和商业化的生产。

与传统的无性繁殖方法相比，植物离体快速繁殖具有不受地区、气候的影响，繁殖系数高、繁殖周期短，取材不受植物生长周期的影响，立体培养节约用地等优点。应用组织培养技术进行的植物离体快速繁殖技术现已被世界上很多苗圃应用于各种各样的草本和木本植物的繁殖，如将兰花、菊花等观赏植物用组织培养方法进行工厂化生产，将桉树、杨树等林木树种用组织培养方法进行快速繁殖从而用于植树造林。目前我国已有近200种观赏植物能通过组织培养途径进行快速繁殖。观赏植物中植物组织培养主要应用于新品种的选育、种质资源的保护和交换、快速繁殖技术和脱毒苗培育等方面。但是，目前组织培养方法还存在一些问题，有一定的局限性，在培养的过程中会出现个体的差异性，遗传上存在不稳定性，还会出现植物"玻璃化"现象等问题。

3. 繁殖信息记录

繁殖信息记录是植物迁地保育科学信息记录的组成部分，是迁地保育植物科学价值和应用价值的依据和保证。繁殖信息记录用于记录和监测永久栽培前的植物信息，尤其是记录繁殖过程和繁殖技术方法，有利于未来植物引种收集和迁地保育的整体部署。繁殖信息记录须包括原植物材料的登录号、原植物名称、繁殖地点、繁殖人员或专类园区、繁殖时间、繁殖方式、繁殖的数量、繁殖苗的登录号，并须跟踪和更新后续记录（附录3）。种子繁殖还须增加播种日期、种子萌发日期及播种土壤基质类型、松土、低温处理、浇水等信息。营养繁殖须补充扦插或其他繁殖方式的繁殖时间、土壤基质、植物激素处理时间与激素类别、换盆时间等。

4. 植物繁殖制度

为确保植物繁殖工作常规化和制度化，植物园须将植物繁殖列入迁地保育植物维护管理和监测评价的常规工作内容与员工年度考核指标，各植物专类园区负责人、保育中心负责人均须于年初提出植物繁殖计划和名单，年底总结考核；植物繁殖重点类群遵循优先原则，优先繁殖的物种主要是保育栽培个体数量有限的、独特的、历史性收集和保护性收集植物；建立植物繁殖实验室，配备合适的实验设施和资源，研究和探索有效的植物繁殖技术，以确保繁殖成功；全面记录繁殖方式、繁殖过程和繁殖结果，繁殖记录文件（附录3）还应包含比植物引种收集和迁地保育更广泛的记录信息；要长期保持繁殖标签和繁殖记录，确保所有繁殖和产生的植株有足够的记录和标签；必须保留旧的登录号并及时赋予繁殖苗新的登录号，以确保繁殖体与原有登录入园的植物个体的清晰关系。

二、移栽定植

移栽定植活植物是植物园植物收集和迁地保育管理的基础组成部分，是植物收集、植物迁地保育、园区建设与景观提升的关键。植物园要将迁地保育植物的移栽定植列为植物园的年度常规工作和员工考核的基础指标。

1. 活植物定位

我国植物园通常按照专科、专属、专类植物及地理区系划分不同的植物专类园区。例如，中国科学院华南植物园已建成 38 个专类植物园区（表 3-5）；植物专类园区又进一步划分为不同小区，小区之内根据可识别的标识或按照 5~10m 的距离继续划分为网格状地块并被赋予"英文缩写+阿拉伯数字"代码。也可参照爱丁堡植物园用"英文字母+数字"标明植物种植的具体位置。邱园按一定距离将园区划分为纬度线和经度线，并分别用阿拉伯数字和英文字母细化园区区域，以标明植物的种植位置。随着互联网技术的发展，可使用移动终端或 GPS 技术定位植株的位置。

表 3-5　中国科学院华南植物园植物专类园区编号和代码

专类园区	编号	代码	专类园区	编号	代码
蒲岗自然保护区	1	PUGANG	檀香园	22	SANTAL
棕榈园	2	PALMS	山茶园	23	CAMELL
棕榈苗圃	60	PALMNU	杜鹃园	24	RHODOD
孑遗植物区	3	RELICP	百果园	25	FRUITS
经济植物区	4	ECONOM	岭南盆景园	26	BONSAI
植物分类区	5	TAXONO	肉质植物繁殖温室	61	PROPGR
园林树木区	6	LANDSC	珍稀濒危植物繁育中心	27	CONSEC
竹园	7	BAMBO	地带性植被园暨广州第一村	28	ANVILLA
生物园	8	BIOLIG	能源植物园	29	ENERGYP
蕨园	9	FERMS	澳洲园	30	AUSTRAL
小竹园	10	MINBAM	水生植物园	31	AQUATP
药园	11	HERBAL	雨林温室	32	RAINFOR
凤梨园	12	BROMEL	沙漠温室	62	DESERT
引种标本园	13	ARBORE	高山极地温室	63	ALPINC
木兰园	14	MAGNOL	奇异植物温室	64	EXOTIC
防污染植物区	15	ANTIPO	水族馆	65	AQUARIUM
兰园	16	ORCHIDS	岭南郊野山花区	33	WILDFL
苏铁园	17	CYCADS	露蔸园	34	PANDAN
裸子植物区	18	GYMNOS	樟科植物区	35	LAURAC
姜园	19	GINGERS	壳斗科植物区	36	FAGACE
濒危植物园	20	RAREPG	紫金牛植物区	37	MYRSIN
木本花卉区	21	WOODYF	藤本植物园	38	LIANA

2. 移栽定植制度

保育区苗圃中的植物生长至一定高度时，应及时安排苗木出圃（outplanting），将观赏性较强的植物按照目的园区景观优化提升需求进行定植，同时兼顾珍稀濒危植物和其他迁地保育植物的定植。已有的栽培植物在原有栽培环境、栽培基质已影响植物正常生长发育时应及时移栽（transplantation）。

保育苗圃或保育中心应于每年年底，根据保育植物清查和生长状况，提出需要移植定植的植物名单；已有专类园区的类群原则上须定植在相应专类园区，其他植物定植于标本园或定植区；特定类群物种数量达到约 60 种，则须确定相对集中的园区进行定植，以便形成新的植物专类园区。要组织保育苗圃或保育中心、植物信息记录部门和相关专类园区，根据保育苗圃或中心提出的移植定植名单和专类植物园区保育植物现状，提出年度植物移栽定植初步方案。要组织专题会议，讨论确定移栽定植初步方案，根据全园专类植物园区规划现状、物种收集数量和可利用空间，会同园林规划设计部门，确定新的定植区规划与建设方案。要协调园林规划设计部门、公众教育部门和定植专类园区，根据移栽定植植物不同的生态型和生活型，制定定植区内植物配置方案，在兼顾生态环境和群落生态学建园的条件下，力争达到一定的景观艺术和公众教育效果。迁移定植植物时，基本引种保育数据标签要同时移交至定植目的专类园区或新定植区管理，接收移栽定植植物的园区须绘制定植图。接收新移栽定植植物的园区，须观察和记录移入植物的物候和生长发育情况，对移栽定植植物作适应性、资源利用、区域性试验及生产力综合评价，并将记录的信息录入活植物信息记录系统。植物信息记录组全程跟踪植物移植定植过程，并作数据信息更新与定植标签更新（附录4）。

三、鉴定查证

植物的识别、鉴定和评价利用几乎贯穿了现代植物园的整个发展过程，是植物园科学研究和不断满足植物猎奇与人类物质文化不断增长的基本任务。现代植物园建立初期恰逢欧洲文艺复兴时期，学习兴趣和植物科学受到了人们的极大关注，那时植物园主要根据西欧的知识进步赋予植物命名、编撰草药汇编，被视为人类艺术珍宝（Hill，1915）。此后广泛收集植物、识别植物和编目新发现的植物成为植物园的重要工作，促进了包括植物分类学在内的植物科学的发展和人类对整个植物世界的认识。20世纪中期，世界植物园每年都要完成大量的植物鉴定，1949~1952年邱园每年为世界各地提供了6000号以上的植物鉴定（RBG Kew，1949，1950，1953）。国际植物园协会（International Association of Botanical Gardens，IABG）成立初期，尤其是整个20世纪60年代，开展植物园迁地栽培植物的分类学研究，加强植物鉴定、名称审定和植物信息记录是国际植物园界的共同任务（Green，1964；Fletcher，1967），时至今日这种情况依然没有改变。许多著名植物园，如英国邱园、美国密苏里植物园等都存在大量尚待鉴定的物种，英国爱丁堡植物园41 533号活植物收集中，完成名称查证的植物有10 759号（26%），其他74%的活植物登录均有待查证（Cubey and Gardner，2003）。与国际植物园相同，我国植物园亦存在大量未鉴定的疑难物种，急需加强和持续开展植物鉴定和查证（黄宏文和张征，2012）。

植物园活植物收集的主要功能之一是为分类学家、园艺学家及其他人士提供为植物准确命名的参考源（reference source）（Thomas and Watson，2000），准确的植物鉴定（identification）与名称查证（verification）是活植物收集、维护、监测和迁地保育的根本任务，是将植物资源应用于植物育种和资源发掘的基础，是植物园活植物收集质量和迁地保育水平与植物园声誉的标志。准确的植物名称查证还是游客、学生、教育工作者和其他许多植物使用者增长知识和接受科普教育的需要。影响植物园活植物鉴定的因素是多方面的。首先是野生来源或其他来源的活植物材料，由于缺乏鉴定所需的特征信息，或由于鉴定者的工作经验、知识背景、鉴定能力和参考资料的限制而未能鉴定，或只能鉴定到科或属，从而存在大量的未鉴定植物。再者，由于引种登录和迁地栽培历史上未能及时悬挂登录标签，或者登录标签未能紧随植物移植定植，或者相同登录号的植物存在不同物种的混合收集（如种子收集和历史收集混合），导致活植物收集标签混合与名称混淆。加上经典分类学、分子生物学和分子系统学研究成果日新月异，许多物种需要及时变更名称甚至系统位置。

1. 主要任务

鉴定查证是活植物收集中对植物进行鉴定和准确命名的过程，其主要任务包括确认植物现有名称、将植物现有名称改为另一已变更的合法名称及确认未鉴定物种的分类学身份（Frachon et al.，2009）。植物园迁地保育和收集栽培的活植物中都有相当数量的植物需要命名和核实其身份，即便是已经登录和研究过的植物，其名称也需要根据最新的研究成果确认其最新的有效名称。植物的命名法（nomenclature）是按照一个命名系统，核定一个已知植物的正确学名（Leadlay and Greene，1998），必须遵守《国际植物命名法规》和《国际栽培植物命名法规》等国际公认的规则。鉴定（identification）是核定某一植物与某一分类单位相同或相似（Leadlay and Greene，1998）。植物园管理者要利用各种植物志或专著等分类学参考书，或利用正确命名的腊叶标本或活植物，确认植物园收集栽培的活植物的名称，并正式确定和提交植物鉴定。植物园也要邀请有经验的分类学家帮助鉴定难以鉴定的疑难物种，或核准已有植物名称的准确性。切不可想当然地认为植物园活植物收集的植物都有正确的名称，即使在已经登录和研究之后，亦难保鉴定准确无误。

植物种源信息（provenance information）是植物园活植物鉴定的重要依据。缺乏种源信息，常常会导致无法命名或有时很难准确地鉴定和命名植物。来自其他植物园或树木园的种子交换材料及其后代的鉴定有时极其困难，这是由于这些种子很可能是密集种植在一起的许多物种、变种和栽培种所产生的，存在一定程度的遗传污染，甚至大多数为杂交种子，这类种子及其后代并不具备该物种的典型形态特征。因此植物园在种子及活植物材料交换时必须特别慎重，不能将种源信息不清楚的种子及繁殖苗等植物材料纳入植物园活植物收集范围（Zhang et al.，2010）。

2. 优先原则与等级划分

植物园活植物收集中的所有植物都应核实查证，但准确的查证往往取决于能否为命名、分类鉴定提供足够的、有区别特征的材料。查证过程耗时费力，有些需要多年才能开花或结果的植物，经常需要经过很长时间的维护和栽培管理才有可能获得足够的材料用于鉴定和名称的确认。由于查证范围受到材料和活植物收集的数量限制，需要建立查证的优先原则，建议按以下顺序开展植物查证：①未鉴定植物；②仅鉴定到科或属的植物；③被怀疑错误鉴定的植物；④第一次开花的植物；⑤具有重要保护价值的植物；⑥分类学或地理学研究项目的植物；⑦特定野外考察和引种采集的植物；⑧来源不清的植物和栽培种（Rae et al.，2006）。同时要兼顾植物材料的重要性，如已知野生来源的登录材料、IUCN 列出的具有保护价值的类群、植物园重点研究的类群、错误命名的存疑类群、用于公众游览或教学的类群、已建议注销的植物、根据命名法规需作名称改变的植物、生命周期短及野外采集的植物（Cubey and Gardner，2003）。

鉴定和准确命名植物的查证过程分两步完成。首先是确认植物最初进入植物园的名称，如果未给予名称则要确定植物的身份。其次是确保所选择的名称有效并被植物学界广泛接受。植物园植物记录的国际交换方式（Wyse Jackson，1998）将迁地保育植物鉴定查证划分为 6 个等级（表 3-6），在植物信息记录和数据管理中予以记录（见本章第三节）。

表 3-6   植物鉴定查证等级

等级	含义
U	不确定植物名称是否经过专家审定
0	植物名称未经任何专家核定
1	植物名称已通过与其他已定名植物比较确定
2	植物名称已经过分类学者借助图书、标本或有信息记录的活植物确定
3	植物名称已由正从事或近期刚从事过专科、专属修订的分类学者确定
4	植物是其名称所依据的全部或部分模式材料的代表，或者来源于其模式材料的无性繁殖

为了提高鉴定查证水平和查找目标，应遵循上述鉴定查证优先原则和目标查证过程（Cubey and Gardner，2003），按具体的苗床或区域逐一排查；根据科学研究的重要性和鉴定查证的可行性，将鉴定查证任务落实在日常工作职责和任务中；由植物记录指导小组（plant records steering group）推动鉴定查证过程和监测鉴定查证工作进展；借助外部鉴定专家与合理协调和使用专家库协助植物鉴定查证，如借助植物标本馆的鉴定专家和其他科学工作人员；需要活植物收集主任或主管领导和其他经验丰富的园艺工作者投入到鉴定查证过程；在鉴定查证的 6 个等级中，顶级级别（3、4 级）保留给有关科属公认的专家完成，引种收集和专类园区主任与其他经验丰富的分类学和园艺学工作者主要借助图书、标本或有信息记录的活植物确定植物名称，完成第二级的鉴定查证任务（Rae et al.，2006）。

3. 目标管理和途径

迁地保育植物的鉴定和查证是植物园保育工作的重要环节，植物园应遵循如下制度：植物鉴定和查证是植物保育的重要常规工作，植物保育中心和各专类园区每年均须开展植物鉴定和查证，制定年初计划，进行年终总结考核；近 5 年植物鉴定查证目标为完成活植物收集的 25%，年度鉴定查证目标为完成未鉴定物种的 15%~20%；保育中心和各专类园区均须采集存疑物种的完整标本或鉴定所需的图片资料，图片资料须上传至植物信息记录系统；主管和具有高级技术职称的员工是鉴定查证的主要责任者，还应邀请和组织资深专家开展疑难物种的鉴定查证；邀请专科、专属、专类植物专家按照植物园植物记录的国际传输格式等级开展植物鉴定查证；植物信息记录组要及时将鉴定查证信息更新（附录 5）。

确定一个物种或品种的正确名称通常并非易事，而且所有的参考书都存在一定程度的不准确性，目前还没有一套全面的植物志、参考工具书或数据库可以说明所有植物物种并给出其完整的异名（Heywood and Sharrock，2013）。*European Garden Flora*（1984~2000年）是关于欧洲植物园栽培物种的宝贵资料（Cullen et al.，2011），对于园林植物物种或亚种鉴定是有用的参考书，收录了欧洲植物园迁地栽培的约 17 000 个分类群、12 000 种（含亚种、变种和杂交种）（European Garden Flora Editorial Committee，1984—2000），但没有收录品种的信息。国际植物名称索引（International Plant Names Index，IPNI）提供了大约 150 万个植物名称的科学名称和出版物名单，而 *The Plant List* 是英国皇家植物园邱园和美国密苏里植物园合作的第一份工作清单，提供了所有已知植物物种的名单，记录了 904 649 个被子植物物种名称，其中 273 174 个（30.2%）已接受的名称，421 698 个（46.6%）异名，15 282 个（1.7%）未确定位置（unplaced），194 495 个（21.5%）未作评估（unassessed）。*Bean's Trees & Shrubs* 具有物种的来源、种植地和生物学特征等有用信息，但其中收录的植物名称往往是过时的，栽培品种的名称使用的引号也是错误的。四卷册的 *RHS Dictionary* 使用的植物名称通常是正确的，但仍有很多错误。*The Plant Finder* 对于常见品种的名称及其正确拼写是很好的指南。*Kew Index* 只是已发表植物名称的清单，并不提供目前所接受的名称。

四、物候观测

物候学（phenology）研究的是环境对动植物世周期性生物事件的影响（Schwartz，2003）。植物园活植物收集的物候观测是研究迁地保育活植物的生命周期阶段重复出现的物候事件与气候的关系，如萌芽（budburst）、展叶（leafing）、开花（flowering）、结果（fruiting）、衰老（senescence）及其与气候的关系。

物候观测是植物园引种与驯化研究的基础性工作和新品种选育的基本科研工作，可反映迁地栽培植物对植物园新环境的适应情况。随着活植物收集的不断发展和全球气候变化背景下的植物科学研究与植物多样性保育的长远需求，植物园须更科学、规范地记录迁地保育植物在新的环境下生长发育的变化及适应性，从而更好地保存新的物种资源，为科研、公众教育及经济发展提供科学依据。

1. 植物生长阶段的划分

目前国际上广泛使用的植物生长阶段是基于 Zadoks 等（1974）谷物类生长阶段的扩展 BBCH 代码（Meier，2001），该代码统一了所有单子叶植物和双子叶植物的物候编码系统。BBCH 是德国联邦农林生物学研究中心（German Federal Biological Research Centre for Agriculture and Forestry）、德国联邦植物新品种办公室（German Federal Office of Plant Varieties）、德国农业化学联合会（German Agricultural Chemical Association）和德国蔬菜和观赏植物研究所（German Institute of Vegetable and Ornamental Plants）的德文 Biologische Bundesanstalt，Bundessortenamt and Chemische Industrie 的简称，是上述机构的研究人员对有关农作物、果蔬物候生长阶段和物候期描述的代码。BBCH 将植物生长阶段分为初级生长阶段（principal growth stage）和次级生长阶段（secondary growth stage）。持续时间更长的主要物候发育阶段被称为初级生长阶段，使用易于识别的外部形态特征。初级生长阶段被进一步划分为次级生长阶段，通常使用数量、大小和颜色等易于检测的指标界定发育时间更短的阶段或时期。

初级生长阶段用数字 0~9 代表。0 代表芽发育，1 代表叶发育，2 代表侧枝形成，3 代表茎伸长/苗端发育，4 代表植物营养器官发育，5 代表出现花序，6 代表开花，7 代表果实发育，8 代表果实和种子成熟，9 代表衰老，开始休眠。次级生长阶段界定植物发育准确的时间或步骤，也用数字 0~9 编码。数字 1~8 对应序数或百分比，0 界定开始，9 描述初级生长阶段结束。例如，BBCH60 是开花始期，BBCH69 是开花末期。初级生长阶段和次级生长阶段的数字组合产生两位数编码。一般更容易观察一个物候阶段的开始，如次级生长阶段的 0 或 1，通常也使用 50% 或 BBCHX5，如 BBCH65，6 代表初级生长阶段的开花，5 代表次级生长阶段 50% 的花已开放，即盛花期（图 3-4）。

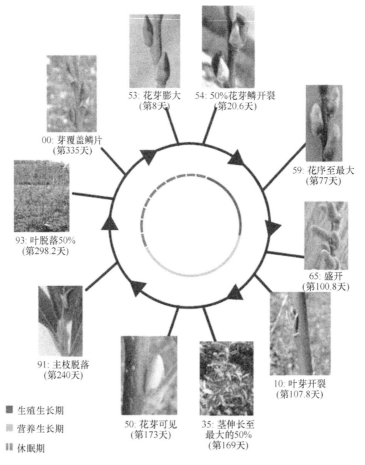

53: 花芽膨大
（第8天）

54: 50%花芽鳞开裂
（第20.6天）

00: 芽覆盖鳞片
（第335天）

59: 花序至最大
（第77天）

93: 叶脱落50%
（第298.2天）

65: 盛开
（第100.8天）

91: 主枝脱落
（第240天）

10: 叶芽开裂
（第107.8天）

■ 生殖生长期
■ 营养生长期
■ 休眠期

50: 花芽可见
（第173天）

35: 茎伸长至
最大的50%
（第169天）

图 3-4 细柱柳（*Salix gracilistyla*）年度物候周期及物候期平均日数物候期平均日数为 2007 年和 2008 年记录数据。年度物候周期分为营养生长期、生殖生长期和休眠期（Saska and Kuzovkina，2010）（另见文后彩图）

2. 物候期的定义

根据 BBCH 规范，植物物候的一般顺序被划分为叶芽发育（leaf bud development）、花序发生（inflorescence emergence）、开花、果实发育（fruit development）、果实种子成熟（ripening of fruit and seed）、衰老休眠（senescence and dormancy）。本部分综合了德国物候观测（Meier，2001；Koch et al.，2007）和欧洲全球物候监测概念（Bruns et al.，2003）、美国国家物候网物候期定义（Thomas et al.，2010；USA-NPN National Coordinating Office，2012；Denny et al.，2014），描述了植物园迁地栽培植物萌芽（leaf bud burst）、

展叶（leaf unfolding）、花序发生、开花、果实发育、果实成熟（fruit ripening）和衰老/休眠等重要物候期的定义。

（1）0：萌芽/芽发育

在度过冬季或干旱季节的休眠后，植物开始新的生长发育，乔灌木叶芽开始膨大，草本植物和莎草类植物从地面冒出绿色的新芽或从节上长出新的侧芽，植物发育进入萌芽期/芽发育期（bud development）。

BBCH 萌芽/芽发育的物候事件（event）包括芽开始膨大（BBCH01）、芽膨大末期（BBCH03）、萌芽开始（BBCH07）和芽鳞片分离萌芽（BBCH09）（图 3-5）。叶芽膨大（leaf bud swelling）开始时可见芽明显肿胀，芽鳞伸长，具浅色斑块；叶芽膨大结束时，

00：休眠。芽完全闭合，可见一小孔直径<2mm

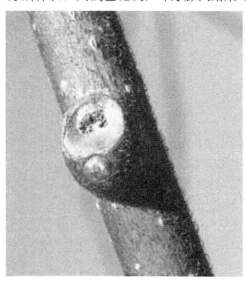

01：芽开始膨大。鳞片覆盖着白色的毛状体

03：芽膨大末期。鳞片密被棕色毛

07：萌芽始期。叶芽紧闭，被棕色毛

09：鳞片分离，见绿尖，被棕色毛

图 3-5　猕猴桃'海沃德'*Actinidia deliciosa* 'Hayward' 萌芽（Salinero et al.，2009）（另见文后彩图）

芽鳞色浅，局部密被绒毛。叶芽萌发开始时，绿色叶尖刚伸出鳞片。萌芽/芽发育是指从叶芽先端可观察到叶尖开始，至第一片叶完全展开暴露叶柄或叶基部之前的时期。乔木和灌木的叶芽萌发是标定观察的植株上可见一个或多个叶芽正打开而出现叶却未见叶柄或叶基之前。

　　观测时，至少在 3 个观察点标定的植株观察到萌芽期及其物候事件。美国国家物候网（USA-NPN）将萌芽数量划分为<5%、5%~24%、25%~49%、50%~74%、75%~95%和>95% 6 级，分别相当于萌芽的 25%、50%、75%、100%这 4 个数量级和萌芽初期的零星萌芽（<5%）与萌芽结束前零星的芽未萌发（>95%）这 6 个数量级阶段；观察时尽可能准确记录芽的萌发数量。

（2）1：展叶

　　展叶是从叶已完全伸出芽鳞，可观察到叶基或叶柄时开始，叶达到其最终大小，或叶色变为深绿色或成熟叶的颜色之前的时期（图 3-6）。

　　观察时，至少在 3 个观测点观测到展叶，重点观察和记录第 1~9 片叶展叶时观察到叶柄或叶基的日期。美国国家物候网（USA-NPN）将禾草、莎草、灯芯草、乔灌木展叶数量进一步划分为<5%、5%~24%、25%~49%、50%~74%、75%~95%和>95% 6 级，分别相当于展叶 25%、50%、75%、100%的 4 个数量级和展叶初期的零星展叶（<5%）与展叶结束前零星的叶未展开（>95%）这 2 个数量级阶段，观察时标注展叶的数量级。

（3）5：花序发生

　　花序发生是指在植株上可观察到一个或多个正开放或未开放的花或花芽（图 3-7）。仅观察正常发育的花芽，不观察枯萎或干枯的花。

11：可见展叶并与枝端分离　　　　　　18：8片或更多叶片展开，但未达最终大小

19：最早展开的叶片完全发育

图 3-6　猕猴桃'海沃德'*Actinidia deliciosa*'Hayward'展叶（Salinero et al.，2009）

（另见文后彩图）

　　花芽萌芽（sprouting of flower bud，flower bud burst/break）是花序发生物候期中重要的物候事件，是指从苞片包裹着花，至花被与其他生殖部分（雄蕊和雌蕊）分离之前的时期。

　　此时期的重要物候事件有花（序）芽膨大（BBCH51）、花芽萌芽（BBCH53）等。花序芽或花芽膨大（禾本科植物抽穗开始）时，花芽闭合，记为BBCH51；花（序）芽萌芽是指鳞片或苞片分离，可见花梗伸长或有不同颜色的花（序）尖，记为BBCH53。

美国国家物候网（USA-NPN）将花芽数量进一步划分为<5%、5%~24%、25%~49%、50%~74%、75%~95%和>95% 6 级，分别相当于花芽展开 25%、50%、75%、100%这 4 个数量级和花芽展开初期的零星开花（<5%）与开花结束前零星的花芽未展开（>95%）这 2 个数量级阶段。

（4）6：开花

开花是指花萼和花冠内雄蕊与雌蕊展开。一般指花萼和花瓣内部花的生殖部分（雄蕊和雌蕊）已展开；如为花序则指其最早的一朵（轮）花开放（图 3-8）。

51：花芽膨大。芽闭合，无花梗，萼片被毛

53：花芽生长。芽闭合，花梗延长

55：萼片开始分离。始见花冠，花梗继续伸长

56：萼片继续分离，花梗伸长。花冠明显，
长于花萼，花色变白

57：花冠中空，1 片花瓣分离

59：许多花瓣分离，雌蕊短于花萼

图 3-7 猕猴桃'海沃德' *Actinidia deliciosa* 'Hayward' 花序发生（Salinero et al.，2009）

（另见文后彩图）

观测时至少在 3 个观测点观察到标定的植株最早开放的花完全展开，花萼和花瓣内部花的生殖部分（雄蕊和雌蕊）已展开；如为花序则始花是指花序中最早的一朵（轮）花开放。因此要观察到花被片内部的雄蕊和雌蕊，或花被片已分离且露出其内部的雄蕊和雌蕊。

一般重点观测始花（BBCH60）、盛花（BBCH65）和末花（BBCH69）3 个物候事件。柔荑花序类与球果类观测花粉释放初期、花粉释放盛期和花粉释放末期。

60：最早的花开放，花冠钟形

65：盛花，至少 50%的花开放

67：最早的花瓣褪色或脱落　　　　　　　　69：开花末期，见坐果

图 3-8　猕猴桃'海沃德'*Actinidia deliciosa* 'Hayward'开花（Salinero et al.，2009）

（另见文后彩图）

60：始花，是指最早的花零星开放（BBCH60）；统计开花比例时，10%的花开放为 BBCH61，20%的花开为 BBCH62，其他以此类推。

65：盛花，是指大约 50%的花朵开放，此时最早开放的花瓣可能脱落，记为 BBCH65。

69：末花，是指花已凋谢，可见坐果。一些国际物候网将"花已凋谢"等同于"大约 95%的花瓣已脱落"，记为 BBCH69。中国物候观测网以 90%的花开放作为末花期。

（5）7：果实发育

果实发育是果实达到完全成熟或最终大小，且颜色改变为成熟时的颜色或从树上自然脱落之前的时期（图 3-9）。

果实发育/幼果期重要的物候事件包括坐果（fruit setting），幼果开始膨大，剩余的花脱落；或 10%的果实达到最终大小，或果实达到最终大小的 10%，为 BBCH71。果实达最终大小的一半，或 50%的果实达到最终大小，为 BBCH75；几乎所有果实达到最终大小或果实达最终大小的 90%，为 BBCH79。

（6）8：果熟/果实种子成熟

果熟/果实种子成熟是指果实已达到最终大小，果实的颜色已从幼嫩时的绿色变为成熟果实的颜色，如褐色或黄色，最早成熟的果实从植株上自然脱落（图 3-10）。

71：果实达最终大小的 10%　　　　　　　79：果实达最终大小的 90%。

图 3-9　猕猴桃'海沃德'*Actinidia deliciosa* 'Hayward' 果实发育（Salinero et al., 2009）
（另见文后彩图）

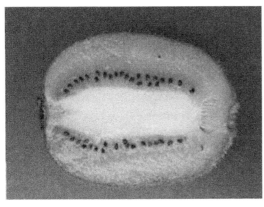

85：果熟，种子黑色，果实开始变软　　　　　85：果熟，果实开始变软

图 3-10　猕猴桃'海沃德'*Actinidia deliciosa* 'Hayward' 果熟（Salinero et al., 2009）
（另见文后彩图）

　　果实因种类不同而显示出颜色变化，易于与果实发育时的颜色区分。果实最早出现成熟时具有的颜色，为成熟开始，记为 BBCH81；果实成熟至可以采摘，记为 BBCH87。果实成熟且可食，具有果实典型的味道和硬度，记为 BBCH89。过早成熟者（premature ripening）不予记录。

　　美国国家物候网（USA-NPN）将果熟数量进一步划分为<5%、5%~24%、25%~49%、50%~74%、75%~95%和>95% 6 级，分别相当于果熟的 4 个数量级（25%、50%、75%、100%）和果熟初期的零星果熟（<5%）与果熟结束前零星的果实未熟（>95%）这 2 个数量级阶段。

（7）9：衰老/休眠

衰老是指一个器官或整个植株生理功能逐渐恶化，最终自然死亡的过程。休眠是指有些种子或鳞茎、芽等延存器官在合适的萌发条件下仍不萌发的现象。脱落指植物细胞组织或器官与植物体分离的过程，如树皮各茎顶的脱落，叶、枝、花和果实的脱落。植物衰老时，生长速率下降、叶色变黄或落叶（图3-11）。

衰老/休眠期观察的重要物候事件有叶变色（leaf colouring）和落叶（feaf fall）。叶变色（BBCH92）观测叶开始变色，落叶观测开始落叶（BBCH93）、50%的叶脱落（BBCH95）和落叶结束（BBCH97）。落叶结束是指所有的叶脱落，有的植物的植株或地上部分枯死或休眠。由于干旱导致的叶变色或叶脱落应不予记录。常绿植物叶脱落时间不明显，故不予记录。

3. 物候观测方法

物候观测既要观测植物特定的物候期（phenophase）、所处的状态（status）及其持续时期（duration），又要观测各物候期重要的物候事件（phenological event）及其发生

91：枝发育完成，顶芽已发育，叶依然绿色

92：叶变色开始

93：落叶开始

95：50%的叶脱落

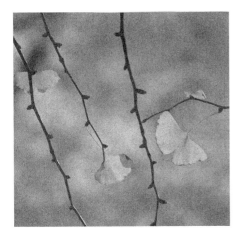 

97：几乎所有的叶脱落　　　　　　　　　　97：所有的叶脱落

图 3-11　休眠（另见文后彩图）

右下图为猕猴桃'海沃德'*Actinidia deliciosa* 'Hayward' 休眠（Salinero et al., 2009），其余为银杏 *Ginkgo biloba*

日期（date），因此物候观测的方法通常分为物候期状态和物候事件两种。使用这两种方法观察植物个体的物候将产生不同类型和不同数量的物候数据。

物候期状态监测法：是监测植物生命周期中的物候期及其持续的时期/时间，为观察和记录植物物候学状态提供全年信息，将不同物候期出现时间及其持续时期等多个数据进行记录。例如，观测萌芽、展叶、开花、果实发育、果实种子成熟、衰老等物候期。物候期状态监控的数据丰富，提供了物候期未发生和已发生的信息，并可据此调整物候观察时间的密度。物候期状态数据可提供数据开展动植物物候信息的比较，并可提供一个物候期的持续时间信息及其与其他信息如天气数据的耦合分析。观察时，"如果所述物候期正在发生"，则在观测记录表上标注"是 Y"，"如果物候期未发生"则标注"否 N"，如果在指定日期未观测到所述物候期，则在记录表中标注"？未查看"（附录 10）。

物候事件监测法：是一种传统的方法，主要用于观测植物生命周期中特定的物候事件发生的时间，提供可比较的具体物候事件信息。例如，观测萌芽期中开始萌芽（BBCH07），即刚见到绿色叶尖突出于鳞片；展叶期中的 BBCH19，第 9 片叶或更多的叶展开，或最早展开的叶已完全扩大并露出叶柄或叶基；开花期的始花（BBCH60）、盛花（BBCH65）、末花（BBCH69）；果熟期中果熟开始或果实变色开始（BBCH81）、果实完全成熟（BBCH89）；衰老期中的叶开始变色（BBCH92）、开始落叶（BBCH93）、50%的叶脱落（BBCH95）、所有的叶脱落（BBCH97）等。物候事件监测法通常须记录各物候事件的日期。观测时，观察者需根据实际需要调整观测次数；观测次数稀少时，该物候事件实际上的发生时间可能较观察者观测记录的时间更早。通常使用 BBCH 编码描述物候事件（Meier, 2001）。使用这种方法将产生一个物候事件的数据记录。物候事件记录可在物候期状态观测的同时，记录某个日期的物候事件（图 3-12，附录 10）。

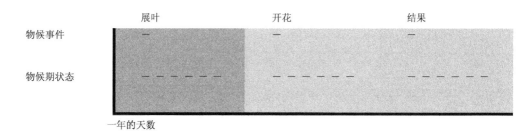

图 3-12   物候事件监测与物候期状态监测（另见文后彩图）

特定物候事件的时间也可通过物候期状态监测法确定。在这种情况下，物候事件的日期是一个物候期的第一次肯定的记录，是在该物候期未发生记录日期之后、已发生记录之前的几天。这种方法较物候事件法提供了更确定的实际事件日期，因为观察者记录物候期状态先于事件发生的记录。

4. 观测点和观测物种

物候观测对于植物迁地保育、评价利用和科学研究有重要意义，观测时要注重观测地点的选择和物种的选择（Koch et al., 2007）。

（1）观测点的选择标准

物候观测点的选择一般须根据物种类型、环境代表性、观测场地复杂性和观测方便性确定。

物种类型：根据物种的类型，观测点可以是丛生或单一植株。对于草本植物，一般很难观察单一植株的物候，而要选择丛生作为监测点。如果观测单独存在的乔木和灌木物种，则可观测单一植株。

环境代表性：无论选择单一植株还是丛植物，观测点应始终代表所在地的当地环境，应避免极端场地或偏离正常场地条件。如果物种位于林地，选址应位于附近的森林。例如，如果观测点位于大量灌溉区域或高度干扰的区域，该观测点则可能并不能代表该地区的条件。

场地复杂性：如果单个物种的观测点超过一个，则要确保观测点不直接相邻，并且观测点应设在类似条件的场地。例如，如果两个相似的物种位于开阔地和森林区两个不同的立地条件，它们的物候期可以出现在不同的时间段，这有可能是受观测点场地特征驱动的。

观测方便性：非常重要的是保持所有的观测点在方便观察的距离，这样就可以经常访问观测点以监测植物物候。选择的监控距离应该由观测者的时间可支配性和观测频率确定。对于更深入的观察，观测点最好是接近观测者的工作区域。

（2）观测物种的选择

选择观测物种物候的原则通常是由观察目标、植被带、物候期、物种分布范围和易于鉴定等标准确定的。

观察目标：物候观测物种的选择取决于观察的目标。如果观察是用于农业目的，则选择水稻、小麦、玉米等农作物；但如果观察监测森林树种，则选择林木树种；如果观测目标是记录气候变化、环境变化引起的物候期变化，则可混合选择林木和园艺植物。

植被带：物种可用于物候监测的可用性取决于植被类型。在阔叶林，选择橡木、胡桃木、桦木等物种；在高山森林，选择杜鹃花、报春花等物种。物候监测物种的选择取决于特定区域的植被区类型。一般须选择所在地区植被代表物种。

物候期：物候观测选择的物种应有易于识别和明显的物候期，如叶芽萌芽、展叶、开花、果实发育、叶变色和落叶。如果物候期不明显，将难以观察和识别物候期的变化。重要的是准确界定要观察的物候期。此外，非常重要的是要注意每个物种展示的物候期的很多变化的方式和顺序。例如，常绿植物不会脱落所有的叶，而落叶植物则会，如此，常绿植物的叶脱落物候期是不明显的，且不易记录下来。

物种分布范围：通常更倾向于选择具有广泛分布范围的物种，这样便于比较海拔梯度的植物物候期时间。因此，具有广泛分布范围的物种被视为校准种（calibration species）。建议每个观测单位要包含一定数量的校准植物物种。

易于鉴定：选择物候观察的植物时，植物应该是众所周知且已被鉴定的。鉴定通常应在物候观察前完成。

5. 物候观测制度

植物园肩负着植物引种收集、迁地保育、驯化、评价的重任，必须做好对迁地保育植物和园区展示植物的全面的物候观测。任何具有价值的物候记录都需要非常长的时期，而且物候资料积累时间越长其科学研究价值越高。为此，本书根据国际通行的物候观测规范，制定了植物园活植物物候观测表（附录10），包括常绿乔木和灌木、落叶乔木和灌木、柔荑花序类、球果类、草本植物、禾草类、蕨类植物和仙人掌类植物物候观测表，并提供了扩展的 BBCH 物候阶段划分（Hack et al.，1992），供缺物候观测及物候期判断参考（附录11），并建议植物园建立下述迁地保育植物物候观测制度。

1）物候观测点依据植物保育、定植、展示地点而异，须设立园区气象站收集气象资料，须记录观测点的主要环境条件。

2）研究性长期监测，选择的物候观察植物/植株须生长发育健壮、无病虫害、生长地较为集中，须对重要的敏感性物候期或物候事件作重点观测；植物专类园区保育的植物和保育中心的任何植物均须作全面的物候观测和记录。

3）观察时间须从春季植株生长起始前开始，至秋后植物休眠或冬芽形成结束，一般连续观察5年，可根据研究项目要求设定观察年限；可根据重要物候时间设置观测日期密度，一般每周2或3次。

4）物候观察者须确保观测/记录资料系统完整，不可中断；物候观测随看随记随登录，不可凭记忆补记；须及时将观测数据上传至物候观测网，定时整理物候记录本，每年年终须向植物信息记录组递交物候观测记录表并归档。

5）物候观测植株除登录号、定植号标牌外，须加挂物候标牌；原则上不得移动或再次搬迁用于物候项目的植物，如确实需要时应及时通知物候观察团队。

6）对于长期观测和记录的物候项目，植物园可招募志愿者合作开展展示植物的物候观测和记录，培训志愿者在数据库记录数据。

7）建立全国植物园物候记录网，开展全国迁地保育植物物候观测记录。

五、生长发育监测

迁地保育活植物是人类宝贵的财富，是支撑国家经济社会和相关生物产业发展的基础资源。植物园登录栽培的活植物，除了要开展活植物位置、数量、健康状况等基本信息记录外（见本章第三节"四、活植物记录"），还应开展迁地栽培条件下活植物生物学特征观测和生长量记录，提升植物园迁地保育植物的科学意义并为基础植物学提供科学数据的支撑。

1. 生物学特征观测

尽管我国完成了世界植物学史上的巨著《中国植物志》和 *Flora of China*，但现阶段《中国植物志》的编撰还处于先驱性植物志时期，散布于世界各地的中国植物模式标本查阅不够、考证不深入，缺乏对众多类群的生物学特性的资料积累（黄宏文等，2015），对不少种及其变异还不太清楚。开展迁地保育活植物基础生物学特征观察，既能为分类学修订和系统学研究积累材料，也能利用植物园"同园"栽培条件全面了解物种生物学特征及其变异范围，为我国植物志的编撰迈向"百科全书"阶段提供"同园"观测数据，促进疑难物种的鉴定与查证、物候观测，促进迁地保育植物数据采集的整体部署、数据收集标准化和连续性，促进植物繁殖技术研发与新品种培育，充分发挥对相关产业发展的资源保护和可持续利用的基础支撑作用，还有利于解决我国植物迁地保育面临的一些突出问题。

植物园应分析迁地保育植物的现状，以植物园自身实地引种栽培活植物的形态学性状描述的客观性、评价用途的实用性和基础数据的服务性为基本原则，开展植物园"同园"栽培活植物从个体到群体形态学性状的记录；全面采集反映活植物茎、叶、花、果实和种子生物学特征的图片数据和凭证标本；建立迁地保育活植物特征性状数据平台，持续录入特征信息和图片与标本信息；建立迁地保育活植物生物学性状观测制度，把迁地保育重要类群、重要的本土植物与特有植物、具有重要经济价值与观赏价值的类群纳入重点观测优先类群；将活植物生物学特征观测纳入年度工作计划和年度考核中，提高迁地保育质量和效率，为植物科学与基础生物学研究、资源应用评价提供科学依据。

2. 生长量记录

植物物种是在一定生态环境中形成、分化和发展起来的，当植物从野外栖息地引种栽培到植物园后，生境的改变通常影响着植物的发育与生长。有的物种具有较强的适应新环境的特性，并表现出极高的观赏价值；有些物种以特有的无性繁殖能力，长久保持着对新环境条件的遗传适应性。开展植物生长量记录是植物园景观格局营造及长期监测维护的需要，是推广应用具有观赏价值和经济价值植物的重要依据，也是植物迁地保育评价的基础。

原则上，植物园须对重要的景观植物、迁地保育植物，尤其是物候长期监测、有重要经济价值和应用价值的植物/植株进行植物生长量记录；从种植后第一年开始，连续观测 5 年，以后每隔 5 年观测一次；观测株数不少于 10 株，低于 10 株的按株数进行观测，观测时须注明观察植株登录号、定植号；观测指标包括株高、胸径和地径，其中乔灌木株高以自然高度为最高观测点，棕榈科植物株高以芽生长点为最高观测点，胸径以离地面 1m 处为观测点，地径以离地面 20cm 处为观测点。

六、种子收集与交换

种子交换（index/indices seminum）是植物园与其他植物园、树木园和类似机构交流植物材料的独特渠道，全球植物园每年有 600~700 宗种子交换（Hohn，2007），是就地保护和迁地保护的重要策略，有助于保护物种，提供在各种气候条件下保存植物的手段（Bavcon，2012）。Padova 植物园是第一个开展种子交换的植物园，Jacob Bobart 编辑了第一份印刷的种子交换名录（Aplin et al.，2007；Bavcon，2012），植物园形成了自由交换植物材料的传统，甚至有自由收集和开放使用世界任何地区植物材料的惯例。例如，切尔西（Chelsea）药用植物园早在 1682 年就建立了种子交换计划并持续至今，1683 年开展了与莱顿大学大规模正式的植物种子交换（Heywood，2012）。从 18 世纪起，大多数市政植物园就通过种子交换发展和维护植物收集（Heywood，1987）。20 世纪 60 年代，国际植物园协会（IABG）出版了一系列文章鼓励植物园开展种子交换，并提出了规范和改进意见（Heywood，1964；Howard et al.，1964；Böcher and Hjerting，1964）。目前，种子交换依然是植物园引种收集的重要手段。例如，1999 年爱尔兰国家植物园引种登录植物 3724 号，其中 2250 号是通过种子交换从 166 个植物园获得的植物材料。种子交换甚至被认为是植物园的界定性特征之一，是植物园之间免费交换种子和其他植物材料的全球性植物交换机制（Heywood，2012）。许多植物园通过种子交换扩大其活植物收集，增加植物展示的亮点。种子交换甚至被许多国家用于经济社会和农业、园艺、森林、医药业等相关产业的发展。但是，目前种子交换存在的最严重的问题是种源不清、错误鉴定、遗传混杂、附属的种源信息记录缺失等（Aplin and Heywood，2008），因此植物园急需规范种子收集和种子交换制度，在国际公约、国家法规允许范围内开展与其他植物园、树木园或研究机构交换种子或其他植物材料的工作。

1. 种子收集管理

种子收集管理是植物园的常规工作。原则上植物保育中心、苗圃和各专类园区负责所在园区种子收集、信息记录、资料汇总和信息登录（植物信息记录系统），专职采种人员负责全园性中国和区域特有或稀少、珍贵物种种子的收集，非本园植物迁地保育部门的在职工作人员在园区采集任何植物材料须取得植物园官方正式许可；各植物专类园区须根据种子成熟情况，提前拟定近期需重要保护的植物和种子名单，所在园区协同保卫部门须加强植物和种子所在地的巡逻、保护和应急处理；采集种子时须确保安全和不破坏实地景观，采种人员原则上以地面采收为主，严禁损伤母树和破坏实地景观，禁止爬树采种或剪枝采种，需要进行树上采集时须使用采集装备，安排人员协助采集；种子收集须建立种子收集信息和采种母树/母株信息记录档案，包括采种母树种类、数量、定植或收集地点、物候信息等，采种者应会同有关人员完成种子鉴定、采后处理、贮藏等工作；确保在种子库、标本库或苗圃栽培的活植物收集中有种子的贮存备份，以防由虫害、病害或意外事件发生时遭遇"灭顶之灾"，持续维持活植物收集；持续保存和维护种子登录和登记入册，采取适当的预防措施避免杂交和遗传混杂；可研究微繁或速冻离体培养技术，持续维护种子的迁地保存；所有收集的种子优先用于园内繁殖育苗、技术研究或其他科研项目，同时须移交种子库或种子保存库作为种子标本备份、种子库保存和种子交换的材料，富余种子可用于交换、出售或育苗后出售；植物园内所有植物种子（包含掉在地上的）及种苗，是植物园所有的国家财产，禁止任何未经授权和批准的单位及个人私自采摘与收集；研究部门及其合作者需要采集和使用种子时须提出书面申请，履行审批程序并经植物信息记录组备案后，由专类园区或保育中心专人采集或提供；出售种子或其种苗须填报审批表和履行审批程序，在植物信息记录组备案和财务部门交费后，由专类园区或保育中心专人采集或提供，保卫部门凭有效放行单并核实记录后予以放行。

2. 种子贮藏

植物园有时只需要少量植株用于展示和保育，因此不能将所有采集于野外考察的种子或采集于植物园的种子一次性播种，除非只有少量的种子。一般由于尚不知道野生来源种子的活力和大多数野生来源种子的贮藏技术，播种时应以确保获得足够数量的植株为基本原则，其他种子则予以保存贮藏。植物园没有制定长期贮藏种子的计划时，须建有种子标本室、种子研究实验室和种子贮藏工作库，可在最适宜条件下短期贮藏种子和开展种子生理学与繁殖技术研究，贮藏一些种子留作未来发展使用。

种子贮藏的意义在于提供最佳贮藏条件以备最佳时间或最佳季节播种之需；允许短命植物的重复播种，避免一次性播种全部失败。例如，一批幼苗由于某种错误或失误全部死亡，则可使用贮藏种子提供播种或用于赠送。

种子应贮藏于种子库或适当的温度控制设施中。贮藏时，种子与孢子应分开贮藏；种子包裹应按种子数量和登录号排放，临时贮藏可按采集号、科/属或采集地点排放；所有材料应在数据库或种子标本室保存记录；条件有限时可使用家用冰箱贮藏，但需要逐步升级为专业规格的温控设备；种子应贮藏于湿度为 7%、温度为 4℃ 的密闭容器中；关于种子的准备和贮藏可参考用于保存的长期贮藏技术，其中的信息或技术也适用于短期种子贮藏。

3. 种子交换

传统上，植物园编印《种子交换名录》，免费寄送给有合作关系或有需求的植物园，供植物园间种子免费交换使用。目前越来越多的植物园在《种子交换名录》中增加了《材料转让协议》（Material Transfer Agreement，MTA），用于对使用植物园间转让交换的植物材料的材料接收者进行管理，界定材料提供者和接收者对材料及其任何衍生品的权利。

目前国际上植物园间的种子交换还没有专门的标准。但一般来说，植物材料接收者同意将获得的植物材料只用于申请批准时规定的目的，并主要用于研究、展示和教育。如果接收者想要将接收材料商业化，或因商业化目的而转让给第三方，则必须获得最初提供材料的植物园出具的书面许可。确保植物材料的提供方植物园平等分享因使用植物材料而产生的任何效益，包括经济利益、科学数据、研究成果、合作、技术转移和能力建设等；接收者还须同意在使用所获得的植物材料产生的任何出版物中向材料最初提供者致谢，并将若干出版物提交给材料的最初提供者（Leadlay and Greene，1998）。

错误鉴定、种子失活和遗传混杂是种子交换最严重的 3 个问题（Hohn，2007）。因此种子交换时特别重要的是，植物园不接收任何来源不明的植物材料，用于种子交换或贮存备用的任何种子或其他植物材料须来源于植物的自然栖息地，植物园通过国际种子交换计划主要是要获得其他植物园从野外采集的种子，如果采自栽培的植物，则栽培植株须是已知自然栖息地的植株；种子交换的基本原则是所有供交换的材料必须确认其身份，植物园不提供、不接收身份不明的未鉴定植物材料，因此在编辑制作《种子交换名录》时，须提供交换材料的拉丁学名，但材料提供方植物园不确保拉丁学名的正确性，而接收方植物园须再次鉴定和查找核实接收材料的植物学名；进行植物材料交换时，须参照《植物园植物记录国际转让格式》提供植物材料的记录信息，尤其是种源信息、采集地、采样方法、采集时间、查证等级等，对于植物品种的交换，则需要包含栽培种和杂交种更广泛的记录，如品系和亲本等。

目前入侵植物物种的传播途径非常多，植物园必须认识到种子交换具有引进和传播入侵物种的潜在风险，有可能通过植物考察引入具有入侵潜力的植物，甚至将其传播到苗圃和公共区域。研究人员和栽培管理人员要审慎观察引进植物在自然分布的地理区域以外的繁殖和传播结果，植物园在开展种子或其他植物材料交换时，要避免引进和传播入侵植物。编辑制作《种子交换名录》时，植物园应警示所有涉及人员谨慎选择种子或其他繁殖材料，确认不会提供具有入侵性或潜在入侵性的植物种子和植物材料；在种子交换时，通常要标注"提供的一些物种可能是入侵物种，引进者有责任开展必要的检测，确保这些物种不从栽培区域逃逸"。当然，描述一个物种出现潜在入侵性时要特别慎重，尤其是对物种入侵性作全面评估之前。

此外，植物材料的接收方植物园须向提供方植物园提出正式申请，经履行提供方植物园官方审批程序后，由提供方植物园指定的专业技术人员和园地管理人员负责采集或准备植物材料。《生物多样性公约》显然已经影响了植物园间的国际种子交换工作，所有植物园间种子和其他植物材料的交换必须遵循《生物多样性公约》和国家有关法规的约束，《生物多样性公约》生效以前所收集和交换的植物材料除外。植物园间交换的植物材料和遗传资源的使用及其产生的任何效益，须服务和贡献于我国生物资源的保护和可持续发展。

4. 种子交换制度

《种子交换名录》罗列的种子一般应是植物园在野外引种时收集的富余的种子，通常也包括植物园从迁地栽培植物采集的种子。但是，由于迁地栽培时未采取充分的措施以避免自然杂交，有可能产生遗传污染的种子，甚至产生栽培条件下的种间或更大范围分类群间的杂交，或者其原植物来源不清，或者可能引进的植物与现有保育类群具有相同的遗传来源。Heywood（2012）认为有时《种子交换名录》中甚至包含具有较强入侵性的植物种子，因此只有当一个物种不能通过任何其他方式引进收集时，或其目的仅仅用于展示、科普解说或教育时，植物园才选择通过"种子交换"方式获得植物材料。

在利用《种子交换名录》引进植物材料时，须坚持和遵守以下原则：植物园植物引种的首选方式是野生来源的种子或其他植物材料，且由本园员工直接从野外采集并有完整的野外引种记录；在不能获得野生来源的材料时，允许使用《种子交换名录》为展示、科普解说或教育引进特别需要的物种；允许从《种子交换名录》选取野外来源的植物材料，但该植物材料须具有完整的野外来源信息记录，且所交换的种子须与供应方植物园的原植物来自同一产地；要密切监测通过《种子交换名录》获得的植物材料，严密监测其生长发育，避免迁地栽培时引起遗传污染，避免引起入侵性和病虫害扩散。植物园在制定《种子交换名录》时，须确保列入"名录"的植物是野外来源材料、有完整的野外记录信息，须确保植物在迁地栽培条件下不存在遗传污染和入侵性。园际种子交换是国际公认的植物园的责任和义务，是植物园继续植物迁地保育的常规工作，植物园开展种子交换工作，负责地编写《种子交换名录》，每 3 年更新目录；要组织专家审核《种子交换名录》；植物迁地保育部门负责实施种子交换工作；植物信息记录组备案交换信息。

七、病虫害防治与检疫

病虫害是植物病害和虫害的简称。植物病害是指植物受到病原生物或不良环境条件的持续干扰引起的在生理上和外观上表现的不正常状态，而且这种干扰强度超出了植物忍受程度，使其正常生理功能受到严重影响（董祖林等，2015）。虫害是指一种昆虫的行为对作物、林产及其他可供人类利用的资源造成危害，且昆虫的种群数量达到或超过经济危害水平。园林植物受多种害虫危害，据统计害虫有 8000 多种，其中危害较重的有数百种之多（董祖林等，2015）。病虫害防治是植物园迁地保育的常规工作和重要环节，植物园有责任确保迁地保育植物免遭病虫害侵害，确保迁地保育的本土植物或当地的园艺、农业或森林植物健康。

1. 病虫害防治

植物迁地保育是在植物自然分布区以外开展的植物栽培和迁地管理，使得发生病虫害的可能性增加。因此植物园要设立专职植物保护岗位，由植保工作者负责全园性病虫害的鉴定、监测、防治和预防预报工作。植保工作者要开展植物病虫害研究实验，鉴定园区内的病虫害种类，熟悉常见病虫害危害程度，提出合理的防治方法并管理化学药剂的使用及记录，编撰迁地栽培植物病虫害专著，与植物专类园区管理者合作开展专科、专属、专类植物病虫害研究；植保人员要定期巡视园区，与各植物专类园区管理者密切合作，及时发现明显的病虫害。植保工作者须根据历年积累的病虫害信息编写病虫害发生日程表，建立本园病虫害发生、发展和综合治理方法等技术档案，定期预测预报疫情和更新疫情记录信息。各专类园区管理者应积极开展病虫害监测、记录和预防预报，评估病虫害侵染危害程度、群体密度及季节性变化，调查疫情发生园区捕食害虫的天敌或其他生物活动情况。全园任何园区一旦发现危害性病虫害，其所在专类园区管理者应会同植保人员及时提出病虫害治理方案，在 3 天内完成首次喷药或其他治理，跟踪观察危害性病虫害控制情况和处理效果，确保园区内不发生超出最大容忍程度的重大疫情，并及时记录病虫害及防治信息记录表（附录 6）。

要特别注意许多化学药剂具有累积毒性，施用化学药剂治理病虫害时要及时悬挂喷药警示标识，监测施药者接触药剂的时间和生理反应，撰写喷药记录。要积极倡导病虫害综合治理（integrated pest management）方法，综合使用栽培技术、生物防治、物理防治等多种管理技术，把病虫害控制在可接受的水平。病虫害综合治理是控制病虫害最合理和可持续的方法，包括易感植物和主要病虫的编目、检测、预定可容忍的阈值及病虫害控制战略（Hohn，2007）。栽培技术防治包括合理的种植配置促进植物旺盛生长，加强育苗、除草、水肥管理，适当修剪乔灌木以减少病虫害，利用地表覆盖物减少杂草生长等方法防止病虫害发生。生物防治主要包括对昆虫天敌的利用、昆虫病原微生物的利用、益鸟的保护和招引等。物理防治是应用人工捕杀、灯光诱杀、食物诱杀及其他如水淹、阻隔、高温、射线等方法杀虫。

2. 植物检疫

植物检疫（plant quarantine）是防止植物及其产品在流通过程中传播有害生物的措施，是植物保护的重要方面，是从宏观层面预防一切有害生物，尤其是本区域范围内没有的有害生物的传入、定植与扩展，具有法律强制性。植物园要开展对进口植物材料的风险管理，采取预防措施防止杂草、害虫和病原体进入活植物收集和在植物收集中蔓延。进口的植物材料及其附带的土壤、培养物、覆盖物和其他材料均须进行隔离检疫，严防产生杂草和传播病虫害。

植物检疫程序在避免病虫害发生方面是至关重要的，特别是对用于野外回归项目的材料，避免外来植物材料将病虫害传播到其他保护植物收集或自然环境的工作中。隔离检疫阶段，植物园引进的所有非本土种源的国外进口植物及其原始包装均须进行隔离观察，检视所有新引入植物是否有病虫害感染表征。开箱检查时，须查验每一种植物材料的详细记录，包括采集日期、样品数量、采集者、采集号、分类群等信息，同时注明检查者、处理者、检查说明并填写植物检疫文件、检疫期间的有关事实记录等其他相关信息。随引进植物带入的所有土壤、种植基质、植物碎片或枯死材料均须从植物体上去除并装袋，之后在隔离检疫室高压灭菌，所有洗涤液须集中收集并高压灭菌。对检查中发现的任何昆虫都应及时鉴定名称、初步判断其危害程度并作进一步处理，必要时送政府检疫机构报备。任何真菌、细菌或病毒病原体均须作灭活处理。任何因病虫害感染导致生长不适应的植物或明显感染病虫害的植物，若将使植物园活植物收集面临风险，则均须对其作适当处置直至高压灭活。

植物检疫隔离的时间视植物类别而异，球茎植物、休眠植物或旱生植物的隔离观察时间为 6 个月，或观察更长时间直至生长旺盛；其他植物须隔离观察 3 个月，或观察更长时间直至生长旺盛。只有完成检疫观察程序并检疫合格后，才能被纳入植物园活植物收集登录和管理。园林园艺管理员工须对完成隔离检疫的新引进植物定期开展病虫害观测评估，一般在引进最初的一年里每个月开展一次，及时发现任何病虫害问题并协同植保人员处理和记录处理办法与效果（附录6）。只有隔离检疫结束并检疫合格后方可移栽、繁殖及开展后续定植管理等，园林园艺管理员工要与引种采集者合作优化植物栽培种植条件，对从国外引进的植物材料实施最佳的园艺标准管理。

八、外来入侵物种监测

外来入侵物种（invasive alien species）是指出现在其过去和现在的自然分布范围以外的、在本地的自然或半自然生态系统或生境中形成了自我再生能力、给本地的生态系统或景观造成明显损害或影响的物种（徐海根等，2004）。在近500年的历史进程中，植物园作为植物引种驯化的中心枢纽，收集栽培了包括农作物、园艺植物、林木植物、药用植物、花卉植物等数十万计的物种，对经济社会的发展和人类文明的进步发挥了巨大作用（黄宏文等，2015）。但不可否认，不少的引种植物从苗圃、试验地、植物园、私人庄园中"逃逸"至野外生境成为"归化"植物种类，给自然植物群落造成了危害（Heywood and Sharrock，2013）。据初步统计，欧洲每年因外来入侵生物造成的经济损失高达120亿欧元，其中入侵植物造成的损失为3亿欧元；中国每年因外来入侵虫害及入侵植物造成的经济损失高达145亿美元（黄宏文等，2015）。虽然从植物园栽培管理下"逃逸"并变成外来入侵物种的例证屈指可数，甚至与植物园引种驯化的历史功绩相比微不足道（Heywood and Sharrock，2013），但是在全球气候变化快速发展的今天，植物园应利用"同园"栽培的优势条件加强对外来入侵植物的监测，为外来入侵植物的防控提供有效支撑。

1. 成因与危害

植物物种进入新的环境和生态系统，最后是否形成入侵通常取决于物种对新环境的适应能力、繁殖能力和快速的扩散能力。外来入侵物种通常具有广域的适应性，遗传多样性高，抗逆性强，生态位广，种子可通过休眠在特定时期萌发，能产生抑制其他植物生长的物质，并具有高光合效率的优势。外来入侵植物具有超强的繁殖能力，其生活史较短、结果时期较长、种子数量较多、种子体积较小、种子存活时间较长，这类植物甚至具有很强的无性繁殖能力，从而大量繁殖后代，或能在不利的环境下产生后代，根或根茎内贮存大量营养。外来入侵植物具有快速扩散能力，易于被风和动物传播，有适合通过媒介传播的种子或繁殖体，传播率高，甚至容易通过人类活动进行传播。

外来入侵物种的入侵途径有自然入侵、有意引种和无意引种。自然入侵是通过风媒、水体流动或昆虫、鸟类的传带，使得植物种子或动物幼虫、卵或微生物发生自然迁移而造成生物危害，从而引起的外来物种的入侵。有意引种是人类有意实行的引种，如有目的地引入观赏植物和经济植物；这些植物由于生存环境和食物链发生了改变，或缺乏天敌制约而泛滥成灾，成为入侵植物。无意引种是某些物种以人类或人类传送系统为媒介，扩散到自然分布范围以外形成入侵植物。

外来入侵物种的危害首先体现在生态影响，它使本地植物个体在面临入侵的捕食者或竞争者时，生长或生殖率会出现快速而显著的下降，甚至出现形态改变和对资源利用模式的改变。入侵种可通过和本地种之间直接的基因交流，如杂交（hybridization）和基因渗透（introgression），对本地植物产生遗传影响，入侵种也可以通过改变自然选择的模式或本地植物种群间的基因流间接影响本地种的遗传。入侵物种还会对植物种群、群落甚至生态系统过程产生影响，继而造成社会经济损失，威胁人类健康。

我国外来入侵物种的形势非常严峻（Ding et al.，2008；鞠瑞亭等，2012）。据农业部的初步统计，截至 2012 年，我国有 400 多种外来入侵物种。世界自然保护联盟公布的最具危害性的 100 种外来入侵物种中，我国有 50 多种，其中危害最严重的有 11 种。根据马金双（2013）出版的《中国入侵植物名录》初步估算，我国有外来入侵植物 515 种，其中 34 种为恶性入侵种，69 种为严重入侵种，85 种为局部入侵种，80 种为一般入侵种；另有 247 种需要进行进一步观察、评估及详细研究。可见，我国植物园肩负着对外来入侵植物进行科学研究的社会责任（黄宏文等，2015）。

2. 外来入侵物种的监测防控制度

植物园有责任不允许入侵植物或病虫害影响本土植物或当地的园艺、农业或造林活动（Leadlay and Greene，1998）。应对所有迁地栽培居群加强管理，降低植物从繁殖、展示和研究设施逃逸侵入的风险（Guerrant et al.，2004）。

植物园要制定和实施防止外来入侵物种的指导方针、行为准则和预防控制方法，将外来入侵物种监测和防控的国际规范纳入植物园常规管理制度和工作体系，确认公众教育在控制入侵植物物种方面发挥的重要作用，探索植物园活植物收集的自我管理和自我监管对防控外来入侵物种的基础作用，遵守国际国内预防和控制外来入侵物种的立法规范。同时，植物园要积极开展迁地保育植物的入侵风险评估，控制具有潜在入侵性植物的逃逸和归化。植物园要参照国内外外来入侵植物最新研究结果，在现有的活植物收集中全面排查恶性入侵植物、严重入侵植物、局部入侵植物，加强一般入侵植物和有待观察类群的生长、发育、扩散监测，加强未被列入外来入侵植物名单的物种的迁地栽培管理，排查具有潜在入侵性的物种。

建立外来入侵物种年度防控和报告制度，将外来入侵物种防控纳入活植物收集管理者的常规工作，随时警惕新的或不断出现的外来入侵物种。植物引种收集时，不得引进栽培有潜在风险的入侵植物；已知会成为杂草或具遗传污染的植物，不允许纳入活植物收集；植物园开展种子交换时，应充分排除潜在入侵植物的交换，并将"非本土物种可能存在潜在入侵风险"的警告纳入植物《材料转让协议》，提醒植物材料接收者在接收植物材料时关注外来植物的入侵性，避免从植物园传播任何潜在入侵植物；应定期监测原生植被，防止迁地栽培植物进入园区内或植物园周边的自然植被，避免活植物收集产生的种子或根茎逃逸和移植到周围植被；避免活植物收集的植物交叉授粉、自然杂交或以其他形式产生遗传污染，及时发现和清除活植物收集中的杂草或遗传污染植物，并立即去除污染源及其后代。

植物园要建立外来入侵植物防控预警系统和解决方案，及时采用人工防治、机械去除、替代控制、生物防治乃至综合治理方法，防治外来入侵物种的扩散和传播，并实时记录、分享植物园、国家和区域外来入侵植物的最新知识与信息。人工防治是依靠人力捕捉外来害虫或拔除外来植物，适用于刚传入、定居，还没有大面积扩散的入侵物种。机械去除是利用专门的机械设备防治有害植物，对环境安全，短时间内可迅速杀灭一定范围内的外来植物。替代控制是根据植物群落演替规律，用具有经济或生态价值的本地植物取代外来入侵植物，具有长效性，能提高环境质量，提高土地利用率。生物防治是指从外来有害生物的原产地引进食性专一的天敌，以控制入侵植物种群密度和经济危害水平。综合治理是将生物、化学、机械、人工、替代等单项技术综合使用的方法。

植物园有责任开展对外来入侵物种的研究，包括研究外来入侵物种的分类学鉴定、引入途径和传播途径、控制和栽培管理及危害风险防范，要负责任地为外来入侵物种的确定、入侵等级划分和防控提供基础信息。植物园要分享外来入侵植物栽培、繁殖、扩散管理的经验信息，充分利用植物园拥有的引种驯化植物的理论和长期实践积累，特别是植物园收集栽培植物的生长、繁殖、传播及生理生化、遗传适应性等长期数据资料积累，为有效防控外来入侵植物提供科技基础。

第三节　信息记录与数据管理

俞德浚等（1965）在 20 世纪 60 年代我国植物引种迅速发展的初期就建议建立我国植物园统一的植物登记管理制度，认为植物园原始材料圃建立系统管理制度对于改进植物引种驯化和植物园间的资料交流很有必要。邱园第一份可靠的植物记录可追溯到 1793 年，1843 年起设计了卡片记录系统并沿用了 125 年；20 世纪 60 年代决定开发计算机记录系统，1983 年首次使用电脑管理活植物记录，1985 年已能使用计算机管理系统录入新登录的植物记录，1992 年实现了使用数据库查询和维护活植物记录（Henchie，1997）。爱丁堡植物园将活植物信息标准置于活植物收集最重要的地位，以活植物信息标准、目标和评价统领活植物收集管理，并形成了便于操作和管理的数据管理手册（Thomas and Watson，2000；Rae et al.，2006），涵盖从引种登录、繁殖定植、活植物清查、鉴定查证等植物迁地保育和管理的各个方面，成为活植物收集和迁地保育信息管理的典范。

植物园与公园或其他类型的植物收集机构的核心区别在于植物园的活植物收集具有丰富的信息记录并形成了信息体系（Heywood，1987，2012；Watson et al.，1993），通常包括引种信息、登录信息（含登录限定号）、鉴定查证、清查与编目、挂牌与解说、繁殖、定植（含生长状况），以及物候观测和应用评价等综合信息体系。活植物收集的信息记录和科学数据的质量与范围能极大地确保植物材料在现在和未来的科学价值及应用价值。植物信息记录除了增加植物园收集植物的科学意义，也有利于收集植物和迁地保育工作及人员的管理，特别是在植物管理、目标确定和信息审查等方面。

植物园的所有员工必须铭记，任何植物材料的引种收集必须符合国际公约和国内法规，植物园不接收任何非法采集的植物材料，植物引种工作者必须遵守《濒危野生动植物国际贸易公约》（CITES）、《生物多样性公约》（CBD）和植物材料所有国与中国的各项法律。特别是随着《生物多样性公约》越来越被广泛理解和实施，植物园需要建立植物记录系统以保证准确记录植物引种和迁地保育，避免活植物收集在未来发掘利用时受到不同国家的法律法规的制约，并为此提供准确的依据。本节列出了植物引种收集和迁地保育管理须努力实现的一系列信息标准和管理制度。

一、引种登录信息记录

植物园引种登录的任何植物材料，必须有完整的引种记录信息（附录 1）和登录信息（附录 2），要确保引种登录信息的完整性。

1. 引种登录信息标准

引种登录信息对于园艺工作者栽培种植引种植物材料和分类学家鉴定查证迁地保育植物名称都是至关重要的。引种登录的大多数信息如若不在引种登录时详细记录，将不可能在未来得到补充（附录 1，附录 2）。

（1）信息记录基础标准

引种收集信息标准：应尽可能记录植物材料的来源、植物俗名、材料类型、种源、采样方法、采集者（考察队）、引种号、采集时间、采集国家（尽可能记录至最小行政单元）、采集地、经纬度、伴生植物、形态描述。引种收集时还要拍摄植株、栖息地的照片，尽可能采集凭证标本，用于补充引种记录信息和植物鉴定。

登录信息最低标准：名称、材料类型（如种子、植株、幼苗、插条、鳞茎、球茎等）、种源、材料来源、采集者、数量。

迁地保育管理基础信息标准：登录号、学名、中文名、科名、种源（材料来源）、材料类型、采样方法、健康状况、材料数量、引种时间、引种地点、引种人（野外考察队）及引种号、初植地和移交定植园区等。

（2）材料来源

材料来源指提供引种材料的机构或个人的名称和地址，有时可能与引种者姓名相同。一般来说，材料来源包括植物园自己组织的野外考察、其他机构组织的野外考察、个人收集（藏）、种子交换（indices semina）名录、多种来源的苗圃等。植物园或其他研究机构组织的野外考察通常是特定地区或特定研究类群的植物收集，可以是多次重复并持续相当长时期的考察。植物园活植物收集应以自身组织的野外考察、其他机构组织的野外考察和个人收集（藏）的野生来源或已知野生来源的植物材料为主。

（3）种源信息

种源（provenance）即该植物材料的来源，也称为地理种源，主要分为以下几种情况：直接从野外采集（W）；采集自已知野生来源的栽培植株（Z），包括购买和获赠的已知野生来源的栽培植株；采集自未知野生来源的栽培植株（G），包括购买和获赠的未知野生来源的栽培植株；来源不确定（U）。

（4）采样方法

采样方法即取样方法（sampling method），是引种收集植物材料遗传变异性（genetic variability）的信息记录，为活植物记录系统的"遗传样品"（genetic sample）。引种收集时须在采集记录表注明，登录管理时须作如下标注：同一植株的种子/花粉（SO），多于一株植物的种子/花粉（SM），同一植株的枝条（VO），多于一株植物的枝条（VM），同一居群的苗（sapling）（SAO），多于一个居群的幼苗（SAM），采样方法未知（XX）。

2. 登录号配给原则

登录（accessioning）是指将植物迁地保育栽培于植物园。植物一旦在植物园登录，须维持其基本信息记录。登录号（accession number）是信息记录与活植物相联系的关键，链接了植物材料及其数据信息，对于植物的鉴定、来源及其在植物园的历史和迁地保育状况至关重要，是植物园活植物收集和迁地保育物种的身份识别标识。一个登录号可指一株（批）植株、一包种子、一批枝条和其他相关的植物材料（叶片样品等），配给登录号需遵循下列原则。

1）每个登录号仅用于标识具有相同的分类群（植物学名称）、相同的材料类型、相同的来源、相同时间采集的一群植株或植物材料。

2）对于野外采集的植物材料，单个登录号应是所有相同繁殖体（材料）类型，并且是同一采集者在同一时间和同一地点采集的。因此，在同一地点但不同日期采集的材料，哪怕是同一采集者采集的，都应给予新的登录号。如果发现一个登录号代表一个以上的分类群，则须分配一个新的登录号给不同的分类群（参见本节本条"4. 重新登录"）。

3）登录号是唯一的，即使植物丢失了，相同的登录号也不能重复使用、转让或假定。须废弃不确定的登录号。只有在特殊情况下，才能改变登录号（参见本节本条"4. 重新登录"）。

4）登录号须保持一致的格式。植物园活植物材料，包括植株、种子、插条、鳞茎，登录号由8位阿拉伯数字构成，前4位数字代表材料登录的年份，后4位数字代表那一年收集植物材料的连续编号，年份与收集引种序号之间连续或用英文状态的句号隔开，如20131234或2013.1234；而备用材料（auxiliary material）登录号使用英文字母"AM"加6位数阿拉伯数字序列号，通常用于研究DNA样品、化学样品等的实验材料编号。

5）植物材料只有被赋予登录号后，才能被纳入植物园活植物迁地保育收集。因此植物一旦进入植物园就应迅速登录，其中包括未萌发的种子收集和尚处于检疫阶段未放行的材料。植物登录由保育苗圃/中心和植物信息记录管理组与引种人或各专类园区共同负责，其中保育苗圃/中心负责接收引种材料，植物信息管理组负责统一分配和管理全园引种登录号，引种人负责各专类园区登录号监管。

3. ××系列号

迁地保育植物记录信息或植物登录信息与植株间缺乏联系时，需要开展活植物登录号清查。通过开展植物及其登录号清查，将所有迁地保育植物物种和个体录入植物信息记录管理平台/数据库，不能确定其准确登录号者重新给予××系列号。××系列号由全园统一编制，共 6 位数；××与 6 位数的系列号间连续或用英文句号间隔，形式如××003001 或××.003001（华南植物园蕨园的益智）。用铝材条将××系列号固定于清查植物上，该系列号的使用原则与登录号相同。当通过查阅历史记录和植株个体现状后，若能确定××系列号植株的登录信息和登录号，则对其及时更新，如经查，××.003001 是王铸豪于 1975 年 6 月 14 日引自海南吊罗山的植株的系列号，则其登录号更新为原有的登录号"1975.0399"。如果只能确定收集到植物园的年份，则将××以具体年份替换，依然保留××之后的数字，如凤梨园种植的石碌含笑清查时给予××.003002，经查是 1975 年引进，但缺乏登录号，故更新为 1975.003002；亦可在 1975 年最后一个登录号（1975.1277）的基础上续加，即 1975.003002 更新为 1975.1278。

植物园花镜或园内专类园区任何区域花镜植物，包括行道树和重新种植的植物，应列出所有植物名录，包括未编号的植物，并给予未编号植物××系列号。

4. 重新登录

重新登录（re-accessioning）是在某一时期给予一批已登录植物一个新的登录号，包括以下 3 种情况：已登录植物的营养繁殖和有性繁殖后代；登录时与其他登录植物混杂在一起，经后来观察、鉴定、查证并不是原来的登录植物；登录号丢失，且其登录号已不能从现有记录准确核定的植物材料。

（1）重新登录的原则

原则上重新登录的登录号遵从"登录号配给原则"。

（2）营养繁殖后代登录原则

从现有登录植物取材进行繁殖，如插条、嫁接和压条时，一般不给予新的登录号。但对于具有保护价值和用于育种等科研项目的植物材料，由于需要准确跟踪其谱系和繁殖历史，应配给新的登录号，而不是使用登录限定号（见本节本条"5. 登录限定号"），且须在繁殖和研究记录本及信息管理平台/数据库中作详细记录。

配给新登录号时，除名称和日期等常规植物登录信息外，还须包括：①亲本的登录号和限定号（见本节本条"5. 登录限定号"），新登录的谱系号与亲本谱系号（lineage number）一致，即沿用其亲本的登录号。②材料类型，用于繁殖的材料类型，或称为繁殖体类型，如插条、嫁接、压条等。③种源，根据材料供给者，即根据亲本的种源确定繁殖苗的种源。如果亲本种源为野生来源或已知野生来源"W"，则新登录的繁殖苗种源为已知野生来源的栽培植株"Z"；如果亲本种源为植物园未知野生来源的栽培植株"G"，则新登录的繁殖苗种源也为"G"。上述信息必须记录在繁殖记录和种质记录中，且需誊抄一份引种记录跟随新登录的植物材料。

如果繁殖苗仅为亲本植物营养繁殖克隆，如多年生草本植物分株，或仅用于展示的多年生植物或盆栽植物分盆、一年生植物种子重复播种，则不配给新的登录号，而是使用"登录限定号"（见本节本条"5. 登录限定号"）。

（3）有性繁殖后代登录原则

所有采集于本植物园已登录植物的种子在播种时必须配给新的登录号；使用原来引种贮藏的一批种子或孢子萌发而用于活植物收集时，须配给新的登录号。但采集于本植物园且用于绿化美化目的和赠送给其他机构的种子或其他种质不配给新的登录号。

注意，原来引种贮藏的种质（种子和孢子）重新登录时，原来的采集记录须同时转移到重新登录的植物材料文档。

有性繁殖后代重新登录时，必须同时完善登录信息并记录植物名称、材料类型、种源以及谱系号。繁殖后代的种源与原贮藏种质的记录一致，但如果繁殖时的种子是从植物园植株采集的，则重新登录时其种源应标识为 G（采自植物园栽培植株）。此外，繁殖后代的信息记录中应记录原种质的采样方法及谱系号（lineage number），以便未来追踪植物园活植物植株谱系关系。

（4）登录号追索

有时由于修剪、登录牌被盗或脱落，或有时因为难以辨认或其他原因导致植物失去了登录牌（包括一些从未给予过登录号的植物），要按以下方法恢复其登录号：①咨询其他工作人员确定该植物来源地、移栽至当前位置的时间；②在附近可能会找到登录牌，或者考证所在地点是否是该植物历史上首次登录种植地；③该植物如果是唯一的或数量有限的个体，可查阅记录该植物的植物名录、登录记录本或定植图予以确定。如果之后发现了原来的登录号，那么附属于该植物的追索确定的登录号还须继续保留在该植物，追索确定的登录号继续保存相关信息，直到可以完全肯定有关信息后方可取消。如果上述所有方法都失败了，则给予植物××系列号。

5. 登录限定号

如前所述，一个登录号可指一株（批）植株、一包种子、一批枝条和其他相关的植物材料（如叶片样品、腊叶标本）。登录限定号（qualifier）是用于记录和跟踪一个登录号所包含的所有植株、枝条等植物和种子、孢子等种质的身份标识，对于记录植物完成繁殖后移栽定植到活植物收集的专类园区是非常重要的，也是跟踪植物繁殖历史和同一登录号的植物用于科学研究所必需的，是迁地保育植物科学性的保证。

登录限定号是在登录号的 8 位数字后紧跟英文字母，用于记录一个登录号内的一群植物或植株个体。一个登录号内的一个限定号有时指一株或数目有限的一些植物，有时是指一群植物。限定号指代的植株数量由记录系统中园艺工作者和科学研究工作者的需求和具体情况确定。

同一登录号的植物种植于不同专类园区，或种植于同一专类园区的不同区域，应配给不同的、唯一的限定号，如 1997.0123A、1997.0123B。登录限定号的数量在 26 个以内时，用单个英文字母；多于 26 个时，用两个英文字母的组合，如 AA、AB、AC、BA、BB、BC。英文字母按字母顺序配给，紧跟植物登录号之后，数据库和其他纸质记录材料须同步记录相关资料。例如，广宁红花油茶（*Camellia semiserrata*）登录号为 1964.1563，是 1964 年 12 月 15 日引自广宁县林科所的一包种子；1965 年 3 月 12 日播种 50 粒种子，种子苗登录号为 1965 年的登录号 1965.4001，共 30 株；其中 20 株种于山茶园，10 株种于标本园，分别给予登录限定号 1965.4001A 和 1965.4001B；后分散种植于不同园区，进一步分配限定号，如后来用于能源园种植的 1965.4001AC，其谱系来源即可了然。

如果一群植物种植于道路两侧，而该道路是两个专类园区的分界线，则至少给予两个登录限定号以区分定植地的不同。

单株限定号（individual qualifier）：如果一个登录号中仅一株植物种植于一个专类园区或其中的某个区域，则这株植物的限定号自动成为该植物的单株限定号。例如，园林树木区大草坪的众香树仅一棵，其限定号 1963.1543A 为众香树的植株单株限定号。

群体限定号（group qualifier）：如果超过一株群植在一个区域，则一个限定号应用于这群植株，植株个体的数量或"成群"（mass）应记录于数据管理平台和纸质记录本中。对于新种植而后来将生长为"一群"者，种植时的数量要如实记录，后来清查成群时，再更新数量为"成群"。例如，园林树木区火烧花有 5 棵，其限定号为 1978.1421B，数据记录植株数目为 5 棵，或"成群"；华南植物园北门映山红 1978 年种植时仅 10 株，限定号为 1978.1523C，当时植株数量记录为 10 株，2003 年清查时已成为一大群，植株数量记录为"成群"，其限定号依然不变。特别值得注意的是，登录号及其限定号代表了数据管理的最高水平或最佳分辨率。如果一群植物中的个体未来在研究或保护项目中具有重要意义，则应在开始时就赋予不同个体不同的限定号。

群体植株分离（splitting group）：如果从一群植株中移植一些植株到另一区域种植，则须给予移植的植株一个新的限定号，标识移植的个体或植株群体。例如，旧姜园限定号为 1993.1001B 为 15 株距花山姜，于 2004 年 7 月 28 日分离 5 株移植到新姜园，给予移植到新姜园的植株新的限定号 1993.1001C，代表了 5 株移植的距花山姜。

只有当整丛（群）植株全部整体移植到新区域种植时，限定号才保持不变。如 2010 年将旧姜园限定号为 1993.1001B 的距花山姜整丛移植到新姜园，则新移植的距花山姜保持原有限定号。

同一物种同一登录号的两个不同位置分离的群（丛）间，移植调整植株数量时，只更新植株数量而不更改限定号。如姜园 1993.1001C 与 1993.1001B 之间调整数量时，仅在清查或调整时更新各丛的数量。

要特别标定下列用途的个体植株登录限定号：名称鉴定和查证的植株、绘制定植图的定位植株、研究项目采样植株、生长速率检测植株、种质（种子、孢子、DNA 和低温储藏）采样植株、再登录植株及注销限定号的植株。

值得注意的是，中国植物园联盟委托华南植物园等多家植物园研制的活植物管理平台目前使用的定植号相当于本规范所述的"登录号+限定号"，采用了全园统一的 8 位阿拉伯数字的序列号，从 00000001 开始编号，根据清查时间连续编号配给，实施"后赋意义"的定植号，不再考虑专类园区序号与本登录号植物的序号。但登录号与定植号通过数据库在活植物管理平台内关联，由后台统计分析时产生迁地保育植物登录数等信息。

二、储存种质的信息记录

1. 储存种质记录标准

植物园应建设、维护活植物材料储存设施，保存种子（seed，SD）、果实（fruit，FT）、孢子（spore，SP）、花粉（pollen，PO）、DNA、冷冻组织（frozen tissue，FT）和组织培养（tissue culture，TC）材料等不同类型的活植物材料，与活植物收集共同构成植物园迁地保存的活植物种质（germplasm）。植物园储存的种质来源于园内或园外，但无论何种来源，储存种质的记录必须尽可能准确并得到长期维护。

非常重要的是建立所有种质记录的如下信息：①种质类型，包括种子、孢子、DNA、花粉、组织培养材料等；②登录号和限定号；③种质供体的植物名称；④种源类型，依赖于供体植物种源类型，参照"种源信息"标准确定；⑤采样方法；⑥种质储存地点；⑦种质储存数量，需要时可估计；⑧储存日期；⑨储存种质的处理方式。

需要特别注意的是，种质储存地点、种质储存数量必须录入数据管理平台；材料来源、采集的材料类型、储存处理方式影响着信息记录的质量，必须给予特别关注。

2. 园外来源的种质

园外来源的种子和孢子一般是用于繁殖之后多余的材料。与此相关的许多记录须与原来的登录记录一致。例如，1986 年从不丹野外同一植株上采集了锡金冷杉（*Abies densa*）种子。该材料进入爱丁堡植物园时登录号为 19864568。种子播种使用了一部分，其余种子储存于种质库。对储存的种子作如下记录：登录号 19864568；种源类型"W"（与种子初始的登录记录一致）；材料类型"SD"（种子，与初始登录记录一致）；采样方法"SO"（来自同一株的种子，与初始的登录记录一致）。

可用登录限定号记录和关联储存的种子或孢子，通常是繁殖之后多余或存留的种质。需要使用限定号时，应按字母顺序选用第一个字母为限定号，通常使用"A"。例如，1998 年从野外同一植株上采集了非洲堇（*Saintpaulia ionantha*）花粉，登录号为 AM001236。采集的花粉中，一些立即用于分子生物学研究，其余保存在种质库。该种质信息记录如下：登录号 AM001236A（见本节"一、引种登录信息管理规范"中"备用材料登录号"），限定号 A 表明是该种质剩余材料；种源类型"W"（与初始登录记录一致）；材料类型"PO"，与初始登录记录一致；采样方法"SO"，即从同一植株采集的种子/花粉，与初始登录记录一致。

园外来源的营养器官材料，包括叶片、冷冻组织和组织培养材料，一般为科学研究采集或已满足繁殖需求后剩余的材料，其信息记录多数与初始登录记录一致。例如，1996 年冷冻智利藤（*Berberidopsis corallina*）叶片材料是通过苗圃引种得到的，登录号为 AM000010。该冷冻种质记录如下：登录号 AM000010，种源类型"G"，材料类型"FT"（冷冻储存的叶片），采样方法"VO"（采自同一株的营养器官材料）。

3. 园内来源的种质

园内来源的种子和孢子，其信息记录与来自园外的材料有几处重要的不同：由于杂交的结果而与母本并非完全相同的分类群,其材料来源与初始登录的不同;与初始登录材料的采集时间不同;与初始登录材料的材料类型(繁殖体类型)不同。例如,初始登录材料可以是插条,但种子是采集自插条长成的植株。由于上述不同,园内采集的种子和孢子将需要在某些阶段重新登录。这意味着采自园内的种质记录信息中的"W"(已知野生来源植株)并不同于采自园外种质的"W"(直接从野外采集)。为此,园内采集的种质材料,其记录信息如下。

繁殖体类型:应记录为从园内采集种质的材料类型,而不是初始登录的繁殖体类型。例如,登录号 19941456 的黄杨科羽脉野扇花(Sarcococca hookeriana)在 1994 年登录时为插条,1999 年从编号为 A09 的专类园单棵植株上采集种子,种质记录为种子(SD),而不是插条(cutting,CT)。

登录号、限定号和遗传样品:在园内采集的种质进行信息记录过程中,登录号依然与初始登录的登录号一致时,对标识采集种质的特定植株个体或群体的限定号应予以专门记录,甚至包括记录适当的"采样方法",如种质是来自一株还是超过一株的植物,这对于保护或研究项目特别重要。例如,从编号 P14 的专类园区的一株好望角苦苣苔(Streptocarpus confusus)(登录限定号为 19902317A)采集种子。这一登录号有其他 4 个限定号的植株,其中 D 和 E 分别有 8 株植物。在种质记录中记录为种子,遗传样品记录为"SO"(从一株采集的种子)。种质记录中登录号和限定号与供体植株相同。

上述案例中的限定号表明种质采集自具有限定号的植株。如果种子是从几个不同限定号的植株上采集,则需要给予一个新的限定号来记录种质。例如,从好望角苦苣苔 19902317A、19902317B 和 19902317E 等几株植物上采集种子。在种质记录中,要使用原来的登录号和新的先前未使用过的限定号,将其记录为 19902317F,采样方法记录为"SM"(来自多株的种子)。

供体植株与种质共用限定号时应注意,如果 19902317 有更多的植株还没有被记录,则应使用现有限定号之后的字母标识那些未记录的植株,这时"F"就不能用来记录从这些植株采集的种质(种子)了。

种源类型:种质样品的种源类型与初始登录材料的不同。如果种质是种子或孢子,则种质的种源类型将是"Z"(已知野生来源的栽培植株)或"G"(植物园来源)。

应注意,一年生和短命多年生植物通常以采收的种子播种维持。经过一段时期后,重新登录将明显失去意义,"这些原来是野生来源的收集,将改变为'植物园来源的'(G)"。这时,初始登录的"野生来源"应改增加"谱系号",以便跟踪其来源。

营养器官材料种质的信息记录:从园内活植物收集采集的营养器官材料(如 DNA、组织培养、叶片)作为种质的信息记录与种子和孢子一致,重要的不同在于种源类型与初始登录的类型是一致的而不能改变。

三、繁殖信息

植物园栽培了数量不等的植物,迁地保存着数量庞大的种质资源,其中大部分植物只栽培保存于植物园,并不存在于一般栽培收集中,几乎所有的植物物种都经历了一定方式的繁殖。因此记录繁殖过程、监测繁殖实践将为现在和未来的园艺工作与科学研究提供重要信息。

1. 一般原则

繁殖记录用于记录和监测移栽到永久种植地之前的植物材料，用于记录繁殖过程和编制苗圃或其他种植园区保存植物本底清单（stock list）。一般必须记录下述信息：登录号、引种人和引种采集数量、繁殖者姓名、繁殖地点、繁殖需求者及部门、繁殖请求日期、繁殖请求数量、繁殖方式（附录3）。

2. 记录繁殖过程

繁殖的主要方式是种子繁殖（有性繁殖）和营养繁殖（扦插、嫁接和其他无性方式）。

种子繁殖：除繁殖的一般原则中要求记录的信息外，种子繁殖还要求记录播种日期、第一粒种子萌芽日期。鼓励记录种子的处理方式，如种皮破裂（scarification）、春化低温处理（vernalisation）、水化（hydration）等信息，为未来成功繁殖积累资料和提供指引。

营养繁殖：除记录繁殖的一般原则列出的信息外，还要求记录插条或其他材料的取材日期、插条生根后的上盆日期，也要记录与激素、生根剂、繁殖基质和常规的繁殖环境有关的其他类型信息。鼓励记录其他额外的信息，为未来成功繁殖积累资料和提供指引。

苗圃或种植园区植物本底清单：繁殖记录能提供苗圃和其他种植园区植物材料流向和流量的关键监测和统计。当繁殖记录用于植物材料流向和流量的监测与统计时，所需要的记录信息略微不同于具体繁殖事件的记录信息。用于编制保存植物本底清单时，需要下列信息：登录号、采集者、采集号和植物名称、繁殖方式、已繁殖材料的保存地点及保存数量。

3. 完成繁殖记录

必须填写录入植物记录的两个字段以完成繁殖记录：繁殖完成日期和完成标识。这两个字段只有在所有材料离开繁殖区后才能填写录入。完成繁殖日期要记录具体日期，完成标识字段要填写"Y"。

四、活植物现状信息记录

一旦建立了一个登录记录（an accession record），对其实体植物的记录也随之建立。根据爱丁堡植物园的经验，记录活植物是从植物材料到达植物园时就配给一个登录号，从而建立起活植物的信息记录（Thomas and Watson，2000）。具有同一登录号的不同的植物个体或群体，通过登录号及其后使用限定号，从而关联在植物园迁地保育及其管理的一系列信息记录。与登录相关的任何种质都通过登录号及限定号予以全程记录进入植物园的引种、登录及其他迁地保育管理过程。

建立和储存的植物文件的记录（records）是提供关于活植物收集的大多数重要信息的钥匙。植物记录以最简单、最基本的形式储存每棵植物在植物园的全程管理，包括离开繁殖区域后的位置和健康状况。对植物收集管理来说，重要的是每个植物记录尽可能准确。过时的和不准确的记录会导致混乱，会产生不必要的额外工作。

所有具有登录号和限定号的活植物都应记录其种植和保存的位置，以具体数字或"一群/群植"记录其数量，准确记录其健康状况和其他检查信息。任何缺乏位置信息和健康信息的植物记录等同于植物已经"死亡"。位置信息、植株数量信息和健康状况信息是迁地保育工作者必须记录的活植物最低信息标准。

1. 记录植物的位置

活植物栽培定植于园地是迁地保育的基本体现，植物园的任何展示、保育园区都应划分为尽可能小的网格系统（grid system）或根据小地形与小环境进行分小区，并给予其不同的位置代码，记录活植物的具体位置。例如，爱丁堡植物园岩石园划分为 22 个小区，赋予位置代码，如 M19；每个小区确定起始点和行进方向，继而标识植物种植位置（图 3-13）。中国科学院华南植物园濒危植物保育中心将苗床编号，各苗床以"英文字母+数字"标定"行"和"列"的具体位置。

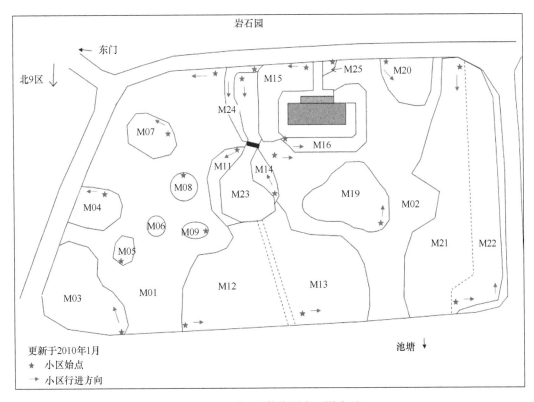

图 3-13　爱丁堡植物园岩石园分区

（1）记录新种植植物的位置

新种植植物主要指新栽培定植的植物，原则上新引种的植物种植于繁育中心苗圃或相关专类园保育苗圃，而定植在永久栽培地时则按专类园区类别及实际需求种植。新种植植物应按种植苗圃苗床放置盆栽苗的网格系统位置记录其具体位置、种植日期和种植植株数量，并录入活植物位置管理数据库。例如，7 株登录号为 19971234C 的橙花糙苏（*Phlomis fruticosa*）于 1997 年 1 月 26 日种植于药园（编号 11）位置 J23。数据库相应位置字段信息记录为位置为 11，网格 J23，日期为 19970126，数量 7。

（2）更新移植定植植物的位置

通常需要将保育苗圃中已经生长到一定高度的植物定植到有关专类园区（见本章第二节"二、移栽定植"），或由于观赏展示和保育的需要将植物从一个位置移植到另一区域。这时需要尽快更新移栽定植植物的位置信息。

更新移栽定植植物的位置信息时，应在现有记录中增加新的记录项，并录入新的位置和其他相关信息。重要的是，先前的位置和附属信息不能被覆盖，需继续保存在植物信息记录中。例如，上述在药园 J23 的 19971234C 橙花糙苏 7 株于 1997 年 5 月 31 日移栽定植到生物园（编号 8）网格 G20。信息记录时，新建立一个记录行（record line）更新其位置、网格、变化、日期字段信息，其他不变且不能覆盖上一条记录行。注意，如果只移栽 7 株中的一部分植株，则登录限定号需随之改变（见本章第三节第一条和第二条相关的"登录限定号"规范）。

（3）活植物种植定植标准信息

当植株从一个位置移栽至另一个位置，无论是新种植（定植）还是其他原因，关于这些植物的信息都需要移交给植物记录组，以便建立或更新植物记录。这项工作由负责管理活植物的保育中心、指定栽培定植专类园区和植物记录组共同承担。

由于有跨园区或部门人员涉及建立和更新植物记录，须规范植物栽培种植和定植表格，表格中包括如下信息：登录号和限定号、植物名称、栽培种植（定植）位置及其原来的位置（须细化准确至网格系统代码）、植株数量及所需标牌的详细内容。

2. 记录植物的数量

记录特定位置植株的数量，有助于确定活植物收集的总体数量，其范围包括任何科、属、种及种下分类单元的数量，直接与引种收集制度和重新登录制度等相关。其中重要的是要保持输入信息标准的一致性。

记录植株数量有 3 种情况，即除"0"以外的具体数字、群植（mass planting）和保持空白（即具体数字未知）。

（1）记录植株的具体数量

记录木本植物的具体数量是最容易的，但是也应记录新栽培定植的多年生草本植物，尤其是野生来源的多年生草本植物。例如，1997 年 5 月 31 日将上述药园 J23 的 7 株 19971234C 橙花糙苏全部移栽定植到生物园（编号 8）网格 G20，在数据库中"植株数量"字段记录数字"7"。

在后来这些植物可能会形成一群植株，例如，在 2002 年 1 月 26 日清查时，19971234C

已形成丛生的植株，在其他信息并未改变的情况下，将"植株数量"字段更新为"群植"，并注明清查日期。注意，更新记录时应建立一行新纪录，而不能覆盖上一条记录。

记录新种植时，记录具体数字也会有一些例外，例如，当种植鳞茎和使用木本、草本、多年生或耐寒性多年生植物作地被绿化时，尤其是使用栽培品种时，可以用"群植"记录植株数量。

记录盆栽植物时应记录盆的数量，可以不计算盆内植株的数量。

（2）标注"群植"

"群植"用于当现有栽培种植内很难确定植株数量者，如一年生、球茎和地被种植植物。例如，50 株 19699898A 顶花板凳果（*Pachysandra terminalis*）种植于园林树木区，用于地被覆盖。1997 年 1 月 26 日清查时已成为面积较大的"群植"，则植物记录中植株数量记录为"群植"。

（3）未标明（空白）

如果植株数量未知，则暂时保留空白，不应试图猜测。实际的具体数量或"群植"可留待后来清查时补充记录。

3. 健康状况

引种植物材料的健康是引种成活的基本保障，植物登录时应标明引种植物材料的健康状况（health condition），为植物引种评价和引种植物存活率评价提供资料。保育存活或繁殖后，当植株生长到一定高度，须将植物定植到永久保存和展示园区，移栽定植时须记录植物健康状况。在以后的清查中，也须记录和更新植物的健康状况。植物健康状况的代码如下。

A：存活（alive）。常用于新种植的植物。进一步评价植物种植期间或迁地保育栽培阶段的健康状况时可划分为：E，优（excellent）；G，良（good）；F，一般（fair）；I，难以判断（indistinguishable mass）；P，较差（poor）；Q，有问题（questionable）。

D：已死亡（dead）。用于记录已经死亡的植物。如果某植物标记为 D，则不可再被记录在该区域或专类园区的植物名录中。该植物死亡的原因应录入到该植物记录的另一字段中。

R：已移除（removed）。已从植物园的一个园区移除且不再种植在植物园的任何区域或位置。例如，因鉴定查证等原因移走而后来并未还回。

U：下落不明（unlocated）。仅用于全面清查找不到的植物。这并不意味着这种植物已经死亡了。如果后来在相同的位置发现了该植物，则必须更新记录和在"健康状况"字段更改标记为"A"，即存活或其他健康代码。

4. 记录其他相关信息

当评价活植物的健康状况时，记录者姓名或部门应记录在"检查者"字段，并记录日期；如果活植物材料被采集用于各类研究，如采集 DNA、花粉、叶片等，则多种综合信息均应记录在"检查笔记"字段。

与迁地保育有关的观测，如高度、冠幅、开花时间和物候信息等，当对这些数据进行记录时，应常规性地观察和记录，并实时录入活植物管理平台。

五、鉴定查证信息

查证是鉴定和准确命名迁地保育收集植物的过程，涉及活植物引进时给予的名称的确认、将已查证或未查证的名称更改为另一名称及确定未鉴定植物的名称，还涉及目前所选用的名称在更广泛的植物分类学法规上的有效性。

开展植物鉴定和名称查证时，需要提供信息完整的植物标本材料，除植物枝叶标本外，要有花和果实标本；当一份标本不能提供完整信息时，可提供多份标本互相补充信息，尽可能保持标本信息的完整性。与此同时，要尽可能提供活植物材料如茎、叶、花、果实和种子的彩色图片，确保提供活植物状态的形态特征。

送去鉴定查证的物种，须注明现有的鉴定查证状态：①未鉴定植物；②仅鉴定到科或属的植物；③被怀疑错误鉴定的植物；④第一次开花的植物；⑤具有保护重要价值的植物；⑥分类学或地理学研究项目的植物；⑦特定野外考察和引种采集的植物；⑧来源不清的植物和栽培种。送去鉴定查证的物种，须附带鉴定查证记录表（附录5），尤其要记录附属标本和照片的登录号与植株的限定号。

鉴定查证完毕，须注明植物鉴定查证状态，要在物种鉴定查证记录表或记录本与数据管理组数据库标注鉴定查证代码（表3-6）。

六、植物清查与编目

植物清查（stocktaking）是核对和监测栽培保育植物及其信息的过程。植物清查制度已规定了活植物收集的常规清查和年度清查及主要任务。通过植物清查，完成专科、专属、专类植物的物种和全园所有迁地保育物种的登录数、在园内各植物专类园区的分布情况及其在一定时期的变化趋势的统计分析，完成植物编目和迁地保育植物名录的编撰，为实现和调整发展战略目标、植物园的使命、定位和总体目标及实施策略提供基础资料和依据。

1. 植物清查

植物清查和活植物移除与注销是植物园的常规工作，是监测植物收集保育的重要过程和管理措施。植物栽培保育于植物园后，须定期核对和监测其生长状况，即活植物清查。活植物清查是为了不断更新活植物数据信息，有助于弄清获得新植物类群的必要性，也有助于弄清收集植物中需要繁殖的类群。同时植物清查数据对于为公众和科学界提供准确信息也很重要。

植物清查由各专类园区、保育苗圃/中心和温室完成，植物信息记录组负责制定植物清查所需制度的实施细则和清查辅助文件；维护植物记录信息系统有效运行，确保清查数据信息的登录、维护和审核；定期（一般为每季度和年度）审核和督办清查信息，特别是现栽培植物种植位置、种植个体数量、健康状况（不能只是记录植物存活或死亡情况，要参照"活植物记录"的所有选项做记录并分析死亡原因），注销登录号与限定号，更新数据管理系统和植物档案，更新清查日期和清查者姓名；完成和提交植物清查报告。

2. 植物清查制度

常规清查：是活植物收集管理的常规工作，须每日、每周、每月在植物记录信息系统更新管理园区内的新的种植、死亡、新的和更换的标签、生理学观察（生长状况、耐热性和抗寒性）和植物搬迁移动情况。所有植物专类园区均须作常规清查。

年度清查（yearly stocktaking）：每1~3年清查一次。需先根据园区制作种植池/花坛（bed order list）顺序清单、网格地图（grid map）和地点清单（location list），首次清查时对未命名的地点补充命名。清查时利用种植池/花坛顺序清单、网格地图和地点清单精确确定活植物名称、生长情况和数量，补充或更新标签。新引种植物、新种植/定植植物、新繁殖植物须每年清查，连续清查3年后，每3年清查一次；草本植物每年清查一次。

清查结果的记录：首次年度清查须更新植物的所有记录，包括现有环境条件（可包括林冠层郁闭度是否符合清查植物的生长发育）、清查日期及任何与特定清查植物有关的以前的清查者或清查部门等综合信息。以后的清查须更新与上次记录相比已改变的植物条件。清查结果的记录须在信息记录系统中更新如下信息：A存活，D死亡，T移至别的专类园区或记录系统，S休眠，O上述以外的其他状态。

在活植物收集的一些区域，如不适合于使用网格系统种植池/花坛形态和地形清查，记录这些区域植物时，清查者可按系统的方式穿过种植池，记录清查顺序和植物信息。保持的记录须确保其他工作人员或核查人员可以按照相同的路线定位和查找记录的植物。该信息须记录在数据库中的位置文件，并附纸质的定植图。

植物清查须确保不遗漏所有收集和栽培的活植物，既要清查活植物收集花镜内栽培的植物，也要清查活植物收集花镜内自然生长的植物。

植物清查结果要记录于纸质文档以备将来参考核实，每个区域须有一份记录文档，包括地图和植物名录。植物清查后列出的植物名录及相关信息数据要更新到活植物信息记录数据库，地图数据要保存和更新到地理信息系统（GIS）数据库，亦可使用百度地图的定植图修订位置信息。

植物专类园区完整的清查完成后，园区位置文件中的相应记录、植物编目/目录和数据库植物记录随之更新。

常规清查和年度清查均由各专类园区工作人员日常直接登录数据库更新数据信息，植物信息记录组定期向植物迁地保育部门负责人和主管领导报告。

3. 移除与注销

移除注销（de-accession）任何植物之前，要实施一系列步骤，须确认移除和注销是有理由的和正常的过程。但植物和栖息地较以前消失更快，注销的理念随之改变。现在不应除去任何野生来源或重要植物，除非移除注销是绝对必要的。因此注销制度不是除去任何植物，除非绝对必要。

（1）移除和注销的原因

活植物记录信息须在植物被移除注销时记录移除注销的原因：植物死亡；植物及其环境恶化（deteriorated），生长状况非常差，已不可挽回；有长势更好的植物替代现有植物；不符合收集目标且已失去研究、展示和观赏价值；该植物的身份资料或可靠性信息已经彻底丢失；无法控制的感染或传染源植物，威胁植物收集的植物；对游客有危害的植物；侵占一种或多种符合植物园使命的收集植物的生长空间；非必需的备份植物；其他植物园或研究机构引进。

（2）移除注销制度

如果确实不得不除去植物，则应遵循如下制度：采集移除和注销植物尽可能多的信息，如照片、最终的查证、腊叶标本和 DNA 样品，须以适当的表格记录信息并更新植物信息记录系统数据库；可将要移除和注销的植物提供给其他有善意接收意向的植物园；如果没有植物园愿意接收，则送回原产国；如果任何植物园或原产国都不愿意接收，而且不在 IUCN 受威胁名录，则将其除去；如果是在 IUCN 受威胁名录中，但没有植物园或原产国接收，而且少于 5 个植物园有种植（可从活植物数据库查阅），则必须保留；因植物转移转让而移除注销者，转让植物时要增挂临时标牌，以方便接收机构追踪引种信息；所有移除注销均需收回登录/定植标牌，并填写植物转让/死亡记录表并更新至活植物管理信息平台（附录 7）。

（3）移除注销程序

植物移除注销须履行注销程序：需要移除和注销植物的植物专类园区提出移除注销申请；植物专类园区负责人提出申请审批，活植物迁地保育主任负责审批植物注销申请；具有重要研究价值的植物和具有重要经济价值的植物，因雷劈或其他原因死亡的，所在植物专类园区应及时报告并提出处理意见，经活植物收集主任或主管领导审批后及时处理。

4. 植物编目

为便于活植物管理、应用和存档，印刷出版《植物园引种保育植物名录》是植物园的重要工作。一般每 5 年应印刷一次活植物收集名录，供植物园引种收集和迁地保育有关工作参考，为加强与植物园同行的交流提供基本信息。植物园也可考虑其他形式，可以制作活植物收集光碟，或通过活植物数据库在线公布植物收集信息，但须设立访问权限防止敏感信息泄露，如合作机构、引种人或国外引种信息。

传统上植物园印刷的纸质版的活植物名录，涵盖了特定时期每个物种的所有登录，但每个物种涵盖的数据量较少。计算机系统存储了与每个登录相关的所有数据，能满足更广泛的使用需求。互联网时代可以以最低成本提供更强有力的技术手段，展示与活植物收集有关的更多的信息；而且活植物收集管理数据库在不断地在线更新，有更全面的搜索功能，能提供更广泛的检索和查询，使活植物收集、管理和信息共享更便捷，服务更周到。植物园应不断提升迁地栽培活植物名录的信息水平，在需要时印刷特定主题的迁地保育植物名录，该名录中可以包含比通常惯用名录更多的详细信息，如特定地区或特定类群的迁地保育名录。

七、检疫信息记录

从国外进口的活植物材料，如插条、幼苗和整株植株，在抵达植物园时必须进行检疫。植物园应有明确的指导方针，规范植物材料到达植物园时应履行的检疫程序（见本章第二节"七、病虫害防治与检疫"）。植物园有责任维护、保存植物材料的检疫记录。未保存、未维护植物材料的检疫记录或未开展进口植物的检疫观察程序，将影响植物园的进口植物材料，甚至使植物园丧失进口许可。检疫人员授权维护、保存检疫的有关记录资料，根据将材料引进植物园的人所提供的有关信息，建立检疫材料的准确记录（附录8）。

当植物材料到达植物园时，必须记录的信息如下。批号（Batch number）：临时登录号，仅用于检疫期间；检查员姓名：通常指植物园的病虫害专业的植保工作者；园艺工作者姓名：负责处理植物材料；材料到达日期和检查日期；材料到达时的健康状况：可参照引种登录信息"健康状况"的描述和代码，同时包括与植物材料处理有关的检验员的任何评价；采集人和采集号、材料名称、类别和数量；有关许可或审批文件；预期的检疫时期等。

在检疫期间，应记录如下信息：植物园登录号（应在植物材料到达植物园后尽快配给）；检疫期间任何检查相关的信息（日期、监察员姓名、采取的检查行动等）；检疫期间死亡者其死亡日期和原因；检疫放行日期；检疫后材料接受园区和地点、每个登录的数量。

八、挂牌与植物解说

一般来说，植物园通过挂牌（labeling）实现基本的植物解说（plant interpretation）。挂牌是植物园活植物收集记录保存和解说的重要组成部分，标牌是连接活植物收集中的植物及其所有记录信息的关键，是向公众传播信息的主要方式之一，标牌对于活植物收集的管理和应用至关重要。

1. 植物标牌类别

（1）登录牌

登录牌（accession label）又称为苗圃标签（nursery label）或识别标签（identification label），用于植物登录、移植定植和繁殖，通常是打印了条形码或二维码的标牌，包含登录号、植物中文名、拉丁名、种源和登录日期等信息（图3-14），是用于永久种植前的植物标识。登录牌上种源信息可标注其代码，其他所有信息均涵盖于二维码中（图3-14）。

移栽定植时，将种源信息改为定植地代号及定植植物/植株系列号，登录号须加登录限定号以标识与登录植物的关系。繁殖时，须将种源信息改为繁殖地、繁殖方式及数量，繁殖体须重新给予登录号，有时也添加登录限定号。一般不再使用手写白色标签。所有

图 3-14　植物登录牌范例

永久性登录植物都将悬挂铝质登录牌，内容包含登录号、学名和常用名。每一个新标本应该有一个识别标签，以追溯其起源和去向。

（2）植物名牌

植物名牌（plant label）又称为初级标牌（primary label），是全园登录植物悬挂的重要的展示标牌（display label），为各种形状和大小的雕刻标牌，用于永久种植的植物名牌，主要向游客展示植物信息。植物名牌内容包含植物科名、植物种名、登录号及其登录限定号、种源信息（来源）、原产地（自然分布范围）、查证状态、种植区域或亚区（如专类园区编号）、登录限定号、特别编码（如 T 为濒危、V 为查证、W 为野生来源）等广泛信息。公共展示区须用雕刻标牌。部分重要植物名牌可附二维码。标准植物名牌范例见图 3-15。

图 3-15　标准植物名牌范例（另见文后彩图）
A. 植物名牌基本内容；B. 一般植物名牌；C. 珍稀濒危植物名牌

常用名容易引起混淆，一般用英文常用名、来源地的常用名或中文常用名。常用名的使用遵从下列原则：所有中国本土植物使用中文常用名；其他国家来源的具有园林园艺观赏价值的乔木和灌木可以 *European Garden Flora* 为指导；任何国家来源的具有园林园艺观赏价值的草本、高山植物和球根植物以 *European Garden Flora* 为指导；很小的标签上不使用常用名（尤其是很小的高山植物）；有多个常用名时，如果标牌空间允许则最多使用两个，并且根据编辑者知识确定最常用的常用名；常用名与拉丁名/中文名一致时不用常用名。

（3）备份标牌

备份标牌（back-up label）又称为次级标牌（secondary label）。通常是薄的金属条，包含登录号、登录限定号和植物名等基本信息，仅在植物名牌丢失时用作备份，通常用于新引进的植物和部分园区新种植的植物。

（4）临时标签

临时标签（temporary label）有各种规格，通常以不同的颜色与其他类型的标牌相区别。在植物获得植物名牌或备份标牌前跟随植物，或临时用于植物送去审查鉴定或细胞分类学研究时。内容包括登录号、登录限定号和植物名等基本信息。繁殖标签（propagation tag）归于此类，至少要包括学名、登录号。

（5）解说牌

解说牌（interpretation panel）是特殊植物说明牌、生物现象说明牌、知识点解说牌、景点（文物、建筑）介绍牌。具有各类规格和材质。解说的字数一般为 250 字左右，须包含植物名、登录号、来源、用途、原产地等信息。

2. 特别注意事项

不鼓励使用手写或热敏标签（且最多应在 3 个月内更换，当然任何标签都比没有标签好；手写标签必须用铅笔工整书写）；公众参观区域可不使用登录牌（可在新种植植物上使用登录牌，但须在 3 个月内更换或增加植物名牌）；须在 3 个月内更换遗失、被盗或破损标签；用于物候观察的植物须特别标识（如以粘贴黄色点标识）或特别设计标识；残疾人识别标签须以盲文或颜色标识（可根据国际标准制定后实施）；植物解说牌可以考虑特别感兴趣的主题，如特殊的属、地理区域、濒危植物或植物园的特别采集者。

非常重要的是植物个体和成群成组植物至少要有一个标牌。

对于苗圃内的植物或其他种植区的植物，种植盆中需要有足够的标签，以确保不同的登录植物及标牌不会混淆。所有离开苗圃的木本植物个体和草本植物须附加有独立的某种形式的塑料登录牌。这些登录牌须一直跟随植物，直到被永久性植物名牌替换。

各植物专类园区和温室需要制作植物名牌时，由专类园区和温室负责编辑标牌中的所有内容，并标注好标牌规格和格式，由植物信息记录组设计和印制，各植物专类园区负责安装和悬挂。

3. 挂牌制度

（1）登录牌的挂牌制度

大小通常为 115mm×22mm，厚度约为 0.5mm。材质为铝材或塑料。

保育苗圃/中心、各专类园区保育植物均须悬挂登录牌，大园区、各专类园展示的乔木、灌木、藤本和重要的草本植物或微小的肉质植物可悬挂登录牌。以草本为主的专类园展示的植物须有登录牌。

乔木挂牌高度为 1.6m；灌木挂牌高度为 1m 或离地 20~30cm；草本植物的挂牌高度为 1m 或离地 20~30cm；水生植物上的挂牌高度需伸出水面 20~30cm；附生植物挂牌位于所附生的植物表面，高度根据附生植物的高度而定。

（2）植物名牌的挂牌制度

植物名牌是向游客传播植物信息的重要载体，内容包括全园登录号、植物学名或栽培品种名、普通名、科名、来源、自然分布、主要用途。

植物名牌的颜色因植物园而异，但濒危物种的名牌一般使用红色（须注明濒危等级）。植物名牌大小一般为 16cm×11cm（大）、13cm×9cm（中）、9.5cm×6.5cm（小）、10cm×2.5cm（适用于微小植物，含肉质植物）。

道路（含游览步道）两旁 5m 范围内的所有展示植物都应有植物名牌，相隔 3m 外的同种植物都应有相同的植物名牌。

植物名牌的挂牌高度可参照登录牌的挂牌高度执行。

（3）解说牌的挂牌制度

解说牌是主要的特殊植物和生物现象的说明牌，是知识点的解说牌，是重要景点（文物、建筑）的介绍牌。道路（含游览步道）两旁 5m 范围内的重要展示植物、生物现象、知识点、景点（文物、建筑）须有解说牌。

中国科学院华南植物园大园区的解说牌为白色铁架牌，大小为 54cm×12cm；木兰园和姜园等专类园区的解说牌为木质支架和不锈钢牌，大小为 50cm×35cm；温室群景区的解说牌为棕色焗漆支架和玻璃面板牌，大小为 156cm×256cm。

九、凭证信息采集与信息管理

植物园确认采集和记录收集活植物，尤其是野生来源和新引进植物尽可能多的信息的价值。然而目前的植物来源可能使信息采集（information capture）和记录具有一定困难，应逐步开展活植物凭证信息的采集，主要工作包括：制作野生来源的每种活植物的腊叶标本，包括保育苗圃幼苗的凭证标本；记录新引进植物材料首次开花或结果时间；拍摄和保存每株野生来源的植株登录号的照片，确保与适当的历史记录对应链接；从每株野生来源的登录号提取 DNA；根据保育历史作适当的说明；纳入其他来源的数据/信息如关于抗寒性或园林观赏性等园艺或栽培记录。由于信息采集和记录的工作量大，需要根据保护兴趣和研究兴趣设定优先顺序。

1. 提高记录保存的有效性

植物园要引入最新的数据采集、数据记录和数据访问技术以提高记录效率。因此，植物园将积极寻求新技术，研究收集植物定位系统、远距离更新技术、快速清查触摸设备技术、条形码标签和阅读识别、树木危机和危害评价计算机化监测，研究植物挂牌如二次标签备选方案。

2. 信息安全

植物记录系统信息的安全（security）和保密是非常重要的，植物园必须确保其安全备份。植物记录信息系统及数据的安全和保密必须在安全注册与业务连续性计划中得到保障，并定期审查和更新。

全园员工，尤其是植物信息记录组成员须严格遵守植物园保密制度，不得对外泄漏引种保育信息。对违反保密制度，造成植物园种质资源流失或严重知识产权受侵害者，按国家、中国科学院和植物园有关制度处理。

3. 信息档案的查阅利用制度

与活植物材料相同，植物信息档案资料是植物园所有的国有资产，任何个人在岗位工作期间的任何植物信息档案资料均属植物园所有。为此，引种保育植物的纸质档案原则上仅供内部管理使用，本园其他科技人员或外单位人员需查阅者，须履行审批批准程序。任何人查阅引种保育植物档案，不能取走资料原件，不能销毁、损坏和更改资料的内容，否则按有关规定追究责任和赔偿损失。凡利用引种保育植物材料及其档案信息发表论文、专著等，必须在相关位置注明材料、信息的出处并表示谢意，同时必须将发表的论文或专著送一份给植物信息记录管理组备案。

第四节　植物收集的使用与管理

活植物收集是人类自然遗产的组成部分，是重要的国家财产和国际参考的博物收集之一，已被广泛应用于科学研究、植物保护、公众教育和经济社会发展。在完善植物收集制度时，要规范使用者与利益相关者对植物收集的需求和使用范围。

一、植物收集的使用者

植物收集的使用者包括植物园内的利益相关者和使用者，主要有：科学家，如致力于分子生物学研究、基础植物生物学参考基准、植物志编研和进化与发育研究等的科学家；园艺员工；保护员工；研究生；研究所学位教学和研究项目；教育及其项目；学校教育项目；成人教育项目，如绘画和园林课程；物候项目。

植物园外部利益相关者和使用者有：学术界，包括科研院所、大学和其他植物园；保护界；园艺界（广义上包括树木学、林学、公园等），包括园艺学学生和业余园林爱好者；教育界，主要指中小学校和所有教育与学习者；国内外其他植物园同行；艺术家和艺术专业学生与一般公众，地方的、国内的和国际的参观者。

二、研究和保护

活植物收集在支持植物园的研究和保护项目上发挥了重要作用，可以为更大范围的研究和保护人群所利用。植物材料用于这些目的具有基本的意义，不同的植物园对于其他类型的植物园及其植物收集也具有重要意义。园艺部门致力于最高标准的栽培、物种代表性和覆盖度，以支持植物收集的利用。植物园尽可能在活植物收集制度、气候和土壤条件及可获得的资源条件下，栽培最广泛的植物种类并建立特色专类园；紧密联系科学研究部门，确保活植物收集满足科研的需求或讨论新的计划或新的要求；尽可能保持最高水平的植物记录保存；通过提供空间、资源和植物材料，支持可能的短期硕士、博士等学位项目；需要时提供不同生长阶段的研究材料（幼苗至开花材料）；与其他适宜机构合作，致力于从活植物收集中提取大量数据（照片、凭证标本、DNA 和种子）。

植物园以其一系列独特的资源具备开展其他机构所缺乏的研究条件（Primack and Miller-Rushing，2009），包括控制的生长条件、具广泛分类代表性的活植物收集、细致的植物记录、跨越地理区域的植物园网络及专业技术人员。事实上，植物园已经极大地推动了对于生物对气候变化响应的理解，尤其是温度对开花和展叶物候的影响。植物园在理解气候与生理学和解剖学关系的研究中已做出了重大贡献，逐步发现根据传统的标本和历史图片可获得越来越多的植物行为的历史信息。此外，入侵物种和应对气候变化的比较研究提供了对生态学、进化和管理等问题的重要见解。来自世界各地的大量植物物种收集和优秀的植物标本馆，使植物园已具备扩大其现有研究活动的能力，并在科学研究和公众教育方面继续发挥领导作用。

三、气候变化和全球变暖

现在很少有人怀疑全球气候在朝着变暖与更不稳定的方向改变。这方面的证据不仅来自众多科学研究报告，也有物候研究和植物收集的实地观察数据的支撑。例如，爱丁堡植物园的杜鹃花收集面临越来越大的压力，这很明显是由于缺乏降雨和病虫害发生率增加，几乎每年春季开花的植物开花更早（Rae et al., 2006）。目前已知气候变化较历史上任何时候更快，这一事实将不可避免地影响到植物。植物园植物收集的多样性是将许多不同物种种植于同一园地，不可避免地不能为所有植物创造理想的条件（Primack and Miller-Rushing, 2009）。温和的冬季、干燥的夏季、暴雨的暴发和更长的暴风雨平均天数，以及直接由不良的气候引起的病虫害发生率增加，明显对一些物种造成了不良影响。

目前还不能准确预测气候变化对活植物收集的长期影响，不能对迁地收集的特定类群采取适当准确的处理措施。但活植物收集制度应考虑气候变化对活植物迁地栽培的影响，在实际工作中更频繁地讨论和关注气候变化，积极利用任何机会增加植物物种，扩大活植物收集规模，充分利用植物园的迁地保育设施和条件，创新植物迁地保护计划。

为了评价气候变化和全球变暖对植物收集的可能影响，植物园将相应开展如下工作：考虑在当地或其他植物园异地种植目前保存在温室的收集植物；支持物候项目，使其充分利用植物收集的多样性，提供数据帮助测定气候变化的影响；了解气候变化的任何可能的影响，审查植物类群种植选项，考虑以前的敏感植物，以寻找新的机会；目前不作根本改变，但要开始分析可能的应用，尽力鉴定或预测可能需要重新迁移的植物类群，并为可能的重新布置实施繁殖计划；与其他机构合作，鉴定气候变化/全球变暖导致的野外受威胁程度增高的物种，启动或加入适宜的保护计划；注意植物园收集的植物非正常的昆虫或真菌侵染新表征。

四、物候学观察

物候学是研究自然界的植物（包括农作物）、动物和环境条件（气候、水文、土壤条件）的周期变化之间相互关系的科学，其目的是认识自然季节现象变化的规律，以服务于农业生产和科学研究，研究对象包括各种植物的发芽、展叶、开花、叶变色、落叶等。竺可桢和宛敏渭（1973）认为"物候知识的起源，在世界上以我国为最早"我国几千年的农耕文明创造的"二十四节气"是中国先秦时期开始订立、汉代完全确立的用来指导农事的补充历法，沿用至今，在世界上绝无仅有。"二十四节气"已于2016年正式列入联合国教科文组织人类非物质文化遗产代表作名录。在植物园背景下通常包括开花、结果等的日期。物候学现在是特别的主题，因为物候能用作支持气候变化发生的证据。植物园植物收集特别适合于物候记录，原因是植物园长期稳定的自然环境、高标准的记录、气象资料记录及大量的广泛收集。

根据爱丁堡植物园活植物收集制度（Rae et al., 2006），爱丁堡植物园已经开展物候项目很多年，早在1764年和1765年John Hope就列出了爱丁堡周边许多植物的开花日期。爱丁堡植物园最早的特别的物候记录是1850年在Inverleith记录的24种植物的首次开花期。直到1878年James McNab继续记录了大约90种植物的首次开花期。后来Sadler和Linsay继续这项工作，直到1895年记录工作停止。20世纪继续监测物候，1906~1939年手写的每周或每月物候记录保存于档案中，通常涵盖了整个日历年。不幸的是，尽管第二次世界大战后开展了物候观察，但没有发现 1940~2000 年的物候记录。爱丁堡植物园于 2002 年 1 月再次开始了物候观察。最初始于"每日项目"，但此项目已被包括在其他项目中。目前开展了每日项目（daily project）、每周项目（weekly project）、鳞茎项目（bulb project）、爱丁堡春季索引（Edinburgh spring index）等。

邱园的气象记录已持续有两个多世纪。2000 年启动了"Kew 100"物候观察项目，每年记录植物园永久生长的 100 种植物的始花期和盛花期。选择的植物范围包括本土植物如草甸虎耳草（*Saxifraga granulata*）和峨参（*Anthriscus sylvestris*），引种归化植物如西班牙风信子（*Hyacinthoides hispanica*）和许多外来物种如埃及柳（*Salix aegyptiaca*）与星花玉兰（*Magnolia stellata*），包括乔木、灌木、多年生植物和球茎等邱园户外生长的代表性植物。

五、教育和教学

植物园开展一些正规和非正规教育课程，包括研究生教育和公众教育，其中有些课程使用了不少活植物收集材料。活植物管理制度确认提供植物材料支持这些课程的重要性。特别确认活植物收集支持园艺学、分类学、系统进化学等学科的特殊意义，欣赏植物收集对这些学科的独特价值。可能的话列出清单做出重点维护并提供使用。此外，植物园还可提供如下工作服务：植物园确认为学位课程提供适当的植物材料是园艺部门的主要责任；植物园同意为其他课程包括成人教育提供适宜材料，欢迎与课程组织者开展常规对话以了解课程的需要和提供有效的服务；如果任一分类群丢失或注销，应通知课程指导老师并更换协议；园艺员工和课程指导老师应每 3 年审查植物清单；如果可能，应明确哪些园区的植物应包含在清单中；对定期使用的植物个体，如可能应建立繁殖植物制度；适宜时植物园应为其他机构提供植物材料用于教学目的；可能的话我们也同意为任何教学采集新材料。

六、科普与解说

植物园庞大的植物收集和活体展示功能，可最有效地提高公众对生物多样性的价值及保护的认识，不断增强公众认识野生植物的生态、经济和文化意义及遗传资源等的潜在价值。为此，植物园要制定教育计划和解说系统规划，原则上每 3 年应对公众教育计划和解说系统作出评估，并由此制定和更新年度公众教育和解说计划，全年更新和优先评估教育活动与常规解说系统。公众教育和解说系统应反映国家生物多样性保护及相关目标与知识背景、植物园的使命、主要任务和公众教育项目与活动进展，及时了解和反映游客的需求。

解说系统要特别注意其主题，要围绕确定的主题展开整体思路与组织材料；要恰当组织有关信息使游客易于理解和抓住知识要点，以适当的表达技术、文本和图像传递信息，使用适当的语言让游客自然接受知识并自然转换至后续知识点；要关注知识点解说的关联性，解说应该是有正面积极的科学意义，亦可传达解说者的个人观点，应尽可能增加解说者或受众所知道的新见解和新知识；解说还应是愉快的，应在解说过程中，用语言、肢体语言等各方面传递愉悦，使游客从旅游中获得乐趣，在安静倾听中获得愉悦，获得感官的快乐，避免枯燥乏味的讲解和陈词。

尽可能选择新的和现存的种植进行解说，最大可能地使游客使用合适的媒体，增加游客体验，实现植物园的使命任务和实施植物园解说规划。一般要通过与研究部门合作来完成植物园所有解说系统，但应由公众教育部门主导解说系统及其编撰过程，迁地保育与园艺展示部门协作。短期的季节性解说系统应由公众教育部门与园艺展示部门合作，实施特别的项目或活动的植物解说。迄今大多数解说已设计安装到现有的种植植物中，但还应设计新的种植与现有解说连接。未来植物园园艺展示部门与公众教育部门密切联系，及时告知公众教育部门迫切需要改变的、增加的或修改的区域或解说；鼓励公众教育部门与园艺展示部门讨论解说对植物、种植的要求以完善解说系统。

七、休闲旅游

植物园是一个重要的、高质量的和具有重大价值的旅游景区。活植物收集、园林景观和基础设施及其维护与质量对于服务一般游览公众的需要是最重要的基础工作。活植物收集制度确认植物收集在提供有价值的游客体验的重要意义，也在植物园界的影响力方面扮演着重要作用。同时，植物园的发展战略规划赋予植物园增加游客体验、传播科学知识的社会责任。活植物收集规范确认植物园维护不佳将产生负面影响并严重损害植物园的声誉，商店、酒店等服务设施的质量及服务也是重要的因素。为确认参观游客的重要性，植物园将在总体上遵循复合收集制度的条件下，将园内一些区域的主要焦点营造为具有特色的漂亮的园林园艺展示与花镜；利用可获得的资源，丰富植物景观的科学内涵并维护至最高标准；设施管理及保障部门负责维护影响活植物收集的公共基础设施，将已确定的景观和收集设施维护至最高标准；植物园各有关部门应密切合作，营造和维护与解说和植物种植密切相关的区域；提升影响植物收集展示的基础设施的维护水平，如灌溉、排水、道路表明和铺装材料；推动按最高的环境维护标准，优化不适合或设计不当的园林景观及展示方式，满足民众对美好生活的追求和不断增长的物质文化需求。

八、使用管理制度

植物园收集、栽培、保育的活植物及其衍生物均是植物园所有的国有资产，须切实加强对其保护和进行有效管理。在未获得授权和审批条件下，禁止任何机构和个人擅自采集园区内任何植物材料。

1. 禁止采集、交换或销售的植物材料

作为重要的研究机构，植物园致力于植物资源的收集、保护、研究和挖掘利用，自觉履行国际国内植物资源保护和利用的各项法规与公约，禁止交换或销售处于收藏和研究阶段的任何植物材料。同时须坚持从国外收集的所有野生材料应仅用于保护、教育或研究目的，这项政策也适用于《生物多样性公约》（CBD，1992）之前引种收集

的材料。从其他植物学机构（包括通过种子交换）收集的材料必须遵守原收集协议、CBD 和 CITES 的有关规定，遵守该机构所在国家和材料原产国的制度。以下条件的种子、苗木均禁止采集、出售或交换：新引种植物、珍稀濒危植物、数量少于 20 株的稀有物种、重要骨干景观植物、构建新专类园区所需的主要物种、被列为新品种研发和重点发展的植物、研究项目研究的植物、保育中心的保育植物、各植物专类园区的保育植物、展览温室展示的植物、国际条约和公约限定的植物。

2. 活植物材料的使用条件

使用植物园活植物收集材料，须遵守 CBD、CITES 等国际国内法规、制度、条约和公约。为响应《生物多样性公约》，植物园提供活植物材料及腊叶标本、种子、DNA 和花粉样本的使用者须遵循如下条件：①所取材料仅用于研究、教育、保护和植物园发展。②所取材料不得用于商业用途。③如果接收者试图商业化，其直接产品或源于所取材料的产品须获得植物园书面许可；商业化运作前，须与植物园签署另外的协议。④依照《生物多样性公约》，在没有得到材料来源国家的允许和植物园书面许可的条件下，所取材料及其产品或源于所取材料的产品不得转让给第三方进行商业运作。⑤如果获得植物园活植物收集植物材料的使用许可，则需植物园指派专人采集所需材料。⑥使用所取材料的任何出版物，应在出版物中致谢植物园提供了材料，或在一定情况下与植物园员工合作发表成果；从所取材料产生的任何出版物、报告或分析数据，须提供复印件和电子文本，交回植物园植物信息记录组存档。⑦用于科学研究目的需要采集制作凭证标本时，应视活植物材料情况决定是否采集凭证标本，且凭证标本保存在植物园标本馆，使用者须在植物园标本馆办理借阅手续；引用凭证标本时，须引用植物园采集人和采集号，不需要引用登录号。⑧用于植物化学和分子生物学研究的植物，每份提取试样和每份 DNA 采样的等份提取试样都应送回到植物园保育中心保存备份。⑨植物园保留拒绝提供任何遗传资源材料的权力，且无须给予任何解释。⑩植物园不为所取材料鉴定查证的准确性提供保证。

3. 研究使用植物材料管理制度

为科学研究提供研究用植物材料和研究基地是植物园的基本职责与义务，各植物专类园区致力于与研究部门合作，联合实施活植物收集、研究和开发利用。园内科学研究部门研究使用植物材料和在专类园区建立研究基地时，要按下述制度执行。

研究材料使用者提出申请报告，所在研究组和研究中心负责人签署研究审批意见；申请报告须注明研究项目名称、来源，未来科研成果须标注材料来源，使用者须将成果复印件交回植物信息记录组备案。研究材料使用者填写《研究使用植物材料采集申请表》（附录 9），有关专类园区和植物保育部门负责人核实材料保育等级、核准可采集物种及采集植物器官与数量，植物保育部负责人签字确认，主管领导审定，植物信息记录组备案。采集材料时，植物保育部负责人会同植物材料所在专类园区指定专人负责采集所需研究材料；不得采集《研究使用植物材料采集申请表》核准范围以外的任何材料。申请书和申请表存留在植物信息记录组；植物信息记录组根据上述程序签发出门放行条，保卫部门根据放行条核准内容放行。在各植物专类园区建立研究基地适用本制度。

植物园鼓励和支持本园科学家与园外开展科研合作，植物迁地保育部门积极配合对外科研合作。园外科研合作单位研究使用本园收集植物材料须参照上述制度执行，且需缴纳一定的引种保育费用。

4. 监督管理

植物园收集、栽培、保育和繁殖生产的任何活植物与种子都是植物园所有的国有资产。全园员工均须积极监督管理活植物收集，维护植物迁地保育。禁止未经授权的任何单位和个人私自采摘植物园的植物材料（含地面捡收）。各专类园区/温室的管理人员是植物保护的主要责任者，全面负责所在园区植物的安全看护。保卫部门是全园植物保护的关键部门，负责全园巡查和出入口植物检查，负责处置私采和偷运植物材料，任何园区和个人一旦发现私自采摘（含地面捡收），应及时报告保卫部门处理。鼓励监督任何违反规定的行为，奖励经查属实的监督行为。如果发现私自采摘植物材料，除没收植物材料外，根据国家和主管部门有关法规与植物园管理制度严肃处理，造成严重后果触犯法规者，移交司法部门处理。

（廖景平　宁祖林　韦　强　张　征　黄宏文）

参 考 文 献

陈封怀. 1965. 关于植物引种驯化问题. 植物引种驯化集刊, 1: 7-13.

陈新兰. 2014. 华南植物园木兰科植物引种保育评价研究. 广州: 华南农业大学硕士学位论文.

董祖林, 高泽正, 杜志坚, 伍有声. 2015. 园林植物病虫害识别与防治. 北京: 中国建筑工业出版社.

傅立国. 1992. 中国植物红皮书: 珍稀濒危植物. 北京: 科学出版社.

贺善安, 顾姻, 於虹, 褚瑞芝. 2005. 论植物园的活植物收集. 植物资源与环境学报, 14(1): 49-53.

胡建竹. 2011. 姜目植物的迁地保育及其应用评价研究. 广州: 华南植物园硕士学位论文.

黄宏文, 段子渊, 廖景平, 张征. 2015. 植物引种驯化对近500年人类历史的影响及其科学意义. 植物学报, 50(3): 280-194.

黄宏文. 1998. 保育遗传学与植物遗传资源的保育策略. 武汉植物学研究, 16(4): 346-358.

黄宏文, 张征. 2012. 中国植物引种栽培及迁地保护的现状与展望. 生物多样性, 20(5): 559-571.

鞠瑞亭, 李慧, 石正人, 李博. 2012. 近十年中国生物入侵研究进展. 生物多样性, 20(5): 581-611.

康明, 叶其刚, 黄宏文. 2005. 植物迁地保护中的遗传风险. 遗传, 27(1): 160-166.

李铁华, 彭险峰, 喻勋林, 陈亮明. 2008. 楠木种子休眠与萌发特性的研究. 中国种业, (1): 43-45.

马金双. 2013. 中国入侵植物名录. 北京: 高等教育出版社.

徐海根, 强胜, 韩正敏, 郭建英, 黄宗国, 孙红英, 何舜平, 丁晖, 吴海荣, 万方浩. 2004. 中国外来入侵物种的分布与传入路径分析. 生物多样性, 12(6): 626-638.

俞德浚, 周多俊, 刘克辉, 陆荣刚, 王名金, 黄应森. 1965. 植物园原始材料圃建立系统管理制度的商榷. 植物引种驯化集刊, 1: 169-178.

中国科学院和环境保护部. 2015. 中国生物物种名录 2015 版(光盘). 北京: 科学出版社.

竺可桢, 宛敏渭. 1973. 物候学. 北京: 科学出版社.

Aplin D M, Linington S, Rammeloo J. 2007. Are indices seminum really worth the effort? Sibbaldia, 5: 93-107.

Aplin D M, Heywood V H. 2008. Do seed lists have a future? Taxon, 57(3): 709-711.

Aplin D M. 2013. Assets and liabilities: the role of evaluation in the curation of living collections. Sibbaldia, 11: 87-96

Bavcon J. 2012. Seed exchange on the basis of index seminum. Euro Gard, V: 8-14.

BGCI (Botanical Gardens Conservation International). 2016. Botanic gardens-from idea to realisation: BGCI's manual on planning, developing and managing Botanic Gardens. Richmond: Botanic Gardens Conservation International.

Böcher T W, Hjerting J P. 1964. Utilization of seeds from botanical gardens in biosystematic studies. Taxon, 13(3): 95-98.

Bruns E, Chmielewski F M, van Vliet A J H. 2003. The global phenological monitoring concept. *In*: Schwartz M D. Phenology: An integrative environmental science. Tasks for Vegetation Science, 39: 93-104. Dordrecht: Springer.

Cubey R, Gardner M F. 2003. A new approach to targeting verifications at the Royal Botanic Garden Edinburgh. Sibbaldia, 1: 19-23.

Cullen J, Knees S G, Cubey H S. 2011. The European Garden Flora, a manual for the identification of plants cultivated in Europe, both out-of-doors and under glass. 2nd Edition. Cambridge: Cambridge University Press.

DeMarie E T. 1996. The value of plant collections. Public Gard, 11(2): 7, 31.

Denny E G, Gerst K L, Miller-Rushing A J, Tierney G L, Crimmins T M, Enquist C A F. 2014. Standardized phenology monitoring methed to track plant and animal activity for science and resource management applications. International Journal of Biometeorology, 58(4): 591-601.

Ding J, Mack R N, Lu L, Ren M, Huang H. 2008. China's booming economy is sparking and accelerating biological invasions. BioScience, 58(4): 317-324.

Dosmann M S. 2006. Research in the garden-averting the collections crisis. The Botanical Review, 72(3): 207-234.

Dosmann M S. 2008. Curatorial notes: an updated living collections policy at the Arnold Arboretum. Arnoldia, 66(1): 10-21.

European Garden Flora Editorial Committee. 1984-2000. European Garden Flora. A Manual for the identification of plants cultivated in Europe, both out-of-doors and under glass, Vols 1-6. Cambridge: Cambridge University Press.

Fletcher H R. 1967. International association of botanic gardens. Taxon, 16(1): 42-45.

Frachon N, Gardner M, Rae D. 2009. The data capture project at the Royal Botanic Garden Edinburgh. Sibbaldia, 7: 77-82.

Given D R. 1994. Principles and practice of plant conservation. Portland: Timber Press.

Green P S. 1964. International association of botanic gardens meeting. Taxon, 14(4): 134-135.

Guerrant E O, Havens K, Maunder M. 2004. *Ex situ* plant conservation: supporting species survival in the wild. Washington D. C.: Island Press.

Hack V H, Bleiholder H, Buhr L, Meier U, Schnock-Fricke U, Weber E, Witzenberger A. 1992. Einheitliche Codierung der phanologischen Entwicklungsstadien mono- und dikotyler Pfanzen-Erweiterte BBCH-Skala. Allgemein. Nachrichtenblatt Deutschen Pflanzenschutzdienstes, 44: 265-270.

Henchie S. 1997. Ledger book to the digital era: The living collections plant records database, Kew. http://plantnet.rbgsyd.nsw.gov.au/HISCOM/REPORTS/henchiekew.html [2015-3-7].

Heywood V H, Sharrock S. 2013. European code of conduct for botanic gardens on invasive alien species. Council of Europe, Strasbourg, Botanic Gardens Conservation International, Richmond.

Heywood V H. 1964. Some aspects of seed lists and taxonomy. Taxon, 13(3): 94-95.

Heywood V H. 1987. The changing role of the botanic garden. *In*: Bramwell D, Hamann O, Heywood V,

Synge H. Botanic gardens and the world conservation strategy. London: Academic Press: 3-18.

Heywood V H. 2011. The role of botanic gardens as resource and introduction centres in the face of global change. Biodivers Conserv, 20(2): 211-239.

Heywood V H. 2012. The role of New World biodiversity in the transformation of Mediterranean landscapes and culture. Bocconea, 24: 69-93.

Hill A W. 1915. The history and functions of botanic gardens. Annals of the Missouri Botanical Garden, 2(1/2): 185-240.

Hohn T C. 2007. Curatorial practices for botanical gardens. Plymouth: AltaMira Press.

Howard R A, Green P S, Baker H G, Yeo P F. 1964. Comments on "seed lists". Taxon, 13(3): 90-94.

Hurka H, Neuffer B, Friesen N. 2004. Plant genetic resources in botanical gardens. Acta Horticulturae, 651: 35-44.

Koch E, Bruns E, Chmielewski F M, Defila C, Lipa W, Menzel A. 2007. Guidelines for phenological observations. http://www.omm.urv.cat/documentation.html[2015-3-7].

Leadlay E, Greene J. 1998. The Darwin technical manual for botanic gardens. Botanic Gardens Conservation International, UK.

Lighty R W. 1984. Toward a more rational approach to plant collections. Longwood Program Seminars, 16: 5-9.

Meier U. 2001. Growth stages of mono-and dicotyledonous plants, BBCH Monograph. Federal Biological Research Centre for Agriculture and Forestry, Germany.

Primack R B, Miller-Rushing A J. 2009. The role of botanical gardens in climate change research. New Phytologist, 182(2): 303-313.

Rae D, Baxter P, Knott D, Mitchell D, Paterson D, Unwin B. 2006. Royal Botanic Garden Edinburgh: Collection policy for the living collection. Edinburgh Royal Botanic Garden: 1-69.

RBG Kew. 1949. Review of the Work of the Royal Botanic Gardens, Kew, during 1948. Kew Bulletin, 1949(4): 1-18.

RBG Kew. 1950. Review of the Work of the Royal Botanic Gardens, Kew, during 1949. Kew Bulletin, 5(1): 1-23.

RBG Kew. 1953. Review of the Work of the Royal Botanic Gardens, Kew, during 1952. Kew Bulletin, 8(1): 1-25.

Salinero M C, Vela P, Sainz M J. 2009. Phenological growth stages of kiwifruit (*Actinidia deliciosa* 'Hayward'). Scientia Horticulturae, 121(1): 27-31.

Saska M M, Kuzovkina Y A. 2010. Phenological stages of willow (*Salix*). Annals of Applied Biology, 156(3): 413-437.

Schwartz M D. 2003. Phenology: An integrative environmental science. Dordrecht: Kluwer Academic press.

Taylor R L. 1986. Defining and distinguishing the research and education roles of botanical gardens and arboreta from those of other institutions and organizations. *In*: Balick M J. Botanical Gardens and Arboreta: Future directions. New York Botanical Garden/American Association of Botanical Gardens and Arboreta, Swarthmore, PA.

Thomas K A, Denny E G, Miller-Rushing A J, Crimmins T M, Weltzin J F. 2010. The National Phenology Monitoring System v0.1. USA-NPN Technical Series, 2010-001.

Thomas P, Watson M. 2000. Data management for plant collections-A handbook of best practice. Royal Botanic Garden Edinburgh, UK.

USA-NPN National Coordinating Office. 2012. USA-NPN plant and animal phenophase definitions. USA-NPN Technical Series 2012-004. http://www.usanpn.org.

Watson G W, Heywood V, Crowley W. 1993. North American Botanic Gardens. Horticultural Reviews, 15: 1-62.

Wyse Jackson P. 1998. International transfer format for botanic garden plant records (Version 2.00). Botanic Gardens Conservation International, London, UK.

Wyse Jackson P. 2001. An international review of the *ex situ* plant collections of the botanic gardens of the world. Botanic Gardens Conservation News, 3(6): 22-33.

Zadoks J C, Chang T T, Konzak C F. 1974. A Decimal code for the growth stages of cereals. Weed Res, 14(6): 415-421.

Zhang J J, Ye Q G, Yao X H, Huang H W. 2010. Spontaneous interspecific hybridization and patterns of pollen dispersal in *ex situ* populations of a tree species (*Sinojackia xylocarpa*) that is extinct in the wild. Conservation Biology, 24(1): 246-255.

附录 1A 野外引种记录表

野外引种记录表

引种号：		引种人：		日期：	
地点：				海拔/m：	
科名：		中文名：		经纬度：	
学名：				俗名：	
生态环境	山谷，山腰，山顶，溪边，水中，沙土，泥土，海边，石灰岩，密林下，灌丛，疏林，草地，路旁，平地，田野，沼泽，石上，树上				
	阴闭度：		方向：		土壤：
	温度/湿度：		光照：		植物群落或伴生植物：
	海拔：		pH：		
分布	普遍，少见，罕见				
地形	平地，丘陵，山地				
生长习性	阳生，阴生，中性，附生，旱生，湿生，水生，腐生，寄生，乔木，灌木，直立草本，匍匐草本，草质藤本，缠绕，攀缘				
生物学特性	根：				
	茎：				
	叶：				
	花：				
	果实和种子：				
用途					
保育种植建议					
采样类型	苗（同一居群/多个居群），枝条（同一株/多株），种子（同一株/多株），根茎（同一株/多株），球芽（同一株/多株），叶片组织（同一株/多株），DNA（同一株/多株），其他				
凭证标本：			照片号：		
附记：			鉴定人：		

附录 1B 野外引种记录表

野外引种种子记录表

登录号 ID				采集数量	
采集日期					
主要采集人（领队）			单位		
其他采集人					
分类群名			土名（+民族文字）		
凭证标本	Yes/No 数量	采样数量 （选择）	1 2~5 10~25 25~50 50~100 100~1000 >1000	物候状态（选择）	
土壤标本	Yes/No 数量			花较果多 果较花多 仅有果 果实已散布	
采用方法 （选择）	随机取样 规则取样 横穿居群取样 居群中央取样 居群边缘取样 其他				
成年植株数量 （选择）	1 2~5 10~25 25~50 50~100 100~1000 >1000				
种子/果实从地面收集？			YES　NO		
采样区域面积（m·m）					
凭证照片					
国家		一级行政分区		二级行政分区	
地点					
纬度 Y	经度 X		定位定位方法		
海拔/m	湿度				
栖息地类型			伴生物种	（特别注明稀有或含丰富的物种）	
采集备注：（遭遇的问题、采集方法、估计种子数量、花色等）					

附录 2A 植物登录表

植物登录表

登录号	学名	中文名	科名	拉丁科名	引入日期	采样方法	数量	来源地	材料类型	引种人	初植地	种源	鉴定查证	物候观察

注：采样方法：SO. 同一植株的种子，SM. 多于一株植物的种子，VO. 同一植株的枝条，VM. 多于一株植物的枝条，SAO. 同一居群的苗（sapling），SAM. 多于一居群的幼苗，XX. 采样方法未知。SD. 种子，PT. 植株，SL. 植株，CT. 插条，BB. 球茎等。种源：W. 直接从野外采集，Z. 采集自已知野生来源的栽培植株，G. 采集自未知野生来源的栽培植株，包括购买和获赠的未知野生来源的栽培植株，U. 来源不确定

附录 2B　植物登录表

植物登录表

材料名称 （重新登录则加 登录号）						
材料类型	种子	植株	幼苗	插条	球茎	其他
采样方法	自同一植株		自一株以上		材料数量	未知来源
植物来源	提供人/联系人： 单位： 地址：					
种源	野生来源		栽培植株		已知野外信息 的栽培植株	
野外采集信息						
采集人			采集号		采集日期	
国家			地点			
栖息地					海拔	
其他（传粉者， 地理信息）						

附录 3　植物繁殖记录表

植物繁殖记录表

原植物名		登录号/限定号	
繁殖需求者及部门		请求日期/数量/繁殖方式	
繁殖人/专类园区		繁殖地点/时间	

繁殖方式：	繁殖材料：	材料处理：
□播种	□种子 □接穗	□热水浸
□嫁接	□砧木 □压条	□冷水浸
□压条	□插条 □已生根插条	□机械破皮
□扦插	□鳞茎或球茎 □根茎	□化学处理
□分株	□块茎 □匍匐茎	□激素处理
□组织培养	□块根 □芽体	□杀菌剂处理
□无病毒繁殖	□孢子 □外植体	□接种物
	□其他	□其他

容器类型：	场地信息：	繁殖信息：
□播种盘	□温室	繁殖日期：
□穴植管	□冷床	繁殖数量：
□花盆	□阴棚	种子数量：
□六连盆	□覆盖的阴棚	发芽率：
□沙床	□露地	移植时间：
□空地	□其他	移植数量：
□其他		定植地点与数量：

园艺管理	日期			
	浇水			
	温度			
	光照			
生长情况	高度			
	直径			
繁殖建议	基质			
	浇水			
	温度			
	光照			
其他				

附录 4　植物移植定植/苗木出圃记录表

植物移植定植/苗木出圃记录表

登录号	植物名称	规格	数量	原种植园区	定植园区	定植位置与代码	定植日期

附录 5 物种鉴定查证记录表

物种鉴定查证记录表

序号	原中名	原学名	新名称	科名	登录号	限定号	鉴定查证人	鉴定日期	备注

附录 6　病虫害防治记录表

病虫害防治记录表

危害植物中文名	危害植物学名	危害植物登录号	病虫害中文名	病虫害学名	危害时间	危害程度	危害症状	处理方法与结果	防治建议

专类园区名称：　　　　　　　　　　　　　记录人：　　　　　记录日期：

附录 7 植物转让/死亡记录表

植物转让/死亡记录表

登录号	数量	植物名称	日期	原种植区	接收地	死亡	标牌需求

附录 8 植物检疫记录表

植物检疫记录表

送检人	送检日期	材料来源及类型	采集者	采集号	采集日期	检疫者

登录号	检疫编号	植物名称	来源地	检疫后种植地	植株数量	检疫结果

处理意见:

附录 9 研究使用植物材料采集申请表

研究使用植物材料采集申请表

材料用途（研究项目）：＿＿＿＿＿＿＿＿＿＿＿＿＿＿＿＿＿＿＿＿＿＿＿

材料使用人：＿＿＿＿＿＿＿＿＿＿＿ 经办人（签名）：＿＿＿＿＿＿＿＿＿＿＿＿＿

研究组首席研究员（签名）：＿＿＿＿＿＿＿＿＿＿＿＿＿＿＿＿＿＿＿

（注明材料中文名、学名、材料类型、规格、数量、单价）：

承诺	本次从××植物园采集的植物材料仅用于研究，未来产生的科研成果将标注材料来源于××植物园，承诺将成果复印件交回××植物园植物信息记录组备案；用于植物化学和分子生物学研究的植化提取物和 DNA 提取物交回园艺中心保存。
	申请人（签名）：
	时间：

专类园区经办人：	保育部门负责人：
专类园区负责人：	主管领导：

主任：

注：此表经专类园区、植物保育部门负责人和主管领导签字审批，交植物信息记录组开具放行条，凭放行条放行。放行条一式三份，分别存专类园区负责人、植物信息记录组和安全保卫部门。

附录 10　物候观测表

常绿乔木和灌木物候观测表

物种名：　　　　登录号：　　　　定植号/植株编号：　　　　观测点：　　　　观测者：　　　　年份：

物候期 ＼ 日期													
叶芽膨大	YN?	YN?	YN?	YN?	YN?	YN?	YN?	YN?	YN?	YN?	YN?	YN?	YN?
叶芽萌发	YN?	YN?	YN?	YN?	YN?	YN?	YN?	YN?	YN?	YN?	YN?	YN?	YN?
展叶	YN?	YN?	YN?	YN?	YN?	YN?	YN?	YN?	YN?	YN?	YN?	YN?	YN?
花芽膨大	YN?	YN?	YN?	YN?	YN?	YN?	YN?	YN?	YN?	YN?	YN?	YN?	YN?
花芽萌芽	YN?	YN?	YN?	YN?	YN?	YN?	YN?	YN?	YN?	YN?	YN?	YN?	YN?
始花	YN?	YN?	YN?	YN?	YN?	YN?	YN?	YN?	YN?	YN?	YN?	YN?	YN?
盛花	YN?	YN?	YN?	YN?	YN?	YN?	YN?	YN?	YN?	YN?	YN?	YN?	YN?
末花	YN?	YN?	YN?	YN?	YN?	YN?	YN?	YN?	YN?	YN?	YN?	YN?	YN?
果实发育	YN?	YN?	YN?	YN?	YN?	YN?	YN?	YN?	YN?	YN?	YN?	YN?	YN?
果熟	YN?	YN?	YN?	YN?	YN?	YN?	YN?	YN?	YN?	YN?	YN?	YN?	YN?

注：观察物候期，并标注这物候期出现（"是Y"）、未出现（"否N"）或未查看（"?"）；如出现（"是Y"），请标注重要物候事件 BBCH 代码：01. 叶芽膨大始期，芽明显肿胀，芽鳞色浅、具浅色斑块，分离，局部密被绒毛；07. 叶芽萌发始期，刚见到幼叶尖（伸长）叶鳞片；08. 叶芽萌发末期：明显可见幼叶，但未见到叶柄或叶基之前；11~19. 观察和记录第 1~9 片叶展开（观察到叶柄或叶基）的日期；51. 花（序）芽膨大；53. 花（序）芽萌芽，可见有色彩的花（序）尖；60. 始花，花零星开放；65. 盛花，约有 90%的花已开放；71. 果实发育中幼果开始膨大；81. 果熟开始果实或果实开始变色，出现不同颜色的果实。

落叶乔木和灌木物候观测表

物种名：　　　　登录号：　　　　定植号/植株编号：　　　　观测点：　　　　观测者：　　　　年份：

物候期 \ 日期														
叶芽膨大	YN?	YN?	YN?	YN?	YN?	YN?	YN?	YN?	YN?	YN?	YN?	YN?	YN?	YN?
叶芽萌发	YN?	YN?	YN?	YN?	YN?	YN?	YN?	YN?	YN?	YN?	YN?	YN?	YN?	YN?
展叶	YN?	YN?	YN?	YN?	YN?	YN?	YN?	YN?	YN?	YN?	YN?	YN?	YN?	YN?
花芽膨大	YN?	YN?	YN?	YN?	YN?	YN?	YN?	YN?	YN?	YN?	YN?	YN?	YN?	YN?
花芽萌芽	YN?	YN?	YN?	YN?	YN?	YN?	YN?	YN?	YN?	YN?	YN?	YN?	YN?	YN?
始花	YN?	YN?	YN?	YN?	YN?	YN?	YN?	YN?	YN?	YN?	YN?	YN?	YN?	YN?
盛花	YN?	YN?	YN?	YN?	YN?	YN?	YN?	YN?	YN?	YN?	YN?	YN?	YN?	YN?
末花	YN?	YN?	YN?	YN?	YN?	YN?	YN?	YN?	YN?	YN?	YN?	YN?	YN?	YN?
果实发育	YN?	YN?	YN?	YN?	YN?	YN?	YN?	YN?	YN?	YN?	YN?	YN?	YN?	YN?
果熟	YN?	YN?	YN?	YN?	YN?	YN?	YN?	YN?	YN?	YN?	YN?	YN?	YN?	YN?
叶变色始期	YN?	YN?	YN?	YN?	YN?	YN?	YN?	YN?	YN?	YN?	YN?	YN?	YN?	YN?
落叶始期	YN?	YN?	YN?	YN?	YN?	YN?	YN?	YN?	YN?	YN?	YN?	YN?	YN?	YN?
落叶盛期	YN?	YN?	YN?	YN?	YN?	YN?	YN?	YN?	YN?	YN?	YN?	YN?	YN?	YN?
落叶末期	YN?	YN?	YN?	YN?	YN?	YN?	YN?	YN?	YN?	YN?	YN?	YN?	YN?	YN?

注：参见常绿乔木和灌木物候观测表

柔荑花序类物候观测表

物种名：　　　　登录号：　　　　定植号/植株编号：　　　　观测点：　　　　观测者：　　　　年份：

物候期 \ 日期																	
叶芽膨大	YN?	YN?	YN?	YN?	YN?	YN?	YN?	YN?	YN?	YN?	YN?	YN?	YN?	YN?	YN?	YN?	YN?
叶芽萌发	YN?	YN?	YN?	YN?	YN?	YN?	YN?	YN?	YN?	YN?	YN?	YN?	YN?	YN?	YN?	YN?	YN?
展叶	YN?	YN?	YN?	YN?	YN?	YN?	YN?	YN?	YN?	YN?	YN?	YN?	YN?	YN?	YN?	YN?	YN?
花芽膨大	YN?	YN?	YN?	YN?	YN?	YN?	YN?	YN?	YN?	YN?	YN?	YN?	YN?	YN?	YN?	YN?	YN?
花芽萌芽	YN?	YN?	YN?	YN?	YN?	YN?	YN?	YN?	YN?	YN?	YN?	YN?	YN?	YN?	YN?	YN?	YN?
始花	YN?	YN?	YN?	YN?	YN?	YN?	YN?	YN?	YN?	YN?	YN?	YN?	YN?	YN?	YN?	YN?	YN?
盛花	YN?	YN?	YN?	YN?	YN?	YN?	YN?	YN?	YN?	YN?	YN?	YN?	YN?	YN?	YN?	YN?	YN?
末花	YN?	YN?	YN?	YN?	YN?	YN?	YN?	YN?	YN?	YN?	YN?	YN?	YN?	YN?	YN?	YN?	YN?
果实发育	YN?	YN?	YN?	YN?	YN?	YN?	YN?	YN?	YN?	YN?	YN?	YN?	YN?	YN?	YN?	YN?	YN?
果熟	YN?	YN?	YN?	YN?	YN?	YN?	YN?	YN?	YN?	YN?	YN?	YN?	YN?	YN?	YN?	YN?	YN?
叶变色始期	YN?	YN?	YN?	YN?	YN?	YN?	YN?	YN?	YN?	YN?	YN?	YN?	YN?	YN?	YN?	YN?	YN?
落叶始期	YN?	YN?	YN?	YN?	YN?	YN?	YN?	YN?	YN?	YN?	YN?	YN?	YN?	YN?	YN?	YN?	YN?
落叶盛期	YN?	YN?	YN?	YN?	YN?	YN?	YN?	YN?	YN?	YN?	YN?	YN?	YN?	YN?	YN?	YN?	YN?
落叶末期	YN?	YN?	YN?	YN?	YN?	YN?	YN?	YN?	YN?	YN?	YN?	YN?	YN?	YN?	YN?	YN?	YN?

注：观察物候期，并标注该物候期出现（"是Y"），未出现（"否N"）或在看（"?"），请：标注重要物候事件 BBCH 代码：01. 叶芽膨大始期，芽明显肿胀，芽鳞伸长；03. 叶芽膨大末期，芽鳞色浅、分离，局部密被绒毛；07. 叶芽萌发始期，刚见到幼叶叶尖（伸出鳞片）；08. 叶芽萌发末期，明显可见幼叶，但未见到叶柄或叶基之前；11~19. 观察和记录第1~9片叶展开（观察到叶柄或叶基）的日期；51. 花（序）芽膨大、刚见到幼叶；53. 花（序）芽萌芽，可见有色彩的花（序）尖；60. 始花，花零星开放；65. 盛花，50%的花开放；69. 末花，约有90%的花已开放，可见坐果；71. 果实发育中幼果开始被果实开始变色，出现不同颜色的果实；92. 秋色期，出现不同颜色变色；93. 叶开始变色；落叶期；93. 叶开始脱落；95.50%的叶脱落；97. 完全脱落

球果类物候观测表

物种名：　　　登录号：　　　定植号/植株编号：　　　观测点：　　　观测者：　　　年份：

物候期 \ 日期													
叶芽膨大	YN?	YN?	YN?	YN?	YN?	YN?	YN?	YN?	YN?	YN?	YN?	YN?	YN?
叶芽萌发	YN?	YN?	YN?	YN?	YN?	YN?	YN?	YN?	YN?	YN?	YN?	YN?	YN?
展叶	YN?	YN?	YN?	YN?	YN?	YN?	YN?	YN?	YN?	YN?	YN?	YN?	YN?
始花	YN?	YN?	YN?	YN?	YN?	YN?	YN?	YN?	YN?	YN?	YN?	YN?	YN?
盛花	YN?	YN?	YN?	YN?	YN?	YN?	YN?	YN?	YN?	YN?	YN?	YN?	YN?
末花	YN?	YN?	YN?	YN?	YN?	YN?	YN?	YN?	YN?	YN?	YN?	YN?	YN?
球果发育	YN?	YN?	YN?	YN?	YN?	YN?	YN?	YN?	YN?	YN?	YN?	YN?	YN?
种熟	YN?	YN?	YN?	YN?	YN?	YN?	YN?	YN?	YN?	YN?	YN?	YN?	YN?

注：观察物候期，并标注该物候期出现（"是Y"），未出现（"否N"）或未查看（"？"）；如出现（"是Y"），请标注重要物候事件BBCH代码：萌芽期，01.芽膨大开始；07.芽膨大期，明显可见绿色叶鳞片；08.萌芽，刚见到绿色叶（苗）尖，但见叶柄或叶基之前。展叶期，11.第1片（对、轮）叶展开或最早的叶开始展开；15.第5片叶展开但尚未达到其最终大小；19.第9或更多的叶达终大小；60.始花，花粉释放初期，轻轻摇动或吹风时花粉零星释放；65.盛花，花粉释放盛期，50%的球果轻轻摇动或吹风时花粉释放；69.末花，花粉释放末期，90%的花粉释放完成；71.球果发育中幼果开始膨大；81.种球成熟期，球果完全成熟

草本植物物候观测表

物种种名：　　　　登录号：　　　　定植号/植株编号：　　　　观测点：　　　　观测者：　　　　年份：

物候期\日期																
叶芽膨大	YN?	YN?	YN?	YN?	YN?	YN?	YN?	YN?	YN?	YN?	YN?	YN?	YN?	YN?	YN?	YN?
叶芽萌发	YN?	YN?	YN?	YN?	YN?	YN?	YN?	YN?	YN?	YN?	YN?	YN?	YN?	YN?	YN?	YN?
展叶	YN?	YN?	YN?	YN?	YN?	YN?	YN?	YN?	YN?	YN?	YN?	YN?	YN?	YN?	YN?	YN?
花芽膨大	YN?	YN?	YN?	YN?	YN?	YN?	YN?	YN?	YN?	YN?	YN?	YN?	YN?	YN?	YN?	YN?
花芽萌芽	YN?	YN?	YN?	YN?	YN?	YN?	YN?	YN?	YN?	YN?	YN?	YN?	YN?	YN?	YN?	YN?
始花	YN?	YN?	YN?	YN?	YN?	YN?	YN?	YN?	YN?	YN?	YN?	YN?	YN?	YN?	YN?	YN?
盛花	YN?	YN?	YN?	YN?	YN?	YN?	YN?	YN?	YN?	YN?	YN?	YN?	YN?	YN?	YN?	YN?
末花	YN?	YN?	YN?	YN?	YN?	YN?	YN?	YN?	YN?	YN?	YN?	YN?	YN?	YN?	YN?	YN?
果实发育	YN?	YN?	YN?	YN?	YN?	YN?	YN?	YN?	YN?	YN?	YN?	YN?	YN?	YN?	YN?	YN?
果熟	YN?	YN?	YN?	YN?	YN?	YN?	YN?	YN?	YN?	YN?	YN?	YN?	YN?	YN?	YN?	YN?
枯萎期	YN?	YN?	YN?	YN?	YN?	YN?	YN?	YN?	YN?	YN?	YN?	YN?	YN?	YN?	YN?	YN?

注：观察物候期，并标注该物候期出现（"是Y"），未出现（"否N"）或 未查看（"?"）；如出现（"是Y"），请标注重要物候事件 BBCH 代码：01. 叶芽膨大始期；03. 叶芽膨大末期，芽鳞色浅、分离、局部密被绒毛；07. 叶芽萌发始期，刚见到幼叶叶尖（伸出鳞片）；08. 叶芽萌发末期，明显可见幼叶，但未见到叶片构或叶基之前；11~19 观察和记录第 1~9 片叶展开（观察到叶片构或叶基）的日期；51. 花（序）芽膨大；53. 花（序）芽萌芽，可见有色彩的花（序）尖；60. 始花，花零星开放；65. 盛花，50%的花已开放；69. 末花，约有 90%的花已开放，可见坐果；71. 果实发育中幼果开始膨大；81. 果熟开始或果实变色，出现不同颜色的果实；97. 枯萎期，植株或地上部分死亡或休眠

禾草类物候观测表

物种名：　　　登录号：　　　定植号与植株编号：　　　观测点：　　　观测者：　　　年份：

物候期＼日期													
叶芽膨大	YN?	YN?	YN?	YN?	YN?	YN?	YN?	YN?	YN?	YN?	YN?	YN?	YN?
叶芽萌发	YN?	YN?	YN?	YN?	YN?	YN?	YN?	YN?	YN?	YN?	YN?	YN?	YN?
展叶	YN?	YN?	YN?	YN?	YN?	YN?	YN?	YN?	YN?	YN?	YN?	YN?	YN?
花芽膨大	YN?	YN?	YN?	YN?	YN?	YN?	YN?	YN?	YN?	YN?	YN?	YN?	YN?
花芽萌芽	YN?	YN?	YN?	YN?	YN?	YN?	YN?	YN?	YN?	YN?	YN?	YN?	YN?
始花	YN?	YN?	YN?	YN?	YN?	YN?	YN?	YN?	YN?	YN?	YN?	YN?	YN?
盛花	YN?	YN?	YN?	YN?	YN?	YN?	YN?	YN?	YN?	YN?	YN?	YN?	YN?
末花	YN?	YN?	YN?	YN?	YN?	YN?	YN?	YN?	YN?	YN?	YN?	YN?	YN?
果实发育	YN?	YN?	YN?	YN?	YN?	YN?	YN?	YN?	YN?	YN?	YN?	YN?	YN?
果熟	YN?	YN?	YN?	YN?	YN?	YN?	YN?	YN?	YN?	YN?	YN?	YN?	YN?
枯萎期	YN?	YN?	YN?	YN?	YN?	YN?	YN?	YN?	YN?	YN?	YN?	YN?	YN?

注：观察物候期，并标注该物候期出现（"是Y"）、未出现（"否N"）或 未查看（"？"）；如出现（"是Y"），请标注重要物候事件 BBCH 代码：01. 叶芽膨大始期，芽鳞显肿胀，芽明显肿胀；03. 叶芽膨大末期，芽鳞色浅、分离、局部被疏绒毛；07. 叶芽萌发始期，刚见到幼叶叶尖（伸出叶鳞片）；08. 叶芽萌发末期，明显可见幼叶，但未见到叶柄或叶基之前；11~19 观察和记录第 1~9 片叶展开（观察到叶柄或叶基）；51. 花（序）芽膨大；53. 花（序）芽萌芽，可见有色彩的花（序）尖；60. 始花，花冠星开放；65. 盛花，50%的花开放；69. 末花，约有 90%的花已开放；71. 果实发育中幼果开始膨大；81. 果熟开始或果实开始变色，出现不同颜色的果变色；97. 枯萎期，植株或地上部分死亡或休眠，各物类亦指收割时间

蕨类植物物候观测表

物种名：　　　登录号：　　　定植号/植株编号：　　　观测点：　　　观测者：　　　年份：

物候期＼日期											
萌芽期	YN?	YN?	YN?	YN?	YN?	YN?	YN?	YN?	YN?	YN?	YN?
不育叶展叶期	YN?	YN?	YN?	YN?	YN?	YN?	YN?	YN?	YN?	YN?	YN?
孢子叶展叶期	YN?	YN?	YN?	YN?	YN?	YN?	YN?	YN?	YN?	YN?	YN?
孢子囊群出现期	YN?	YN?	YN?	YN?	YN?	YN?	YN?	YN?	YN?	YN?	YN?
孢子囊群成熟期	YN?	YN?	YN?	YN?	YN?	YN?	YN?	YN?	YN?	YN?	YN?
孢子囊群脱落期	YN?	YN?	YN?	YN?	YN?	YN?	YN?	YN?	YN?	YN?	YN?
蕨叶开始枯萎	YN?	YN?	YN?	YN?	YN?	YN?	YN?	YN?	YN?	YN?	YN?
蕨叶变色	YN?	YN?	YN?	YN?	YN?	YN?	YN?	YN?	YN?	YN?	YN?
植株枯死	YN?	YN?	YN?	YN?	YN?	YN?	YN?	YN?	YN?	YN?	YN?

注：观察物候期，并标注该物候期出现（"是Y"），未出现（"否N"），或未查看（"？"）；如出现（"是Y"），请：
标注重要物候事件 BBCH 代码：萌芽期，09. 芽露出地面，刚观察到绿色叶头。展叶期；10. 地面上蕨叶开始卷曲；11. 第1片蕨叶展开或最早的蕨叶开始展开；15. 第5片蕨叶展开但未达最终大小；19. 第9或更多的蕨叶充分展开并达到其最终最大大小。孢子囊发育期，60. 孢子囊群开始出现，绿色；65. 孢子囊群成熟，颜色变深且干燥，释放孢子，69. 孢子囊群萎缩脱落；92. 孢子叶与孢子叶形态和发育时期不同，展叶期须分别观测记录不育叶和孢子叶的展叶；95. 50%的蕨叶变黄；99. 植株枯死。

仙人掌类物候观测表

物种名：　　　　登录号：　　　　定植号/植株编号：　　　　观测点：　　　　观测者：　　　　年份：

物候期 \ 日期											
花芽膨大	YN?	YN?	YN?	YN?	YN?	YN?	YN?	YN?	YN?	YN?	YN?
花芽萌芽	YN?	YN?	YN?	YN?	YN?	YN?	YN?	YN?	YN?	YN?	YN?
始花	YN?	YN?	YN?	YN?	YN?	YN?	YN?	YN?	YN?	YN?	YN?
盛花	YN?	YN?	YN?	YN?	YN?	YN?	YN?	YN?	YN?	YN?	YN?
末花	YN?	YN?	YN?	YN?	YN?	YN?	YN?	YN?	YN?	YN?	YN?
果实发育	YN?	YN?	YN?	YN?	YN?	YN?	YN?	YN?	YN?	YN?	YN?
果熟	YN?	YN?	YN?	YN?	YN?	YN?	YN?	YN?	YN?	YN?	YN?

注：观察物候期，并标注该物候期是否出现（"是Y"），未出现（"否N"）或 未查看（"?"）；如出现（"是Y"），请：

标注重要物候事件 BBCH 代码：51. 花芽膨大；53. 花芽萌芽，芽闭合，可见花尖；60. 始花，花零星开放；65. 盛花，50%的花开放；69. 末花期，开花结束，95%~100%的花开放；71. 果实发育中幼果开始或果实变色开始，81. 果熟，坐果，果实开始膨大，果实开始出现不同的颜色

附录 11　扩展的 BBCH 物候阶段划分

扩展的 BBCH 生长阶段（Hack et al., 1992）

代码		描述
初级生长阶段 0：萌发、发芽、芽发育		
00		干种子（在 00 阶段拌种）
	PV	冬季休眠或休眠期
01		种子开始吸胀
	PV	芽开始膨大
03		种子吸胀完成
	PV	叶芽膨大结束
05		种子长出胚根（根）
	PV	多年生器官形成根
06		幼根伸长，形成根毛或（和）侧根
07	G	颖果长出胚芽鞘
	DM	具子叶的下胚轴或苗（芽）穿破种皮
	PV	发芽或芽破出开始
08	D	具子叶的下胚轴长出土壤表面
	PV	苗（芽）长出至土壤表面
09	G	破土：胚芽鞘突破土壤表面
	DM	破土：子叶突破土壤表面（留土发育除外）
	DV	破土：苗或叶突破土壤表面
	P	芽出现绿尖
初级生长阶段 1：叶发育（主苗）		
10	G	第一片真叶从胚芽鞘长出
	DM	子叶完全展开
	P	第一片分开
11		第一片（对、轮）真叶展开
	P	最早的叶展开
12		第二片（对、轮）真叶展开
13		第三片（对、轮）真叶展开
1……		……以此类推
19		第 9 或更多片（对、轮）真叶展开
初级生长阶段 2：依次形成侧苗/分蘖		
21		第一侧苗可见
	G	第一分蘖可见
22		第二侧苗可见
	G	第二分蘖可见
23		第三侧苗可见
		第三分蘖可见

代码		描述
2……		……以此类推
29		第 9 或更多侧苗可见
		第 9 或更多分蘖可见
初级生长阶段 3：茎伸长或莲座状茎生长，苗发育（主苗）		
31		茎（莲座状茎）达最后长度（直径）的 10%
	G	第一节可检测
32		茎（莲座状茎）达最后长度（直径）的 20%
		第二节可检测
33		茎（莲座状茎）达最后长度（直径）的 30%
		第三节可检测
3……		……以此类推
39		达到茎最大长度或莲座状茎最大直径
		第 9 或更多的节可检测
初级生长阶段 4：可收获的植物营养部分或营养繁殖器官（主苗）上叶发育		
40		可收获的植物营养部分或营养繁殖器官（如叶）开始发育
41	G	旗叶鞘伸长
43		30%（的叶）达到最后大小
	G	旗叶鞘刚见肿胀（抽穗）
45		50%（的叶）达到最后大小
	G	旗叶鞘肿胀
47		70%（的叶）达到最后大小
	G	旗叶鞘打开
49		所有的叶达到最后大小
	G	第一芒可见
初级生长阶段 5：花序（主苗）发生/抽穗		
51		可见花序芽或花芽
	G	抽穗开始
55		可见最早的花（仍被包裹着）
	G	一半花序可见（抽穗中期）
59		可见最早的花瓣已具有花瓣形态
	G	花序完全发生（抽穗结束）
初级生长阶段 6：开花（主苗）		
60		最早的花开放（零星地）
61		开始开花：10% 的花开放
62		20% 的花开放

代码		描述
63		30%的花开放
64		40%的花开放
65		盛花：50%的花开放，最早的花瓣可脱落
67		开花完成：大多数花瓣脱落或干枯
69		开花末期：可见坐果
主要发育阶段7：果实发育		
71		10%的果实达到最后大小或果实达到最后大小的10%
	G	颖果松软成熟
72		20%的果实达到最后大小或果实达到最后大小的20%
73		30%的果实达到最后大小或果实达到最后大小的30%
	G	早期灌浆早起
74		40%的果实达到最后大小或果实达到最后大小的40%
75		50%的果实达到最后大小或果实达到最后大小的50%
	G	灌浆成熟，中期灌浆
76		60%的果实达到最后大小或果实达到最后大小的60%
77		70%的果实达到最后大小或果实达到最后大小的70%
	G	晚期灌浆
78		80%的果实达到最后大小或果实达到最后大小的80%
79		几乎所有果实达到最终大小
主要发育阶段8：成熟或果实种子成熟期		
81		成熟开始或果实变色开始
85		成熟或果实变色晚期
	G	蜡熟期
87		果实开始变软（浆果植物）
89		完全成熟：果实显示出成熟颜色，果实脱落开始
主要发育阶段9：衰老，休眠开始		
91	P	苗发育完成，叶仍为绿色
92		开始变色
93		开始落叶
95		50%的叶脱落
97		落叶结束，植株或地上部分死亡或休眠
	P	植物休眠
99		收割（采后或贮存处理亦归于99）

注：D = 双子叶植物，M = 单子叶植物，V = 营养体或繁殖器官发育，G = 禾本科，P = 多年生植物；未标注类群者适宜于所有植物类群描述

第四章　居群遗传学原理与遗传风险及管理对策

第一节　植物保育遗传学研究概况

生物多样性是生物及其环境形成的生态复合体,以及与此相关的各种生态过程的整合,包括动物、植物、微生物和它们所拥有的基因,以及它们与其生存环境形成的复杂的生态系统,它是生命系统的基本特征。

地球上丰富壮观的生物世界是生命长期进化的结果。我们至今仍无法确定地球上究竟有多少物种,也无法描述和命名所有的物种。约 40 亿年的生命进化历程使得现有的生物多样性高于历史上任何地质年代,地球上现有物种的数量为 1000 万~1500 万种,目前已经被描述过的大约有 150 万种(蒋志刚,2016)。然而,地球上的生物多样性也正在以空前的速度消失。研究表明,地球正经历着有史以来的第六次大的灭绝危机(Thomas et al.,2004;Hopkin,2004)。许多物种已经灭绝或由于居群数量的减少而濒临绝灭。尽管物种灭绝是一个自然进化过程,但人类直接或间接的干预大大加快了这一进程(Frankham et al.,2002)。人类活动使植物物种正以高于自然灭绝 1000 倍的速度消亡(BGCI,2003;IUCN,2001;Pitman and Jorgensen,2002)。据估计,地球上现存的 30万~40 万种维管植物中约有 50%的物种已经受到不同程度的威胁。在我国,已知的约 3 万多种高等植物中,就有约 5000 种已经受到威胁,其中约 10%的物种处于濒危状态(http://www.mep.gov.cn)。如不采取切实有效的保护措施,到 21 世纪末,全球将有 2/3的高等植物消失(Pitman et al.,2002)。

一、保护生物学

保护生物学是一门综合性学科,其目标是评估人类对生物多样性的影响,提出防止物种灭绝的具体措施(Soulé,1986;Wilson,1992;Heywood and Iriondo,2003)。因此,保护生物学是一门应对和处理生物多样性危机的决策科学,Soulé(1985)将其称为"危机科学"。生物多样性保护和可持续利用是保护生物学研究的核心内容。

生物多样性是人类共同的财富,是人类赖以生存和发展的物质基础。然而,长期以来,人类的传统意识和宗教观念认为"人类是地球的主宰,大自然只不过是可供人类开发利用的资源,地球万物可尽为我所用",致使人类对自然资源过度开发;随着工业的飞速发展,人口剧增,人们掠夺式地开采自然资源的行为更加疯狂,导致地球上自然区域的面积急剧缩减,而人类活动对生物多样性的负面影响却在不断加剧。人类正面临着前所未有的挑战。环境的急剧恶化,生物栖息地的丧失,给人们敲响了警钟,当所熟知的物种因过度利用而不断消失时，人们才开始警觉并逐渐意识到保护生物多样性、保护人类赖以生存的自然生态环境的重要性。如何保护和可持续利用地球上丰富的生物资源已经成为人们关注的焦点。

早期的保护源于自发的自然保护行为，到 19 世纪后半叶便演变为有组织的自然保护行动，还相继成立了专门的学会，如英国皇家鸟类保护协会（Royal Society for the Protection of Birds，RSPB）和英国自然保留地促进会（Royal Society for the Promotion of Nature Reserves）（Pullin，2005）。1978 年，第一届国际保护生物学大会在美国圣地亚哥动物园召开，确立了保护生物学的雏形；1985 年，现代保护生物学之父 Soulé 创建了国际保护生物学会（Society for Conservation Biology），标志着保护生物学作为一门学科的诞生。两个保护生物学专业期刊 Conservation Biology 和 Biological Conservation 的创刊发行，极大地促进了保护生物学的发展，从此，保护生物学日趋成熟和完善。

1992 年 6 月在巴西里约热内卢召开的联合国环境与发展大会是一次重要的世界性生物多样性保护大会，会上签署了《生物多样性公约》（Convention on Biological Diversity）、《里约环境与发展宣言》（The Rio Declaration）和《联合国气候变化框架公约》（United Nations Framework Convention on Climate Change），这表明生物多样性保护已经成为实际的国际性联合行动。会后，各国相继制定了生物多样性保护行动计划。

二、保育遗传学

保育遗传学是保护生物学的一个新分支，是建立在进化遗传学、居群和数量遗传学、分类学基础之上的一门应用学科（Frankham et al.，2002）。保育遗传学是一门由基础科学和应用科学高度融合、交叉的新兴学科，其主要目的是服务于当今世界关注的热点问题——生物多样性保护和可持续利用。它运用遗传学的原理和方法，结合现代分子生物学手段，以居群为基本研究单位，进行生物多样性，尤其是遗传多样性的研究和保护。

随着分子生物学技术的不断发展，物种的遗传多样性引起了人们越来越多的重视（Lovejoy，1996；Templeton，1996）。澳大利亚科学家 Otto Frankel 最早认识到遗传因素在保护生物学中的重要性，他在 20 世纪 70 年代初发表了多篇相关的论文（Frankel，1970，1974；Soulé and Frankham，2000）。后来，Otto Frankel 和美国科学家 Michael Soulé 合著了第一本涉及遗传因素的保护生物学专著，详细阐明了遗传因素在保护生物学中的重要性（Frankel and Soulé，1981）。近 20 年来，在保护生物学的研究和实践中，人们逐渐将遗传学的原理和方法应用于生物多样性的研究和保护，使之成为保护生物学中一个十分活跃的研究领域和方向（Avise，1989；胡志昂和张亚平，1997；邹喻苹等，2001；Amos and Balmford，2001；李昂和葛颂，2002；Frankham et al.，2002），一门新的学科——保育遗传学（Conservation Genetics）便从 21 世纪初诞生了。2000 年，保育遗传学专业期刊 Conservation Genetics 创刊，标志着保育遗传学这门学科正逐步走向成熟并受到国际社会的广泛关注。

　　生命系统是一个等级系统（hierarchical system），包括多个层次或水平——基因、细胞、组织、器官、物种、种群、群落、生态系统和景观。每一个层次都具有丰富的变化，即都存在多样性。概括地说，生物多样性主要包括 3 个相互关联的基本层次或水平，即生态系统多样性、物种多样性和遗传多样性（蒋志刚等，1997）。遗传多样性是指生物体内决定性状的遗传因子及其组合的多样性，是生物多样性的重要组成部分。物种多样性是物种以上各水平多样性的最重要来源，即遗传多样性决定着其他两个层次的多样性。广义的遗传多样性是指地球上所有生物携带的遗传信息的总和；狭义的遗传多样性主要是指种内不同群体之间或同一群体内不同个体之间遗传变异的总和（施立明等，1993）。

　　遗传多样性是生命适应和进化的物质基础，是物种对环境变化成功做出反应的决定因素，因此，遗传多样性水平的高低是物种适应性进化潜力大小的重要标志。遗传多样性对于维持物种的适应性进化潜力和生殖健康度具有重要意义。种内的遗传多样性或变异越丰富，物种对环境变化的适应能力就越强，其进化的潜力也就越大，或者说遗传多样性为物种的进化提供了潜在的原料储备（Templeton，1996）。物种濒危或灭绝的原因有很多，其中全球变化、人为干扰和生境片断化是主要的外在因素，但其根本原因在于内在因素，即遗传多样性的丧失。遗传多样性的丧失必然会导致物种对环境变化的适应能力的降低，从而影响该物种的生存（Avise and Hamrick，1996；Frankham et al.，2002；Frankham，2003；Hedrick，2004）。研究表明，遗传多样性的丧失将降低物种抵抗病虫害的能力，甚至直接导致某些物种的灭绝（Booy et al.，2000）。因此，保护物种及其所蕴藏的遗传多样性就是保护物种赖以生存和演化的基础。

　　保育遗传学是分子生物学和居群遗传学的高度融合，它将居群遗传学的原理和方法应用于生物多样性的保护和管理，因此，保育遗传学的发展将得益于现代分子生物学技术和居群遗传学统计方法的发展。分子标记则是进行保育遗传学研究最常用且有效的工具和手段。

　　分子标记：在生物系统与进化研究中，每个能反映遗传变异的，能提供系统学信息的多态性位点就称为一个分子标记；在遗传育种研究中，每个与研究的性状或目的基因连锁的多态性位点也称为一个分子标记（邹喻苹等，2001）。分子标记技术是以分子遗传信息为基础的。常用的分子标记主要有等位酶、RAPD、RFLP、AFLP、SSR、SNP等。分子标记在植物居群遗传学、保护生物学、遗传资源保护管理及可持续利用、作物品种亲缘关系界定、遗传育种及分子系统发育等方面得到了广泛的应用。

　　等位酶（allozyme）：同一基因位点上不同等位基因编码的同种酶的不同分子形式（Prakash et al.，1969）。等位酶的特点是共显性标记，其实验条件要求严格，实验结果重复性差，要求采用新鲜叶片。等位酶虽然为共显性，但是可判读的位点有限、等位基因少，而且它并非严格的选择中性，因此往往造成对遗传多样性的低估。

RAPD：随机扩增多态性 DNA（random amplified polymorphic DNA，RAPD）（Williams et al.，1990）以一个 10 碱基的任意序列的寡核苷酸片段为引物，在未知序列的基因组 DNA 上进行随机的 PCR 扩增。RAPD 以孟德尔方式遗传。RAPD 的优点是不需要预先掌握所分析基因组的序列信息，信息量大、成本低、简便、快捷、高效，缺点是显性遗传，不能识别纯合子（AA）与杂合子（Aa），从而会丢失有价值的遗传信息，不能准确地反映遗传变异的水平，且实验结果重复性差，对反应条件敏感，可靠性低，因而在应用上受到了一定的限制。

RFLP：限制性片段长度多态性（restriction fragment length polymorphism，RFLP）（Taberlet et al.，1991；Démesure et al.，1995；Dumolin-Lapégue et al.，1997）。DNA 经限制性内切酶消化后会产生许多长短不一的连续性片段，这些片段的数目与长短反映了 DNA 上限制性位点的分布，对每一个 DNA/限制性内切酶组合来说，这些片段大小的差异就称为限制性片段长度多态性（邹喻苹等，2001）。RFLP 的优点是结果稳定可靠、准确性高，缺点是需要构建 cDNA 文库或基因组文库，耗费时间，成本高。

AFLP：扩增片段长度多态性（amplified fragment length polymorphism，AFLP）（Vos et al.，1995）。AFLP 是在 RAPD 和 RFLP 的基础上发展起来的分子标记技术，它克服了二者的缺陷而集中了它们的优点。AFLP-PCR 是一种半随机扩增，不需要预先掌握被分析基因组的序列信息，且只需极少量的 DNA 材料就可以快速获得大量的信息。多态性高，实验结果重复性好、稳定可靠、准确高效。以孟德尔方式遗传，选择中性，但实验操作有一定的难度，且为显性标记，故在应用上受到了一定的限制。

SSR：简单序列重复（simple sequence repeat，SSR），最初由 Tautz 和 Renz（1984）发现，为真核生物所特有，后来被 Litt 和 Luty（1989）命名为微卫星（microsatellite）。微卫星 DNA 是一种由 1~6 个核苷酸组成的短的串联的简单重复序列，如(CA)$_n$、(GAG)$_n$、(GACA)$_n$ 等，广泛分布于真核生物的基因组中。由于串联重复的数目是可变的，因此 SSR 呈现出高度多态性。研究表明，可能是 DNA 复制过程中的"链滑"（strand slippage）现象或者是有丝分裂或减数分裂过程中同源小卫星之间的不等交换造成同一基因座在特定物种的群体中可以有很多等位基因，呈现出较高的多态性（Schlötterer and Tautz，1992）。微卫星 DNA 以孟德尔方式遗传，具有多态性高、重复性好、共显性表达、选择中性，广泛分布于真核生物基因组中且处于基因组的高变区，可用干燥叶片提取 DNA 等优点。然而，微卫星分子标记在使用上仍有其不足之处。主要表现在两个方面：①研究发现，微卫星 DNA 侧翼序列在近缘物种间具有一定的保守性（Moore et al.，1991；Primmer et al.，1996；Yao et al.，2006），通常需要对每个物种进行微卫星位点的筛选和特异引物的设计，工作烦琐，耗时费力且成本高，但是，近年来发展了许多简易、高效的微卫星开发技术（Zane et al.，2002），大大提高了引物开发的效率；②存在无效等位基因（null allele）和结巴带（stutter band），影响等位基因频率的统计，进而影响其他遗传参数，不过近年来开发的一些软件可以对微卫星中的无效等位基因和结巴带进行检测和矫正（van Oosterhout，2004）。

SNP：单核苷酸多态性（single nucleotide polymorphism，SNP），是目前最新一代的遗传标记（Lander，1996）。SNP 是广泛存在于基因组中的一类 DNA 序列变异，其频率为 1%或更高。它是由单个碱基的转换或颠换引起的点突变，稳定且可靠，并通常以二等位基因的形式出现（邹喻苹和葛颂，2003）。虽然单个位点提供的多态信息不如微卫星，但是 SNP 在基因组内出现的频率高，因此可以通过增加检测位点数来弥补这一不足（Brumfield et al.，2003）。SNP 易于进行大规模检测，但需要借助测序或基因芯片技术，成本高。

保育遗传学就是运用遗传学的原理和方法，以生物多样性，尤其是遗传多样性的研究和保护为核心的一门学科（Woodruff，1989，1990）。它综合了居群遗传学、生态学、分子生物学和进化生物学等多个学科的研究内容，围绕"遗传与灭绝和遗传与进化"这一科学命题，研究影响物种灭绝的遗传因素及濒危物种的遗传管理方法，以降低物种的灭绝风险。保育遗传学研究的对象主要是珍稀濒危物种，由于珍稀濒危物种多为小居群，因此关于小居群的保育遗传学研究理应受到更多的关注（Ellstrand and Elam，1993）。

保育遗传学研究的主要内容包括：居群遗传变异水平及居群遗传结构、居群片断化的遗传后果、种间边界的确定、物种或更高级别类群间的系统发育关系及进化显著单元和管理单元的确定（Avise and Hamrick，1996；Frankham et al.，2002）。随着分子生物学技术的不断发展及数据分析技术的不断完善，保育遗传学的研究内容也将不断拓展，但居群的遗传多样性与遗传结构及其在保护实践中的应用仍然是保育遗传学研究所关注的核心问题（李昂和葛颂，2002；Hedrick，2004）。半个世纪以来，基因分型技术取得了长足进展并积累了海量数据。但是，至今各种分子标记对大量物种中性遗传多样性的测定没有一个统一的、可比较的参数标准。艾斌等全面收集了近 30 年采用同工酶、RAPD、AFLP、ISSR、SSR 及核苷酸测序对数以千计的种子植物遗传多样性的测定数据，将用各种分子标记得出的预期杂合度（H_e 即遗传多样性估值）转化为统一的核苷酸多样性（π），并重新评估植物遗传多样性与生活史特征或灭绝风险等的相关性（Ai et al.，2014）。该研究成功建立了统一 π 值的可比较参数：种子植物平均居群水平和物种水平的 π 值分别为 0.003 74（155 个科、966 种植物）和 0.005 69（130 个科、728 种植物）。π 值遗传多样性与植物重要性状的相关分析发现，植物的繁育系统在居群水平上呈极显著相关（$P < 0.001$），而物种分布范围在物种水平上呈显著相关。自交物种的 π 值显著低于异交或混交物种，而狭域分布物种的 π 值也低于广布种。关于遗传多样性与物种濒危的关系，该研究仅发现濒危等级的两个极端等级（极度濒危与无濒危风险）之间存在显著差异，也就是说，遗传多样性在濒危进程中的降低较难被检测到（Ai et al.，2013）。

遗传结构特指居群遗传变异的分布式样或格局，即基因和基因型在时间和空间上的一种非随机分布（Loveless and Hamrick，1984；Hamrick，1989）。对植物居群遗传结构及其影响因子的研究是植物保育遗传学的重要课题，是探讨植物的适应性、物种形成过程和式样及其进化机制的基础。Hamrick 和 Godt（1996）对同工酶电泳资料的总结表明，植物类群的分类地位、分布范围、生活史特征、繁育系统、种子扩散机制和演替阶段都对居群遗传分化程度有显著的影响，而其中繁育系统、分布范围和生活史特征对居群遗传结构影响最大。植物居群具有什么样的遗传结构取决于居群中自交或近交所占的比重。Ehlers 和 Pedersen（2000）采用等位酶技术研究了丹麦境内的 3 个火烧兰属植物的遗传多样性和地理分布，发现物种的繁育系统与居群的遗传结构密切相关。异交广布种 *Epipactis helleborine* subsp. *helleborine* 遗传变异程度较高，而且绝大部分变异（91%）存在于居群内，而专性自交种 *Epipactis phyllanthes* 在检测的全部位点上均为单态。

广布种通常比狭域分布的特有物种具有较高的遗传多样性，但遗传分化程度要低，如濒危植物 *Menziesia goyozanensis* 比其广布近缘种 *M. pentandra* 的等位酶遗传多样性低得多（Maki et al.，2002）；濒危兰花 *Gymnadenia odoratissima* 主要分布在欧洲斯堪的纳维亚等地，与其广布种 *G. conopsea* 相比，*G. odoratissima* 的居群内遗传变异更低，居群间遗传分化更大（Gustafsson and Sjögren-Gulve，2002）。但是也有很多情况相反的报道（Gitzendanner and Soltis，2000）。例如，濒危物种 *Daviesia suaveolens* 的遗传多样性比常见种 *D. mimosoides* 高（Young and Brown，1996）；濒危植物裂叶沙参与其近缘广布种泡沙参具有近似相同的等位酶遗传多样性（葛颂和洪德元，1999）。此外，多年生长寿命木本植物的遗传多样性水平高于所有物种的统计平均值，且倾向于具有较低程度的居群间遗传分化（Hamrick and Godt，1996）。因此分析居群遗传结构时必须整合多个方面的信息，才能准确地解释遗传结构形成的原因，从而更好地制定濒危物种的保护对策（Frankham et al.，2002）。

研究物种遗传多样性和居群遗传结构的目的在于获得更多的遗传信息，为保护策略的制定提供科学依据（Drummond et al.，2000）。当居群的遗传变异主要分布在居群间时，需要保护更多的居群；当居群的遗传变异主要分布在居群内时，保护的居群可以少些，但是在每个居群中需要保护尽可能多的个体（Hamrick and Godt，1996）。例如，Hogbin 和 Peakall（1999）采用 RAPD 分子标记研究了澳大利亚芸香科植物 *Zieria prostrata* 的遗传多样性，结果表明，该种的遗传变异主要分布在居群间（37%），因此，作者认为，任何一个居群遗传变异的丧失都会对物种整体的遗传变异造成很大损失。

遗传多样性和遗传结构的研究是探讨生物适应意义、物种形成及进化机制的基础，是保护生物学研究的核心内容之一。Lemes 等（2003）利用 8 个微卫星位点研究了巴西境内大叶桃花心木（*Swietenia macrophylla*）的居群遗传结构，发现桃花心木居群内保持着较高的遗传多样性，但是部分居群出现了近交衰退的现象，因此作者认为必须对巴西境内的桃花心木进行就地保护。由于人类的过度利用，新喀里多尼亚群岛的半寄生植物檀香树（*Santalum album*）受到了严重威胁，Bottin 等（2005）采用 SSR 标记进行研究，发现檀香树居群内维持了较高程度的遗传变异，但是居群间出现了遗传分化，小部分居群出现了自交，说明海岛效应对该物种的遗传多样性和遗传结构都产生了强烈的影响；最后作者建议建立两个进化显著单元来保护檀香树的遗传资源。此外，近年来微卫星标记在菊科植物 *Argyroxiphium kauense*（Friar et al.，2001）、热带树种 *Carapa guianensis*（Dayanandan et al.，1999）、玉兰属植物 *Magnolia sieboldii* subsp. *japonica*（Kikuchi and Isagi，2002）、薯蓣科植物 *Borderea chouardii*（Segarra-Moragues et al.，2005）及巴西油桃木（*Caryocar brasiliense*）（Collevatti et al.，2001）等稀有濒危植物的遗传多样性评价与保育策略的制定方面发挥了重要的作用。微卫星分子标记因其具有众多优点而在濒危植物遗传保护研究中得到了越来越广泛的应用，并极大地提高了保护工作的有效性。

第二节　植物迁地保护中的遗传因素

由于人类活动直接或间接的影响，物种赖以生存的自然生态系统遭到了严重的破坏，致使全球大量物种受到非正常灭绝的威胁。据估计，目前全世界有 50% 的植物物种已经受到灭绝的威胁，如不及时采取有效的保护措施，到 21 世纪末，将有 2/3 的高等维管植物消失（Pitman et al.，2002）。历史的经验和现状告诉我们，稀有濒危物种需要在人类的帮助下才能得到有效的保护，迁地保护就是其中最主要的措施之一。对于因野外栖息地彻底丧失而导致极度濒危或野外已灭绝的物种，迁地保护在相当长的一段时间内甚至是唯一的保护措施。植物迁地保护的方式主要有：活体栽培、种子库、离体保存及 DNA 库等。植物园是迁地保护稀有濒危植物最主要的场所，据统计，约有 30% 的稀有濒危植物已保存在全球 1800 个主要的植物园中。"植物全球保育战略"（GSPC）的目标之一是：到 2020 年，全球至少有 75% 的稀有濒危植物在原产国进行活植物迁地收集保存，其中至少 20% 达到复原和恢复实施的标准（Wyse Jackson and Kennedy，2009）。英国皇家植物园（KEW）已经保存了 25 000 种维管植物（约占全球维管植物的 10%），其中有 2700 种被 IUCN 列为稀有濒危植物；美国由 34 个植物园（树木园）组成的植物保育中心（CPC）保存了 600 种美国本土的濒危植物，其中有 10% 已被列入重返自然的计划。我国是植物多样性非常丰富的国家，拥有约占世界 10% 的维管植物，并有一大批珍稀特有植物。我国植物园（树木园）约有 160 个，引种保存了中国植物区系的植物约 20 000 种，保存了我国约 40% 的濒危植物。尽管如此，由于人口膨胀和经济发展的双重压力，我国稀有濒危植物的就地保护和迁地保护都面临着巨大的挑战。

和动物相比，植物的迁地保护要方便得多，主要是因为植物的管理和繁殖相对容易。大多数植物对环境条件的要求并不苛刻而且基本相似，它们在植物园中容易被栽活，并且植物具有多样化的繁育系统，其自然生殖和人工繁殖都比动物容易。但是，濒危植物的迁地保护也有其自身的特殊性。植物园在收集和引种过程中，普遍存在来源不清、遗传混杂和盲目定植等问题，这将给被保护的植物带来一系列的遗传风险，特别是涉及濒危物种的回归引种时，这类问题会显得更为突出。

一、遗传多样性丧失

遗传多样性涵盖了同一物种不同个体间所有遗传上的差异，它是物种生存与进化的物质基础。由于稀有濒危植物多为小居群，野生数量稀少，这在客观上造成植物园在收集、引种时的困难，因此，一个普遍的现象是：在植物园迁地保存的居群中，栽培的个体通常只有少数几棵成年植株，而且还有一部分来自植物园之间的重复引种，这就使得植物园目前所保存的绝大部分稀有濒危植物不能涵盖物种足够的遗传多样性，即缺乏遗传代表性。从遗传学的角度来看，我们在迁地保护中希望达到的目标是：至少在 100 年内保持物种 90% 以上的遗传多样性。

对于大多数濒危物种来讲，远没有达到这一目标。我们用等位酶初步研究了武汉植物园 5 株伞花木（*Eurycorymbus cavaleriei*）及其 200 多株子代幼苗的遗传多样性，在所测试的 12 个酶系中，多态性位点低于 10%，表明该物种迁地保护居群的遗传多样性极低。造成这种低水平的遗传多样性的原因是迁地保护的 5 株伞花木来自同一亲本或亲缘关系极近的个体，而不是伞花木的遗传多样性本来就很低，因为伞花木是一种广布的特有单种属木本植物（朱红艳等，2005）。Li 等（2002）比较了广西青梅（*Vatica guangxiensis*）迁地保护在西双版纳植物园的人工居群和 3 个自然居群的遗传多样性，结果表明，迁地保护居群涵盖了该物种 88.3% 的遗传多样性，说明对广西青梅的迁地保护在遗传多样性水平上基本上是成功的，但是，仍然有一些自然居群中的特有等位基因没有被取样。值得注意的是，大多数濒危植物为多年生长寿的种子植物，它们往往可以生存几百年甚至上千年，所以即使在小居群的情况下，遗传多样性的丧失也是比较慢的，因此，只要采取适当的引种、取样和管理方法，保持濒危植物足够的遗传多样性是可行的。

了解濒危植物野生居群遗传多样性的水平和分布格局对于确定优先保护居群和制定有效的取样策略是非常必要的。现在已经有越来越多基于分子标记的濒危植物居群的遗传多样性数据。这些数据可以用来作为取样参考，如果大部分遗传多样性存在于居群内，则在少数几个居群取样即能涵盖大部分的遗传多样性；而对于遗传多样性主要存在于居群间的物种，则需要对尽可能多的居群进行取样，很多草本植物或自交植物会是这种情况，如我们之前用 AFLP 分析濒危蕨类中华水韭（*Isoetes sinensis*）自然居群的遗传变异，发现只有约 36.5% 的遗传变异存在于居群内，这可能是中华水韭居群极小且经历了长期的隔离造成居群间严重分化的缘故（Kang et al., 2005）。如果只从其中某一个居群取样，大部分遗传多样性将被遗漏。需要指出的是，在实际的取样和引种工作中，往往缺乏濒危植物野生居群的遗传多样性资料，在这种情况下，我们需要根据物种的分布范围、生活史特征、繁育系统等来初步判断其遗传多样性分布情况并确定取样方案。一般来说，广布的、广交的长寿木本植物其大部分遗传多样性会包含在居群内，而狭域分布的、自交的短命植物的遗传多样性会分布在居群间。同时，对所有物种边缘居群的取样也是非常重要的，因为这样的居群可能含有更多特有或稀有的基因型，另外还需要重视对不同生态型的取样和保护。对于每个物种或居群取样的个体数并没有统一的标准，如果条件允许，应该从几个不同居群中取 10~50 株植株，每株采集 20 粒左右的种子。许再富（1998）也结合自己多年的实践经验，针对不同的生活史、生态型和繁育系统提出了一个操作性很强的经验公式供参考，同时，他认为对大多数物种来讲，每种应至少有 10~20 株在 5 个植物园得到迁地保护。

此外，对于植物园已经收集保存的植物，人为有意或无意的选择也会造成遗传多样性的丧失。张冬梅等（2001）对油松种子园去劣疏伐前后交配系统及遗传多样性的影响进行了研究。疏伐后的居群自交率升高，遗传多样性降低。植物园中有许多一年生或多年生草本植物依靠种子繁殖维持种群的更新。有些物种一年四季都开花结实，而人们往往只在秋季采收种子。不同季节传粉昆虫的活动不同，可能会引起繁育系统的改变。年末的种子往往因传粉昆虫的减少而多为居群自交产生，后代的适合度（fitness）和遗传多样性都会降低。

二、近交与杂交

近交是指亲缘关系近的个体之间的交配，植物的自交是近交的一种极端形式。近交虽然没有改变居群中等位基因的频率，却能快速地（1~2 代）改变居群中基因型的频率。近交会使居群中杂合子的数量降低，纯合子的数量增加，使得许多隐性的有害基因在子代中表达，结果导致子代的死亡率增加，育性下降，生长发育不良，即近交衰退。如果说小居群中因遗传漂变而导致遗传多样性丧失并威胁到居群的生存仅仅是一个长期的遗传效应，那么由于近交衰退而导致子代适合度的下降却能在短期内显现出来。近年来已有不少由于近交衰退而增加物种灭绝风险的证据，如 Newman 和 Pilson（1997）研究了实验条件下不同近交程度植物 *Clarkia pulchella* 小居群（$N = 12$）的灭绝速率，结果表明，到第 3 代，高度近交居群的灭绝速率为 75%，而轻度近交居群的灭绝速率为 21%。尽管植物繁育系统和生活史的多样化使得这一结果并不具有普遍性，但它已经清楚地证明了近交衰退可以直接导致物种的灭绝。自然界也的确存在一些一直就是小居群的稀有植物，它们似乎没有受到近交的影响，这可能是因为居群中的遗传清除（genetic purging）能有效地去除居群中的有害等位基因。因此，有人甚至提出可以通过有意识的近交来清除居群中的遗传负荷（genetic load）。但是试验结果表明，小居群中遗传清除的效果是非常有限的，即使遗传清除能在一定程度上清除居群中的有害等位基因，它也不能抵消由近交导致的近交衰退。

植物园在稀有濒危植物的迁地保护中，通常因为谱系记录缺失，可能把同一家系或经过反复近亲繁殖的后代种植在一起，导致后代的近交衰退。另外，有些植物需要有专一的传粉昆虫，在迁地保护环境下，传粉媒介的改变也会迫使植物进行自交或近交。主要表现为从植物园收集的种子发芽率低、生长缓慢等。在迁地保护的实际工作中，由于客观原因，我们只能保存到极少的个体，在这种情况下，近交或近交衰退是不可避免的。在动物的迁地保护中，为了减轻近交衰退，常常采用人工配种，从而避免亲缘个体之间的交配。但是，由于植物多为长期固定种植，其传粉往往依靠昆虫或风等媒介完成，希望通过人工授粉来降低近交衰退是非常困难的。在植物园中要降低近交衰退的风险，关键在于保存尽可能多的、亲缘关系相对较远（不至于造成远交衰退）的成年个体数。因此，植物园的引种必须要有详细的来源和谱系记录。在定植时不要引种同一母树的种苗，同样，在植物园里从同一植株上采集的种子不能作为今后的母本树种植在一起。植物园间的种质交换对于防止近交衰退也有一定的作用。对于植物园里收集到的种子也可以采用种子库（seed bank）的方法进行长期保存，不过我国的大部分植物园目前并不具备相应的设施。事实上，我们认为植物园的空间和容量毕竟是有限的，要缓和这一压力并减轻近交衰退的程度，有计划的、逐步的回归引种才是根本的出路。可以将我国的退化生态系统和自然保护区的缓冲区及其周边地区作为物种回归或异地保存的主要场所。把退化生态系统的恢复与物种的回归引种有机地结合起来，应作为今后植物园发展的一个方向。

杂交是指两个遗传上有明显分化的个体间的交配。在保护生物学中，杂交既指种间（亚种间）个体间的交配，也包括种内不同居群个体间的交配。人们很早就认识到了杂交在物种形成和进化中所起的重要作用，如杂交可以增加子代的遗传多样性，提高居群适合度，转移优良基因。事实上，杂交至今仍然是动植物育种中一种常规的方法。对于稀有濒危物种来说，杂交所导致的杂交衰退（outbreeding depression）、遗传同化（genetic assimilation）、基因渐渗（introgression）等一系列遗传后果也引起了保护生物学家的高度重视。

濒危植物的种间杂交主要有三方面的遗传风险：杂交衰退、遗传同化及基因渐渗。杂交衰退表现为杂交后代的适合度下降，致使杂交亲本得不到延续；如果杂交后代的适合度超过杂交亲本，那么一个亲本可能会把另一亲本"杂交掉"，即遗传同化；如果杂交后代还能和其中一个亲本交配（回交），则会把一个物种的基因渗透到另一个物种中，即基因渐渗。种间的杂交是导致许多植物濒危或灭绝的一个重要原因。Wolf 等（2001）通过模型模拟认为，种间杂交对濒危物种的遗传威胁作用最快，稀有物种通常不足 5 代就会灭绝。近几十年来，越来越多的物种，尤其是稀有濒危物种是因人为因素导致的杂交而灭绝的。在美国的加利福尼亚，至少有 19%的稀有植物有被杂交的危险（Carol and Miller，1995）。稀有种还可能被邻近常见种的花粉污染，会导致后代不育或使物种间的界限不清。研究表明，一年生杂草向日葵（*Helianthus annuus*）通过杂交会对几种濒危向日葵属（*Helianthus*）物种造成很大的威胁；在加利福尼亚，胡桃野生稀有种 *Juglans hindsii* 因为被栽培种 *J. regia* 杂交而濒临灭绝（Ellstrand and Elam，1993）。卡特琳娜红木（*Cercocarpus traskiae*）仅存在于美国加利福尼亚州圣卡塔利娜（Santa Catalina）岛上，现存的 11 株成年个体中，有 5 株是该种与其广布近缘种 *C. traskiae* 杂交所产生的，可见种间杂交给该种的生存带来了一定的威胁（Rieseberge and Gerber，1995）。

种内不同居群间的杂交同样具有一定的遗传风险，主要表现为地方适应性（local adaptation）性状的丢失。处于不同生境条件下的不同居群，由于长期的自然选择作用，会形成适应某种特殊环境的性状（生态型）。居群间杂交衰退的机制有两种情况：一是具有地方适应性的基因型在杂交后代中被稀释（dilution），造成这些性状显性不足（underdominance）；另一种情况是，由几个基因组成的共适应性基因复合体（co-adapted gene complex）或内共适应体在居群的杂交过程中被分离。在 6 个 *Lotus scoparius* 居群中，遗传分化越高的居群杂交后，每朵花产生的种子就越少，同时种子的出苗率就越低，表明种内存在杂交衰退（Montalvo and Ellstrand，2001）。有些物种在种内杂交后，F_1 代表现出杂种优势，但在 F_2 和 F_3 代表现出杂交衰退，如 *Chamaecrista fasciculate*，杂交后的 F_1 表现为杂种优势，而 F_3 代的适合度则明显下降，这是因为 F_1 代同时获得的双亲的共适应等位基因并没有出现基因分离和交换（Fenster and Galloway，2000）。值得注意的是，如果居群间的分化仅仅是由于长期的遗传漂变（genetic drift）而不是自然选择造成的，那么居群间的杂交可以在一定程度上抵消近交衰退和遗传漂变的不利影响并增加子代的适合度。例如，通过对 5 个多年生草本植物 *Arnica montana* 居群的居群内和居群间的杂交结果进行比较发现，居群内个体间的交配出现了近交衰退的后果，而居群间的杂交则表现出杂种优势（Luijten et al.，2002）。种内杂交后子代表现出的杂种优势可能是因为杂种掩盖了原来存在于亲本中的有害基因，使其不能表达；或者是等位基因在子代中超显性表达的结果。

植物的交配选择在很大程度上是由花粉的随机飘散决定的，因此植物和近缘种发生杂交的可能性要比动物大得多。植物园往往是在一个有限的范围内保存几千种甚至上万种植物，而且很多植物园还以专类园的形式把同一类植物种植在同一保存区，这就使得在植物园迁地保护条件下远远要比野生条件下容易发生杂交，因此，杂交衰退可能是稀有濒危植物在植物园的迁地保护中所面临的最大的遗传威胁。Maunder 等（2001）调查了欧洲 29 个国家的 119 个从事植物保育的植物园，也发现了类似的问题。自然条件下的种间杂交是生物进化的一个重要环节，没有必要进行过多的干预，但是由人为因素造成的种间杂交则应该加以防范和控制，即使对某些极度濒危的物种（1~2 个个体）通过杂交来达到某种基因挽救（gene rescue），也必须慎重行事。发生在植物园迁地保护条件下的种间杂交毫无疑问是一种人为的杂交，无论其结果是杂种优势（heterosis）还是杂交衰退，都应该得到有效的控制。对于种内居群间的杂交则需要区别对待，虽然也有杂交衰退的风险，但在很多情况下，有意识地增加居群间的基因流，有利于防止因小居群而造成的近交衰退、遗传漂变等不良后果，进而增加子代的遗传多样性。

大多数近缘种在表型上都比较相似，再加上植物表型本来就有一定的可塑性，使得杂种的早期鉴定非常困难。分子标记，如 Allozyme、SSR 和 AFLP，是鉴定杂种相对准确的方法，因为杂交亲本特有的等位基因会同时在杂交子代中表达。在植物园中，也可以通过人工授粉的试验来判断是否有种间杂交的可能，一旦发现有种间的杂交，则应把其中一种迁出定植区。例如，我们采用控制授粉的试验发现迁地保护在武汉植物园的稀有濒危植物秤锤树（*Sinojackia xylocarpa*）和狭果秤锤树（*S. rehderiana*）可以杂交（Zhang et al.，2010），这就提示我们不能把这两种植物定植在同一保存区。鉴定种内的杂交衰退则更为困难，需要做反复的移植试验，而且很多种内的杂交衰退要在 F_2 甚至 F_3 代才会表现出来。在实际工作中，需要在定植时就考虑到这些因素的影响，不要把有可能发生种间杂交的近缘物种种植在一起。对于引自不同居群的同种植物，如果其所处的生境有强烈的异质性，也应该分开种植；而把来自均一生境中不同居群的个体定植在一起则有利于增加居群内的基因流。由于有杂交的可能，在进行回归引种或植物园间的引种时，来自植物园（树木园）的种子需要小心使用，因为这些种子可能带有一些种间的杂种。

三、遗传适应

早在达尔文时代，人们就已经认识到遗传适应（genetic adaptation）在植物引种驯化中的积极作用。即便在现在的迁地保护中，我们依然希望从野外引种的植物能够适应植物园的环境。但是，近年来的研究发现，迁地保护中的遗传适应是决定今后物种恢复是否成功的一个重要因素。迁地保护中的遗传适应在动物中表现得更为明显。Heath 等（2003）在一个切努克大麻哈鱼的迁地保护和回归项目中发现，在自然条件下，较大的鱼卵成活率更高，即自然倾向于选择大的鱼卵，而在人工饲养条件下，大麻哈鱼选择压力变小，产卵量增加，但其所产的鱼卵明显变小，这些小的鱼卵在自然条件下成活的概率大大降低，从而影响到大麻哈鱼的放归。人们把这种快速的遗传适应称为快速进化（rapid evolution）或小进化（microevolution），虽然在植物中没有这样典型的例子，但是植物同样会发生类似的遗传适应。

稀有濒危植物在植物园进行迁地保护的过程中，由于生境的变化和有意识或无意识的人工选择，植物在表型、抗性和生活史等方面可能发生可以遗传的变化。这种变化改变了物种本来的演化路线，给日后物种的恢复带来一定的困难。黄仕训等（2001）发现，将 7 种稀有植物从富钙的石灰岩地区引种到植物园的酸性土壤中后，在形态和生活史等方面发生了不同程度的变化，这些变化会对物种的回归产生怎样的影响还需要进一步的研究。IUCN（2002）建议在濒危物种的原产地就近进行迁地保护，并且避免人为的选择，其目的之一就是尽可能地减少濒危物种在迁地保护条件下的遗传适应。

迁地保护在植物园中的稀有濒危植物本质上说是许多人工创建的小居群的集合，因此，它们不但和自然的小居群一样将面临一系列的遗传风险，同时还会遇到一些更为特殊的问题，如遗传适应、疾病交叉传染、突变积累等。在植物园现有的条件下，想要杜绝这些风险几乎是不可能的。例如，把来自不同居群的个体种植在一起有利于防止近交衰退，却有可能造成杂交衰退。因此，有些学者认为，迁地保护在保持稀有濒危物种的进化潜力和物种回归方面的作用是非常有限的。但是，我们不能放弃对稀有濒危植物的迁地保护，也不能忽视迁地保护在物种恢复中的作用。事实上，植物园迁地保护在物种野外回归（reintroduction）中已经显得越来越重要，国际植物园保护联盟（BGCI）于 1995年正式编辑出版了《植物园的植物回归手册》用来指导植物园迁地保育植物的野外回归工作。世界自然保护联盟物种生存委员会（IUCN-SSC）也在 1998 年出版了濒危物种的《物种回归指南》。

现实清楚地告诉我们，植物园不能局限于对濒危物种的临时性抢救，不能停留在长期保存几百种稀有濒危植物的活体标本，也不能以物种在植物园是否能完成生活史（从种子到种子）作为评价保护成功与否的标准。我们需要研究的是植物园迁地保护中的遗传学问题，植物园的管理人员也应该重视植物园中的遗传管理，最重要的是，在实际工作中，找到一个平衡点，将各种遗传风险控制在最低限度。植物园需要充分地考虑在长期保存物种的同时，如何保持稀有濒危植物后代（种子和种苗）的纯正性和适合度，以保持物种适应环境变化的能力。只有做到这一点，植物园才能在真正意义上为生物多样性保护做出贡献。

第三节　后基因组时代的保育遗传学

近 20 年来，保育遗传学的发展主要体现在两个方面，一方面是群体遗传分析和统计方法的改进和完善，另一方面则是基因组学的发展。受传统研究技术及方法的制约，目前保育遗传学研究尚有很大的局限。由于传统的保育遗传学研究采用的分子标记数量较少，对于物种整个基因组的代表性不强。例如，采用 5~20 个微卫星位点进行遗传分析，可检测的遗传变异往往仅能覆盖基因组的 0.000 001%。另外，中性分子标记不受自然选择的作用，它们与受选择的基因的变异方式不一致，因此并不能有效地反映功能基因的变异（Angeloni et al.，2011）。微卫星、AFLP 等中性分子标记，对于检测群体的中性遗传过程（如漂变、基因流、生境片断化对居群的遗传影响等）较为理想，但对于研究近交衰退、远交衰退、群体对环境的适应等保育关键问题有明显的不足（Allendorf et al.，2010；Ouborg et al.，2010）。近年来，虽然中性分子标记在保育遗传学依然广泛应用，但是选择性分子标记在适应性进化研究方面具有优势，因而越来越受到重视（Kirk and Freeland，2011）。

保育基因组学（conservation genomics）的发展无疑给非模式生物基因组水平的遗传多样性和适应性进化研究带来了新的契机（Avise，2010；Ekblom and Galindo，2011）。传统的 Sanger 测序技术和成本因素使得获取大量基因耗时耗力，给对研究非模式生物的适应性进化带来严重的制约。保育基因组学基于新一代高通量测序（next-generation sequencing，NGS）技术，采用大量分子标记（足以代表整个基因组水平）来检测物种的遗传变异格局，并可以有效地鉴定与适应性相关的遗传变异位点及其功能（Angeloni et al.，2011）。目前，NGS 平台包括 Roche 公司的 GS FLX、Illumina 公司的 Genome Analyzer 和 HiSeq 及 ABI 公司的 SOLiD 等（Metzker，2010）。其中，Illumina 公司的 HiSeq2000 测序仪以高通量、高性价比为特点，已被广泛应用在基因组测序与重测序、转录组测序、DNA 甲基化分析、居群基因组学及宏基因组学等研究领域。近年来，Angeloni 等（2011）讨论了基因组学方法，特别是基于 NGS 技术的研究方法在保护生物学中的应用。目前，NGS 技术在濒危物种上的应用已有不少报道，不过相关研究多集中在濒危动物上（Li et al.，2010；Rutledge et al.，2012；Zhao et al.，2013）。现有的研究表明，基于 NGS 技术的保育基因组学研究能够更准确地估测物种或居群的遗传多样性、遗传分化和有效居群大小及适应性基础等遗传信息，从而能够更准确地推测物种的进化历史，并预测物种适应未来环境变化的能力。

Stapley 等（2010）详细总结了基于 NGS 技术进行物种适应性相关研究的方法。基因组水平的 SNP 分子标记具有变异来源丰富、潜在数量巨大等优点，全基因组 SNP 分型技术是解析基因组遗传变异的理想技术手段。获取全基因组 SNP 分子标记及分型的最新方法包括全基因组测序、转录组测序、目标基因区域测序等。其中，限制性酶切位点 DNA（restriction-site associated DNA，RAD）测序采用限制性内切酶将基因组 DNA 进行片段化，利用 NGS 技术，可对群体进行快速的基因组水平的 SNP 筛查和分型，因具有高通量、低成本且不需要基因组参考序列的特点，RAD 测序在非模式物种的应用具有明显的优势（Baird et al.，2008；Hohenlohe et al.，2011）。对 RAD-tags 进行双向测序（paired-end RAD-tag sequencing，RAD-PE），可以弥补较短序列的不足，获得足够的测序长度和深度，用于开发 SNP 分子标记及基因型扫描，这对不具备基因组参考序列的非模式物种非常适用（Willing et al.，2011；Vandepitte et al.，2013）。近年来，RAD 技术已经被广泛应用到群体基因组学研究中。Vandepitte 等（2013）采用 RAD-PE 方法开发了大蒜芥属植物 Sisymbrium austriacum subsp. chrysanthum 中的 15 000 个 SNP，用于对本地居群和引种居群进行居群基因组学研究，来检测该物种对新生境的遗传适应性，并对其中 47%的位点进行了功能注释。Hohenlohe 等（2010）应用 RAD 技术对三刺鱼（Gasterosteus aculeatus）的自然群体（2 个海洋居群和 3 个淡水居群）进行了分析，共获得 45 000 多个 SNP，揭示了自然群体的特殊进化和群体组成历史，确认了先前鉴定的重要适应性基因组区域，并鉴定出新的基因组区域和进化候选基因。不过，由于传统的简化基因组（RAD-seq）技术使用的是典型的 II 型限制性内切酶，因此，整个文库构建的流程比较复杂。随后，Wang 等（2012）对其进行了改进，此方法最主要的特点是采用了 IIB 型限制性内切酶，这种方法也称为 2b-RAD 技术。该技术的文库构建更加简单、快捷，并具有更强的准确性和灵活性，更适用于检测群体遗传变异、连锁图等高通量的基因分型。

目前，保育基因组学仅仅处于起步阶段，随着基因组学的发展，测序成本的进一步降低，以及复杂基因组测序手段的完善，相信在不久的将来，全基因组测序将会更多地运用在珍稀濒危物种上，并将保育遗传学带入一个崭新的纪元。

第四节　植物迁地保育中的居群遗传风险及其管理对策

植物迁地保育，尤其是植物园活植物收集保育圃中迁地保育的濒危植物，通常是小居群，并具有如下几方面的特征：①小居群或极小居群，通常由少量几个亲缘关系相近的建群个体组成；②人工栽培偶发性死亡等因素会造成居群大小的时空大幅度变化；③大多数物种缺乏足够的生态学或生物学信息知识，缺乏迁地栽培植株的管理技术和指导规范；④多数植物缺乏栽培历史资料且通常是在非园艺技术的范围；⑤植株散布在多个植物园或资源圃，因不同植物园的园艺和资源管理条件不同，植株的繁衍和死亡情况也不同；⑥易受人为选择、遗传漂变、自交和种间杂交的影响（Maunder et al.，2004a）。因此，与小居群相关的所有居群遗传学问题均存在于迁地保育居群中。

遗传漂变、选择和有害突变累积是影响迁地保育居群的遗传多样性及遗传结构的三大居群遗传风险。迁地保育居群更易偏离原始野生居群的遗传本底，降低居群健康度，最终决定野外回归的成功与否。同时，迁地保育居群在管理过程中还具有近交衰退、远交衰退、杂交及病虫害等风险。这些问题和风险是迁地保育本身所固有的，且不同的迁地管理措施具有不同的风险，但通过实施相应的防范措施可将风险降到最低，提高野外回归的应用和成功概率。

一、遗传漂变

（一）遗传漂变对迁地保育居群的影响

与就地保护相比，迁地保护是从现存居群取样，进行异地保护的途径，取样大小及误差和因遗传漂变导致的遗传多样性丢失对迁地保护和物种回归是至关重要的。同时，在迁地保育中还存在遗传漂变的进一步恶化等严峻挑战，即小种群效应与有限样本数量的叠加影响。

迁地保育植物通常是小样本群体。特别是濒危植物，由于迁地保育居群的原始居群最近或近期经历了巨变，其遗传结构、交配系统等与该物种进化历史中的物种居群不同，而且因小样本取样导致的等位基因丢失等因素的叠加，迁地保育居群的遗传漂变是必然的。例如，一些珍稀濒危植物的研究案例表明，如果取样效应大，则等位基因流失严重、遗传漂变显著。小居群的遗传漂变会增加等位基因频率的空间变异幅度，并有可能使适应性遗传变异丧失，特别是与稀有等位基因有关的适应性遗传位点的丧失。在迁地保育过程中，遗传漂变还会进一步导致等位基因随机丢失或频率发生变化。随着等位基因丢失，基因纯合度增加，最终基因被固定，有些基因位点变成了单态，因此居群的平均健康度随着一些有害等位基因在某些位点的固定而降低。显然，无论是通过种子还是植株构建迁地保育圃，迁地保育居群一旦建立，对新建立的迁地保育居群的遗传学问题亟待重视，特别是遗传漂变。

迁地保育的终极目的是回归自然，遗传漂变对物种回归的野外定植阶段则产生相应居群遗传机制上的限制，如有限个体的居群效应放大。实际上，在迁地保育的建圃阶段和物种回归初期的居群定植阶段，居群大小产生的建群效应和后续居群瓶颈作用的影响是不可避免的。在大多数情况下，遗传漂变造成等位基因频率在不同代际随机波动，导致丧失适应性遗传变异潜能、近交衰退与有害突变的固定等后果。野外居群的恢复和生境重建必须保持物种生存活力，迁地保育的长期小居群状况可通过一定的人为干预得到改变，如因遗传多样性下降导致的生活力下降问题。总体而言，一个物种处于小居群状况时间越长，则不利居群因素的积累概率越大，如遗传漂变、近交衰退等核心居群遗传因素。

遗传漂变对遗传多样性的影响在理论上比较清楚，而且有大量的研究案例证实两者的相关性。然而，多数研究采用基于中性理论的分子标记，至少我们仍不清楚基于中性理论的遗传多样性的降低是否对居群的生存活力或进化潜力有负面影响（Lande，1979，1982）。即便如此，因小居群而降低的遗传多样性至少有两方面的负效应。其一，阻断对选择的进化性反馈，即可遗传的变异对进化潜能的影响可以用植物育种公式，简单地表示为 $R = S \times h^2$（R 为对选择的反馈效果，S 为对某个性状的选择大小，h^2 为性状的狭义遗传力），可遗传变异的减少降低了小居群在迁地条件下的不良适应或对迁地环境的适应能力；其二，导致小居群状态的滞留时间延长，增加小居群灭绝的可能性（Husband and Campbell 2004）。大量的同工酶和各种分子标记的研究结果均是选择中性的性状，这类性状受遗传漂变效应而被固定，即在遗传漂变的作用下，中性基因受有效居群大小和原初频率的共同影响而按一定的速率固定。小居群的固定速率显著快于大居群。因此，分子标记揭示的遗传多样性格局仅仅反映出遗传漂变的随机效应。

研究表明，中性基因对居群的作用与受强烈选择的数量性状存在本质上的差别，因为即便是少量受主基因调控的数量性状也不会因小居群的遗传漂变作用而被固定。而且，数量性状一般具有微效多基因特性，一些基因的固定通常不会对数量性状本身产生重要影响（Holsinger and Vitt，1997）。例如，对 *Pinus contorta* subsp. *latifolia* 进行的同工酶与数量性状的比较研究表明，数量性状与适合度关联，且其在居群中的分化与中性标记性状截然不同，是非随机性的（Yang et al.，1996）。

显然，从 Reed 和 Frankham（2001）的 meta 分析可以清晰地看出，采用数量性状与采用同工酶等分子标记度量的遗传多样性是没有相关性的，其主要原因是，数量性状受不同选择压力的影响，而分子数据则主要受随机漂变的影响。许多研究表明，数量性状度量的遗传多样性并没有原先想象的那么差。根据已有绝大多数物种居群遗传学研究的资料综合来看，即使是小居群、边缘居群，仍保有高水平的数量性状遗传多样性。Holsinger 和 Vitt（1997）的研究更明确指出，在对环境变化的适应过程中绝大多数基因不太可能因遗传漂变而丢失，更可能是保有足够的遗传变异来应对环境变化，这些变化通常有利于选择的渐变并作用于适应性机制。保护生物学家开始逐步认识到数量性状和适应性变异对迁地保育策略和物种野外恢复设计的重要性（Vitt and Havens，2004）。

（二）迁地保育居群的遗传漂变管理原理

一般而言，迁地保护最突出的遗传限制因子是缺乏适应性变异。但这些限制因子最初源自遗传漂变，因此，迁地保护本质上是有限取样、漂变、迁地代际遗传适应等的综合作用效应。有效居群大小是关键，迁地保育的对象通常情况下是小的有效居群，有效居群小，则遗传漂变速率增加，即导致等位基因固定，遗传多样性最终丧失。多数情况下，野生状况的有效居群大小与调查居群大小的比例是 0.25∶1，这仅仅是迁地保育原始取样居群的状况。而现有研究证据充分表明，迁地保育居群虽然有时看起来可达到1000~3500 个个体，但实际有效居群很小，甚至小到 15 个个体（Briscoe et al.，1992），在这种情况下，无论是数量性状还是分子标记估测的遗传多样性均下降得很快。有效居群大小降低可加重遗传漂变、近交衰退，增加居群灭绝的可能性，至少在果蝇实验中证实，遗传漂变对居群遗传多样性丧失的权重大。遗传漂变可以显著降低遗传杂合度，在一个 120 个个体的有效居群中，100 代之后遗传杂合度会降低 60%（Lacy，1987）。因此，能抵消这些不利变化的措施是在迁地保护的有效居群大小全程最大化。

遗传漂变的影响还可以在代际间积累，长世代植物显示出较小的遗传漂变的即刻影响。因为即使居群没有新生个体移入，居群中的成年个体可能是居群出现衰退前就存在的。如果仍有野外居群存在，时而引入野生个体可大大降低迁地居群的遗传漂变。实际上每代 5 个或 5 个以上的移居个体可完全阻断遗传漂变。移居速率为每代 1 个也可增加居群健康度，并降低圈养家蝇居群灭绝的可能性（Bryant et al.，1999）。Newman 和 Tallmon（2001）也发现，每代 1 个或 2.5 个移居个体可增加油菜（*Brassica campestris*）隔离居群的适合度。

（三）防止迁地保育遗传漂变的对策

1. 增加有效居群大小

活植物收集圃管理者可以采取一些相关措施应对迁地居群的遗传漂变风险，首先是增加有效居群大小（*Ne*）。我们知道，按照 Hardy-Weinberg 平衡定律，通过均等家系大小（使每个母系的个体数量均一）、性别比（雌雄异株植物）、每代繁衍个体数和人工剔除优势雄性（尽可能均等植物花粉供者植株）可以增加有效居群大小。早期简单易行措施是 50-500 原则，即 Ne=50 可有效避免近交衰退，Ne=500 则可避免遗传漂变，保持进化潜能（Franklin，1980）。现在看来，显然估值偏低了，对许多植物来说，需要更高的有效居群大小（Lande，1995）。然而，一些植物类群的实际居群很小，不具备这个条件，而且不同类群其估值也不同。总之，有效居群越大越好，而且每代需增加取样数量。Schoen 和 Brown（2001）发现，继代样本需保持原始样本全部等位基因多样性的 95%，意味着每一继代的个体数量需要提高 3 倍。因此，对迁地保育居群增加有效居群大小的措施在迁地保育的实践中比较难以实施（Havens et al.，2004）。

2. 从野外居群引入个体

向迁地居群每代引入大约 5 个野外居群的个体，并在条件允许下每代增加 3 倍数量，可以有效缓解甚至阻断遗传漂变效应。在野生居群仍然存在的条件下，向迁地居群引入少量的野生个体无疑是事半功倍的措施。这种措施无论对迁地居群的遗传漂变管理，还是对其他居群的遗传强化等方面都是有效的。

3. 延长代际时间

对于短世代植物类群，采用超低温或无性繁殖的方法增加代长，即减少继代数，可以减缓居群遗传漂变。通常，遗传漂变可以通过保持较大的有效居群和维持迁地居群一代或几代即可。这对植物园多年生植物的保育影响相对较小，因为植物园活植物收集圃或专类园保育的植物多是长世代植物，有的甚至栽培、保育了几个世纪之久，如银杏（*Gingkgo biloba*）、富兰克林木（*Franklinia alatamaha*）等。

总之，迁地栽培管理的代数最小化、从野生居群引入移居个体，有助于防止居群的遗传漂变效应。迁地保护的遗传风险在一定程度上是可以控制的，许多植物在迁地保育环境下数代后并无严重的不良后果。

二、选择

选择是自然界千百万年来适者生存的法则，既有灭绝、也有再生，物竞天择。然而，一旦脱离自然生境，植物在人为干预下被迁地保育，优越的迁地保育环境，如人为的供水、施肥、防病虫、调温等，一方面显著降低了植物适应性反应的强度，另一方面使植物对有害突变的选择潜能也明显下降，这会对迁地保育居群及后续的回归野外产生深远的影响。

（一）选择对迁地保育居群的影响

植物迁地保育居群在迁地环境条件下与野生居群相比会经历外部环境的巨大变化，并且随着时间的推移，栽培环境中的选择作用会逐渐改变迁地保育居群，将适应迁地栽培环境的基因型保留下来，而逐步淘汰适应性不良的基因型，最终的结果是，随着时间推移和代际转移，迁地保育居群发生居群遗传的深刻改变。这个过程类似植物驯化的进程，即迁地保育居群在人为选择压力的作用下（通常是无意识的）不可避免地发生适应性和居群遗传结构的深远变化。严格来说，无意识的选择发生在迁地保育的每一个环节、每一个管理和每一项措施中；植物可以通过自然选择适应新环境，也可以在迁地栽培条件下选择适应栽培环境。例如，我们收集种子时，选择作用既可以发生在种子成熟期的每一天（成熟时间选择），也可以发生在迁地保育种子的耐贮存和发芽特征等性状上（即深休眠与浅休眠，早发芽与晚发芽）。又如，植物的不同休眠类型受遗传的调控，迁地保育过程中种植早发芽植株（如温室发芽）时也会选择浅休眠类型而淘汰深休眠类型的种子。选择也会发生在温室或植物园正常生长的植株上，因为这些植株与野外环境选择压力下完全不同。所以，迁地保育环境条件下，无论是园艺栽培管理措施还是贮藏环境，任何技术参数都必然通过选择作用影响迁地保育居群的遗传（Havens et al.，2004）。有关植物适应栽培生境的深入研究比较少，最典型的案例是对重金属的选择适应，许多植物对金属的忍耐进化适应只需少数几代的选择（Antonovics，1971）。

迁地保育植物，无论采用何种技术和策略，最明显的居群遗传后果是自然选择的压力大大缓解。植物生长在迁地环境时面临较小的种间竞争和更多的种内竞争。一旦建立起迁地保育，迁地保育居群务必重视选择的遗传后果。迁地保育使野外采集的样本群体受到一系列新生境生态因素和选择压力。植株死亡并不是迁地生长条件下唯一的风险，还可能产生病虫害甚至更危险的因素，例如，芝加哥植物园两种紫锥菊 *Echinacea tennesseensis* 和 *E. laevigata* 的迁地保育，二者可以相互杂交，并且紫锥菊的园艺品种可以与周边野生居群杂交（van Gaal et al.，1998），有形成种间渐渗杂交的可能，即可以通过杂交桥梁在不同寄主植物之间传播病虫害（Floate and Whitham，1993）。迁地居群的遗传完整性也可能通过建群效应、遗传漂变、遗传瓶颈、人为选择和杂交因素等遭到侵蚀，使植物园迁地栽培保育的植物难以应用于物种的野外回归（Maunder et al.，2004b）。

（二）选择对回归居群的影响

迁地保育过程无疑会改变甚至扭曲取样居群的原初构成，最终使其适应野生环境的生存能力降低。通常情况下，植物在迁地环境中适应了植物园的环境条件，栽培过程中其自然选择压力的缓解，造成了植物园栽培植物与它们的野外同胞相比经历较少、较为不同的逆境选择。因为人工栽培措施（如水肥管理和病虫害防治等）使植物的竞争能力最小化。

植物回归野外的建群居群大小首先决定了其对新生境的进化反应，即创始居群越大，存活概率越高。假设一个新环境形成一定的选择群口代价，大居群比小居群有更长的时间周期来避免灭绝的临界居群大小。局部适应研究的证据表明，养分、水分、光照、温度及竞争机制的改变可导致迁地栽培植物的适应性改变。因此，植物的野外回归中许多适应性变化可能会影响植物的生存能力和适应性选择潜能。选择的群口代价与群口负担是两个与选择有关的重要居群的遗传参数，遗传变异实际上更多的是数量性状遗传，多数居群或多或少都具备应对挑战的选择能力。然而，在有限群体中，遗传变异实际上是漂移的，如果不良适应较大，那么选择的群口代价就高，反之亦然。回归中建立可存活居群时必须考虑局部适应性和小创始居群对局部选择作用的反应。这就意味着物种回归野外所实施的任何环节都必须使与适合度相关的数量性状遗传多样性最大化。

（三）迁地保育和回归自然过程中的选择效应

在选择作用发生的情况下，只要加性遗传方差存在，植物适应的速率就是选择强度的函数。换句话说，不良的适应结果是数量遗传的选择差，或对居群的选择差异。虽然选择的反应依赖于性状与选择梯度共同作用的协方差（Lande，1979，1982），但一般来说，遗传变异的损失决定了居群对一个新环境程度的反应和速率。也就是说，可遗传变异的降低虽然可减少不良适应的程度，但也会造成后续对新环境应答的不良后果，即减小或断绝选择的进化反应过程，也可以简单地理解为 $R = S \times h^2$（R 为对选择的反馈效果，S 为对某个性状的选择大小，h^2 为性状的狭义遗传力）。因此，克隆居群有利于维持长期的进化反应潜能。

迁地保育与回归的重要环节之一是确定原初居群。由于野外植物是原栖地自然选择和物竞天择的结果，我们需要优先考虑的是地域来源和小居群对原初居群的遗传效应。而且，如果原初居群与迁地保育种是不同地理种源，适应和选择就会发生作用。如果用多地种源建立迁地保育居群，则需要考虑不同基因组的杂合效应，即远交衰退。显然，迁地保育管理与野外回归都面临着一系列环境、生态和遗传问题，在许多情况下，遗传问题主要基于理论思考或推理，通常缺乏实验数据的支撑。但基于现有知识和理论的推演提供了许多有益的借鉴。例如，以 Wallace 的"硬选择"和"软选择"概念作为评价迁地保育和回归潜在负面影响的基础（Wallace，1968；Schaal and Leverich，2004）。"硬选择"是指保育植物因不良适应或致死基因经历了适合度的绝对损失，这种选择独立于物种的居群密度。而"软选择"是指当居群处于高密度时的环境选择，"软选择"概念是基于环境承载力的选择，而非传统意义上的居群遗传概念，它是一个生态学思路，即如果环境的承载力有限，任何过多的繁殖个体就会从居群中被淘汰。实质上，软选择是物种过多繁殖导致的后果，这个概念特别适合具有大量繁殖能力的植物。传统居群遗传概念意义的硬选择，通常伴随近交衰退，导致个体的适合度丧失，结果使得居群的平均适合度降低，最终使得保育或回归计划失败。显然，软选择在一定程度上可容忍迁地居群的近交衰退。这里涉及的近交衰退和远交衰退对迁地居群的影响我们会在下面第四、五小节进一步讨论。

如果植物的主要适合度性状多数呈现正态分布，在迁地保育或野外回归中，我们期望的是植物定植、存活、繁衍等性状源自适合度分布峰值。问题是需要同时考虑软选择是否也会对改变居群遗传有一定的影响。可以推断：如果由环境决定的存活率只对适合度有轻微的遗传影响，那么软选择的居群遗传后果应该不会变化；而如果植物的存活及繁殖由强的遗传组分支配，或其适合度性状具有显著的基因-环境互作效应，则居群遗传结构会因软选择而发生改变。硬选择和软选择的讨论给保护生物学家在保护实践中提供了一些灵活性，即在大多数植物中可以采用过量繁殖来克服小居群的不利遗传效应（Schaal and Leverich，2004）。

保护生物学家越来越重视数量性状变异，或者说适应性变异对我们检测迁地保育和设计回归更为重要。较多的证据表明，中性标记不能揭示强烈选择作用下由数量性状变异产生的效应。例如，珍稀濒危植物具有足够的遗传多样性来应对选择作用吗？用分子标记检测遗传多样性的方法显然不能回答这个问题。因此，通过数量遗传研究对选择反应潜能的估测变得越来越重要。我们在从事迁地保育和野外回归工作中面临的首要难题是，小居群是否具有足够的遗传多样性来抵御灾难性事件、群口随机性等不确定因素。遗传多样性归根结底是生物进化的原动力，特别是在野外回归中，其根本目的是确保迁地保育物种保存足够的遗传多样性，在回归自然的进化过程中抵御众多不确定选择效应。数量遗传学中被称为狭义遗传力（h^2）中的加性遗传组分对保育遗传学相关理论和实践具有重要价值（Vitt and Havens，2004）。加性遗传方差与表型方差的比率可作为衡量居群遗传变异大小的指标。所以，h^2 可以作为评价居群具有的可遗传变异的多少及选择效应最终可对居群作用的遗传变异高低的指标。一定意义上，加性遗传可从父代传至子代，h^2 估测值亦可看作实验环境下的预期遗传多样性。简而言之，狭义遗传力可作为揭示居群具有多少遗传变异来应对选择效应的重要衡量指标（Vitt and Havens，2004）。h^2 估测值也可用于研究居群的进化潜能，因为这个参数值代表居群应对选择的效率。在保育实践中通常可以发现，选择应答的反应能力与被选择性状的加性遗传方差成正比（Lynch，1996）。另一个数量遗传的估测值是广义遗传力 H^2，其含义是表型变异中的可遗传成分或百分比，即可遗传的程度。广义遗传力并不能区别加性遗传效应和显性效应对表型的影响，也不适用于评估居群具有多少应对选择的遗传变异的能力。广义遗传力容易获得，如采用克隆重复实验（Vitt and Havens，2004）。另一个值得关注的问题是最低遗传力的性状，即保守性强和变幅小的性状最可能是与繁殖适合度相关的性状；相反，最高遗传力的性状则不太可能与适合度相关，因为选择效应发生作用的某个性状如果关联到适合度出现变化，那么遗传力是通过这种表型变异进行测量的（Falconer and Mackay，1996）。

最后，如何减少或防止迁地保育或回归野外中的选择效应，是保护生物学家最关注的问题。显然，最有效地消除人为选择影响的方式是均等家系（使母系每代个体数均等）、最小化迁地代数，并偶尔从野生居群移植个体。在实施回归或移植计划时除了上述方式外，最好避免将全部引种来源材料一次性种植，应为回归或移植计划的实施保留足够的遗传材料（Havens et al.，2004）。

　　当然，通过均等家系等方法，而缓解选择的后果是有害突变积累。有害突变积累会因选择的缓解而恶化，接下来，我们将重点讨论有害突变积累的居群遗传问题。

三、突变

　　突变是适应性遗传变异的源泉、是适应性进化的驱动力。但是，多数突变是有害的，突变可降低居群在新环境中的持续选择潜能。特别是当居群小时，有害突变通常可以通过近交衰退和突变崩溃两种机制阻断对选择的反应。在植物迁地或移植时，初始建群时带有的任何隐性或部分隐性有害突变，均会在后续的居群瓶颈中暴露出来，对居群的生存潜能产生严重的伤害。其主要原因在于，小居群发生近亲交配的频率高，基因纯合的可能性也相对较高。

（一）迁地居群中突变效应及其与其他居群因素的关系

　　理论上，小居群由于缺少适应性遗传变异，将会逐步丧失对环境变化的反应能力，或因近亲繁殖和轻度有害突变的固定使得部分隐性突变显现而降低其居群的适合度。近交衰退是指近亲繁殖后代与随机异交繁殖后代相比，其居群适合度降低的效应，当小居群纯合度提高时随即发生，同时，有害突变也显现出来（Husband and Campbell，2004）。近亲交配对适合度的影响可能是非常严重的，特别是裸子植物和多年生异交或部分异交植物（Husband and Schemske，1996）。例如，研究表明，柳兰（*Epilobium angustifolium*）仅自交一代，即可降低 95% 的适合度（Husband and Schemske，1995，1997）。有调查表明：一般而言，异交物种哪怕只是一次自交都会比自交物种经历更严重的近交衰退。这种现象与理论模拟假设的"大多数有害突变是由隐性致死突变引起的"是一致的（Lande and Schemske，1985；Charlesworth and Charlesworth，1987）。居群移居新的环境后，其居群活力一般因轻度有害突变的积累而退化。有效居群 N_e 小于 100 时，突变崩溃效应会使植物居群变得对灭绝极端脆弱；Lande（1993）认为，有效居群应大于 5000 才能避免突变崩溃对适合度的影响，并同时保持足够的适应性变异。当然，随着近亲交配的增加，一些极有害突变也会被选择性地从居群中清除。显然，要弄清楚低遗传多样性与如何抑制居群增长和持续生存的关系还需要大量的研究工作，同时，要辨明遗传变异降低与近交衰退和有害突变积累之间的相互关系也需要更深入的研究。

　　一般而言，迁地保育地的环境因人为供水、施肥、防病或调温等，与野外相比是非常优越的，在这种条件下，大多数植物虽然容易存活，但对其回归野外的负面影响是适应性变异的选择强度降低和有害突变的积累。植物生境的丧失会急剧地影响一个居群中成年个体的数量，随即居群中个体数量也减少。居群中个体减少的损失会影响居群的遗传结构，最终导致居群遗传多样性的减少。在更新个体没有显著增加的情况下，基因或基因型频率会因居群中任何个体的减少而发生改变；同时，居群中有害突变的积累到一定水平时也可能显著改变居群的基因和基因型频率（Lynch et al.，1995a；Lande，1995）。迁地保育植物适应植物园栽培新环境带来最主要的相关问题是栽培条件下自然选择的松绑，植株间的竞争在人为管理条件下也会弱化或最小化。虽然可以通过迁地保育居群均等家系来缓解选择的效应，但其后果是有害突变的增加。轻度有害突变积累即可导致居群生活力降低，威胁小居群的生存，增加灭绝的危险（Lande，1994；Lynch et al.，1995a，1995b）。按理论推算，低于 100 的有效居群或低于 1000 的调查居群很可能在约 100 代时灭绝。而在缺乏自然选择时，每代突变将以基因组突变速率积累、但与居群大小无关；而突变的固定概率则与遗传漂变相关，也与有效居群大小有关。Bryant 和 Reed（1999）发现果蝇圈养居群的繁殖力几乎每代急剧下降 0.5%；Schoen 等（1998）模拟了植物迁地居群中的突变积累，他们认为，当样本居群小于 75 个个体时，第 25~50 代适合度则发生显著的下降。也有其他研究表明，在迁地保护条件下，第 25~50 代即可积累显著的突变数量。

减缓居群遗传因素对迁地保育居群的不利影响的一个通用的公式是在迁地保育的每一个环节尽可能使有效居群最大化；这意味着不仅要使遗传多样性损失最小，而且要缓解与小居群相关的遗传漂变、人为选择、近交衰退和突变崩溃等。这实际上却不可行，特别是在迁地保育的实践中，原初居群小的问题会受到濒危植物，特别是极度濒危植物取样居群有限的限制，或许还有迁地保育的硬件设施等资源因素很难顾及等原因。维持一个迁地保育的小居群，并保持其潜在有价值的变异，且均一消除有害突变积累是非常困难的，特别是当有些"有害突变"在迁地保育的一定环境条件下变得有益时。正是由于这个原因，Maunder 等（2004b）提出了所谓"近地保护"的概念，并逐步得到了认可，即如果一个濒危植物的迁地保育居群建立在自然生境范围内，那么选择效应将清除有害的突变体，而对选择有利的突变体也有利于增强居群在其自然生境典型环境范围内的生存和繁衍活力。

（二）迁地保育居群的突变管理对策

非常令人纠结的是，均等家系既是减缓遗传多样性因漂变丢失的措施、也是缓解居群适应迁地环境的措施，却由于自然选择的松绑加速了突变的积累。现有理论和实践表明，减缓突变积累可采取减少继代数和模拟自然生境栽培的有效措施（Havens et al.，2004）。

种子贮藏：种子贮藏的迁地保护方法通常采用减少继代数来缓解，液氮贮藏可被认为终止了突变生物钟。

植物园活体栽培：活植物迁地保育居群则可尽可能地模拟自然生境的栽培管理，并适当施加原生境选择压力。同时还可以采取其他两项辅助措施：其一，采用控制授粉的繁殖方式减少近亲交配；其二，通过高强度的自交育种计划清除有害突变。

总之，诸如遗传漂变与有害突变积累的负面影响可通过只迁地保育一代至数代来消除，目前迁地保育的实践并不构成重大居群遗传学问题。

四、近交及近交衰退

（一）近交衰退对迁地保育的影响

迁地保育计划通常是以为数不多的基因型创建小居群，小居群的近交或自交问题是迁地保育无法回避的重要科学问题之一，也是迁地保育实践中应高度关注的问题（Frankham and Ralls，1998；Hedrick and Kalinowski，2000）。因近亲繁殖产生的近交衰退可对迁地保育造成多种负面影响，如增加纯合度、显著影响居群的适合度。迁地保护的方式虽然有许多种，但基因型数量少是普遍的，发生近交也是必然的，这既是迁地取样建群的创始居群的本质，也可发生在迁地继代进程中。近交衰退现象虽然在许多植物中有详细的考证，但是近交衰退的影响并非发生在所有植物中。如果植物本身是自交植物，或混合交配系统的植物，近交对其适合度的负面影响则非常有限。特别是在遗传有害负荷被清除后，近亲繁殖对其适合度的负面影响很小（Byers and Waller，1999；Frankham，1995）。然而，对于异交植物或小居群，近亲繁殖将严重地影响繁殖后代的生存能力，遗传多样性丧失与近亲繁殖无论是对小居群的短期生存和长期生存均存在濒危威胁和灭绝的风险。迁地保育植物是短暂过渡、很快回归自然的一些居群，在人工栽培缺少自然选择作用时即便在植物园只经历一代或数代，仍会有遗传瓶颈或近交衰退的高风险。因此，近亲繁殖及近交衰退问题是迁地保育的重要居群遗传学问题之一，从生物群体进化遗传的角度来看，即便是一个有数百个个体的居群也会不同程度地存在如近交衰退等对居群遗传有害的过程。少于100的居群则不仅可能生活力降低，还会有因基因频率波动而丧失等位基因的风险，如果进一步考虑气候环境的周期性因素和随机事件等，灭绝风险则显著增大（Barrett and Kohn，1991；Falk，1992；Schaal and Leverich，2004）。

近交衰退最明显的表征是后代适合度降低、生存力差，通常发生在小居群纯合度升高和有害突变显现出来时。濒危植物包括近交衰退等在内的遗传灭绝风险主要与数量性状相关。小居群过程中的近亲繁殖和纯合度的可能性均较高，极易经历居群遗传瓶颈，其遗传瓶颈最显著的表征是隐性或部分隐性有害突变的表达，进而表现出居群衰退或灭绝的风险。尤其是近交系数的增加速率与有效居群大小成反比，这在物种的历史近交特征中更为明显（Kimura and Crow，1963）。在迁地保育条件下，近亲繁殖主要源自建群或迁地保育的少数个体。一个经典的研究案例是得克萨斯羽扇豆（*Lupinus texensis*）的近交衰退研究（Schaal，1989）。得克萨斯羽扇豆是美国得克萨斯州一年生植物，具有混合繁殖系统，通常形成非常大的居群。对得克萨斯羽扇豆27个野外居群与人工自交居群近交衰退研究表明，温室栽培的得克萨斯羽扇豆经历了典型的近交衰退，即自交 6 周苗有 20.8 片叶，而同龄野生植株有 23.4 片叶，可见幼苗生长降低了 11.2%。同时，近交衰退从开花的数量上看出更为明显，远交后代个体平均开 108.6 朵花，而自交个体只有 88.4 朵花，即生殖适合度降低了 18.6%。这种类型的近交衰退在远交植物中很常见。而且，远交植物的近交衰退影响非常大，特别是多年生、杂合度高及长世代植物。高杂合度的多年生远交植物在强迫自交的第一代即可表现出生殖适合度和生长势降低 60%~90%（黄宏文，未发表资料）。一般而言，远交物种只需自交一代即表现出严重的近交衰退，而对自交或近交植物却影响其微。

在缺少选择进化反应的情况下，居群的瓶颈表型和不良适应程度保持不变，其结果是居群的生命力衰退并且居群大小出现下降趋势。如果居群进一步降到临界大小，则群口随机性、近亲繁殖、遗传随机性等随即成为主导因素，即增加居群灭绝的可能性。在大多数情况下，遗传漂变会造成代际间等位基因频率的随机波动，进而导致潜在适应性变异的丧失、近交衰退和轻度有害突变的固定。这些遗传过程显然对迁地保育居群是有负面的影响。

（二）近交衰退的机制

近交，即自受精或近亲之间的交配，可导致近交衰退，常表现为后代的适合度降低。近交衰退的遗传基础至今仍不清楚。有两种假设，即显性和超显性假设，二者之间并不相互排斥。在显性假设下，近交衰退由隐性致死或极端有害基因的存在所致；这种情况下，不断自交并确保对这些有害基因在可靠条件下的选择压力，即可清除居群主要的遗传负荷。在超显性假设下，近交衰退则由杂合子的优势作用所致；杂合子优势比纯合基因型具有更高的适合度（Charlesworth and Charlesworth，1987）。有证据显示，对濒危植物采用人为自交清除居群的主要有害等位基因可减缓后代的近交衰退（Templeton and Read，1983）。然而，清除遗传负荷也会造成一些遗传位点多态性的丧失，或固定另一些劣性等位基因，最终增加灭绝的可能性（Hedrick，1994；Hedrick and Kalinowski，2000；Havens et al.，2004）。有两个途径通常可人为减轻突变的影响：其一，采用控制授粉的繁殖方式减少近亲交配；其二，通过高强度自交育种设计清除有害突变。后者是基于近交衰退可通过不断自交从居群中有效清除衰退的假设。然而，对植物近交衰退的研究及突变积累的理论模拟发现这种途径的长期效果甚微，原因有两个：一是对具有不同近交史特征的植物进行系统研究显示，清除作用并不一致，且很难被检测到（Byers and Waller，1999）。由于大多数个体的有害突变是微弱的，难以通过控制交配清除；二是即使创始居群的突变可以选择性地清除，也会很快被新产生的突变回补。而那些在取样过程中固定的突变则不可能被剔除，这样就会导致居群适当度的逐步下降。当然，如果迁地取样是大居群且在迁地建群后也维持大居群的格局，近亲繁殖则不会成为问题。因为失去生存力的只是居群中一部分或低适合度的个体，则一定近亲繁殖无妨，对居群平均适合度也可能无影响或影响极小。得克萨斯羽扇豆研究案例说明，假设一个迁地保育居群设定为 40 个个体，播种 100 粒种子，预期其中 60 株即使发芽也达不到成熟期，这些不能成活的植株应是含有致死发育障碍基因或遗传特性的个体，或因近交衰退降低适合度的个体。因此，过量繁殖及富余的种子数弥补了遗传流失。得克萨斯羽扇豆的适合度分布清楚显示，即使发生近交，居群中那些高适合度个体的扩繁可弥补居群个体损失（Schaal，1989）。

（三）近亲繁殖管理及应对近交衰退的实践

1. 迁地保育居群

新建立的迁地保育居群的近亲繁殖和近交退化等遗传学问题必须得到重视。所有迁地栽培管理都与小居群本质直接相关。归根结底，提高有效居群大小是管理的根本，这不仅使遗传多样性丧失得最少，而且可以减轻近交衰退影响和突变崩溃。但在实践中通常由于迁地保育方法本身的限制而难以做到，如极度濒危植物从取样开始就无法弥补极小种群的客观制约。对迁地保育应用而言，管理者面临更多的是个体适合度的分布状况，即何时何处发生了近交衰退。多数植株近交衰退表征在平均适合度以下，那么，近交衰退表征对适合度丢失的严重程度如何，近交居群是否开始趋向适合度正态分布的低端或整个适合度的个体分布发生了改变，等等。因近亲繁殖而导致适合度丧失通常不是均衡分布在迁地保育或野外回归居群的个体中的，一些植株会表征出极度的适合度衰减，而有些近交植株会表现很高的适合度，甚至毫无影响。显然，对迁地保育管理者最有益的观察是，发现有多少近交个体表现为较高的适合度，最终有目的地扩繁居群中具有高适合度的个体，对迁地保育和野外回归均具有直接的应用价值。

远交植物的迁地保育，还可以采用均等家系增加有效居群大小、降低近亲繁殖、保持较高的遗传多样性水平等措施。特别是活植物收集圃，可以模拟自然状况的花粉流格局，有目的地人工计划授粉，促进植株间个体远交并最大化授粉父本植株的数量（Havens et al，2004）。

2. 野外回归居群

将一个居群移居至新的环境时，除了近亲繁殖，居群的生活力也会随着轻度有害突变的积累而衰减。大多数有害突变是由致死隐性突变引起的，强化近亲繁殖虽然在理论上可选择性的从居群清除这些有害突变，但在实践中不可行。如果近交衰退加大且持续时间长，则近交效应可抵消任何适应性反应的有利效应而减小居群在新环境中的生存率。小居群通常缺少适应性遗传变异，逐步丧失对环境变化的反应能力，或者因近亲繁殖和轻度有害突变的固定使得部分隐性突变显现而降低其适合度，以致影响其生存力。

有害突变可以通过近交衰退和突变崩溃两种机制制约居群对环境选择的反应。环境对有害等位基因选择淘汰非常重要，近交衰退研究表明，在恶劣环境中选择淘汰近交后代个体很明显（Dudash，1990；Holtsford and Ellstrand，1990）。而在不太恶劣环境下，近交与远交个体的差异并不明显，即没有选择性清除突变的作用。

对居群及生境的恢复，保持物种的生存力和长期活力是核心。如果居群变得很小，则需要人为干预以防止进一步恶化，否则居群退化就是必然的、不可逆的。一个物种在小居群水平的时间越长，则有害居群效应越多，如随机灾乱事件（有时也为自然灾乱）、近交退化、遗传漂变导致居群灭绝。

通过剔除居群中的近交后代并确保后代个体的不同父系来源，使居群中参与授粉的雄性数量和遗传覆盖度最大化，是避免近交衰退的有效途径之一。当然，值得注意的是，也可能有某个后代在一年表现极差，而在次年表现绝好的情况。另一确保回归居群中基因型多样性最大的管理策略是对每个母本均等其后代数量。也可以尝试提高繁殖量的途径，因为近交衰退或远交衰退出现低适合度个体或适应不良基因型可以通过提高繁殖量来弥补，但是这个途径有时会受到限制。

显然，要揭示遗传变异降低与近交衰退和有害突变积累之间的相互关系还需要更深入、更系统的研究。有关近亲繁殖在居群瓶颈及相关适合度衰减时的表现仍缺乏充分的试验证据，就其在自然居群的相对重要性也缺少深入的理解。理论和模拟研究发现：除非小居群状态持续的时间很长，否则居群瓶颈过程中近亲繁殖与杂合度损失可忽略不计。重要的是，我们不应过度关注和受制于研究文献中仍在争论的居群遗传学理论问题，当务之急是推进迁地保育及回归自然，在实践中积累经验，反馈验证研究成果，不断提高保育遗传学与生物保护实践相结合的理论认识和应用能力。

五、远交及远交衰退

远交是指遗传亲缘关系较远的个体或群体间的交配繁殖，如将距离远或有一定遗传分化居群之间由杂交导致适合度降低的现象看作远交衰退。远交衰退不如近交衰退研究得充分，但迁地保育植物面临的远交衰退的风险是显而易见的，一般发生在有意或无意增加保育居群的遗传多样性，使保育居群过度混合亲缘较远的居群间基因型。远交衰退无疑可阻断居群进化和生态适应的进程（Rolston III，2004），特别是在野外回归计划中，不同年份和不同居群来源的移植往往会形成差异较大个体间后代远交衰退的现象。一般而言，远交衰退最可能发生在具有不同进化谱系个体间的交配中。

迁地保育中，远交衰退的风险还存在于对某些极度濒危植物的挽救中，远交或杂交时常作为杂交优势利用、提高延续物种生存的能力措施。但是，一旦出现远交衰退则意味着挽救失败。同时，在不同来源集合的迁地保育居群或回归居群中，适应和选择效应会同时发挥作用，特别是多种源的迁地或回归居群，需要关注不同地理来源基因型间交配产生远交衰退的可能性。与近交衰退相反，有时迁地保育或回归为大居群建群并持续维持大居群状况时，如某些低矮灌木和草本类群适合大居群建群，则远交衰退的风险不可忽视。尤其是自交植物类型，更应重视远交衰退对其迁地保育或回归的不良影响。

在迁地保育创建初始居群的基因型集合或回归野外基因型选择中，通常需要慎重考虑个体基因型的地理来源、家谱历史及与有限小居群相关的问题，确保创始居群的居群结构质量。最新的基因组技术已经开始采用分子标记确认核基因组的基因型个数和叶绿体、线粒体单倍型个数的优良组合，并跟踪检测居群近交或远交衰退的发生或杂种优势的促进效应。与近交衰退类似，远交衰退也通常以数量性状表征并受控于数量遗传规律。

远交衰退的管理：切实防止不同物种间的杂交。同时，在没有研究证据前，不要轻易采用不同居群个体间的杂交。除非是在可靠研究数据的支撑下，否则将不同居群间杂交用于居群复壮应该被禁止。杂交在一定意义上是远交的最极端类型，通常可导致远交衰退或居群的遗传同化，迁地保育中随机自发的杂交会破坏保育类群的遗传完整性，污染可用于野外恢复计划的开放授粉种子或种苗（Havens et al，2004）。杂交问题将在下面详细讨论，显然，迁地保育或回归野外的远交衰退应引起重视，并在管理中避免。植物多样性保护是应对植物大规模濒危灭绝灾乱处理的科学和实践，任何保育计划和方案都不是完善的，需要在实践中不断改进。

六、杂交

植物园迁地保育，将自然隔离的不同物种栽植在植物园的有限空间内，发生种间杂交是必然的，存在杂交风险也是客观的，但其长期以来并没有引起人们的足够重视，而且植物园的迁地保护功能和重要作用也因植物园缺乏公众教育推介和社会上植物知识贫乏而大打折扣。有些人甚至误认为植物园栽培的植物是混杂的，失去了其本身迁地保育和服务于野外回归的价值等。然而，杂交既是一个科学问题，也在实践应用层面与多种因素交织。杂交既广泛存在于自然界野生种群的进化过程中，也是改良农林作物的重要手段；既作为抢救濒临灭绝的物种遗传多样性的最终手段，又对迁地保育产生遗传混杂的毁灭性影响。显然，杂交问题无论从进化生物学的深度，还是从保育遗传实践的广度上，都有待进一步的认知和探讨。目前，杂交对就地保护的影响和可以造成物种灭绝是保护生物学界持续关注的一个热点，而他们对杂交在迁地保育居群的影响关注很少，研究不多。迁地保育居群，特别是植物园活植物收集，汇聚了世界上植物物种和种下分类单元最丰富的植物多样性。迁地保育居群直接或间接产生的杂交问题理应引起足够的重视。实际上，杂交问题在植物园管理层面也存在认识误区。例如，将展示或科普用途的植物同时作为保育活植物材料，造成了植物园常规管理与迁地保护目标之间的矛盾和保育定位的混乱。从植物保护的角度，珍稀濒危植物安全保育和纯正繁衍是濒危植物野外回归的核心需求，同时，防止新生与潜在入侵杂种的产生和逃逸，也是当今植物园面临的重要责任和义务。

Maunder 等（2004a）对迁地保育植物的杂交问题进行了详细的论述和举例，本小节结合 Maunder 等（2004a）的综述，简要阐明迁地保育相关的理论和实践，以期为我国植物迁地保育的实践提供参考。

（一）杂交与杂种概念或观点多面观

植物进化生物学家、植物育种家、植物园学家和园艺学家通常将杂交看作一个创新、创制的过程，即形成自然界的新天然杂种，增加植物多样性，创制出有价值的人工新种质、新育种材料、新品种等。然而，植物保护生物学家则致力于维系植物野生种群自然属性的遗传结构，他们对迁地保育的居群有着完全不同的思维，视迁地保育植物的种间杂交为风险，即遗传污染，甚至是毁灭性灾乱，如杂种逃逸入侵等（Maunder et al.，2004a）。

而对于杂种的定义，遗传学家和分类学家的分歧则更大。遗传学家视杂种为任何不同遗传界定清晰家系间交配的后代，而分类学家定义杂种为分类清晰的类群之间交配的后代（Stace，1989；Harrison，1993）。显然，分类学家定义的杂交依据是物种定义，而物种本身就是长期争论未决的问题（洪德元，2016）。为了克服这个限制 McDade（1990）将杂种定义为存在分化水平的网状进化史谱系或生物个体。无论是遗传学家还是分类学家的杂交定义对保护生物学家都至关重要。保护生物学通常将较大分化谱系间杂交，特别是半自然和管理环境中的种间杂交产生的后代定义为杂种（Maunder et al.，2004a）。

杂交，无论是自然的、自发的还是人为的，都对作物改良和驯化发挥了极其重要的作用（Small，1984；Ellstrand et al.，1999）。种间杂交被广泛应用于农作物、园林作物、牧草作物等各类植物的遗传改良和新品种培育。植物园的自发杂交催生新杂种，通过人工进一步选育，其更是在园艺和林业中被广泛应用（黄宏文，未发表资料）。

然而，生境扰动、非专一授粉媒介、弱杂交障碍等会促进杂交的发生（Levin et al.，1996），植物园保育将许多近缘物种集中种植，更加增加了种间杂交的风险。迁地保育中杂交和产生杂种的严重性如下。

1）天然杂种是自然界植物多样性的重要组成部分，具有保育价值。特别是植物杂交带蕴含着多种特异的遗传多样性，是植物进化的核心驱动力之一，也是保育的重点之一（Whitham et al.，1994；Martinsen and Whitham，1994）。深入认知自然杂交居群的属性和动态对迁地保育具有重要意义。

2）杂交是生物进化、扩散的重要驱动。迁地保育的活植物收集中自发和衍生出来的杂种可能出现入侵特征。迁地保育的各种活植物收集也时常涉及入侵植物的来源，活植物收集中产生的入侵性与迁地保育中对杂交问题的忽视密切相关。已有研究和实践证明，迁地栽培植物中可以产生入侵性杂种、归化逃逸并入侵野生植物居群，造成生态灾乱。

3）人工杂交也是迁地保育的手段之一，极端情况下甚至可作为抢救濒临灭绝物种遗传信息的最后手段。但是，一般而言，杂交对迁地保育质量有一系列的负面影响，需要引起高度重视。例如，迁地保育的植物用于物种恢复和生境修复时，如果迁地保育管理不到位，则意味着杂交可能改变保育物种的遗传结构、遗传完整性，降低保育安全性及应用价值，最终失去用于回归和生境修复的实际功能。

4）自发杂交破坏迁地保育植物的遗传完整性是迁地保育遗传管理的核心。特别是用于回归引种的种子和种苗有可能被其他物种遗传污染。关于自发杂交的后果问题，我们应从更广阔的视角思考，减少迁地保育活植物收集中的自发杂交和潜在入侵杂种逃逸；以重要历史教训与现实保育实践为借鉴，制定减少濒危植物管理中防止杂交的措施。

5）杂交引起的风险和机遇需要同时得到关注，既有迁地保育设施内的，也有其周边的。自发杂交发生在迁地栽培植物与邻近野生居群之间，导致杂交混杂，存在潜在的遗传同化和珍稀濒危自然居群的灭绝风险（Maunder et al.，2004a）。

（二）自然界的杂交与保育管理策略

1. 自然杂交现象

杂交是自然界的普遍现象，是生物进化的重要过程。Ellstrand 等（1996）报道，维管植物的平均杂交频率约为 11%，即自然界约 11%的物种是天然杂种。最近分子居群遗传学研究的广泛应用，不但有力地证实了如此高频率自然杂交的估测，也暗示了许多之前的杂交没有被发现可能（Wendel and Doyle，1998）。自然界杂交发生后伴随的基因渐渗或遗传分化会模糊物种的杂交起源，最新种间分子标记技术的发展大大提升了对渐渗杂种的鉴定和发掘能力（Huang and Liu，2014）。隐性或古老的杂种仅可能通过形态、叶绿体基因与核基因系统发育的不一致性来确定（Rieseberg and Brunsfeld，1991；Wendel and Doyle，1998）。

自然界杂交的程度和结果受许多内外因素的影响，包括：①物种分布的重叠或毗邻；②至少部分花期重叠和具备共同的授粉昆虫；③花粉能在柱头发芽、在花粉管生长并完成受精杂种胚发育成熟种子；④杂种活力及发芽率良好，杂种幼苗生长健壮并长势超过父母本，成年植株生殖正常。通常每两个物种间的杂交会存在不止一种障碍。潜在可交可育物种一般由于距离隔离、物候隔离、环境隔离或生态位隔离而无法形成杂交。鉴于空间隔离对许多杂交亲和物种的重要性，本身隔离的物种处于迁地栽培，所谓人为同域，即意味着迁地植物的栽培为杂交的发生提供了无数可能（Maunder et al.，2004a）。

种间杂交的其他障碍还包括花粉-柱头互作，有时会阻止花粉发芽导致遗传障碍（Rieseberg et al.，1995；Klips，1999）。即使杂交产生的杂种种子有活力，F_1 群体可能全部或部分不育或易出现杂种崩溃，即使同属种间高亲和率的杂交也可能存在一些杂种育性和适合度问题。多年生植物的 F_1 杂种具有显著的生态影响，尤其是可以进行营养繁殖的，哪怕是偶尔产生可育花粉，也可能形成回交。杂交有 4 个可能的进化后果：种间渐渗新物种；杂交衍生同倍性可育新物种；因物种间的同化作用使一个或两个物种全部灭绝；产生新的异源多倍体物种（Abbott and Milne，1995；Rieseberg，1997）。

自然界如此高比例的天然杂交起源类群的存在意味着其本身是生物多样性的重要组分，应与非杂交起源类群一样有保护价值。然而，杂种类群的保育比非杂种类群更困难、更复杂，也会涉及保育措施妥否等一系列悖论与更重要的保育优先任务的冲突。

2. 天然杂种保育和管理

已有证据表明，自然界频繁的杂交及杂种产生，如英国就曾记录过 130 种，美国加利福尼亚州 39 种、夏威夷 38 种。在美国加利福尼亚州，90% 的濒危植物至少与一个同属植物同域分布或毗邻。天然杂种的保育和管理至少涉及如下几方面（Maunder et al., 2004a）。

1）杂交起源的濒危物种：这类天然濒危杂种虽然不是迁地保育的主流，但有些特殊的杂种需要得到保育管理。例如，美国亚利桑那龙舌兰（*Agave arizonica*）为亚利桑那州特有的天然杂种，但因过度放牧而濒危（De Lamater and Hodgson，1987）。

2）杂种复合体：相对于非杂种类群，杂种类群保育的一个明显问题是，这些类群可能分类学和形态学的边界模糊。许多杂种在形态上是隐性的，只有通过分子标记的细致研究才能辨别。如果是杂种复合体，界定不清则会使问题更复杂化，通常现象是父母本的形态特征被一系列渐变的过渡中间形态个体所模糊，而成为一个所谓的混合群-杂种复合体。这种情况在干扰生境特别常见。保育目标与措施最好是对杂交带的进化和生态动态有清晰的认识，并以深入、系统的研究数据为支撑（Whitham et al.，1999；Carney et al.，2000）。但一般难以达到。

3）濒危物种居群中杂种的管理：濒危物种居群中的杂种管理也是一个棘手的问题，对保护生物学家来说可能是一个两难的境地。有时简单处理会形成永久的遗憾，如剔除杂种保持濒危物种的遗传纯正性和完整性。但是因为杂种本身可能蕴含着残存遗传多样性中很重要的一部分，也可能其本身就是一个濒危的组分。通常有两个选择：其一，剔除全部杂种植株；其二，扩繁非杂种植株，并在移植时保留杂种居群（Maunder et al.，2004a）。

4）杂交作为保育的手段：极端情况下，如果物种已经失去结实能力，那么杂交可用作一种保育措施来恢复极度濒危物种的繁育能力，增强对外来病虫害的抗性，或是可以抢救濒临灭绝物种的一些遗传变异。但是，这种尝试性的杂交抢救也会因远交衰退而功亏一篑。这种杂交应用的最好案例是 20 世纪 50 年代野外灭绝的圣赫勒拿岛红杉（*Trochetiopsis erythroxylon*）（Cronk，1995；Maunder，1995）。

（三）迁地保育中的杂交与杂种形成机制和管理对策

迁地保育，特别是植物园活植物收集圃，实际上是人为造成不同植物的人工同域及生境重叠。也会出现当一个物种被引入后，因不确定因素增大，分布范围形成，与其他物种的地理隔离消失等不同情况。显然，迁地栽培时杂交的生态障碍或物候障碍随即发生。迁地保育的同域效应至少是自然或就地保育同域的 10~30 倍。对同域导致的杂交的评估并非易事，因植物类群、授粉机制、有效花粉距离不同而异。详细的同域测定对迁地保育圃的规范管理和减少杂交是至关重要的。评估迁地保育植物间的杂交风险和附近自然及半自然环境是否有同属的珍稀濒危植物则更为重要（Maunder et al.，2004a）。

从迁地保育珍稀濒危物种发生的杂交频率和影响程度来看，迁地保育中杂交的发生并非孤立的事件。对欧洲植物园的濒危植物评估表明，迁地保育比就地保育的同类植物更易发生杂交。通常，园艺价值高的植物更受植物园青睐并会被大量引种栽培（Maunder et al.，2000）。对最常见的 74 种（25 属）植物梳理的结果显示，有 12 属中至少有一个种为商业园艺杂种（Lord，1999）。

迁地保育中的杂交及其产生杂种的影响主要有 3 个方面：迁地保育珍稀濒危植物丧失遗传完整性或导致遗传污染；迁地植物的基因流至野生居群，导致野生珍稀濒危植物的遗传污染或遗传同化与灭绝；产生新入侵杂草。

1. 迁地保育植物的遗传完整性丧失

16 世纪以来，植物园就一直是全球植物引种驯化的主要基地，同时也对大量花卉或其他园林植物进行了杂交育种，并生产出无数杂交新品种。以兰花为例，植物园估计选育了 10 万种兰花杂种，有些甚至是 3 种或以上的属间杂交后代。在一些重要的园艺植物属中，大量地理远隔的同属间人工杂交创造出了数量巨大的新品种，如杜鹃花属、丁香属、木兰属、金缕梅属和月季属等（Pringle，1981；Williams et al.，1990；Callaway，1994；Strand，1998）。20 世纪以后，虽然植物园仍然涉及园艺新品种的育种和推广（Winter and Botha，1994），但由于植物育种分工的日益专业化和商业化，农业科学育种与产业育种机构逐渐成为主流。

杂交对迁地保育最现时的影响是导致迁地保育植物材料的遗传完整性丧失，尤其是开放授粉的种子材料和以此生产的种苗。这些材料显然不宜用于生境恢复的野外回归和物种恢复等，因此，杂交可以严重破坏植物园活植物收集作为保育资源的用途的功能。最早发现的植物园区杂种是报春花属植物，*Primula×kewensis*，是由 *P. floribunda* 与 *P. verticillata* 杂交形成的有育性的多倍体衍生种（Newton and Pellew，1929）。植物园的自发杂种几乎存在于所有现有的濒危植物类群中，许多植物园保育的濒危植物种与一些非濒危近缘种栽植在一起，而没有专门作为恢复工程的保育措施。使用这些开放授粉种子或相似来源种子进行繁殖得到的种苗材料显然会给物种恢复计划带来种间混合杂种的高风险（Maunder，1992；Maunder et al.，2000）。杂种材料的释放还会严重破坏物种恢复工程或成为破坏性入侵的导火索，同时也与目前人们关注的生物安全问题相抵触。任何植物类群在人为使其种间高度重叠的外因下，只要有中等或较高的杂交亲和性，则不可避免产生自发杂交的高风险，而且多年来在许多植物园或其他收集圃以这种方式产生的杂种数不胜数，遗憾的是植物园管理者长期忽略了杂种问题，而这个情况只是不被发现而已。

鉴于植物园和树木园长期存在的自发杂种凸显了迁地保育珍稀濒危物种或其他有

价值遗传材料被污染的危险，在迁地保育常规管理中最有效的方法就是检测并及时剔除任何异型杂种苗。

2. 迁地保育植物的基因流与野生居群的遗传污染

自然界隔离物种的基因池因遗传渐渗而混合的现象有不同的称法，如污染、遗传同化、传染、遗传退化、遗传污染、遗传没化、遗传接管和遗传侵略（Rhymer and Simberloff，1996）。迁地保育中的遗传污染是需首要应对的问题，因为我们通常保育的是形态特征清晰和分类学边界显著的保育单元。

迁地保育条件下同属不同物种之间由于自然隔离的消失，其种间基因流产生的种间遗传混杂会导致濒危物种重返自然的计划失败。武汉植物园对濒危植物秤锤树（*Sinojackia xylocarpa*）的研究案例，充分说明了植物园迁地条件下同属不同种间的基因流管理的重要性。秤锤树为安息香科秤锤树属植物，是我国特有的野外灭绝物种，对武汉植物园迁地栽培的秤锤树与同园栽培的同属狭果秤锤树（*S. rehderiana*）进行父系分析表明，自发的种间杂交比例相当高。在武汉植物园内 8 株秤锤树中的 7 株上发现有种间杂交现象，平均高达 32.7% 的种子为杂交种。而且，对 249 株自然幼苗进行父系分析表明，其中 93 株自然幼苗的父本为狭果秤锤树（Zhang et al.，2010）。进一步对植物园栽培条件下的基因流进行测定发现，秤锤树属种间基因流平均为 294.4m，有时可高达620.1m。显然，如此高比例的种间杂交和高强度的基因流给迁地濒危植物的遗传完整性带来了巨大的风险，并进一步造成濒危植物重返自然的回归计划的失败。减小或防止迁地植物杂交遗传风险的措施势在必行。例如，建立同属不同种间的隔离带，调控物种间的花期，用于回归的种子或幼苗务必检验其遗传污染，控制授粉、确保种子的遗传纯正性等（Zhang et al.，2010）。

迁地濒危植物与野生居群之间杂交的案例并不多见。但是，有许多植物园逃逸与珍稀濒危野生居群杂交的例子。例如，将欧洲培育的附生仙人掌科蟹爪兰属园艺杂种栽在巴西几个毗邻的同属野生濒危居群的植物园里，催生了一系列可疑的杂种（Maunder et al.，2004a）。杂交在居群遗传中有许多负面影响，如种间杂种导致居群活力下降；形成可育杂种稀释珍稀濒危植物基因组，使纯正个体的比例降低；扰乱生境及病虫害动态等。当把濒危植物迁地栽培于同属植物分布集中的地域则风险更高，且栽培植株与野生植株混交频繁。芝加哥植物园记载的一个案例表明，两种紫锥菊属濒危物种田纳西松果菊（*Echinacea tennesseensis*）和松果菊（*E. laevigata*）可与该属其他任何种杂交，同时，该属的园艺品种也可与邻近野生居群杂交，导致了种间杂交渐渗的风险 （van Gaal et al.，1998）。迁地保育对珍稀濒危植物居群的污染既可直接通过栽培植物间、栽培植物与邻近野生居群直接杂交，也可间接通过归化后的逃逸与野生居群杂交。

3. 新杂种产生与入侵传播

虽然关于迁地保育居群如何定义，特别是其广义定义存在众多争论。但毫无疑问，植物园曾经且一直是自发杂种与入侵植物的重要来源地，尤其是园艺引种源可占全球入侵植物的 1/3~1/2（Bight，1998；Cronk and Fuller，1995；Low，1999）。一个经典的例子是令人深恶痛绝的恶性杂草马缨丹（*Lantana camara*）（Cronk and Fuller，1995），其传播历史就是多次的引种、栽培的循环。最终，栽培类型之间杂交、逃逸、新定居地回交、再杂交于地方同属种等一系列引种栽培导致了严重的杂交入侵事件，形成了全球性的传播。特别是对非洲南部和中、南美洲造成的生态灾乱（Stirton，1999）。

园艺和植物专类园活体植物收集中出现的自发杂种现象值得深究和思考。通常，迁地保育圃或植物园之间的植物交换不但可以释放、传播入侵种，也可以为新杂种的繁衍提供多种潜在机会，带来新的入侵危险。Ellstrand 和 Schierenbeck（2000）用 28 个典型案例推论，杂交可能导致生物进化的方向和重心发生改变，形成逐渐增强的入侵性。杂种提升入侵性有先天遗传优势，如遗传重组出的新变异是进化的新驱动力，使居群更适应某一环境，特别原有居群低遗传多样性提高、固定的杂种优势和有害负荷清除后的适合度增加等。例如，黑海杜鹃（*Rhododendron ponticum*，Ericaceae），植物园逃逸入侵种，通过杂交获得额外的遗传变异。杂交也可以通过育性恢复来提升入侵性，如恢复原主要依赖营养繁殖、生殖不育的归化或弱入侵类群的杂种衍生个体的可育性。日本结缕草（*Zoysia japonica*）于 1825~1850 年由日本引入英国，在维多利亚时期作为园艺观赏广泛栽培，而后从园区逃逸并扩散，成为英国最恶性的入侵杂草之一（Maunder et al.，2004a）。

杂交入侵的问题没有受到应有重视的原因是长时间的滞后沉默期，往往有十几年甚至超过一个多世纪之久。简而言之，自发杂种归化是常见的，一些种变成严重入侵种，而其他的种不但可以传播入侵，而且可以经历几十年或更长时间进化入侵性，随着时间的推移，我们会发现更多的入侵杂种。许多植物的引种、植物园逃逸和释放仍在建群、传播及可能入侵的初期，显然，迁地保育植物直接或间接地触发了入侵新杂种的可能（Ewel et al.，1999；Maunder et al.，2004a）。目前认为，直接接触是由基因流脚踏石效应导致的逃逸，并产生新的入侵种。间接路径逃逸问题通常更复杂些，这种复杂的路径就像 Small（1984）提出的驯化和野生植物杂交事件的矩阵：野生×野生，驯化×驯化，野生×驯化，驯化×杂草等；同时也与多次引种交织不清。现有证据表明：多次引种很可能是新入侵杂种重要的来源，而迁地植物本身也可直接或与周边间接产生入侵杂种。清楚地认识不同路径对制定立足于减少杂交风险的迁地管理指南具有重要意义。

因此植物园活植物收集管理应慎重应对逃逸的各种不同方式，包括初期仅限于当地扩散苗头出现时的应对措施与归化植物物种管理，特别是通过有意或无意的园艺、农业或林业的栽培利用，需制定严格的政策和管理规则。

4. 管理对策

显然，迁地保育植物的遗传完整性对于保育本身或物种恢复等其他用途是至关重要的，因此防控种间杂交和杂种逃逸的风险是迁地保育管理措施的重中之重。

如下有关核心问题可作为制定技术管理规范的参考（Maunder et al.，2004a）。

1）通过严格选择和评估迁地活植物收集保育类群，将有害自发杂交的可能性降至最低。

2）尽可能分开定植同属物种，将种间接触杂交降至最少。

3）减少杂种产生的可能性并及时剔去杂种。

4）采用套袋控制授粉来获取种子，特别是在同属物种相近定植区内。

5）隔离物种保育区与园艺展示区。

6）避免用地理植物专类园和分类专类园的植物作为保育来源材料。

7）避免在同属野生居群分布地附近定植该属的专类园，特别忌讳种植当地野生居群衍生的品种或杂种。

8）鉴定具有杂交和入侵趋向的高风险植物类群，同时避免种植该类群的栽培种。

与此同时，在日常材料交换工作中，应制定收集、交换、分发及释放政策，最大限度地降低潜在入侵物种逃逸或释放的可能性，同时告知引种者相关的风险。加强培训和教育工作，提高管理人员，特别是主要技术人员对迁地活植物收集中可能产生杂交后果的风险意识；并在科普活动中展示、介绍杂种的来龙去脉，花粉如何流动、入侵植物的生态和经济危害等。加强对相关问题的深入研究，促进对杂交问题、入侵起源、灾害发生和濒危物种基础繁殖生物学和居群生物学的研究。

对于濒危植物的繁殖及其相关应用，必须立足于最大程度降低自发杂交的负面影响：①确定濒危类群的分类地位和杂交性（即目标物种是天然杂种？或杂种复合群中的一员？或杂交可育类群复合体？）；②确定扩繁濒危物种对杂交的敏感性；③明确保育的目标，即必要的繁殖体类型（种子或营养体）和遗传状态，如果可能，对高风险物种采用营养体繁殖；④建立专门的隔离繁殖设施；⑤在目标保育物种可能发生杂交的周边剔除和减少同属及姊妹属物种；⑥评估所有创始建群个体的来源，要特别注意来源于非迁地管理收集、杂交可能发生地的种子源，这种状况下采用遗传筛查是必要的；⑦减少继代次数，必要时采用种子贮藏繁殖体，采用克隆或营养体繁殖。

大量证据表明，自发杂交在许多迁地保育中都存在，并对迁地保育产生重要影响。特别是开放授粉种子和种苗材料可能已经失去遗传完整性，其用于物种恢复或其他类似目标将导致毁灭性的灾乱；另外，以上列举的是栽培植物与毗邻自然或半自然植物直接杂交形成杂种扩散例子，但在实践中，迁地栽培植物与邻近生境直接杂交形成的杂种毕竟是个例，绝大多数迁地保育中出现的杂种滞留在迁地生境。这类小居群和通常很低的基因流不足以影响周边大居群。因此，我们不能混淆植物园保育的小居群、极小居群与现已存在的归化或释放数以百万计个体数量的大居群导致的大区域重叠现象和大花粉量可能形成杂交的情况。

（康　明　黄宏文）

参 考 文 献

葛颂, 洪德元. 1999. 濒危物种裂叶沙参及其近缘广布种泡沙参的遗传多样性研究. 遗传学报, 26(4): 410-417.

洪德元. 2016. 生物多样性事业需要科学、可操作的物种概念. 生物多样性, 24(9): 979-999.

胡志昂, 张亚平. 1997. 中国动植物遗传多样性. 杭州: 浙江科学技术出版社.

黄仕训, 李瑞棠, 骆文华, 周太久, 唐文秀, 王燕. 2001. 石山稀有濒危植物在迁地保护后的性状变异. 生物多样性, 9(4): 359-365.

蒋志刚, 马克平, 韩兴国. 1997. 保护生物学. 杭州: 浙江科学技术出版社.

蒋志刚. 2016. 地球上有多少物种? 科学通报, 61(21): 2337-2343.

李昂, 葛颂. 2002. 植物保护遗传学研究进展. 生物多样性, 10(1): 61-71.

施立明, 贾旭, 胡志昂. 1993. 遗传多样性. *In*: 陈灵芝. 中国的生物多样性. 北京: 科学出版社.

许再富. 1998. 稀有濒危植物迁地保护的原理与方法. 昆明: 云南科技出版社.

张冬梅, 李悦, 沈熙环, 周世良, 张春晓. 2001. 去劣疏伐对油松种子园交配系统及遗传多样性影响的研究. 植物生态学报, 25(4): 483-487.

朱红艳, 康明, 叶其刚, 黄宏文. 2005. 雌雄异株稀有植物伞花木(*Eurycorymbus caraleriei*)自然居群的等位酶遗传多样性研究. 武汉植物研究, 23(4): 310-318.

邹喻苹, 葛颂, 王晓东. 2001. 系统与进化植物学中的分子标记. 北京: 科学出版社.

邹喻苹, 葛颂. 2003. 新一代分子标记——SNPs 及其应用. 生物多样性, 11(5): 370-382.

Abbott R J, Milne R J. 1995. Origins and evolutionary effects of invasive weeds. *In*: Stirton C H. Weeds in a changing world. London: British Crop Protection Council Symposium Proceedings: 64.

Ai B, Kang M, Huang H. 2014. Assessment of genetic diversity in seed plants based on a uniform pi criterion. Molecules, 19: 20113-20127.

Allendorf F W, Hohenlohe P A, Luikart G. 2010. Genomics and the future of conservation genetics. Nature Reviews Genetics, 11: 697-709.

Amos W, Balmford A. 2001. When does conservation genetics matter? Heredity, 87: 257-265.

Angeloni F, Ouborg N J, Leimu R. 2011. Meta-analysis on the association of population size and life history with inbreeding depression in plants. Biological Conservation, 144: 35-43.

Antonovics J. 1971. The effects of a heterogeneous environment on the genetics of natural populations. American Scientist, 59: 593-599.

Avise J C, Hamrick J L. 1996. Conservation genetics: case histories from nature. New York: Chapman and Hall.

Avise J C. 1989. A role for molecular genetics in the recognition and conservation of endangered species. Tree, 4: 279-281.

Avise J C. 2010. Perspective: conservation genetics enters the genomics era. Conservation Genetics, 11: 665-669.

Baird N A, Etter P D, Atwood T S, Currey M C, Shiver A L, Lewis Z A, Selker E U, Cresko W A, Johnson E

A. 2008. Rapid SNP discovery and genetic mapping using sequenced RAD markers. PLoS One, 3: e3376.

Barrett S C H, Kohn J R. 1991. Genetic and evolutionary consequences of small population size in plants: implications for conservation. *In*: Falk D A, Holsinger E K. Genetics and conservation of rare plants. New York: Oxford University Press.

BGCl. 2013. Global strategy for plant conservation. London: BGCI Press.

Bight C. 1998. Life out of bounds: Bioinvasion in a borderless world. Worldwatch Environmental Alert Series. New York: W.W. Norton.

Booy G, Hendriks R J J, Smulders M J M, van Groenendael J M, Vosman B. 2000. Genetic diversity and the survival of populations. Plant Biology, 2: 379-395.

Bottin L, Verhaegen D, Tassin J, Olivieri I, Vaillant A, Bouvet J. 2005. Genetic diversity and population structure of an insular tree, Santalum austrocaledonicum in New Caledonian archipelago. Molecular Ecology, 14: 1979-1989.

Briscoe D A, Malpica J M, Robertson A, Smith G J, Frankham R, Banks R G, Barker J S F. 1992. Rapid loss of genetic variation in large captive populations of Drosophila flies: implications for the genetic management of captive populations. Conservation Biology, 6: 416-425.

Brumfield R T, Beerli P, Nickerson D A, Edwards S V. 2003. The utility of single nucleotide polymorphisms in inference of population history. Trends in Ecology and Evolution, 18: 249-256.

Bryant E H, Reed D H. 1999. Fitness decline under relaxed selection in captive populations. Conservation Biology, 13: 665-669.

Bryant E H, Backus V L, Clark M E, Reed D H. 1999. Experimental tests of captive breeding for endangered species. Conservation Biology, 13: 1487-1496.

Byers D L, Waller D M. 1999. Do plant populations purge their genetic load? Effects of population size and mating history on inbreeding depression. Annual Review of Ecology and Systematics, 30: 479-513.

Callaway D J. 1994. Magnolias. London: B. T. Batsford.

Carney S E, Wolf D E, Rieseberg L H. 2000. Hybridization and forest conservation. *In*: Young A, Boshier D, Boyle T. Forest conservation genetics. Principles and practice. Collingwood: CSIRO Publishing.

Carol B, Miller J A. 1995. Crossing the lines to extinction. Bioscience, 45: 744-745.

Charlesworth D, Charlesworth B. 1987. Inbreeding depression and its evolutionary consequences. Annual Review of Ecology and Systematics, 18: 237-268.

Collevatti R G, Grattapaglia D, Hay J D. 2001. Population genetic structure of the endangered tropical tree species *Caryocar brasiliense*, based on variability at microsatellite loci. Molecular Ecology, 10(2): 349-356.

Cronk Q C B, Fuller J L. 1995. Plant invaders. The Threat to Natural Ecosystems Worldwide. WWF People and Plants Conservation Manuals. London: Chapman & Hall.

Cronk Q C B. 1995. A new species and hybrid in the St. Helena endemic genus Trochetiopsis. Edinburgh Journal of Botany, 52: 205-213.

Dayanandan S, Dole J, Bawa K, Kesseli R. 1999. Population structure delineated with microsatellite markers in fragmented populations of a tropical tree, *Carapa guianensis* (Meliaceae). Molecular Ecology, 8: 1585-1592.

de Lamater R, Hodgson M. 1987. *Agave arizonica*, an endangered species, a hybrid or does it matter? *In*: Elias T S. Conservation and Management of Rare and Endangered Plants. Sacramento: California Native Plant Society.

Démesure B, Sodzi N, Petit R J. 1995. A set of universal primers for amplification of polymorphic non-coding regions of mitochondrial and chloroplast DNA. Plants Molecular Ecology, 4: 129-131.

Drummond R S, Keeling D J, Richardson T E, Gardner R C, Wright S D. 2000. Genetic analysis and conservation of 31 surviving individuals of a rare New Zealand tree, *Metrosideros bartlettii* (Myrtaceae). Molecular Ecology, 9: 1149-1157.

Dudash M R. 1990. Relative fitness of selfed and outcrossed progeny in a selfcompatible, protandrous species,

Sabatia angularis L. (Gentianaceae): a comparison of three environments. Evolution, 44: 1129-1139.

Dumolin-Lapégue S, Pemonge M H, Petit R J. 1997. An enlarged set of consensus primers for the study of organelle DNA in plants. Molecular Ecology, 6(4): 393-397.

Ehlers B K, Pedersen H A. 2000. Genetic variation in three species of *Epipadis* (Orichidaceae): geographic scale and evolutionary inferences. Biological Journal of the Linnean Society, 69: 411-430.

Ekblom R, Galindo J. 2011. Applications of next generation sequencing in molecular ecology of non-model organisms. Heredity, 107: 1-15.

Ellstrand N C, Elam D R. 1993. Population genetic consequences of small population size: Implications for plant conservation. Annual Review of Ecology and Systematics, 24: 217-242.

Ellstrand N C, Prentice H C, Hancock J F. 1999. Gene flow and introgression from domesticated plants into their wild relatives. Annual Review of Ecology and Systematics, 30: 539-563.

Ellstrand N C, Schierenbeck K A. 2000. Hybridization as a stimulus for the evolution of invasiveness in plants. Proceedings of the National Academy of Sciences, 97: 7043-7050.

Ellstrand N C, Whitkus R, Rieseberg L H. 1996. Distribution of spontaneous plant hybrids. Proceedings of the National Academy of Sciences, 93: 5090-5093.

Ewel J J, O'Dowd D J, Bergelson J, Daehler C C, D'Antonio C M, Gomez L D, Gordon D R, Hobbs R J, Holt A, Hopper K R, Hughes C E, LaHart M, Leakey R R B, Lee W, Loope L, Lorence D, Louda S M, Lugo A E, McEvoy P B, Richardson D M, Vitousek P M. 1999. Deliberate introductions of species: research needs. BioScience, 49(8): 619-630.

Falconer D S, Mackay T F C. 1996. Introduction to quantitative genetics. 4th edition. Essex: Addison Wesley Longman.

Falk D A. 1992. From conservation biology to conservation practice: strategies for protecting plant diversity. *In*: Fiedler P L, Jain S K. Conservation Biology. New York: Chapman and Hall.

Fenster C B, Galloway L F. 2000. Inbreeding and outbreeding in natural populations of *Chamaecrista fasciculate* (Fabaceae). Conservation Biology, 14: 1406-1412.

Floate K D, Whitham T G. 1993. The "hybrid bridge" hypothesis: host shifting via plant hybrid swarms. American Naturalist, 141: 651-662.

Frankel O H, Soulè M E. 1981. Conservation and evaluation. London: Cambridge University Press.

Frankel O H. 1970. Genetic conservation in perspective. *In*: Frankel O H, Bennett E. Genetic resources in plants-their exploration and conservation. IBP Handbook No. 11. Blackwell, Oxford and Edinburgh.

Frankel O H. 1974. Genetic conservation: our evolutionary responsibility. Genetics, 99: 53-65.

Frankham R, Ballou J D, Briscoe D A. 2002. Introduction to conservation genetics. Cambridge: Cambridge University Press.

Frankham R, Ralls K. 1998. Inbreeding leads to extinction. Nature, 392: 441-442.

Frankham R. 1995. Inbreeding and extinction: a threshold effect. Conservation Biology, 9: 792-799.

Frankham R. 2003. Genetics and conservation biology. Comptes Rendus Biologies, 326: S22-S29.

Franklin I R. 1980. Evolutionary change in small populations. *In*: Soulé M E, Wilcox B A. Conservation biology: An evolutionary-ecological perspective. Sunderland: Sinauer.

Friar E A, Boose D L, LaDoux T, Roalson E H, Robichaux R H. 2001. Population structure in the endangered Mauna Loa silversword *Argyroxiphium kauense* (Asteraceae), and its bearing on reintroduction. Molecular Ecology, 10: 1657-1663.

Gitzendanner M A, Soltis P S. 2000. Patterns of genetic variation in rare and widespread plant congeners. American Journal of Botany, 87(6): 783-792.

Gustafsson S, Sjögren-Gulve P. 2002. Genetic diversity in the rare orchid *Gymnadenia odoratissima* and a comparison with the more common congener, *G. conopsea*. Conservation Genetics, 3(3): 225-234.

Hamrick J L, Godt M J W. 1996. Effects of life history traits on genetic diversity in plant species. Philosophical Transactions of the Royal Society of London, Series B Biological Sciences, 351(1345): 1291-1298.

Hamrick J L. 1989. Isozymes, analysis of genetic structure of plant populations. *In*: Soltis D, Soltis P.

Isozymes in plant biology. Washington D. C.: Dioscorides Press: 87-105.

Harrison R G. 1993. Hybrid zones and the evolutionary process. Oxford: Oxford University Press.

Havens K, Guerrant Jr E O, Maunder M, Vitt P. 2004. Guidelines for *ex situ* conservation collection management: minimizing risks. *In*: Guerrant Jr E O, Havens K, Maunder M. *Ex situ* plant conservation, supporting species survival in the wild. Washington D. C.: Island Press.

Heath D D, Heath J W, Bryden C A, Johnson R M, Fox C W. 2003. Rapid evolution of egg size in captive salmon. Science, 299(5613): 1738-1740.

Hedrick P W, Kalinowski S T. 2000. Inbreeding depression and conservation biology. Annual Review of Ecology and Systematics, 31: 139-162.

Hedrick P W. 1994. Purging inbreeding depression and the probability of extinction: full-sib mating. Heredity, 73: 363-372.

Hedrick P W. 2004. Recent developments in conservation genetics. Forest Ecology Management, 197: 3-19.

Heywood V H, Iriondo J M. 2003. Plant conservation: old problems, new perspectives. Biological Conservation, 113(321-335): 335-342.

Hogbin P M, Peakall R. 1999. Evaluation of the contribution of genetic research to the management of the endangered plant *Zieria prostrata*. Conservation Biology, 13: 514-522.

Hohenlohe P A, Amish S J, Catchen J M, Allendorf F W, Luikart G. 2011. Next-generation RAD sequencing identifies thousands of SNPs for assessing hybridization between rainbow and westslope cutthroat trout. Molecular Ecology Resources, 11(Suppl. 1): 117-122.

Hohenlohe P A, Bassham S, Etter P D, Stiffler N, Johnson E A , Cresko W A. 2010. Population genomic analysis of parallel adaptation in threespine stickleback using sequenced RAD tags. PLoS Genetics, 6: e1000862.

Holsinger K E, Vitt P. 1997. The future of conservation biology: what's a geneticist to do? *In*: Pickett S T A, Ostfeld R S, Shachak M, Likens G E. The ecological basis of conservation: Heterogeneity, ecosystems, and biodiversity. New York: Chapman & Hall.

Holtsford T P, Ellstrand N C. 1990. Inbreeding effects in *Clarkia tembloriensis* (Onagraceae) populations with different natural outcrossing rates. Evolution, 44: 2031-2046.

Hopkin M. 2004. Insect deaths add to extinction fears. Nature, doi: 10.1038/news040315-11.

Huang H, Liu Y F. 2014. Natural hybridization, introgression breeding, and cultivar improvement in the genus *Actinidia*. Tree Genetics and Genomes, 10: 1113-1122.

Husband B C, Campbell L G. 2004. Population responses to novel environments: implications for *ex situ* plant conservation. *In*: Guerrant Jr E O, Havens K, Maunder M. *Ex situ* plant conservation, supporting species survival in the wild. Washington D. C.: Island Press.

Husband B C, Schemske D W. 1995. Magnitude and timing of inbreeding depression in a diploid population of *Epilobium angustifolium* (Onagraceae). Heredity, 75: 206-215.

Husband B C, Schemske D W. 1996. Evolution of the magnitude and timing of inbreeding depression in plants. Evolution, 50: 54-70.

Husband B C, Schemske D W. 1997. The effect of inbreeding in diploid and tetraploid populations of *Epilobium angustifolium* (Onagraceae): implications for the genetic basis of inbreeding depression. Evolution, 51: 737-746.

IUCN. 2001. Plant Conservation Strategy. http://www.iucn.org/themes/biodiversity/sbstta7/plant_strategy_english.pdf.

Kang M, Ye Q G, Huang H W. 2005. Genetic consequence of restricted habitat and population decline in endangered *Isoetes sinensis* (Isoetaceae). Annals of Botaniy, 96(7): 1265-1274

Kikuchi S, Isagi Y. 2002. Microsatellite genetic variation in small and isolated populations of *Magnolia sieboldii* subsp. *japonica*. Heredity, 88: 313-321.

Kimura M, Crow J F. 1963. The measurement of effective population numbers. Evolution, 17: 279-288.

Kirk H, Freeland J R. 2011. Applications and implications of neutral versus non-neutral markers in molecular Ecology. International Journal of Molecular Sciences, 12: 3966-3988.

Klips R A. 1999. Pollen competition as a reproductive isolating mechanism between two sympatric *Hibiscus* species (Malvaceae). American Journal of Botany, 86: 269-276.

Lacy R C. 1987. Loss of genetic diversity from managed populations: interacting effects of drift, mutation, immigration, selection, and population subdivision. Conservation Biology, 1: 143-158.

Lande R, Schemske D W. 1985. The evolution of self-fertilization and inbreeding depression in plants. I. Genetic models. Evolution, 39(1): 24-40.

Lande R. 1979. Quantitative genetic analysis of multivariate evolution, applied to brain: body size allometry. Evolution, 33: 402-416.

Lande R. 1982. A quantitative theory of life history evolution. Ecology, 63: 607-615.

Lande R. 1993. Risks of population extinction from demographic and environmental stochasticity and random catastrophes. American Naturalist, 142: 911-927.

Lande R. 1994. Risk of population extinction from fixation of new deleterious mutations. Evolution, 48: 1460-1469.

Lande R. 1995. Mutation and conservation. Conservation Biology, 9: 782-791.

Lander E S. 1996. The new genomics: global views of biology. Science, 274(5287): 536-539.

Lemes M R, Gribel R, Proctor J, Grattapaglia D. 2003. Population genetic structure of mahogany (*Swietenia macrophylla* King, Meliaceae) across the Braziliam Amazon, based on variation at microsatellite loci: implications for conservation. Molecular Ecology, 12: 2875-2883.

Levin D A, Francisco-Ortega J, Jansen R K. 1996. Hybridization and the extinction of rare plant species. Conservation Biology 10: 10-16.

Li Q M, Xu Z F, He T H. 2002. *Ex situ* genetic conservation of endangered *Vatica guangxiensis* (Dipterocarpaceae) in China. Biological Conservation, 106(2): 151-156.

Li R, Fan W, Tian G, Zhu H, He L, Cai J, Huang Q F, Cai Q L, Li B, Bai Y Q, Zhang Z H, Zhang Y P, Wang W, Li J, Wei F W, Li H, Jian M, Li J W, Zhang Z L, Nielsen R, Li D W, Gu W J, Yang Z T, Xuan Z L, Ryder O A, Leung C F, Zhou Y, Cao J J, Sun X, Fu Y G, Fang X D, Guo X S, Wang B, Hou R, Shen F J, Mu B, Ni P X, Lin R M, Qian W B, Wang G D, Yu C, Nie W H, Wang J H, Wu Z G, Liang H Q, Min J M, Wu Q, Cheng S F, Ruan J, Wang M W, Shi Z B, Wen M, Liu B H, Ren X L, Zheng H S, Dong D, Cook K, Shan G, Zhang H, Kosiol C, Xie X Y, Lu Z H, Zheng H C, Li Y R, Steiner C C, Lam T T, Lin S Y, Zhang Q H, Li G Q, Tian J, Gong T M, Liu H D, Zhang D J, Fang L, Ye C, Zhang J B, Hu W B, Xu A L, Ren Y Y, Zhang G J, Bruford M W, Li Q B, Ma L J, Guo Y R, An Na, Hu Y J, Zheng Y, Shi Y Y, Li Z Q, Liu Q, Chen Y L, Zhao J, Qu N, Zhao S C, Tian F, Wang X L, Wang H Y, Xu L Z, Liu X, Vinar T, Wang Y J, Lam T, Yiu S, Liu S P, Zhang H M, Li D S, Huang Y, Wang X, Yang G H, Jiang Z, Wang J Y, Qin N, Li L, Li J X, Bolund L, Kristiansen K, Wong G K, Olson M, Zhang X Q, Li S G, Yang H M, Wang J, Wang J. 2010. The sequence and de novo assembly of the giant panda genome. Nature, 463(7279): 311-317.

Litt M, Luty J A. 1989. A hypervariable microsatellite revealed by in vitro amplification of a dinucleotide repeat within the cardiac muscle actin gene. American Journal of Human Genetics, 44: 397-401.

Lord T. 1999. The royal horticultural society plant finder. London: Dorling Kindersley.

Lovejoy T E. 1996. Beyond the concept of sustainable yield. Ecological Applications, 6(2): 363-363.

Loveless M D, Hamrick J L. 1984. Ecological determination of genetic structure in plant population. Annual Review of Ecology and Systematics, 15: 65-95.

Low T. 1999. Feral Future: The untold story of Australia's exotic invaders. Victoria: Viking for Penguin.

Luijten S H, Kery M, Oostermeijer J G B, Den Nijs H J C M. 2002. Demographic consequences of inbreeding and outbreeding in *Arnica montana*: a field experiment. Journal of Ecology, 90: 593-603.

Lynch M, Conery J, Bürger R. 1995a. Mutation accumulation and the extinction of small populations. American Naturalist, 146: 489-518.

Lynch M, Conery J, Bürger R. 1995b. Mutational meltdowns in sexual populations. Evolution, 49: 1067-1080.

Lynch M. 1996. A quantitative-genetic perspective on conservation issues. *In*: Avise J C, Hamrick J L.

Conservation genetics: Case histories from nature. New York: Chapman & Hall.

Maki M, Horie S, Yokoyama J. 2002. Comparison of genetic diversity between narrowly endemic shrub *Menziesia goyozanensis* and its widespread congener *M. pentandra* (Ericaceae). Conservation Genetics, 3: 421-425.

Martinsen G D, Whitham T G. 1994. More birds nest in hybrid cottonwood trees. Wilson Bulletin, 106: 474-481.

Maunder M, Culham A, Alden B, Zizka G, Orliac C, Lobin W, Bordeu A, Ramirez J M, Glissmann-Gough S. 2000. Conservation of the Toromiro tree: case study in the management of a plant extinct in the wild. Conservation Biology, 145: 1341-1350.

Maunder M, Higgens S, Culham A. 2001. The effectiveness of botanic garden collections in supporting plant conservation: a European case study. Biodiversity and Conservation, 10(3): 383-401.

Maunder M, Hughes C, Hawkins J A, Culham A. 2004a. Hybridization in *ex situ* plant collections: conservation concerns, liabilities, and opportunities. *In*: Guerrant Jr E O, Havens K, Maunder M. *Ex situ* plant conservation, supporting species survival in the wild. Washington D. C.: Island Press.

Maunder M, Havens K, Guerrant Jr E O, Falk D A. 2004b. *Ex situ* methods: a vital but underused set of conservation resources. *In*: Guerrant Jr E O, Havens K, Maunder M. *Ex situ* plant conservation, supporting species survival in the wild. Washington D. C.: Island Press.

Maunder M. 1992. Plant reintroduction: an overview. Biodiversity and Conservation, 1: 21-62.

Maunder M. 1995. Endemic plants: Options for an integrated conservation strategy. An unpublished report submitted to the ODA British Government Overseas Development Administration and Government of St. Helena. Conservation Projects Development Unit, Royal Botanic Gardens, Kew.

McDade L A. 1990. Hybrids and phylogenetic systematics. I. Patterns of character expression in hybrids and their implications for cladistic analysis. Evolution, 44: 1685-1700.

Metzker M L. 2010. Sequencing technologies-the next generation. Nature Review Genetics, 11: 31-46.

Montalvo A M, Ellstrand N C. 2001. Nonlocal transplantation and outbreeding depression in the subshrub *Lotus scoparius* (Fabaceae). American Journal of Botany, 88: 258-269.

Moore S S, Sargeant L L, King T J, Mattick J S, Georges M, Hetzel J S. 1991. The conservation of dinucleotide microsatellite among mammalian genomes allows the use of heterologous PCR primer pairs in closely related species. Genomics, 10: 654-660.

Newman D, Pilson D. 1997. Increased probability of extinction due to decreased genetic effective population size: experimental populations of *Clarkia pulchella*. Evolution, 51: 354-362.

Newman D, Tallmon D A. 2001. Experimental evidence for beneficial fitness effects of gene flow in recently isolated populations. Conservation Biology, 15: 1054-1063.

Newton W C F, Pellew C. 1929. *Primula kewensis* and its derivatives. Journal of Genetics 20: 405-466.

Ouborg N J, Pertoldi C, Loeschcke V, Bijlsma R K, Hedrick P W. 2010. Conservation genetics in transition to conservation genomics. Trends in Genetics, 26(4): 177-187.

Pitman N C A, Jorgensen P M. 2002. Estimating the size of the world's threatened flora. Science, 298(5595): 989.

Prakash S, Lewontin R C, Hubby J L. 1969. A molecular approach to the study of genic heterozygosity in natural populations. IV. Patterns of genic variation in central, marginal and isolated populations of *Drosophila pseudoobscura*. Genetics, 61(4): 841-858.

Primmer C R, Moller A P, Ellegren H. 1996. A wide-range survey of cross-species microsatellite amplification in birds. Molecular Ecology, 5: 365-378.

Pringle J S. 1981. A review of attempted and reported interseries and intersubgeneric hybridization in *Syringa* (Oleaceae). Baileya, 21: 101-123.

Pullin A S. 2005. 保护生物学. 贾竞波译. 北京: 高等教育出版社.

Reed D H, Frankham R. 2001. How closely correlated are molecular and quantitative measures of genetic variation? A meta-analysis. Evolution, 55: 1095-1103.

Rhymer J M, Simberloff D. 1996. Extinction by hybridization and introgression. Annual Review of Ecology and Systematics, 27: 83-109.

Rieseberg L H, Brunsfeld S J. 1991. Molecular evidence and plant introgression. *In*: Soltis P S, et al. Molecular Systematics. New York: Chapman & Hall.

Rieseberg L H, Desrochers A, Youn S J. 1995. Interspecific pollen competition as a reproductive barrier between sympatric species of *Helianthus* (Asteraceae). American Journal of Botany, 82: 515-519.

Rieseberg L H. 1997. Hybrid origins of plant species. Annual Review of Ecology and Systematics, 28: 359-389.

Rieseberge L H, Gerber D. 1995. Hybridization in Catalina Island mountain mahogany (*Cercocarpus traskiae*): RAPD evidence. Conservation Biology, 9: 199-203.

Rolston III H. 2004. *In situ* and *ex situ* conservation: philosophical and ethical concerns. *In*: Guerrant Jr E O, Havens K, Maunder M. *Ex situ* plant conservation, supporting species survival in the wild. Washington D. C.: Island Press.

Rutledge L Y, Wilson P J, Klütsch F C, Patterson B R, White B N. 2012. Conservation genomics in perspective: A holistic approach to understanding Canis evolution in North America. Biological Conservation, 155: 186-192.

Schaal B, Leverich W J. 2004. Population genetic issues in *ex situ* plant conservation. *In*: Guerrant Jr E O, Havens K, Maunder M. *Ex situ* plant conservation, supporting species survival in the wild. Washington D. C.: Island Press.

Schaal B. 1989. The population biology of an annual Texas lupine. *In*: Stirton C H, Zarucchi J. Advances in legume biology. Monographs in Systematic Botany from the Missouri Botanical Garden. 29: 283-292. St. Louis: Missouri Botanical Garden Press.

Schlötterer C, Tautz D. 1992. Slippage synthesis of simple sequence DNA. Nucleic Acids Research, 20(2): 211-215.

Schoen D J. Brown A H D. 2001. The conservation of wild plant species in seed banks. BioScience, 51: 960-966.

Schoen D J, David J L, Bataillon T M. 1998. Deleterious mutation accumulation and the regeneration of genetic resources. Proceedings of the National Academy of Sciences of the United States of America, 95: 394-399.

Segarra-Moragues J G, Palop-Esteban M, González-Candelas F, Catalán P. 2005. On the verge of extinction: genetics of the critically endangered Iberian plant species, Borderea chouardii (Dioscoreaceae) and implications for conservation management. Molecular Ecology, 14(4): 969-982.

Sharrock S. 2012. Global strategy for plant conservation: A guide to the GSPC. All the targets, objectives and facts. London: BGCI.

Small E. 1984. Hybridization in the domesticated-weed-wild complex. *In*: Grant W F. Plant Biosystematics. Toronto: Academic Press.

Soulé M E, Frankham R. 2000. Sir Otto Frankel: Memories and tributes. Conservation biology, 14(2): 582-583.

Soulé M E. 1985. What is Conservation Biology? A new synthetic displine addresses the dynamic and problems of perturbed species, communities, and ecosystems. BioScience, 35(11): 727-734.

Soulé M E. 1986. Conservation Biology: The science of scarcity and diversity. Sunderland Massachusetts: Sinauer Associates Inc.

Stace C A. 1989. Plant taxonomy and biosystematics. London: Edward Arnold.

Stapley J, Reger J, Feulner P G D, Smadja C, Galindo J, Ekblom R, Bennion C, Ball A D, Beckermsn A P, Slate J. 2010. Adaptation genomics: the next generation. Trends in Ecology and Evolution, 25(12): 705-712.

Stirton C H. 1999. The naturalised Lantana camara L. Lataneae-Verbenaceae complex in KwaZulu-Natal, South Africa: a dilemma for the culton concept. *In*: Andrews S, Leslie A C, Alexanderet C. Taxonomy of cultivated plants. London: Royal Botanic Gardens, Kew.

Strand C. 1998. Asian witch hazels and their hybrids: a history of Hamamelis in cultivation. The New Plantsman, 5: 231-245.

Taberlet P, Gielly L, Pautou G, Bouvet J. 1991. Universal primers for amplification of three non-coding regions of chloroplast DNA. Plant Molecular Biology, 17(5): 1105-1109.

Tautz D, Renz M. 1984. Simple sequences are ubiquitous repetitive components of eukaryotic genomes. Nucleic Acids Research, 12: 4127-4138.

Templeton A R, Read B. 1983. The elimination of inbreeding depression in a captive herd of Speke's gazelle. *In*: Schonewald C M, Chambers S M, MacBryde B, Thomas L. Genetics and conservation. Menlo Park: Benjamin-Cummings.

Templeton A R. 1996. Biodiversity at the genetic level: experiences from disparate macroorganisms. *In*: Hawksworth D L. Biodiversity-measurement and estimation. London: Chapman & Hall: 140-141.

Thomas C D, Cameron A, Green R E. Bakkenes M, Beaumont L J, Collingham Y C, Erasmus B F, de Siqueira M F, Grainger A, Hannah L, Hughes L, Huntley B, van Jaarsveld A S, Midgley G F, Miles L, Ortega-Huerta M A, Peterson A T, Phillips O L, Williams S E. 2004. Extinction risk from climate change. Nature, 427: 145-148.

van Gaal T M, Galatowitsch S M, Strefeler M S. 1998. Ecological consequences of hybridization between a wild species *Echinacea purpurea* and related cultivar *E. purpurea* "White Swan". Scientia Horticulturae, 76: 73-88.

van Oosterhout C, Hutchinson W F, Wills D P, Shipley P. 2004. Micro-checker: software for identifying and correcting genotyping errors in microsatellite data. Molecular Ecology Notes, 4: 535-538.

Vandepitte K, Honnay O, Mergeay J, Breyne P, Roldán-Ruiz I, de Meyer T. 2013. SNP discovery using Paired-End RAD-tag sequencing on pooled genomic DNA of *Sisymbrium austriacum* (Brassicaceae). Molecular Ecology Resources, 13(2): 269-275.

Vitt P, Havens K. 2004. Integrating Quantitative Genetics into *Ex Situ* Conservation and Restoration Practices. *In*: Guerrant Jr E O, Havens K, Maunder M. *Ex situ* plant conservation, supporting species survival in the wild. Washington D. C. : Island Press.

Vos P, Hogers R, Bleeker M, Reijans M, Vandelee T, Hornes M, Frijters A, Pot J, Peleman J, Kuiper M, Zabeau M. 1995. AFLP: A new technique for DNA fingerprinting. Nucleic Acids Research, 23: 4407-4414.

Wallace B. 1968. Topics in population genetics. New York: Norton.

Wang S, Meyer E, McKay J K, Matz M V. 2012. 2b-RAD: a simple and flexible method for genome-wide genotyping. Nature Methods, 9: 808-810.

Wendel J F, Doyle J J. 1998. Phylogenetic incongruence: window into genome history and molecular evolution. *In*: Soltis D S, et al. Molecular Systematics of Plants Ⅱ. DNA Sequencing. Norwell: Kluwer.

Whitham T G, Martinsen G D, Floate K D, Dungey H S, Potts B M, Keim P. 1999. Plant hybrid zones affect biodiversity: tools for a genetic based understanding of community structure. Ecology, 80: 416-428.

Whitham T G, Morroe P A, Potts B M. 1994. Plant hybrid zones as centers of biodiversity: the herbivore community of two endemic Tasmanian eucalypts. Oecologia, 97: 481-490.

Williams E G, Rouse J L, Palser B F, Knox R B. 1990. Reproductive biology of *Rhododendron*. Horticultural Reviews, 12: 1-67.

Willing E M, Hoffmann M, Klein J D, Weigel D, Dreyer C. 2011. Paired-end RAD-seq for de-novo assembly and marker design without available reference. Bioinformatics, 27 (16): 2187-2193.

Wilson E O. 1992. The diversity of life. Cambridge: Belknap Press.

Winter J H S, Botha D J. 1994. The release of endangered plants into the horticultural trade: conservation or exploitation? Biodiversity and Conservation, 32: 142-147.

Wolf D E, Takebayashi N, Riesenberg L H. 2001. Predicting the risk of extinction through hybridization. Conservation Biology, 15: 1039-1053.

Woodruff D S. 1989. The problems of conserving genes and species. *In*: Weston D, Pearl M. Conservation for the twenty First Century. New York: Oxford University Press: 76-88.

Woodruff D S. 1990. Genetics and demography in the conservation of biodiversity. Journal of Scientific Society of Thailand, 16: 117-132.

Wyse Jackson P, Kennedy K. 2009. The global strategy for plant conservation: A challenge and opportunity for the international community. Trends in Plant Science, 14(11): 578-580.

Yang R, Yeh F C, Yanchuk A D. 1996. A comparison of isozyme and quantitative genetic variation in *Pinus contorta* ssp. *latifolia* by FST. Genetics, 142: 1045-1052.

Yao X H, Ye Q G, Kang M, Zhou J F, Xu Y Q, Wang Y, Huang H W. 2006. Characterization of microsatellite markers in the endangered *Sinojackia xylocarpa* (Styracaceae) and crossspecies amplification in closely related taxa. Molecular Ecology, 6: 133-136.

Young A G, Brown A H D. 1996. Comparative population genetic structure of the rare woodland shrub *Daviesia suaveolens* and its common congener *D. mimosoides*. Conservation Biology, 10(4): 1220-1228.

Zane L, Bargelloni L, Patarnello T. 2002. Strategies for microsatellite isolation: a review. Molecular Ecology, 11: 1-16.

Zhang J J, Ye Q G, Yao X H, Huang H W. 2010. Spontaneous interspecific hybridization and patterns of pollen dispersal in *ex situ* populations of a tree species (*Sinojackia xylocarpa*) that is extinct in the wild. Conservation Biology, 24: 246-255.

Zhao S C, Zheng P P, Dong S S, Zhan X J, Wu Q, Guo X, Hu Y, He W, Zhang S, Fan W, Zhu L, Li D, Zhang X, Chen Q, Zhang H, Zhang Z, Jin X, Zhang J, Yang H, Wang J, Wang J, Wei F. 2013. Whole genome sequencing of giant pandas provides insights into demographic history and local adaption. Nature Genetics, 45(1): 67-71.

第五章　迁地保育植物的回归

植物是人类赖以生存的基础。植物的濒危与灭绝是物种与环境相互作用过程的结果，物种的形成、发展、濒危和消亡的过程由多种因素决定，包括物种本身的遗传因素和外部的生态因素。在正常情况下，物种的产生和灭绝本来是一种自然现象。由遗传因素主导的自然灭亡过程是十分漫长的，但人类在工业化进程中，对自然环境造成了严重的破坏和干扰，尤其是对植物资源的不合理利用和消耗，使物种的灭绝速度远高于其自然灭绝速度，再加上全球变化的影响，全球植物种类正以空前的速度消失（任海，2006）。据世界自然保护联盟（IUCN）物种保护监测中心估计，目前世界上已知的30多万种高等植物中，约有10万种受到了威胁。为了采取全球性行动以保护地球上的生物多样性，联合国环境规划署于1973年通过了《濒危野生动植物种国际贸易公约》，并于两年后成为一部国际法。随着国际社会对野生植物保护和管理的关注，《全球植物保护战略》于2002年在《生物多样性公约》缔约国第六次大会上一致通过，号召全球采取一致行动来保护全球植物。可见，国际上已达成共识，即生物多样性的维持面临着巨大的挑战，保护植物就是保护人类自己。

中国植物多样性极为丰富，拥有3万多种高等植物，占全世界的1/10左右，且具有物种丰富度高、特有种属多、区系起源古老、栽培植物种质丰富等特点。这些植物具有重要的食用、药用、观赏和材用价值。但中国野生植物面临着分布区域萎缩、生境恶化、资源锐减、部分物种濒危程度加剧等严峻形势，因此保护中国的野生植物多样性刻不容缓（黄宏文和张征，2012）。据《中国生物多样性国情研究报告》估计，中国动植物种类中已有总物种数的15%~20%受到威胁，高于世界平均水平的5%左右。在《濒危野生动植物种国际贸易公约》（1973年）所列的640种中，中国占156种。近50年来，中国约有200种植物已经灭绝，高等植物中濒危和受威胁的种类达4000~5000种。1992年出版的《中国植物红皮书：稀有濒危植物（第一册）》中确定珍稀濒危植物388种（包括变种），其中濒危的有121种，稀有的为110种，渐危的有157种；在1999年颁布的《国家重点保护野生植物名录》中确定的珍稀濒危植物有246种和8个类群。2011年发布的《全国极小种群野生植物拯救保护工程规划》（2011~2015年）中确定的种类为120种。2013年出版的《中国珍稀濒危植物图鉴》共收录360个分类群或种（国家林业局野生动植物保护与自然保护区管理司和中国科学院植物研究所，2013）。1984年，国家环境保护委员会公布了《中国珍稀濒危植物名录》第一批共354种，列为Ⅰ级重点保护野生植物的有8种，Ⅱ级143种，Ⅲ级203种（任海等，2016）。由于中国经济还不发达，人口急剧增长，各种污染、不合理的资源开发活动还在进行。因此，中国的植物多样性在未来一段时间内仍将面临严峻的威胁。

作为植物资源大国和 1992 年的《生物多样性公约》缔约国，中国于 2002 年实施《全球植物保护战略》，2008 年发布了《中国植物保护战略》。该保护战略提出了 16 个目标：中国本土植物物种的调查与编目；植物保护状况的评估；植物保护和可持续利用应用模式的研究与发掘；重要生态地区的保护；植物多样性关键地区的保护；在至少 30% 的农耕区推介植物多样性保护的原理与方法；中国受威胁及濒危物种的就地保护；受威胁及濒危物种的迁地保护及恢复计划；加强重要社会-经济作物的遗传多样性的综合保育，维持民间的传统利用作物遗传多样性的知识和实践；加强外来入侵物种管理计划制订，确保本土植物群落、生境及生态系统安全；杜绝国际贸易对野生植物物种的威胁；加强植物原材料产品的可持续利用与管理；遏制支撑生计的植物资源和相关传统知识的减少，鼓励中国民间传统知识和实践的传承和创新；加强植物多样性保护的能力建设；植物保护的网络体系建设等。

在《中国植物保护战略》目标 8 中提出：要建立国家植物园迁地保育网络体系，调动社会各级力量参与珍稀濒危及重要类群植物迁地保护工作，加强迁地保护的科学研究，提高保护的效率和质量，将植物物种回归自然计划正式纳入植物多样性保护工作中，使中国 10% 左右的受威胁物种回归原生境，加强回归居群的动态监测、管理及评估。

当前进行的植物保护，主要通过就地保护和迁地保护的方式实现。在就地保护方面，中国通过自然保护区和国家公园体系就地保护了约 65% 的高等植物群落，通过植物园及其他引种设施等迁地保护了中国植物区系成分中植物物种的 60%（黄宏文和张征，2012）。回归自然是野生植物种群重建的重要途径，其保护效果超出了单纯的就地保护和单一的物种迁地保护，能更有效地对极小种群野生植物进行拯救和保护。中国的极小种群植物大多为特有植物，具有不可替代的生态、经济、科学和文化价值。为了挽救濒临灭绝的植物类群，国家林业局、中国科学院和环境保护部提出把迁地保护受威胁植物种类中 10% 的种类列入回归自然计划（Ren et al.，2012）。

事实上，开展珍稀濒危植物的野外回归是一项非常困难的工作，涉及一系列的科学与社会经济问题，而且全球成功的案例不多（Guerrant et al.，2004），但开展珍稀濒危植物的回归具有重要的科学和实践价值。

第一节　植物回归的相关术语

植物的回归（也有人译为再引种，reintroduction 或 restitution）是在迁地保护的基础上，通过人工繁殖把植物引入其原来分布的自然或半自然的生境中，以建立具有足够的遗传资源来适应进化改变、可自然维持和更新的新种群（Maunder，1992）。与之相关的概念还有异地回归（translocation，指从某个种历史分布区迁移到分布区外的回归）、增强回归（reinforcement，指在现存种群中通过添加个体增加种群大小）和种群恢复（restoration，指通过人工修复那些受到破坏的种群，使其尽可能恢复到历史的状态）（任海等，2008）。

欧洲理事会（The European Council，1985）把回归定义为"返回到其分类群以前分布区域的自然生境中"，并提出了开展回归的 7 点指南。随后，世界自然保护联盟（IUCN，1987）把回归定义为"把一种生物有意识地迁移到其自然生存的区域中；由于人类活动或自然灾害该物种在这一区域中已经消失或在某一历史时间段已经灭绝"。在实践的基础上，IUCN 又拟定了《IUCN 回归指南》（IUCN，1998）。该指南明确了回归是指在一个物种发生濒危的现有分布区域或已经灭绝的历史分布区域内建立新种群的行动。2009年，IUCN 通过犀牛的回归案例又提出了新的回归指南。

国际植物园保护联盟（Akeroyd and Jackson，1995）根据自然生境是否分布有要回归的植物而把回归分成下列 3 类：①增强回归（reinforcement 或 enhancement），回归是为了增大生境中现有的种群，如某生境中有某种植物的少数植株，为了增强该物种在群落中的群体作用而通过回归扩大其种群；②重建回归（restitution 或 reestablishment），回归的种类在生境中原来有分布，但已经消失了，其目的是通过种群的释放与管理，拓展物种现有分布范围的新分布点；③引种回归（introduction），把物种回归到合适的生境中，而不清楚该生境是否原来有回归物种的分布。此外，专门把一个种引入历史上未分布的区域称为异地回归（translocation），这对于全球变化背景下珍稀濒危植物的保护非常有用。Seddon（2010）提出了一个异地回归保护的过程尺度，可以分为 reintroduction、reenforcement、ecological replacement、assisted colonization、community construction。其中前两个是在物种尺度，而且是在已知范围内进行的种群恢复；而后 3 个是在生态系统尺度，而且是在已知范围外进行的保护性引种。此外，国际上把野外已灭绝，但有人工保存的珍稀植物再回归种植的称为"复活"（resurrect）。

综上所述，珍稀濒危植物的回归也称为"再引种"（reintroduction），即把经过迁地保护的人工繁殖体重新放归到它们原来的自然和半自然的生态系统或适合它们生存的野外环境中去。它是迁地保护与就地保护的桥梁，也是迁地保护植物的最终归宿。国际上一般把濒危植物和具有重要经济、文化或生态意义的种类列为优先回归种类。在自然生态系统中，植物间及物种间的关系十分复杂，一个较稳定的植物群落通常不容易接受一个新物种，即使这个物种原来属于该群落但已消失了。珍稀濒危植物在演化过程中因存在某些脆弱环节而不能适应人类的干扰和生态环境的迅速变化。因此，珍稀濒危植物的回归并不容易。

第二节　植物回归指南

目前已出版的各种植物回归指南中的主要内容概述如下。

一、植物回归的目标

回归的最基本目的是对一个在全球或地区范围内濒危或灭绝的物种在其以前的自然生境或分布区域内重新建立野外可自行维持、自由扩散的种群，并利于人工管理的最小化。其目标包括提高物种在野外自然环境中长期生存的能力；在一个生态系统中重新建立一个关键物种；维持和恢复自然生物多样性；为国家及地方提供长期的经济利益；提高民众生物保护的意识等（IUCN，1998）。Pavlik（1996）认为，回归目标必须考虑丰度（abundance）、广度（extent）、恢复力（resilience）、持续性（persistence）4 个方面。对于被回归的生态系统而言，主要是提高其生物多样性，增强其群落的稳定性，而不是加速其自然生境的退化或对其他动植物种群的破坏。对于被回归的植物而言，它们应该能适应其回归的自然生境，并且能够自我维持，正常繁殖其后代，成为该群落中的成员，还能在所属生态系统中发挥功能作用。

二、如何选择回归的植物物种

选择回归种时，要考虑如下 4 点因素：该种是科研、农业、药用、商业或工业用的种类或与之相关的野生近缘种；该种已被可持续地利用过，且具有文化、宗教或历史重要性；种类的形态或遗传有隔离、单科单属种或孑遗种群；在国际公约、国家或地方法规保护清单中，有特别的繁殖障碍问题，为地方特有或孑遗种，在限定的区域生长的种或是区域外受到威胁的种。具体操作时应考虑如下 5 个问题：①回归真的对这个种的存活是必需的吗？②在园艺上回归是可行的吗？③有合适的回归地点吗？④回归的目标和方法是否清楚？⑤工作方案是否明晰？若可能，还可以考虑回归地点居民的需求，即这个种有地方经济价值吗？它是否有文化或宗教重要性？它是有毒还是药用植物？它是否是一种有害的杂草？为了防止回归行为变成经济负担，也要考虑做多少种的回归更好？国际或国家层面该做多少种？回归某个种比迁地保育该种更便宜还是更贵？回归该种要花费多少钱？是否有足够的资金或资助（Akeroyd and Jackson，1995）？

三、回归的生境要求

1984 年，IUCN 对于植物回归的生境提出了要求：①回归应在那些灭绝的根本原因已被解除的地方开展；②回归应只在那些物种所需要的生境都被满足的地方进行；③回归必须在导致该物种减少的大部分因素已被解除的时候才能尝试。为了保证所回归的植物的正常生长、发育，使它们在生境中能自我维持，最好是选择它们原来所在的生态系统中的群落，这样成功的把握较大；假如原来的群落已不存在，则要尽量选择与原来的生态系统相似的群落或生境。而对于那些因原来生境的变化而使其生长、发育受到限制的种类，即使在原群落中回归了，它们可能还会处于稀有或濒危的状态。

回归应该选择在该物种现有分布区域或者生境条件适宜的地点，根据植物引种的生态历史分析法，也可将植物回归到其历史分布区域，但是历史分布区域可能存在不利于物种生存的生态因子，因此必须考虑植物回归的生境条件。IUCN（1998）提出了以下几点建议：①回归地点的物理及生态特征，包括土壤的理化性质、地形地貌、空气温湿度、光照、通风、现有物种成分、历史自然干扰过程（火灾、地震、山体滑坡、动物的捕食行为）；②有效传粉媒介，对于依赖动物传粉的植物来说，缺乏传粉者会导致植物的繁殖障碍，对于那些自交不亲和的物种来说更是如此，需要恢复该物种有效传粉者的生活环境，另外必须考虑寄生、共生及协同进化关系，有些物种必须依赖其他植物、真菌、细菌、昆虫才能完成生活史及生命周期，对这样的物种需要考虑回归地点有无伴生物种、共生真菌、细菌等，可以将它们适当引入；③生态系统过程，包括自然干扰、气候变异、长期的气候变化及自然演替等。自然气候的剧烈变化会给回归种群带来灾难性的影响，针对特定回归地点制定特殊的回归计划，以降低极端干旱、高温、冷害、冻害造成的死亡率是非常必要的；在回归种群内维持高水平的遗传多样性，以防止长期的气候变化导致种群个体数量的减少。回归计划中还需要考虑长期控制本地种与本地种、本地种和入侵种之间的比例，采取必要的管理措施清除杂草、灌木丛或入侵种，防止它们与回归物种争夺水分、营养、阳光、空间。

四、回归的植株要求

对于回归的植株，除了 IUCN 建议的，必须是原来种类的相同种系和注意其遗传组成外，还必须考虑：①实行迁地保护的时间不能太长，如在人工条件下已经繁殖了多代，难以避免不被驯化而失去一定的繁殖和免疫能力，或因种群太小而产生的基因漂变等削弱它们的生命。②回归所用的材料最好是种子或实生苗，它们具有较强的生命力和能较好地保持其遗传多样性。对于一些具有较强的自然无性繁殖（克隆）能力的种类，也可采用其无性繁殖体。③提供回归的种子和苗木必须健壮，没有病虫害，以保证其正常生长，避免对回归生境产生危害。

BGCI 认为，对于栽培和繁殖体要考虑以下 7 点：要有足够的园艺和养护技术人员及专家；要有足够的空间用于迁地保护及回归；回归后要注意消除导致濒危的威胁；养护人员要参与从项目制订到回归的全过程；在回归中要有良好的标牌系统和文件管理系统（特别是那些使用混合和不适当的材料并可能导致遗传污染的项目）；项目负责人员要参与地点准备及种植、管理与长期监测全过程；梳理包括新设施、备用人员等在内的必需资源清单（Akeroyd and Jackson，1995）。

五、植物种群的调控

进行植物的回归，一定要根据生态学原理对回归物种的种群进行必要的研究，使进入自然群落中的珍稀濒危植物与其他物种能够协调、互利；如果不能做到互利，至少不会互害或被害。为了进行种群的合理配置，有必要对回归物种在原来群落中的调查资料进行分析，以弄清其种群的结构和分布格局。还要对其在迁地保护时的有关研究资料进行分析，如弄清楚它们个体发育过程的各个阶段对空间和环境条件（地上、地下）的要求。这样，就可能制定出，在自然群落中回归物种的种群大小及其与其他物种的最佳种间搭配方式，从而有利于回归物种的生长，增强其在群落中的竞争能力（Akeroyd and Jackson，1995）。

六、物种回归后的管理与监测

珍稀濒危植物的回归是一个长期而消耗时间和金钱的事，尤其是物种回归后的管理，包括提高回归居群的竞争力（必要的遮阴、灌溉、松土、病虫害防治和对一定范围内的其他物种进行必要的清除或控制）和回归种群的补植，以让它们在群落中建立较合理的种群结构，增强其自我维持的能力。

对于珍稀濒危植物的回归后监测可能要延续至回归的居群达到正常繁殖的年龄。回归的效果评价则包括：实现回归植物从种子萌发到长成的植株再产生种子的过程，对生境无害（起码标准）；居群能自我维持，该物种与其他物种能一起生长（进一步的标准）；以及持续参与群落的生态过程（最终标准）（Akeroyd and Jackson，1995）。

回归过程中存在的风险和问题中，遗传污染是首要风险。回归种群与本地种杂交，会产生基因交流，可能引起本地种遗传特性和优良性状基因丢失，或者将有害基因引入本地种中。在回归过程中，如果从源种群中过度或不系统地采集繁殖体，很容易导致源种群的资源枯竭。回归还可能引入新的病原及虫害，导致病虫害的扩散（Akeroyd and Jackson，1995）。

七、植物回归成功的标准

回归成功的标准分为短期和长期两类（Pavlik，1996），前者包括个体的成活、种群的建立和扩散；后者包括回归种群的自我维持及其在生态系统中发挥功能等。短期评价标准主要有以下 3 个方面：①物种能在回归地点顺利完成生活史；②能够顺利繁衍后代并增加现有种群大小，种群生长速率（λ）至少有一年应该大于 1，同时，种子产量和发育阶段的分布样式类似于自然种群；③种子能够借助本地媒介（如风、昆虫、鸟类等）得到扩散，从而在回归地点之外建立新的种群。长期评价标准包括以下 4 个方面：①适应本地多样性的小生境，能够充分利用本地传粉动物完成其繁殖过程，建立与其他物种种群的关联，在生态系统中发挥作用和功能；②能够得到最小的可育种群，并且可以维持下去；③建立的回归种群具有在自然和人为干扰的条件下自我恢复的能力；④在达到有效种群大小的前提下，建立的回归种群能够维持低的变异系数。也有人对过去一般认为的"5000 株个体是最小可存活种群"提出了质疑（任海等，2014）。

八、植物回归的步骤

IUCN（2009）认为，植物的回归可以按照一定的程序进行，一般可以分为物种现状的调查研究（包括物候观察、生境调查、繁殖生态学研究、群体遗传结构及遗传多样性分析等）、繁殖体收集及回归材料的扩繁、回归地点的选择、回归材料的释放和定植、回归之后的长期监测与管理 5 个阶段。

而 BGCI 认为，物种的回归是一个复杂的过程，需要做比较详细的恢复计划，具体至少包括：拟回归种或分类群的描述；了解拟回归种的分类学、形态和遗传特征；已知种群过去和现在的分布；现在的种群数量和状态；种群生物学/繁殖生物学及生活史；生境的描述和生态特征；限制因子；现实及潜在的威胁；需要的保护方法和行动；恢复目标和项目的时空尺度；测量成功回归的标准；预期进度；园艺和种苗技术及可行性；回归后的管护及监测；对工作人员的要求及工作计划；经费预算（Akeroyd and Jackson，1995）。

在回归过程中，实验方法和生物因子是影响回归成败的两个重要因子，前者包括繁殖体的扩繁方式、回归地点的选择、释放生物材料后的监测和管理、土壤理化性质的改良等方面；后者包括繁殖体类型选择、回归地点的生境特征、源种群所处的地理位置及所能提供繁殖体的数量等方面。

第三节 植物回归研究进展

一、国际概况

珍稀濒危植物的回归，虽然在美国、英国、澳大利亚及一些发展中国家已经开展了多年，但成功的甚少。主要原因是成功的回归要求进行一系列的基础和应用基础研究，如被回归物种的生活史、形态、繁殖生物学、园艺、生态学、区系地理等。总体而言，国际上对珍稀物种回归的研究很少，对回归过程的长期监测则更少；过去主要研究放在种群建立结果报告上，而不是在为何成功或不成功的机制上。

Montalvo 等（1997）提出了种群恢复研究的 5 个方向：①在种群定居、建立、生长和演替过程中原始居群个体数量和遗传变异的影响；②地方适应性和生活史特征对种群成功恢复的作用；③景观组分的空间格局对复合种群动态和种群动态过程（如迁移）的影响；④遗传漂变、基因流和种群持续存在时间（如一个演替阶段内）的选择效应；⑤种间相互作用对种群动态和群落发展的影响。同时，他们也指出了实践中存在的问题，如回归时所用来源材料的有限性、非乡土种质材料的使用、遗传瓶颈、商业中存在而回归中不需要的种子和植物体的筛选、缺乏互生种、与外来入侵者的竞争、珍稀植物种群回归的特殊性等。

Falk 等（1996）编辑了《恢复多样性：珍稀植物回归策略》一书。内容包括珍稀植物恢复的策略和法律范畴、珍稀植物回归的生物学、在缓解珍稀种群衰退和保护中的正确和错误做法，以及一些美国的回归案例等四部分。该书的一些重要观点可供参考：全球变化威胁将重塑物种的分布范围，并会导致物种与分布地生境关系的调整，因此，在回归中要考虑自然系统中的外来种、生境破碎化、气候变化、稀有性、保护选择和设计。回归也提供了一个重要的测试种群建立的机会和自然系统管理的模式与范式的研究。在选择回归地点时要考虑干扰历史和回归地点的生态过程，回归项目也要考虑生态系统过程。回归需要更强的立法、更好的建档和国际合作。回归不仅要考虑物种层次的生活史、生境要求、园艺方法、干扰等，而且要考虑群落和生态系统功能层次的消费者、分解者、物质循环、能量流动及空间尺度等问题。回归最重要的机制是种群动态和自然过程中所有重要组分的生态关联性。

Guerrant 和 Kaye（2007）对澳大利亚 10 种珍稀濒危植物回归的系统研究表明，繁殖体类型、材料来源、种源是直接野外收集还是贮藏、种源的数量及处理、不同种群与地点的适合度、回归地点、生境观测数据、生境的处理、种植时间等对回归成功均有影响。

Armstrong 和 Seddon（2008）在总结了大量的动物回归工作的基础上，认为回归在种群、复合种群（metapopulation）和生态系统水平上存在必须解决的 10 个关键问题。种群水平包括回归种群的建立和维持两个方面。回归种群的建立方面包括：①回归种群的大小和成分构成对回归种群的成功建立产生怎样的影响；②释放前和释放后的管理会如何影响个体的存活和扩散。在回归种群的维持方面需要考虑：①回归种群得以维持所必需的生境条件是什么；②遗传结构会对回归种群的维持产生怎样的影响。复合种群水平涉及三方面的问题，主要是就动物的回归而言：①回归对源种群的压力，即在一个复合种群中，从源种群获取的用于其他不同地点的回归材料，在多大程度上是合理的，不至于对源种群产生危害；②怎样使个体在各个回归地点的分配达到最佳，虽然在很多回归实验中是随机的，但完全可以通过理论上的最优策略来决定（Rout et al.，2007）；③是否应该通过个体的迁移来消除个体之间的隔离，虽然回归的目的原本是物种的恢复，但如今已经越来越多地成为生态系统恢复项目的组成部分。因此在生态系统层面，必须考虑三方面的问题：①回归物种及其寄生物是否都是生态系统的本土物种，回归必须是在濒危物种原有或历史的分布区开展（IUCN，1998），这就特别需要防止引入非本土的寄生物；②回归物种及其寄生物将会对生态系统产生怎样的影响；③回归的顺序如何影响最终的物种成分，这主要涉及捕食和被捕食者相互共存的合理密度关系。

　　Godefroid 等（2011）通过论文梳理分析和问卷调查，在对涉及 172 个分类群的 249 个回归案例进行分析的基础上，综述了影响回归成功的因子，如回归地点的选择及准备、目标种的种群统计、繁殖体选择和遗传变异等，发现回归中存在的问题还有：回归后的监测不够（一般不超过 4 年），对回归过程的记录不足，对现存种群衰退的潜在原因理解不够，对基于短期成功的结果评价过于乐观，对回归成功的标准要求太低。Godefroid 和 Vanderborght（2010）通过对实例研究的分析发现，回归的经验和教训缺乏广泛的交流，存在信息不畅等问题，并建议建立一个基于网络的快速进行植物回归项目信息交流的项目，以推动成果共享。

　　Polak 和 Saltz（2011）在 ISI 数据库中检索到了 1980~2009 年的 890 篇关于回归的论文（检索词：species reintroduction），发现仅有 7.6% 的论文是关于回归怎样影响一个生态系统的，而且这些论文主要集中在引入种导致的疾病传播方面。大部分论文集中在引入种与乡土种的相互作用或竞争资源上，因种间关系的变化导致乡土种种群多度和群落组成的变化，以及关键种的剔除对另外种或生态系统特征的影响。因此，回归在生态系统恢复和功能重建中扮演了重要作用。成功的回归可检测一个种对生态系统功能影响的自然的空间扩散结果。据此认为，在生态系统功能恢复过程中的回归应该纳入回归项目的框架下。Rayburn（2011）则建议为了增加回归的成功率，植物间的正相互作用应该被考虑。此前已有一些利用乔灌木和草本植物作为护理植物的成功案例，而且护理植物在回归的早期阶段对回归成功有重要的作用。Lawrence 和 Kaye（2011）通过研究 *Castilleja levisecta*（golden paintbrush）回归过程中的生态相似性、源种群的遗传性及生境质量的影响发现，要从生态相似的生境中，而不是从地理相近处选择回归材料；选择的回归地点必须是那些低外来种多度的地点（任海等，2014）。

　　Albrecht 等（2011）分析了植物保护中心国际回归登录系统（CPC International Reintroduction Registry，CPCIRR）中的 62 个案例发现，至 2009 年的 49 个回归案例中，92% 的回归种群成活，76% 已达到繁殖状态，33% 已产生后代，16% 的下一代又产生了下一代。这个数据库也显示了有的回归种群可以存活 24 年，一般的大于 4 年。这些回归的植物大部分是多年生草本。在全球变化情景下，回归种群可以增加物种的分布和多度，改进基因流，加强复合种群动态并降低种群灭绝的风险。

　　应该说，珍稀濒危植物的回归是一项高风险和高花费的工程，需要根据种群遗传学和生态学理论，选择合适的繁殖体、扩繁方式、回归地点和生境、定植时间、定植方式等，还要考虑传粉者和共生物种，并开展回归后的长期监测。还有学者认为，进行回归研究的重点在于确定灭绝或衰退的原因、分析生态学特性现状、界定进行回归的地点、提出种群灭绝与衰退的补救建议等。在气候变化背景下，保护性引种或异地回归是否能帮助珍稀物种迁移/定居还存在争议（任海等，2014）。

二、中国珍稀植物的回归概况

中国进行植物回归的种类目前主要局限于极小种群野生植物，极小种群野生植物是指分布地域狭窄，长期受到外界因素的胁迫干扰，呈现出种群退化和个体数量持续减少，现存种群和个体数量都极少，已经低于稳定存活界限的最小生存种群。而随时濒临灭绝的野生植物稳定存活界限是指保证种群在一个特定的时间内能稳定、健康地生存所需的最小有效数量，这是种群数量的阈值，低于这个阈值，种群会逐渐趋向灭绝。一般认为，对于木本植物来说，野外种群的稳定存活界限应为 5000 株。

在国家林业局重点关注的 120 种极小种群野生植物中，国家Ⅰ级重点保护野生植物有 35 种，国家Ⅱ级重点保护野生植物有 26 种，省级重点保护植物有 59 种。野外株数在 10 株以下的有 9 种，其中国家Ⅰ级重点保护野生植物有普陀鹅耳枥（*Carpinus putoensis*）、百山祖冷杉（*Abies beshanzuensis*）和天目铁木（*Ostrya rehderiana*）3 种，国家Ⅱ级保护植物有绒毛皂荚（*Gleditsia japonica* var. *velutina*）、广西火桐（*Erythropsis kwangsiensis*）、羊角槭（*Acer yangjuechi*）等 6 种。野外株数为 10~99 株的有 30 种，其中国家Ⅰ级重点保护野生植物有膝柄木（*Bhesa robusta*）、华盖木（*Manglietiastrum sinicum*）、峨眉拟单性木兰（*Parakmeria omeiensis*）等 7 种，国家Ⅱ级重点保护野生植物有天台鹅耳枥（*Carpinus tientaiensis*）、景东翅子树（*Pterospermum kingtungense*）、宝华玉兰（*Magnolia zenii*）等 9 种，省级重点保护植物有猪血木（*Euryodendron excelsum*）、百花山葡萄（*Vitis amurensis* var. *dissecta*）等 14 种。野外株数为 100~999 株的有 47 种，其中国家Ⅰ级重点保护野生植物有灰干苏铁（*Cycas hongheensis*）、台湾苏铁（*C. taiwaniana*）、水松（*Glyptostrobus pensilis*）、元宝山冷杉（*Abies yuanbaoshanensis*）4 种，国家Ⅱ级重点保护野生植物有盐桦（*Betula halophila*）、大别山五针松（*Pinus dabeshanensis*）、长果秤锤树（*Sinojackia dolichocarpa*）3 种，省级重点保护植物有毛瓣金花茶（*Camellia pubipetala*）、凹脉金花茶（*C. impressinervis*）、杏黄兜兰（*Paphiopedilum armeniacum*）等 40 种。野外株数为 1000~9999 株的有 32 种，其中国家Ⅰ级重点保护野生植物有光叶蕨（*Cystoathyrium chinense*）、德保苏铁（*Cycas debaoensis*）、萼翅藤（*Calycopteris floribunda*）等 19 种，国家Ⅱ级重点保护野生植物有云南肉豆蔻（*Myristica yunnanensis*）、长序榆（*Ulmus elongata*）等 8 种，省级重点保护植物有蕉木（*Chieniodendron hainanense*）、五裂黄连（*Coptis quinquesecta*）、顶生金花茶（*Camellia pingguoensis* var. *terminalis*）等 5 种。野外株数大于

1 万株的有 2 种，东北红豆杉（*Taxus cuspidata*）和喜马拉雅密叶红豆杉（*T. fuana*），均为国家 I 级重点保护野生植物。显然，这 120 种极小种群野生植物的确定带有明显的省级行政管理的因素，并未完全体现优先回归的科学依据。

在 120 种极小种群野生植物中，野外只有 1 个分布点的有百山祖冷杉、天目铁木、四川苏铁（*Cycas szechuanensis*）等 54 种，野外仅存 2 个分布点的有膝柄木、灰干苏铁、台湾苏铁等 22 种，野外有 3~4 个分布点的有毛枝五针松（*Pinus wangii*）、庙台槭（*Acer miaotaiense*）、德保苏铁等 23 种，野外有 5~9 个分布点的有梓叶槭（*Acer catalpifolium*）、大别山五针松、资源冷杉（*Abies ziyuanensis*）等 14 种，野外有 10 个以上分布点的有水松、长序榆、观光木（*Tsoongiodendron odorum*）等 7 种。

在受威胁植物迁地保护的基础上，中国开展了少数濒危种类回归自然的引种实验。中国的植物园因长期从事植物引种及迁地保育的研究与技术研发，在植物回归中发挥了重要作用。主要工作有：中国科学院华南植物园对报春苣苔（*Primulina tabacum*）、虎颜花（*Tigridiopalma magnifica*）、单座苣苔（*Metabriggsia ovalifolia*）、彩云兜兰（*Paphiopedilum wardii*）、伯乐树（*Bretschneidara sinensis*）、长梗木莲（*Manglietia longipedunculata*）、乐东拟单性木兰（*Parakmeria lotungensis*）、猪血木、四药门花（*Tetrathyrium subcordatum*）等珍稀濒危植物开展的野外回归及种群扩大工作。此外，全国兰科植物种质资源保护中心和清华大学深圳研究生院对兰科中的杏黄兜兰；中国科学院武汉植物园对疏花水柏枝（*Myricaria laxiflora*）、毛柄小勾儿茶（*Berchemiella wilsonii* var. *pubipetiolata*）、中华水韭（*Isoetes sinensis*）、荷叶铁线蕨（*Adiantum reniform*）、巴东木莲（*Manglietia patungensis*）、狭果秤锤树（*Sinojackia rehderiana*）、黄梅秤锤树（*S. huangmeiensis*）、伞花木（*Eurycorymbus cavaleriei*）等华中地区珍稀濒危植物；中国科学院昆明植物园对麻栗坡兜兰（*Paphiopedilum malipoense*）、华盖木、西畴青冈（*Cyclobalanopsis sichourensis*）、弥勒苣苔（*Paraisometrum mileense*）、云南金钱槭（*Dipteronia dyeriana*）、馨香玉兰（*Magnolia odoratissima*）、香木莲（*Manglietia aromatica*）、三棱栎（*Trigonobalanus doichangensis*）、云南蓝果树（*Nyssa yunnanensis*）、滇藏榄（*Diploknema yunnanensis*）等西南地区的珍稀濒危植物；香港嘉道理农场暨植物园等对五唇兰（*Doritis pulcherrima*），深圳仙湖植物园对德保苏铁，庐山植物园对长柄双花木（*Disanthus cercidifolius* var. *longipes*）、竹柏（*Nageia nagi*）等进行了回归自然实验和种群恢复重建工作。浙江刚启动的有对景宁木兰（*Magnolia sinostellata*）、天目铁木、百山祖冷杉、普陀鹅耳枥等的相关工作。

截至 2015 年，中国开展了约 154 个分类群的回归工作（Liu et al.，2015）。中国进行野生植物回归工作的主要特点是：①政府主导加上国际组织的推动，国家林业局于 2010 年通过了《全国极小种群野生植物拯救保护实施方案》，选择了 120 种极小种群野生植物，主要是在确保物种不灭绝的基础上，促进种群恢复。BGCI 在中国启动了 10 种的计划。②目前主要还是限制在极小种群及特有种类上，还未扩大到其他种类。③主要在发达地区（广东、浙江及生物多样性丰富的云南）开展。④进行的系统研究少，且发表的相关论文少，仅有报春苣苔、虎颜花、伯乐树、华盖木和西畴青冈等少数几个种进行了系统的研究（任海等，2014，2016）。

特别值得指出的是，中国已经建立了"选取适当的珍稀植物，进行基础研究和繁殖技术攻关，再进行野外回归和市场化生产，实现有效保护，加强公众的保护意识，同时通过区域生态规划及国家战略咨询，推动整个国家珍稀濒危植物的回归工作"的模式，这种模式初步实现了珍稀濒危植物的产业化，产生了良好的社会、生态和经济效益，将在中国乃至全球珍稀濒危植物的保护和利用中有广阔的应用前景（任海等，2014）。

三、中国植物回归研究进展

中国开展的植物回归研究与实践工作，主要是在对中国珍稀濒危植物进行编目、评价及部分珍稀濒危植物迁地或就地保育机制的基础上开展的（任海等，2014）。主要的进展有以下几方面。

1）系统开展了报春苣苔、虎颜花、长梗木莲等数十种珍稀濒危植物的生物生态学特性、群体遗传学及繁殖生物学等研究。结果表明，这些植物分布范围狭窄，在人为干扰及气候变化情景下种群在缩小，其中报春苣苔、虎颜花、葫芦苏铁（Cycas changjiangensis）等种群的野外居群分别有 3 个、1 个和 2 个灭绝点。这些植物的遗传多样性普遍较低，如水椰（Nypa fruticans）因冰期事件、建群者效应及繁殖方式等导致种群内甚至检测不出遗传多样性。这些植物的自然繁殖均有不同程度的障碍，如长梗木莲在自然状态下不能结实，虎颜花种子不易萌发，仙湖苏铁（Cycas fairylakea）部分种群因缺乏雄株导致生殖障碍；连州地下河主洞内报春苣苔的大种群主要是由周边小种群迁移汇聚形成的，主洞周边的小种群更具有保护价值。综合运用 eco-exergy 和能值理论方法从生物物理学这个新角度实现物种遗传信息价值的定量评价；广东省内的报春苣苔和湖南永州紫霞洞内"疑似"报春苣苔的物种是同一祖先近期分化形成的姐妹种。

2）率先提出了利用生物技术和生态恢复技术集成的方法进行珍稀濒危物种回归的新模式。利用组织培养技术建立了报春苣苔、虎颜花、彩云兜兰、单座苣苔等 4 种草本植物的繁殖体系，利用护理植物等生态恢复技术进行回归生境的营造，再将两种技术进行集成用于野外回归，回归的种群在自然状态下能开花结果并参与生态系统过程，极大地扩大了这些极小种群的数量。对伯乐树、长梗木莲、四药门花等 18 种乔木和灌木，采取野外授粉方式，增加结实率，找到了种子萌发及幼苗存活的最佳方式，再通过实生苗或嫁接苗回归或进行苗圃生产，实现其种群回归或苗木生产，部分种类已被大量用于城镇绿化。

3）揭示了一批珍稀濒危植物回归的机制。发现报春苣苔回归过程中需要先恢复其伴生苔藓植物并将其作为护理植物；发现虎颜花成功回归的生境要求与上层植被种类无关，但与林下弱光强及土壤高湿度极显著相关；通过对虎颜花的成功异地回归表明，在气候变化情景下，人类可以帮助珍稀濒危物种迁移/定居，澄清了当前学术界的争论；发现水椰的遗传多样性极低，无法成功地将现存的水椰种群回归到历史分布区，只能在现有分布区扩大种群；仙湖苏铁的遗传多样性虽然不算很低，但由于部分种群缺乏雄株，因此需要人为引种雄株才能使种群逐步壮大；伯乐树的叶和根的生理生态特征与环境不适应，再加上种子失水后变得敏感，要同时提高其生殖力、生活力和适应力才能成功回归；疏花水柏枝的种群恢复与重建中目前所面临的主要问题是如何增强被隔离的种群间的基因交流、促进种群的种子扩散与萌发、协调新建种群与当地物种的关系、营造有利于新建种群定居与生长的生态环境（陈芳清等，2005）；兰科植物的回归需要在充分了解兰科植物与真菌的共生关系、传粉特征、现存种群的遗传结构、进化过程、原生境特征等基础上，制定行之有效的兰科植物回归计划（周翔和高江云，2011）。

中国下一阶段植物回归的研究除与国际同步外，还需加强如下工作：对现有珍稀濒危植物种类及生存状况进行调查和了解，掌握植物种群的变化动态，为制定保护植物名录和回归名单奠定基础；对濒危植物的相关类群进行专科专属研究，重建类群的系统发育，确定濒危植物的近缘类群，为探讨濒危植物的致濒机制奠定基础；进一步研究野生植物的致濒原因并解除致濒因子，主要从植物生物学、动植物协同进化、遗传学、生态学和基因组学等方面与常见近缘种进行比较研究，阐明濒危植物致濒的可能原因和机制，针对致濒原因提出相应的保育策略和保育技术，为长期的保护及维持提供理论依据。

（任　海　简曙光　张倩媚　曾宋君　陈红锋）

参 考 文 献

陈芳清, 谢宗强, 熊高明, 刘彦明, 杨会英. 2005. 三峡濒危植物疏花水柏枝的回归引种和种群重建. 生态学报, 25(7): 1811-1817.

国家林业局野生动植物保护与自然保护区管理司, 中国科学院植物研究所. 2013. 中国珍稀濒危植物图鉴. 北京: 中国林业出版社.

黄宏文, 张征. 2012. 中国植物引种栽培及迁地保护的现状与展望. 生物多样性, 20(5): 559-571.

任海, 简曙光, 刘红晓, 张倩媚, 陆宏芳. 2014. 珍稀濒危植物的野外回归研究进展. 中国科学: 生命科学, 44(3): 230-237.

任海, 刘庆, 李凌浩. 2008. 恢复生态学导论. 第2版. 北京: 科学出版社.

任海, 张倩媚, 王瑞江. 2016. 广东珍稀濒危植物的保护与研究. 北京: 中国林业出版社.

任海. 2006. 科学植物园建设的理论与实践. 北京: 科学出版社.

周翔, 高江云. 2011. 珍稀濒危植物的回归: 理论和实践. 生物多样性, 19(1): 97-105.

Akeroyd J, Jackson P W. 1995. A handbook for botanic gardens on the reintroduction of plants to the wild. Richmond: Botanic Gardens Conservation International.

Albrecht M A, Guerrant E O, Maschinski J, Kennedy K L. 2011. A long-term view of rare plant reintroduction. Biological Conservation, 144: 2557-2558.

Armstrong D P, Seddon P J. 2008. Directions in reintroduction biology. Trends in Ecology and Evolution, 23: 20-25.

Council of Europe. 1985. Recommendation No. R (85)15 of the Committee of Ministers on the reintroduction of wildlife species. Council of Europe, the 388th meeting of the Ministers' Deputies, 23 September 1985.

Falk D A, Millar C I, Olwell M. 1996. Restoring diversity: Strategies for the reintroduction of endangered plants. Washington D. C.: Island Press.

Godefroid S, Piazza C, Rossi G, Buord S, Stevens A D, Aguraiuja R, Cowell C, Weekley C W, Vogg G, Iriondo J M, Johnson I, Dixon B, Gordon D, Magnanon S, Valentin B, Bjureke K, Koopman R, Vicens M, Virevaire M, Vanderborght T. 2011. How successful are plant species reintroductions? Biological Conservation, 144(2): 672-682.

Godefroid S, Vanderborght T. 2010. Plant reintroductions: the need for a global database. Biodivesity Conservation, 20: 3683-3688.

Guerrant E O, Havens K, Maunder M. 2004. *Ex situ* plant conservation: supporting species survival in the wild. Washington D. C.: Island Press.

Guerrant E O, Kaye T N. 2007. Reintroduction of rare and endangered plants: common factors, questions and approaches. Australia Journal Botany, 55: 362-370.

IUCN. 1998. Guidelines for Re-introductions. Prepared by the IUCN/SSC re-introduction specialist group. Gland: International Union for Conservation of Nature.

IUCN. 2009. Guidelines for the *in situ* re-introduction and translocation of African and Asian Rhinoceros. Gland: International Union for Conservation of Nature.

Lawrence B A, Kaye T N. 2011. Reintroduction of *Castilleja levisecta*: effects of ecological similarity, source population genetics, and habitat quality. Restoration Ecology, 19: 166-176.

Liu H, Ren H, Liu Q, Wen X, Maunder M, Gao J. 2015. The conservation translocation of threatened plants as a conservation measure in China. Conservation Biology, 29(6): 1537-1551.

Maunder M. 1992. Plant reintroduction: an overview. Biodiversity Conservation, 1: 51-61.

Montalvo A M, Williams S L, Rice K J. 1997. Restoration biology: a population biology perspective. Restoration Ecology, 5: 277-290.

Pavlik B M. 1996. Defining and measuring success. *In*: Falk D A, Millar C I, Olwell M. Restoring diversity: strategies for the reintroduction of endangered plants. Washington D. C.: Island Press: 127-155.

Polak T, Saltz D. 2011. Reintroduction as an ecosystem restoration technique. Conservation Biology, 25: 424-425.

Rayburn A P. 2011. Recognition and utilization of positive plant interactions may increase plant reintroduction success. Biological Conservation, 144: 1296.

Ren H, Zhang Q M, Lu H F, Liu H, Guo Q, Wang J, Jian S, Bao H. 2012. Wild plant species with extremely small populations require conservation and reintroduction in China. Ambio, 41: 913-917.

Rout T M, Hauser C E, Possingham H P. 2007. Minimise long-term loss or maximise short-term gain? Optimal translocation strategies for threatened species. Ecological Modelling, 201: 67-74.

Seddon P J. 2010. From reintroduction to assisted colonization: moving along the conservation translocation spectrum. Restoration Ecology, 18: 796-802.

Sun W B, Yin Q. 2009. Conserving the Yangbi maple *Acer yangbiense* in China. Oryx, 42: 461-462.

第六章　植物迁地保育及回归案例

保护生物多样性是要保护生物物种及其环境，恢复和重建生物多样性，实现生物资源的可持续利用，其主要目的和长期目标是保护、管理和监测自然栖息地及其特定种群，维持物种的自然进化过程，促进物种在天然基因库中产生新的变异以适应环境的变化。在生物多样性丧失日趋严重的全球背景下，迫切需要发展各种栖息地恢复技术，加强植物群落、居群和物种保护的主动管理。物种的引入和重新回归自然，特别是稀有和濒危物种的回归，已成为保护生物多样性的重要环节之一。

近 500 年来，植物园和树木园保存了大量的迁地植物。特别是最近 50 年来，植物园活植物收集逐步在生物多样性保护中发挥积极作用，逐步参与到植物就地保护中；开展植物调查、采集和科学研究并积极参与濒危物种回归自然的管理工作是植物园使命的延展。植物园具有开展植物回归的优势，拥有充足的、准确命名的植物种质资源，拥有必要的基础设施、繁殖设施及物种恢复和回归所需要的园艺技能与科学基础，因此，植物园应在物种回归中发挥重要作用。同时，植物园可以与自然保护区合作，将退化生态系统和自然保护区的缓冲区及其周边地区作为物种回归或异地保存的主要场所，实施物种恢复计划，并将物种恢复与物种迁地保护相结合，把退化生态系统的恢复与物种的回归引种有机地结合起来，开展植物繁殖、回归、物种补充和迁移，以及破损或退化栖息地的恢复，争取良好的社会、生态和经济效益，在珍稀濒危植物保护和利用中实现更广阔的应用前景。

目前全球大约开展了 700 个分类群的回归实践，其中 128 个分类群获得了成功（任海等，2014）。我国目前已有 222 个回归案例，涉及植物物种 154 种，其中 87 种为中国特有种，101 种为受威胁物种（Liu et al.，2015），回归主要由植物园完成，进行科学实验的类群有 42 种，没有严格科学实验的回归实践涉及的种类约 60 种，国内外的回归实践近些年接近指数增长（Ren et al.，2012）。本章介绍了我国植物园开展迁地保育和回归的典型案例，对于植物的迁地保护研究和回归实践及其管理具有重要的参考价值。

第一节　报春苣苔的野外回归

报春苣苔（*Primulina tabacum*）是我国特有的多年生喜钙草本植物，属苦苣苔科（Gesneriaceae）。其分布区极窄，仅生长于我国南方海拔约 300m 的石灰岩山洞口附近，有几个小的地方种群。近年来由于人类活动的影响，其种群数量和分布面积急剧减少，该种已成为濒危植物，并被列入第一批国家 I 级重点保护野生植物名录（任海等，2003）。

野外种群及其生态生物学调查：广泛调查了广东北部阳山、乐昌、连州多个县市和湖南南部、广西东北部及江西西北部等石灰岩地区，进行了样方调查，记录报春苣苔的分布、数量、环境因子（温度、湿度、光照、土壤 pH、空气中 CO_2 含量等）、旅游资源开发现状等，分析其生态生物学特征。各种群地点如图 6-1 所示（Ren et al.，2010a）。

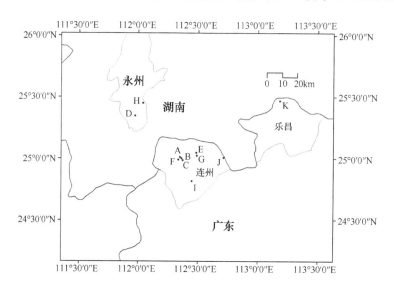

图 6-1 报春苣苔在广东、湖南的分布点

A. 地下河入洞口；B. 地下河老洞口；C. 地下河出洞口；D. 紫霞洞；E. 上伯场；F. 地下河对面；G. 上伯场对面；H. 下灌村；I. 小北江；J. 阳山；K. 乐昌金鸡岭；其中 B、J、K 已灭绝

一、报春苣苔的群落生态

通过调查得知，广东和湖南有报春苣苔的各样地中，共有植物 23 种，其中灌木、草本、藤本、蕨类、苔藓分别为 1 种、11 种、3 种、6 种、2 种，其中 2 种苔藓在各个样方中均有出现，经研究表明，苔藓是报春苣苔重要的伴生植物（表 6-1）（Ren et al.，2010b）。

表 6-1 报春苣苔所在群落的植物种类及其数量

中文名	拉丁名	生活型	各样地内株数										
			A	B	C	D	E	F	G	H	I	J	K
冷水花	*Pilea notata*	草本	7		2	6	25	22					
团叶鳞始蕨	*Lindasea orbiculata*	蕨类	4		6								
报春苣苔		草本	157		10	50	79	45	144	22	7		
凤尾蕨	*Pteris cretica* var. *nervossa*	蕨类	1		13	8		9	1	7			
翠云草	*Selaginella uncinata*	蕨类			1								

中文名	拉丁名	生活型	各样地内株数										
			A	B	C	D	E	F	G	H	I	J	K
竹叶草	*Oplismenus compositus*	草本				1							
隐穗苔草	*Carex cryptostachys*	草本				1							
石生楼梯草	*Elatostema rupestre*	草本				25							
牛筋藤	*Malaisia scandens*	藤类				1							
线裂铁角蕨	*Asplenium coenobiale*	蕨类				22					9		
双齿异萼苔	*Heteroscyphus coalitus*	苔藓	√		√	√	√		√	√	√		
条裂铁线蕨	*Adiantum capillus-veneris*	蕨类				3	1		15				
堇菜	*Viola verecunda*	草本				4							
荩草	*Arthraxon hispidus*	草本				2							
三裂叶野葛	*Pueraria phaseoloides*	藤本		6								4	3
凤仙花	*Impatiens balsamina*	草本							2				
苎麻	*Boehmeria nivea*	灌木							4				
两耳草	*Paspalum conjugatum*	草本								5			
长肋疣壶藓	*Gymnostomiella longinervis*	苔藓	√		√	√	√		√				
紫背天葵	*Begonia fimbristipula*	草本									29		
花叶络石	*Trachelospermum jasminoides*	藤本									1	1	
卷柏	*Selaginella tamariscina*	蕨本									2		
广州蛇根草	*Ophiorrhiza cantoniensis*	草本									12		
总物种数（含苔藓）		23	6	1	7	11	5	7	5	5	8	2	1

注：样地代码如图 6-1 所示

通过对 11 个点进行除趋势对应分析（detrended correspondence analysis，DCA）间接排序，发现这些种群可分为三类，第一类指已灭绝的 3 个点的生境相似，第二类是江边的种群，其余生境相似的为第三类（图 6-2）（Ren et al.，2010a）。

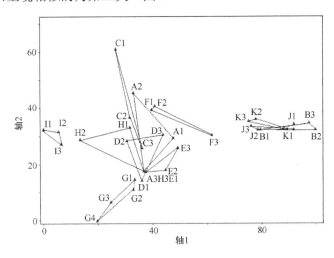

图 6-2　11 个样地 34 个样方植物的除趋势对应分析（1~4 是每个样地的样方）

通过对 11 个样地 23 种植物的 10 个生态因子进行典型相关分析（canonical correlation analysis，CCA）（图 6-3）直接排序发现，影响报春苣苔的主要因子是土壤有机质、土壤含水量、CO_2 浓度等（Ren et al.，2010a）。该群落的生物多样性较低，土壤贫瘠，苔藓是重要的伴生植物（Ren et al.，2010b）。

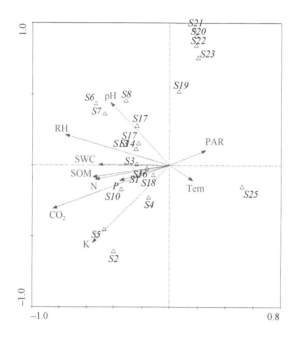

图 6-3　11 个样地 10 个生态因子与报春苣苔的典型相关分析（CCA）

二、解剖与生理生态特征

连州地下河的报春苣苔的生理生态学研究表明（图 6-4）（Liang et al.，2010），该种所有生理生态特征均无明显的日变化，这是因为洞口及洞内的环境条件均比较恒定，光照[洞内 0~10μmol/(m²·s)，洞口 0~19μmol/(m²·s)]、温度（白天基本在 16~23℃，以 20℃左右为主）、湿度（70%~80%）的日变化均不明显。连州地下河洞口和洞内相比，植物叶绿素含量、叶片厚度、叶面积和光系统 II 最大电子传递速率对强光的响应（荧光光曲线饱和点），以及光合作用的光/CO_2 曲线有差别，洞口高于洞内。说明适宜报春苣苔生长的光照不能太弱，其光合结构在中低光 [<20μmol/(m²·s)] 下的发育情况好于弱光 [<5μmol/(m²·s)] 下。九嶷山、连州地下河洞口和洞内报春苣苔的 PS II 最大光化学效率（F_v/F_m）基本上无差别，说明其对光环境的适应潜力没有差别。洞穴植物生态分布的限制因子是光源，在连州地下河考察过程中也发现了光源充足的地方植物不仅种类丰富、数量较多，其生长也较好。随着光线的减弱，植物密度减少，植株变得矮小且缺乏活力。

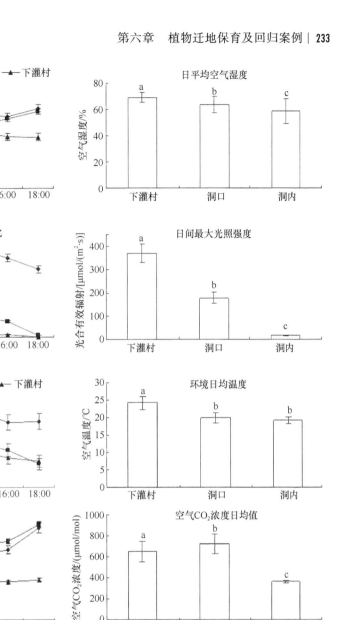

图 6-4　空气温度、湿度、光强、CO_2 浓度变化

　　在不同的环境条件下，同一物种的个体间会表现出一定的空间结构差异，这种差异的产生可能是因为个体本身基因型的差异，也可能是环境饰变。对连州地下河这个洞穴植物群落而言，从洞口向里伸展时，在群落物种多样性的空间分布格局中，物种多样性随洞口的梯度而变化。光强梯度在一定程度上主宰着一个重要的资源生产力的梯度。但是其他因子对光强梯度进行着再修饰。群落的物种多样性与环境的资源水平之间存在密切的关系。当前主要有单调关系和单峰关系两种学说。单调关系是指群落中随着资源生产力的增加，群落物种多样性亦增加，反之则降低。单峰关系学说认为，在生产力较低时，多样性随生产力的增加而增加，但当生产力达到足够高时，多样性会下降。就报春

苣苔群落而言，如果资源生产力以光强梯度衡量，那么群落物种多样性与资源生产力的关系是单调关系（梁开明等，2010）。

在特殊的生境中，植物通常会适应性地进化特异的组织结构特征，小而数目众多的气孔、较小的细胞体积、较密集的表皮毛被认为是植物抵御不良环境的措施。这些特征在不同的方面提高了植物的抗旱性。气孔数目多反映了较高的光合作用速率，同时，可以促进蒸腾作用，防止过热灼伤叶片，上述形态解剖结果与它们生长的环境状况是相符的（图6-5）（梁开明等，2010）。

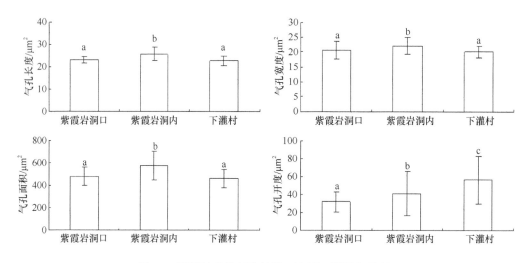

图 6-5　不同地点的气孔长度、宽度、面积和开度

叶绿素、类胡萝卜素等叶绿体色素含量测定表明，叶绿体色素在不同条件下的变化规律可能说明，相对低的光照强度能够有效地引起或促进叶绿素的形成，从而使叶绿素含量往往随光照强度的降低而升高。阴暗及潮湿的环境提高了报春苣苔的叶绿素含量，这有利于增强叶片在弱光条件下捕获光能的能力，表现出报春苣苔耐阴的特性。叶绿素b 在蓝紫光部分的吸收带较宽，因此它能强烈地利用漫射光（蓝紫光）而有利于植物在遮阴环境中生长，低的叶绿素 a/b 常用来作为植物耐阴性的指标。因此弱光下植物含较高的叶绿素含量和较低的叶绿素 a/b 值，具有较高的光合活性。花色素苷能够减轻光损伤的程度，特别是减轻高能量蓝光对发育中的原叶绿素的损伤，同时在干旱条件下，花色素苷的积累还可以提高植物的抗旱能力。

气体交换进程测量（图6-6）（梁开明等，2010）中发现，在野外生境下报春苣苔的净光合速率日变化均为单峰，其中下灌村样地报春苣苔净光合速率的日变化比紫霞岩洞的日变化明显，紫霞岩洞内样地的报春苣苔的净光合速率没有出现明显的日变化，可能与生境中光强度恒定有关。下灌村样地报春苣苔的蒸腾速率明显比紫霞岩洞两处的报春苣苔高，原因可能与环境的温度、光照等条件相关。紫霞岩洞两处样地生长的报春苣苔叶片的胞间 CO_2 浓度要比下灌村处的高，出现这一差异的原因可能与样地环境中空气

CO_2浓度相关，紫霞岩两处样地均处于岩洞中，洞中的空气CO_2含量要比正常大气中的CO_2含量高，而下灌村的报春苣苔生长于相对开阔的石壁上。

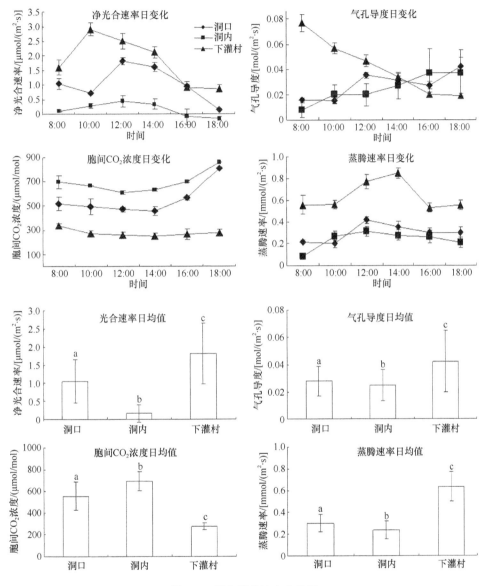

图 6-6　报春苣苔的光合作用

三、居群遗传多样性

Wang 等（2009，2013）利用微卫星遗传标记对不同地点的报春苣苔的遗传多样性进行了研究，结果表明，报春苣苔存在非常大概率的自交。自交作为生殖保障使其能在岩洞内长期生存，报春苣苔整体遗传多样性很低。相比较而言，连州报春苣苔的种群遗传多样性最高，有利于其长期繁衍（表6-2）；主洞内报春苣苔的大种群主要是由周边小种群迁移汇聚而形成的，这些小种群更具保护价值。主成分分析（principal components analysis，PCA）结果表明，各地点报春苣苔的遗传差异很大，各地点间几乎没有基因交流，生殖隔离非常严重。在种群内部，相似基因型的个体呈斑块化（聚集）分布，表明其种子扩散能力有限。

表 6-2　报春苣苔各地点遗传多样性

采样点	采样数目	全部等位基因数	特有等位基因数	预期杂合度（H_e）	观察杂合度（H_o）	近交系数（f）
A	116	60	28	0.5878	0.2085	0.6464[*]
B	18	16	0	0.1981	0.0309	0.8479[**]
D	91	11	0	0.0140	0.0000	1.0000[**]
E	17	9	0	0.0000	0.0000	—
J	29	85	41	0.7435	0.5829	0.2191[*]
K	31	36	3	0.1924	0.0824	0.5755[**]

[*]为 $P<0.05$；[**]为 $P<0.01$

四、植物园的组织培养及扦插繁育

中国科学院华南植物园致力于报春苣苔的野外回归，根据该物种的生物生态学特征，研究了合适的培养基配方，建立叶片外植体的组织培养繁殖体系和再生体系，并进一步提高繁育率。关键技术是在配方中均衡加入噻苯隆（thidiazuron，TDZ）、激动素（kinetin，KIN）和 6-苄氨基嘌呤（6-benzylaminopurine，BAP）。TDZ 是诱导体细胞胚胎发生的关键因子，即当培养基中只有 TDZ（0.2~1.0mg/L）时，只会诱导初生体细胞的胚胎发生。而 KIN 和 BAP 则是诱导不定芽的关键因子。当培养基中只有 0.2~1.0mg/L BAP 或 0.2~1.0mg/L KIN 时，只会诱导不定芽的形成。当培养基中同时有 TDZ 和 BAP 或 KIN 时，从叶片上能够同时诱导初生体细胞胚胎的发生和不定芽的形成。报春苣苔从体细胞胚再生成苗比较困难，但不定芽在繁殖培养基（1.0mg/L BAP 和 0.1mg/L NAA）上能够形成丛生芽。以初生体细胞胚为外植体能够直接诱导次生体细胞的胚胎发生和不定芽的形成。试管苗的叶片或叶柄也能够诱导体细胞的胚胎发生或不定芽的形成，可以通过体细胞胚或不定芽的繁殖进行增殖。报春苣苔组织培养中培养基最佳 pH 为 6.5~7.0；最佳钙浓度为 440mg/L。另一个技术环节是组培苗的驯化：对组培苗进行蹲苗实验，观测组培苗的生存率及生长情况。实验证明，经过蹲苗的组培苗比直接回归在野外的组培苗成活率高（Ma et al.，2010；Yang et al.，2012）。

扦插繁育技术：我们还发展了一套报春苣苔的繁育技术，就是用报春苣苔的叶片或叶柄在基质里扦插，诱导它们产生不定芽和不定根，最终实现无性繁育的目的。在扦插时，我们需要对叶片或叶柄进行预处理；此外对不同基质也进行了实验。例如，用生长素类的生长调节剂吲哚丁酸（indole butyric acid，IBA）比吲哚乙酸（indoleacetic acid，IAA）或奈乙酸（NAA）效果好，用沙和珍珠岩或蛭石效果比单独用这 3 种材料的效果要好，如图 6-7 和图 6-8 所示（Lü et al.，2012；马国华等，2012）。

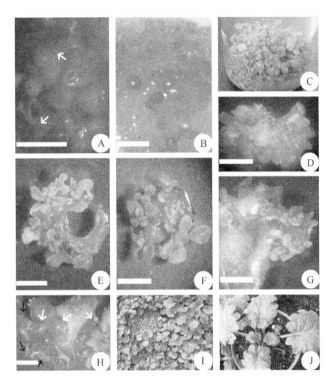

图 6-7　报春苣苔的组织培养繁育技术（另见文后彩图）

图 6-8　报春苣苔的扦插繁育技术（另见文后彩图）

五、物种回归自然实验进展

将锻炼后的试管苗移栽至连州地下河景区的石灰岩山洞内，观察其生长、存活状况，选取最优生长种群进行大面积的推广。在野外回归种植时，在曾有报春苣苔分布的入洞口 A、老洞口 B（已灭绝）、出洞口 C 设置了 3 个样地，并从外至里设置 3 个重复，每个样地内在裸地、伴生物种、报春苣苔群落内（各 1m×1m）3 种生境下各种植试管苗 20 株。观察植物存活率及生长状况（图 6-9）。实验表明，通过生物和生态恢复技术对该物种进行野外回归获得了成功，但成活率偏低（图 6-10），3 个洞口仅有出洞口有植株存活，存活率仅为 10%左右。

图 6-9　报春苣苔组织培养后的蹲苗和野外回归实验（另见文后彩图）

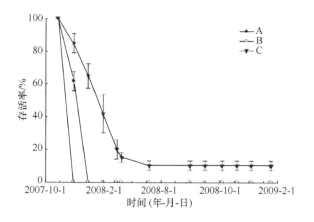

图 6-10　回归实验中不同洞口植株存活率的变化
A. 入洞口；B. 老洞口；C. 出洞口

苔藓植物对报春苣苔的存活和生长具有促进作用，无论是回归移植存活率、幼苗生长高度还是冠幅（图 6-11），有苔藓植物的都比无苔藓植物的显著提高。

实验还对回归移植苗的死亡原因进行了分析，结果表明，洞 C 辐射强，干燥，没有苔藓伴生等，使报春苣苔因缺水而很快死亡。洞 A 中该种的死亡是由于叶片腐烂（占 33%）、土壤贫瘠（占 50%）和缺水（占 17%）。洞 B 中该种的死亡是由于蛾子的幼虫食用（占 20%）和叶片腐烂（占 80%）。

物种回归后能否正常地进入生殖生长、开花、结果和繁殖后代是回归成功与否的关

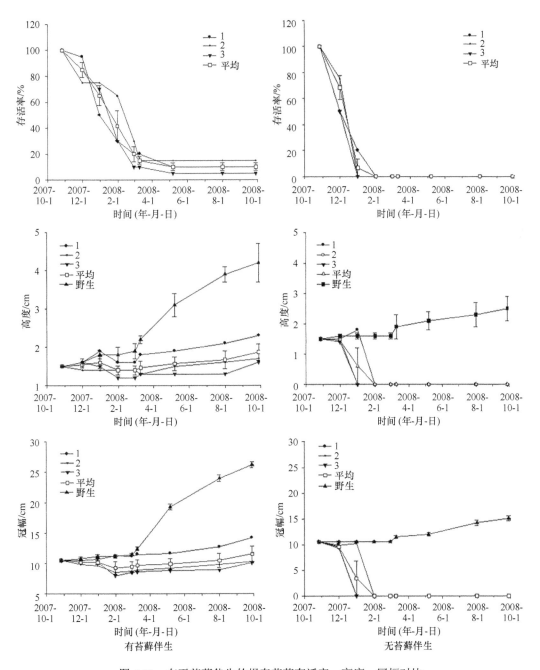

图 6-11　有无苔藓伴生的报春苣苔存活率、高度、冠幅对比

键，为解决此关键技术问题，研究人员把部分组培苗置于连州田心省级自然保护区进行相似生境野外种植，该组培苗终于出现了第二代（图 6-12）。

总之，报春苣苔回归研究结果表明，在灭绝点做回归不成功，主要是由于生境发生了很大变化。回归种苗的存活率低，生长状况差。对报春苣苔的回归研究发现，苔藓的伴生很重要，虽然与就地保护相比，回归居群的生长仍然相对较弱。该实验率先建立的

图 6-12　田心保护区的报春苣苔在野外形成自然更新二代（另见文后彩图）

通过生物技术与生态恢复技术集成的方法进行珍稀濒危植物野外回归的模式，为全球珍稀濒危植物的保护提供了创新的思路，并证明了在全球变化情景下，人类可以帮助珍稀物种迁移或定居。

（任　海　张倩媚　马国华　王峥峰　梁开明）

第二节　中华水韭的遗传复壮

水韭属（*Isoetes*）植物是异孢型多年生拟蕨类植物，为水韭科（Isoetaceae）中唯一的孑遗属（Taylor and Hickey，1992；孟繁松，1998）。该属植物有 350 种左右（Hickey et al.，2003），广布于世界各大洲，主要分布在北半球，仅少数种类见于热带。由于其形态特征独特，系统位置原始而被划分为一个孤立的分类群（孟繁松，1998），研究该属植物对探讨蕨类植物的系统演化和早期陆生植物的起源具有重要意义。东亚地区水韭属植物目前已知有 7 种：东亚水韭（*I. asiatica*）、宽叶水韭（*I. japonica*）、高寒水韭（*I. hypsophila*）、台湾水韭（*I. taiwanensis*）、云贵水韭（*I. yunguiensis*）、东方水韭（*I. orientalis*）和中华水韭（*I. sinensis*），分布于中国、日本及韩国（Devol，1972；Takamiya et al.，1994；陈家宽等，1998；郝日明等，2000；Wang et al.，2002；Liu and Wang，2005）。中华水韭主要分布于中国的长江中下游地区和钱塘江流域，近年来由于湿地生态被严重破坏，其自然分布范围正在缩小并严重片断化，使该种濒临灭绝。

一、中华水韭的分类地位、自然分布区及濒危等级和现状

中华水韭隶属于拟蕨类（即小型叶蕨类）中的水韭亚门，具有异型孢子。该亚门现仅存 1 目 1 科 1 属，是一类古老的孑遗植物；由于它们在形态解剖及生态习性上明显区别于其他小型叶蕨类植物，如石松属（*Lycopodium*）、卷柏属（*Selaginella*）和木贼属（*Equisetum*）等，其叶长线形，无复杂的叶脉组织，根状茎具形成层，其光合作用过程具有特殊的景天酸代谢（crassulacean acid metabolism，CAM）途径，在蕨类植物的系统演化和植物区系研究方面具有很高的价值。

在中华水韭的系统进化史中，种间杂交及染色体多倍化是其主要动力因素。现代的水韭科仅有 1 属，即水韭属，此属植物的起源可追溯到三叠纪早、中期。脊囊属（*Annalepis*）的分类位置隶属于水韭科，短囊脊囊（*A. brevicystis*）很可能是现代水韭的祖先。孟繁松（1998）依据脊囊属和肋木属（*Pleuromeia*）的孢子叶上都有叶舌等特征，支持水韭科与肋木科有一定的亲缘关系的观点，推测脊囊属和肋木属同起源于古生代的封印木，后者在中生代以简化式进化，沿两条路线发展：一条是沿木本—单极性根托的路线，导致肋木属出现，再到古水韭属发生；另一条是沿草本—双极性球茎的路线，从脊囊属产生到现代水韭的形成。

种间杂交和染色体加倍产生的异源多倍化可能是水韭属植物物种形成和进化的主要途径（Hickey，1986；Taylor and Hickey，1992）。Devol（1972）提出台湾水韭与中华水韭最接近；Takamiya（2001）观察到台湾水韭和中华水韭的孢子形态相似，提出有必要对它们进行系统发生的比较。基于 ITS 序列的系统发育分析表明，台湾水韭和云贵水韭是澳洲分支的一部分，均为二倍体的台湾水韭和云贵水韭的系统关系密切；而基于中华水韭、台湾水韭和云贵水韭的 *LEAFY* 同源序列第二个内含子（the second intron of a *LEAFY* homolog）的克隆测序分析，支持四倍体的中华水韭可能是经过二倍体的云贵水韭和台湾水韭杂交并经染色体加倍形成的异源四倍体的推测（图 6-13）。

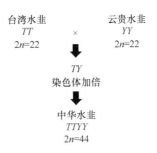

图 6-13　中华水韭的杂交起源推测

中华水韭主要分布于长江流域中下游地区和钱塘江流域,产于广西桂林,江西东乡,安徽屯溪、当涂和休宁,江苏南京,浙江杭州、建德、诸暨、天台、松阳、庆元、丽水等地。

因分布范围狭小,种群数量不断减少,该种被列为濒危植物和国家 I 级重点保护野生植物。据报道,该种在模式产地的南京玄武湖种群已经灭绝;据陈家宽等(1998)报道,江西东乡湿地有该种的少量分布,但 2001~2002 年的调查发现其已经消失。浙江省为中华水韭的主要产地之一,20 世纪 50 年代在杭州云栖有该种的分布,但现在已不见踪迹。最新野外调查表明,中华水韭目前仅片断化分布于安徽休宁、浙江松阳和建德 3 个地点(叶其刚和李建强,2003;庞新安等,2003)。

二、中华水韭的生境特点

具有 CAM 途径的水韭属植物主要生长在浅水型季节性池塘和贫营养湖泊中。浅水型季节性池塘主要在冬、春两季因降雨而形成,此时池塘的电导率很低,pH 由比较弱的 CO_2/HCO_3 缓冲系统所控制,太阳光辐射强,植被稠密且生物量高,因此,池塘中水的化学性质昼夜明显不同。贫营养湖泊水体中无机碳水平比较低,只有季节性池塘或中等营养湖泊的 1/3~1/2,其水体化学性质(如游离 CO_2 等)不具有明显的昼夜变化,但这种湖泊的沉积物中富含 CO_2,生长在其中的植物可以利用沉积物中的 CO_2 而成簇生长。此外,水韭属植物还可以生长在一些过渡类型的生境中,如湖泊沿岸水陆两栖区、缓流溪沟、急流灌溉渠阴凉处及潮间带等。总之,水韭属植物的分布与无机碳和日照强度有关,其植株主要生长在碳素有限的环境中,在季节性池塘中,其生长状况与营养条件和 CO_2 水平密切相关;而在贫营养湖泊中,日照强度则是其最主要的限制因子(庞新安等,2003)。

刘星等(2003)对中国 3 种水韭属植物中华水韭、云贵水韭和高寒水韭自然居群的水体化学性质特征及差异性进行了研究,结果显示,这 3 种水韭属植物生活的水体中 20 个化学因子整体上表现出镍(Ni)含量占绝对优势、电导率较低、受干扰较小的共同特征,虽然平均值和变异系数较大,但除 pH、NO_3-N、NO_3^- 和 Al 具有显著性差异外,其余各因子在 3 种植物生活的水体间相对稳定,不具显著性差异。结合其他研究结果表明,这 3 种水韭属植物自然居群水体化学性质的差异可能源于其生理特征的差异性,对 3 种水韭属植物的分布不具选择差异性。

对中华水韭松阳居群的生境特征分析表明,中华水韭松阳居群分布于水流较缓的山溪淤泥和沼泽地中,分布地年降雨量和空气湿度相对较大,土壤含水量为 132%~148%,pH 为 5.55~5.78,电导率为(0.536±0.021)mS/cm,有机质含量为(9.60%±0.21%);中华水韭对 K、Ca、Mg、Fe 和 Zn 的需要量较高,对 Cu、Pb 和 Cd 等重金属元素有一定的富集能力，中华水韭较适宜生长的环境条件为：土壤电导率较高，pH 微酸性，有机质较丰富，年降雨量和空气相对湿度较大。

中华水韭的光合作用过程也具有 CAM 途径，其在中国的分布区属亚热带，气候温和湿润，春夏多雨，冬季晴朗、较寒冷，1 月平均温度为 2~7℃，7 月平均温度为 27~29℃，降雨量为 1000~1500mm。主要生长在海拔 10~1300m 的山沟、水流较缓的浅水池沼、塘边、山沟淤泥土上和淡水潮间带沿岸；其分布区土壤有机质含量丰富，pH 为 5.5~6.5。主要伴生植物有节节划（*Hippochate ramosissima*）、糯米团（*Gonostegia hirta*）、莲子草（*Alternanthera sessilis*）、水秀（*Hygrophila salicifolia*）及鳢肠（*Eclipta prostrata*）等。目前残存的中华水韭 3 个居群的生境特征见表 6-3。中华水韭对水体污染的反应很敏感，是水体污染的指示植物。

表 6-3　中华水韭 3 个居群的生境调查表

地名	纬度（N）	经度（E）	海拔/m	生境	水体 pH	居群大小/个	土壤类型
安徽休宁	29°30′	118°09′	300	梯田排水沟	5.5	200~330	黄壤
浙江松阳	28°16′	119°16′	1110	废弃 20 多年的水田	6.0	550~900	黄棕壤、红壤
浙江建德	29°28′	119°15′	28	淡水潮间带沿岸	5.5	2 万~3 万	沙质土

三、中华水韭的生物学和生态学特征

1. 形态学特征

中华水韭为多年生沼泽植物，植株高 15~30cm；根茎肉质，块状，略呈 2~3 瓣，具多数二叉分歧的根；向上丛生多数向轴覆瓦状排列的叶。叶多汁，草质，鲜绿色，线形，长 15~30cm，宽 1~2mm，内具 4 个纵行气道围绕中肋，并由横隔膜分隔成多数气室，先端渐尖，基部广鞘状，膜质，黄白色，腹部凹入，上有三角形渐尖的叶舌，凹入处生孢子囊。孢子囊椭圆形，长约 9mm，直径约 3mm，具白色膜质盖；大孢子囊常生于外围叶片基的向轴面，内有少数白色粒状的四面形大孢子；大孢子直径为 400~500μm；小孢子囊生于内部叶片基部的向轴面，内有多数灰色粉末状的两面形小孢子；小孢子仅 14~30μm，大孢子较小孢子先发育。孢子期为 5 月下旬至 10 月末。

2. 中华水韭的景天酸代谢方式

景天酸代谢是适应于干旱或碳素有限环境的光合碳素代谢方式之一，其实质是在特殊环境下，以夜间形成苹果酸的形式来补充白天环境中 CO_2 的不足。大量研究证实，CAM 途径在水韭属植物中广泛存在。通过对中华水韭的建德和松阳自然居群在早晨和下午所取的水样和叶样进行分析表明，中华水韭早晨和下午所取叶片抽提物的可滴定酸度有显著性差异，且与早晨和下午水体化学性质的变化是相关的（Pan et al.，2003），是

一种适应于碳素有限湿生生境的光合碳素代谢方式。

3. 中华水韭的染色体数目与倍性

来自中国浙江杭州、天台山、建德和安徽休宁 4 个居群的中华水韭染色体数目较为一致，$2n=44$，基数 $x=11$，均为四倍体（刘星等，2002）。Takamiya 等（1994）研究日本产中华水韭时发现，除四倍体以外（$2n=44$），还观察到有六倍体（$2n=66$）和非整倍体（$2n=65$，68）的情况。

4. 中华水韭的繁殖与散布方式

中华水韭既可以进行有性的孢子繁殖，也可以通过根茎分裂进行无性繁殖（Fang and Cheng，1992）。在自然条件下，无性和有性两种繁殖方式均可见。在安徽休宁，有流水及水位较高的生境中主要为无性繁殖，在水位低和静水生境中主要为孢子繁殖；浙江松阳主要为静水生境，两种繁殖方式均可见。

实验条件下中华水韭的孢子萌发率较高。将孢子囊用自来水冲洗干净后，用 70%乙醇浸摇 30s，再用 0.1%的氯化汞溶液浸摇 10min，用蒸馏水冲洗 3 或 4 次。将消毒后的孢子囊用针挑破，接入装有蒸馏水的培养皿中，在自然条件下培养。20 天左右，发现孢子周壁纹饰开始减退。大孢子缘膜脱落，背面沿棱处开裂，小孢子中有 2~3 条丝状物，再过 15 天后，明显可见圆形雌配子体及椭圆形雄配子体的形成。雌雄配子体白色微透明，顶端有褐色如斑点状的颈卵器结构，配子体形成率约为 60%，形成时间约为 30 天。10 天后，孢子体形成，形成率约为 80%。孢子体刚刚长出第 2 片幼叶时，将幼苗从培养皿中移入装有少量泥土的塑料容器内，水面没过叶片的 3/4，置于人工气候箱内，移栽成活率约为 50%。

水的深度也能影响孢子的自然萌发。在植物园内种植在水缸中的中华水韭，在 8~10 月将缸中的水倒出一部分，保持水位在 2~6cm 深，第 2 年春天有大量孢子体长出，当幼苗露出水面较高时，可适当加水促进其生长。但一直保持水位在 15cm 以上的水缸中未见孢子体产生。

将中华水韭单株隔离培养，也可以产生有性繁殖的幼苗，表明中华水韭是自交可育的。在自然条件下，其繁育系统很可能为同时进行自交和杂交的混合繁育系统。

中华水韭主要靠水流进行孢子和孢子体传播。水流有利于孢子的散布，可以促进基因的交流；水位周期性的变化，一方面可以调控其他伴生种的生长，另一方面可以促进有性生殖（当水位变低时）。研究人员在休宁县的一个亚居群中观察到有动物啃食及践踏水韭的现象（如牛等），另外，据记载，民间有用中华水韭喂鹅、鸭的做法，在其他水韭属植物中，观察到有鸟、猪、鸭、麝鼠等动物取食的现象（Pfeiffer，1922），因此，水韭可以作为某些哺乳动物或水禽的食物，这样，其孢子也有可能通过这些动物的粪便或身体进行传播。因人为因素造成的水位节律的变化可能改变水韭的繁殖方式并影响水韭的传播，周边环境的改变也可以通过改变取食水韭的动物的分布，从而间接地影响水韭的传播。

5. 中华水韭的群落学特征

在对浙江松阳中华水韭群落所做的调查中共记录到植物 40 种，其中有草本植物 38 种，占 95%，亚灌木 2 种，苔藓植物 1 种，蕨类植物 3 种，双子叶植物 17 种，单子叶植物 19 种。群落中完全水生的植物有 7 种，占 17.5%；湿生植物共 22 种，占 55%；中生植物共 11 种，占 27.5%。可见，两个分布点的中华水韭种群主要与水生和湿生植物伴生。

群落中温带成分明显占优势。这与分布点位于亚热带常绿阔叶林中山沼泽地有关：其生境水源主要是山溪水和降雨，常年湿度较高，气温较低；湿地四周被丘陵山地包围，海拔较高，湿地与周围山地海拔相差 500~600 m，林木郁闭度高，地带性植被和区域小生境导致温带性质，尤其是东亚成分的物种分布较多。

主要的群落类型包括中华水韭+灯芯草群落（*Isoetes sinensis* + *Juncus effuses* microcoense）、短尖苔草+夏枯草+中华水韭群落（*Carex brevicuspis* + *Prunella vulgaris* + *Isoetes sinensis* microcoense）、水芹+夏枯草+中华水韭群落（*Oenanthe javanica* + *Prunella vulgaris* + *Isoetes sinensis* microcoense）、水芹+灯芯草+中华水韭群落（*Oenanthe javanica* + *Juncus effuses* + *Isoetes sinensis* microcoense）、长囊苔草+中华水韭群落（*Carex harlandii* + *Isoetes sinensis* microcoense）等。

在以灯芯草科、谷精草科植物为优势的小群落中，中华水韭的种群密度相对较大；在以禾本科、莎草科、伞形科植物为优势的小群落中，其种群密度较小；在以菊科、蓼科、虎耳草科等植物为优势的小群落中，中华水韭种群数量极少，甚至没有。这也说明了中华水韭作为典型的湿生植物，群落中伴生物种以水生和湿生植物为主，当群落优势物种为中生甚至陆生植物时，局部小生境将不再适合其生存，即生境含水量的高低将影响中华水韭的分布。群落中中华水韭的分布密度除与群落优势种的生活型和生境有关外，也与群落内优势物种的竞争力和生长速度有关。

群落中 27 个主要物种种间联结性分析显示，仅有 7 个种群与中华水韭存在极显著关联（$\chi^2 \geq 6.635$），有 19 个种群与其不存在联结性（$\chi^2 < 3.841$）。其中，呈显著正联结的是薄叶假耳草和短尖苔草；呈显著负联结的是芒（*Miscanthus sinensis*）、延羽卵果蕨（*Phegopteris decursive-pinnata*）、长籽柳叶菜、圆锥绣球（*Hydrangea paniculata*）、渐尖毛蕨等，这些物种或分布在样地边缘，或出现在相对较干燥的土壤中，并成为局部优势

种，中华水韭极少出现在以这些种群为优势的群落内，这也与各群落的物种组成统计结果相符。中华水韭与样地中野灯芯草、灯芯草、长囊苔草、长苞谷精草（*Eriocaulon buergerianum*）等主要物种不存在联结性，而仅与作为主要物种之一的谷精草有一定联结性，总体说明中华水韭在样地环境中具有一定的独立性。

人为干扰（围筑田埂）改变了水位周期性变化的节律，使中华水韭在与禾草、灯芯草等主要优势种的竞争中处于劣势，在群落演替过程中，可能会被这些物种所取代。另外，由于周边环境的破坏，中华水韭所在湿地面临着消失的危险，一些耐湿的陆生植物开始入侵到群落内，群落有被陆生植物取代的风险。松阳和休宁的部分亚种群都存在上述风险。

四、中华水韭减数分裂过程中染色体行为及孢子母细胞的发育

浙江杭州、天台山、建德和安徽休宁 4 个居群的中华水韭为四倍体（$2n = 4x = 44$）植物，其性母细胞染色体粗线期的图像和中期 I 的 22 个二价体的构型特征提示其染色体配对和联会形式基本与二倍体相似，表明其为异源四倍体植物（叶其刚，未发表资料）。

根据部分性母细胞后期 I 和后期 II 出现染色体桥和小的断片，初步判断有小范围的倒位染色体存在。大、小孢子母细胞减数分裂过程的主要差异有：①大孢子母细胞绝大多数前期 I 图像中染色体形态清晰可辨，小孢子母细胞大多数图像中染色体相互缠绕、交叉重叠，单个染色体的区分和细微结构不如大孢子母细胞清晰。②大孢子母细胞绝大多数中期 I 图像中染色体无次级联会现象；小孢子母细胞大多数图像中有染色体次级联会现象，少数发生染色体黏连。③在整个减数分裂时期，大孢子母细胞未发现有细胞融合（cytomixis），而部分小孢子母细胞在整个减数分裂时期（前期 I，即四分体时期）有细胞融合现象（叶其刚，未发表资料）。在中华水韭减数分裂中出现的异常行为特征（如细胞融合、迟滞染色体、染色体桥、染色体片段和微核）可能会影响其有性生殖过程，但这并不是导致该物种居群和个体数量减少的主要原因。主要原因是湿地被破坏和水环境被污染而造成的中华水韭生境的片断化。恢复湿地和改善水环境是挽救中华水韭，使之免于绝灭的紧迫任务。

五、居群遗传学特征

濒危物种的小居群和隔离居群由于易受群口、环境和遗传等随机性因素的影响，因而面临较高的灭绝风险（Lande，1999）。尽管这些因素的相对重要性和后果仍然备受争议（Lande，1988；Spielman et al.，2004），现有证据已经表明，遗传因素对于濒危物种的生存具有直接和（或）间接的影响（Frankham et al.，2002）。遗传漂变和近交导致的

遗传变异丧失,使得许多生长于隔离片断化生境中的小居群濒危植物物种更易遭受灭绝的风险(Barrett and Kohn,1991)。即使它们的自然生境得以恢复,一些极危物种可能仍将走向灭绝,因为面对环境的不断变化,它们的遗传多样性严重衰退,适应性进化潜力缺乏(Frankham et al.,2002)。了解居群遗传多样性水平和居群遗传结构是制定濒危植物物种保护计划的先决条件,这种观点已被保育遗传学家广泛接受。这些知识为了解居群的进化历史和遗传效应提供了关键信息,也为濒危物种的就地和迁地保护的遗传管理提供了信息(Frankham et al.,2002)。

1. 中华水韭的遗传多样性与遗传结构

采用 10 个酶系统对异孢型拟蕨类水韭属(*Isoetes*)植物中华水韭(*I. sinensis*)的 3 个现存较大居群共 15 个亚居群的等位酶遗传多样性进行了检测(Chen et al.,2009),结果表明,中华水韭在物种水平(A=3.2,P=77.8%,H_o=0.484,H_e= 0.332)和居群水平(A=1.76,P=57.7%,H_o=0.429,H_e=0.264)具有较高的遗传多样性(表 6-4),但其高遗传多样性主要靠其异源四倍体位点"固定杂合"而维持,因此杂合子严重过量。遗传结构分析表明,居群间的遗传分化较大(G_{ST}=0.2967)(表 6-5),遗传一致度较低,但各居群内亚居群间的遗传分化较小(表 6-6),各居群内遗传一致度都很高。进一步分析表明,各居群内多位点基因型多样性极低,其中休宁和松阳两居群内亚居群间及个体间具有高度遗传均质性,缺乏稀有等位基因,相对而言,目前较具活力的建德居群的多位点基因型略为丰富。表明生境片断化、岛屿分布的中华水韭存在遗传基础流失的现象,特别是休宁和松阳居群,已经丢失了其多数的稀有等位基因,其应对环境变化的潜能相应较弱,已显现出极度濒危的状态,有地方灭绝的危险。

表6-4 中华水韭自然居群的遗传多样性

居群	亚居群	N	A	P/%	H_o	H_e
安徽休宁(XN)	XN-1	13	1.4(0.1)	38.9	0.392(0.027)	0.180(0.058)
	XN-2	28	1.6(0.2)	50.0	0.347(0.030)	0.182(0.057)
	XN-3	13	1.4(0.1)	44.4	0.363(0.037)	0.193(0.058)
	XN-4	10	1.4(0.1)	44.4	0.372(0.027)	0.202(0.061)
	XN-5	10	1.3(0.1)	38.9	0.328(0.018)	0.186(0.063)
	平均	14.8	1.42	43.3	0.348	0.189
	总计	74	1.7(0.2)	55.6	0.350(0.033)	0.201(0.059)
浙江松阳(SY)	小浪江(XLJ)	10	1.6(0.1)	56.3	0.537(0.023)	0.285(0.066)
	叔婆湾(SPW)	62	1.6(0.1)	56.3	0.535(0.022)	0.282(0.064)
	平均	36	1.6	56.3	0.536	0.2835
	总计	72	1.6	56.3	0.539(0.023)	0.285(0.066)

续表

居群	亚居群	N	A	P/%	H_o	H_e
浙江建德（JD）	JD-1	9	1.4（0.1）	38.9	0.390（0.025）	0.212（0.065）
	JD-2	15	1.5（0.1）	44.4	0.371（0.014）	0.204（0.062）
	JD-3	44	1.6（0.2）	44.4	0.331（0.036）	0.200（0.060）
	JD-4	20	1.6（0.2）	44.4	0.280（0.034）	0.176（0.056）
	JD-5	25	1.8（0.2）	55.6	0.406（0.051）	0.251（0.061）
	JD-6	55	1.7（0.2）	50.0	0.338（0.051）	0.205（0.056）
	JD-7	73	1.9（0.2）	61.1	0.354（0.041）	0.214（0.058）
	JD-8	95	1.8（0.2）	61.1	0.392（0.060）	0.249（0.059）
	平均	42	1.67	50.0	0.358	0.214
	总计	336	2.0（0.1）	61.1	0.401（0.061）	0.254（0.056）
平均		160.7	1.76	57.7	0.429	0.264
物种水平		482	3.2（0.4）	77.8	0.484（0.076）	0.332（0.072）

注：N 为实际取样数；A 为每位点的等位基因平均数；P 为多态性位点比率；H_o 为观察杂合度；H_e 为预期杂合度

表 6-5 中华水韭的居群遗传结构

	H_T	H_S	D_{ST}	G_{ST}	N_m
平均	0.332	0.227	0.105	0.316	0.5411

注：H_T 为总遗传多样性；H_S 为居群内遗传多样性；D_{ST} 为居群间遗传多样性；G_{ST} 为遗传分化度；N_m 为基因流

表 6-6 中华水韭 3 个野外居群内的遗传结构

居群	亚居群数目	遗传分化度	基因流
休宁（XN）	5	0.0573	4.1130
松阳（SY）	2	0.0140	17.6100
建德（JD）	8	0.0747	3.0967

采用 AFLP 分析的居群水平的遗传多样性估测也显示，与其他蕨类的遗传多样性相比，中华水韭依然保持着较高水平的遗传多样性（$P=35.2\%$，$H_e=0.118$，$H_s=0.147$，$I=0.192$）。在中华水韭中观察到的相对较高的遗传多样性可能是由其异源多倍体起源所致（何子灿等，2002；Taylor et al.，2004）。中华水韭居群小，但保持了高水平的遗传多样性，很可能的原因是在中华水韭的自然分布范围内，其居群的减小是一个相对近期事件。这种推测与文献记载的此物种以前在华东地区，特别是在浙江省的更广泛分布是相吻合的。多年连续的野外调查表明其多个居群已经灭绝。这种近期的居群下降，可能还没有足够的时间造成中华水韭居群内遗传多样性的降低。

2. 特殊生境中的遗传隔离

通过对中华水韭的整个分布区进行广泛的野外调查，康明等开展了中华水韭生境相关的居群遗传研究（Kang et al., 2005）。研究开始时只在野外两个地点发现了该物种（图 6-13）。在浙江省松阳县发现了两个相距约 1km 的居群（SY1 和 SY2）（28°16′N，119°16′E），在安徽省休宁县观察到 5 个相距 162~520m 的小斑块（29°30′N，118°09′E）。由于这种蕨类植物是沉水或半沉水植物，其孢子或根茎的迁移受限，因此可以认为每一个斑块都是一个居群，分别命名为 XN1、XN2、XN3、XN4 和 XN5。浙江建德居群未包括在本研究中。

　　直接测量每个居群的面积并记录居群的个体数，从而得到居群面积和大小。然后，至少每隔 2m 采收一株成熟个体的新鲜叶片（孢子叶），以避免采到同一植株，并将叶片立即用硅胶干燥，带回实验室进行 AFLP 居群遗传参数分析。根据每一个居群中可采成熟个体的数量随机采 10~30 株，XN2 居群除外。因为在 XN2 居群中，总共发现了 20 个个体，但在确保最小间隔为 2m 的采样原则下，只有 5 个成熟个体可采。因此，从上述两片残留地的 7 个居群中总共采了 106 个样本。

　　7 个被调查居群的大小和面积不一，大小为 20（XN2）~1000 株（SY2），而面积为 18（XN2）~550m^2（SY1）（表 6-7）。较大的居群往往具有较高的遗传多样性（P，H_e，H_s），尽管没有检测到遗传多样性与居群大小之间存在显著相关性，但是，我们发现居群面积和 3 个遗传多样性度量参数（H_e，H_s，I）中的每一个都显著相关。表明居群内繁殖体的迁移与隔离的湿地生境斑块的空间尺度相关。显然，湿地生境面积的变化强烈地影响着中华水韭每个居群内的遗传多样性，这可能反映了湿地生境水面积动态和人类活动（如对水质有下游效应的农田灌溉管理和施肥方法）的波动。这种湿地生境的复杂动态可能是中华水韭的最大威胁。

表 6-7　中华水韭的居群面积（P_A）、居群大小（P_S）和居群内遗传多样性参数

居群	P_A/m^2	P_S	N	P/%	H_e	H_s	I
SY1	550	400	30	53.8	0.171	0.200	0.288
SY2	278	1000	25	34.8	0.115	0.147	0.198
XN1	50	60	11	34.3	0.117	0.141	0.186
XN2	18	20	5	25.2	0.083	0.132	0.146
XN3	70	60	10	38.6	0.125	0.135	0.172
XN4	60	30	15	29.0	0.104	0.148	0.206
XN5	53	50	10	31.0	0.109	0.125	0.147
平均值	154	231	15	35.2	0.118	0.147	0.192

注：P_A 为居群分布面积，P_S 为实际居群大小，N 为取样居群；P 为多态性位点；H_e 为 Nei's（1978）预期杂合度，H_s 为 Bayesian 估测遗传多样性，I 为 Shannon and Weaver's（1949）指数

3. 居群遗传分化与基因流限制

　　表 6-8 所列为使用贝叶斯方法（Kang et al., 2005），从 3 种模型中得到的遗传分化 F_{ST} 值。应用 f-free 模型获得的最小的平均 DIC 值为 2858.8，表明对于中华水韭的估测

数据而言（AFLP 分子标记数据），f-free 模型比其他模型更合适。因此，用 f-free 模型得出的 $F_{ST} = 0.607$ 是居群遗传分化的无偏估测，此时近交系数 f 为 0.504。另外，在假设哈迪-温伯格平衡达到平衡时得到的 F_{ST} 估测值为 0.535，这比由贝叶斯方法得到的 F_{ST}（0.607）小，而在假设完全自交情况下得到的 G_{ST}（0.608）则与从 f-free 模型得出的 F_{ST}（0.607）几乎相等。因此，分析结果表明，中华水韭自然居群既不是完全远交也不是完全随机交配。F_{ST}（0.607）和 G_{ST}（0.608）可能更准确地反映了中华水韭居群的遗传分化参数。尽管 3 种度量之间存在微小差异，但它们都表明中华水韭居群间存在明显的遗传结构。

表 6-8　基于贝叶斯方法 3 种模型 Wright's 统计值

模型	近交指数（f）	遗传分化（F_{ST}）		DIC
$f = 0$	0.000	0.565	（0.540~0.589）	2873.4
Full	0.006	0.566	（0.543~0.590）	2875.2
f-free	0.504	0.607	（0.577~0.635）	2858.8

注：DIC 为偏差信息准则（Deviance information criterion）

AMOVA 分析（AFLP 遗传变异数据）（Kang et al.，2005）进一步揭示了中华水韭采样居群间存在显著的遗传分化。在居群水平上，总分子变异的 63.5% 来源于居群间，36.5% 来源于居群内个体间。然而，当把分子方差分析分解为 3 个等级水平时，最大的方差组分（46.9%）则来源于两个采样地区之间，而同一地区各个居群间和同一居群内各个体间的方差分别为 23.2% 和 29.9%。

基于 Nei's 遗传距离系数的 106 个个体的聚类树揭示了中华水韭居群间存在明显的遗传结构（Kang et al.，2005）。首先，SY 居群和 XN 居群分别聚类成两个独立的簇/类群，这与中华水韭的地理分布高度吻合。而且，除了来自 XN2 和 XN3 两个居群的个体聚类到同一个亚簇外，在其他居群中，来自每一个居群的大部分个体都根据居群的地理位置聚类到了特异的亚簇。

显然，与其他水韭属植物类似，中华水韭各个居群均处于片断化生境中，即被溪流、小山和农田所隔离（Caplen and Werth，2000）。繁殖体可以借助于水和偶尔的动物活动进行散布。由于松阳地区的两个居群分别位于安民山的两侧，它们之间的自然迁移就非常有限。在本研究的 4 年野外调查中，在其分布区周围没有发现中华水韭个体，这表明目前借助于人类或动物活动的迁移最少的。休宁地区的几个居群彼此相邻得更近，但是也被农田和小山隔离开了，表明居群间基因流在一定的居群分布格局中是高度受限的，特别是在因水系而分布的格局中。作为水生蕨类，中华水韭通常生长在潮湿地点，这常常导致居群内聚成小簇。因此，该物种的散布被认为非常有限，而且即使在微地理尺度上也强烈地受水流范围的影响。这与 Taylor 和 Hicky（1992）认为水韭属植物居群间基因流水平较低的结果一致。

Kang 等（2005）在生境相关的居群遗传学研究中发现，居群之间的基因流估测值很小（N_m=0.378），而且在休宁地区的 5 个居群之间没有发现遗传距离和地理距离之间存在正相关，表明是遗传漂变而不是基因流在现有居群结构的形成中起了重要作用。另外，XN2 和 XN3 居群之间没有发现显著的遗传分化（Φ_{ST}＝0.093），这可能表明这两个居群之间存在足够的基因流。这可以用它们的生境位置来解释，尽管它们在地理距离上不是最近，但是这两个小居群由一条小溪直接相连。这个结果证实了水媒传布是影响中华水韭居群间基因流的最重要因素的假设。

六、保护策略

1. 就地保护

为避免我国 3 个残存的中华水韭野外居群的灭绝，目前采取以下紧急的就地保护措施是非常必要和紧迫的。

1）由于安徽休宁居群最小，干扰最严重，根据对中华水韭的研究发现，在受到干扰的情况下，水韭属植物的整个生活史需要 4~5 年的时间，比不受干扰时长 1~2 年，但大部分个体在未产生孢子前就已经死亡，极少数个体寿命能达 2 年以上。因此对休宁居群的保护是最为紧迫的，应立即将中华水韭在休宁的适生生境保护起来，停止将其作为农业用地，注意旱季补水，剔除竞争物种（陈媛媛等，2004），这样中华水韭才能在其自然栖息地繁衍和恢复。

2）目前在浙江省松阳县发现的两个残存的亚种群应该立即采取措施进行保护，禁止农民继续使用这两块残存的湿地。并进行适当的人工干预，如适当拔除与之竞争的禾草和灯芯草等；疏通堤埂，使水流畅通，以利于孢子散布；清除位于中华水韭分布地周围水田的杂灌；干旱季节进行人工注水，保持土壤湿润。同时加强对周边森林的保护，以便涵养水源。为防止残存种群的意外灾害，对安徽休宁和浙江松阳居群应立即进行迁地保护，人工对其进行大量繁殖，以便将来回归引种。

3）建德居群生存于国家一级水源中，且因上游新安江电站下泄水的影响，形成了独特的小气候，江水终年恒温，使中华水韭建德居群保存了数目较多的植株（2 万~3 万株）。应停止新安江沿岸的自来水管道的修建、旅游景点的开发和开垦荒地等，以保护目前我国发现的最大的中华水韭野外居群生存地。

居群遗传学研究结论认为，由于休宁和松阳地区生境差异明显，因此这两地之间的移植应在充分评估居群遗传结果和个体遗传差异的基础上慎重行事，因为居群分化是由适应不同环境引起的，那么来自截然不同遗传背景的居群的个体混合在一起，将导致远交衰退。

2. 迁地保护

对于迁地保护，同样应该注意防止来自不同地区的个体的混合。理想的情况是，来自不同地区的居群应该被保护在精心设计的隔离地块里以防止远交衰退，而来自同一地区的个体则需被保护在同一地块里以促进基因流。应基于居群遗传学资料开展有效的野外采样策略，以便涵盖现有居群完整的遗传多样性，使该物种能够长期存活。由于当前中华水韭的自然生境状况和居群大小快速下降，因此我们建议，在其进一步发生遗传侵蚀之前，在不破坏现有野外居群的条件下，采集所有现存中华水韭居群，以最大限度地保存该物种基因组的代表性。

七、居群遗传复壮

为了防止中华水韭片断化小居群中有害的遗传效应，常采用具有遗传分化的居群间个体相互移植的遗传复壮方法，来提高小居群的遗传多样性和生态适应潜力及后代的适合度（Griffith et al.，1989）。一般情况下，如果居群的分化是由于遗传漂变产生的，那么这种相互移植个体的方法是可行的。但是，如果居群分化是自然选择的结果，即存在地方适应（local adaptation），就会导致移植的个体因不适应新的环境而存活率低或不能正常地繁殖，或出现移植的个体与本地居群个体杂交后代的适合度比亲本的适合度低的情况，即远交衰退（outbreeding depression）（Hufford and Mazer，2003）。因此，确定这些居群是否存在地方适应性是迁地保护和自然居群就地遗传复壮研究方面关键的科学问题之一；应以此为依据，确定是否可以采用居群间移植的方法来复壮种群（杨伟等，2008）。

常用的分子标记，如等位酶、AFLP 和微卫星标记，通常揭示的是居群的中性遗传变异，未必能反映居群适应性的变异。居群和个体的数量遗传研究能够为居群是怎样应对环境选择做出遗传适应性的反应提供有价值的信息（Storfer，1996）。但在实践中，因为需要许多重复的个体基因型及大量的样本来分析个体的形态或生理特征，所以对濒危物种进行数量遗传的研究是极其困难甚至不可能的（Petit et al.，2001）。通过同园实验（common garden experiment）可以确定居群数量性状表现型的分化是否是基于遗传变异的，但不能确定这种分化是由遗传漂变还是由自然选择造成的。最近的一些探索性研究采用同时估计中性标记和数量性状的遗传分化的方法来确定濒危植物居群是否存在地方适应（Petit et al.，2001；Gravuer et al.，2005），当居群数量性状的遗传分化（Q_{ST}）大于分子标记的遗传分化（F_{ST}）时，则表明歧化选择（differentiating selection）在物种进化过程中起主要作用，暗示各居群存在地方适应性；地方适应越明显，则居群间的个体相互移植后产生远交衰退的风险越大。当数量性状的分化小于分子标记的分化时，则表明一致选择（unifying selection）起主要作用。当二者相近时，通常认为不存在地方适应性，遗传漂变就足以解释居群的分化（Yang et al.，1996）。这方面的研究目前已经成为保育遗传学的一个热点问题，但主要集中于种子植物及动物（McKay and Latta，2002），对蕨类植物的研究还未见相关报道。国内在这一领域的研究尚属空白（杨伟等，2008）。

对中华水韭的居群遗传学研究表明，中华水韭残遗的自然居群间存在较大的分化（陈进明等，2004；Kang et al.，2005）。陈进明等（2004）建议采用不同自然居群间的中华水韭个体进行相互移植，提高其居群的遗传多样性；而 Kang 等（2005）根据居群间在生态和遗传上存在显著性差异的特征，认为不宜采用这种居群间个体相互移植的方法，以避免产生远交衰退的风险。上述中华水韭居群遗传学数据也反映出一定的趋势性结论。

杨伟等（2008）在对中华水韭目前残存的 3 个居群（浙江建德、安徽休宁和浙江松阳）进行等位酶多位点基因型标记的基础上，从每个居群中选取 3 种优势基因型，对 3 个居群的 9 种优势基因型的 81 个样本采用严格的同园实验，对与适合度有关的数量性状变异在居群内和居群间的分布情况进行了分析，并且对数量性状分化的 Q_{ST} 和等位酶分化的 F_{ST} 参数进行了比较分析，其目的是探讨中华水韭残存的 3 个居群是否存在地方适应性等问题，为制定相应的居群保护和遗传复壮策略提供科学依据，研究结果如下。

1. 中华水韭适合度性状变异

实验共测量了 14 个与适合度有关的数量性状。巢式方差分析结果（表 6-9）表明，有 10 个性状（71.4%）在居群间表现出显著性差异。大孢子囊的长度在区组间、居群间和居群内基因型间都表现出显著性差异（$P<0.05$）。平均生长速率、平均发育速率、植株高度、每个植株的叶片数目、大孢子囊的长度、大孢子囊的宽度和平均每个大孢子囊的孢子数在居群间都表现出显著性差异（$P<0.05$），但只有第一个时间间隔的平均发育速率 1 和大孢子囊的宽度在居群内基因型间表现出显著性差异（$P<0.05$），植株高度 2、每个植株的叶片数目、大孢子囊的长度和平均每个大孢子囊的孢子数在区组效应上有显著性差异（$P<0.05$）。大孢子叶的长度和宽度及大孢子囊的长宽比在所有效应上都没有显著性差异。

表 6-9　中华水韭 3 个居群数量性状的区组、居群效应和居群内基因型效应的巢式方差分析

性状	区组 d1		居群 d2		基因型 d3（居群内）	
	MS	F 值	MS	F 值	MS	F 值
平均生长速率 1	14.370	2.100	46.784	6.870**	2.237	0.330
平均生长速率 2	9.015	1.640	54.440	9.900**	2.600	0.470
平均发育速率 1	0.126	2.440	2.245	43.630**	0.134	2.610*
平均发育速率 2	0.049	2.330	0.201	9.610**	0.012	0.610
植株高度 1	13.632	2.470	118.169	21.390**	5.204	0.940
植株高度 2	19.787	4.160*	52.109	10.940**	5.918	1.240

续表

性状	区组 d1		居群 d2		基因型 d3（居群内）	
	MS	F 值	MS	F 值	MS	F 值
叶片数	1.485	3.540*	15.502	36.980**	0.676	1.610
平均叶片面积	0.636	0.750	1.200	1.068	1.228	1.450
大孢子叶高度	2.232	0.460	11.331	2.330	7.179	1.470
大孢子叶基宽度	0.004	1.960	0.003	1.780	0.001	0.680
大孢子囊的长度	0.012	4.400*	0.009	3.220*	0.007	2.440*
大孢子囊的宽度	0.001	0.850	0.005	3.810*	0.004	2.840*
大孢子囊的长宽比	0.091	2.690	0.009	0.270	0.043	1.280
大孢子囊的产孢数	0.069	4.810*	0.554	38.690**	0.031	2.190

*为 $P<0.05$，**为 $P<0.01$；d1、d2、d3 表示区组、居群和基因型的自由度，分别为 2、2 和 6

对居群间有显著性差异的性状进行多重比较的 Turkey 检验表明（表 6-10），第一个时间间隔的平均生长速率和平均发育速率、第二个时间间隔的平均生长速率及平均发育速率、每个植株的叶片数目共 5 个性状均以松阳居群的平均值为最高，且显著高于休宁居群（$P<0.05$），只有平均发育速率 1 显著高于建德居群。建德居群的植株高度、每个大孢子囊的产孢数、大孢子囊的长度和大孢子囊的宽度共 5 个性状的平均值为最高，且前 3 个性状显著高于休宁居群和松阳居群（$P<0.05$），后两个性状显著（$P<0.05$）高于休宁居群，但与松阳居群差异不显著。休宁居群除植株高度和大孢子囊的产孢数稍高于（$P>0.05$）松阳居群外，其余性状均为最低。通过多重比较发现，松阳-建德居群间有 4 个性状差异显著，松阳-休宁居群间有 5 个性状差异显著，而休宁-建德居群间有 9 个性状差异显著。

表 6-10　中华水韭 3 个居群的 10 个数量性状的平均值

性状	居群		
	松阳	建德	休宁
平均生长速率 1	7.999（0.659）a	6.637（0.434）a	5.367（0.342）c
平均生长速率 2	5.483（0.513）a	5.320（0.369）a	2.897（0.452）b
平均发育速率 1	0.855（0.059）a	0.452（0.048）b	0.359（0.047）b
平均发育速率 2	0.395（0.035）a	0.341（0.023）a	0.208（0.023）b
植株高度 1	14.963（0.390）b	18.481（0.451）a	15.963（0.522）b
植株高度 2	15.741（0.435）b	18.981（0.457）a	16.634（0.440）b
叶片数	6.420（0.656）a	5.893（0.122）a	4.905（0.149）b
大孢子囊的长度	0.352（0.013）ab	0.368（0.012）a	0.329（0.009）b
大孢子囊的宽度	0.253（0.009）ab	0.267（0.007）a	0.236（0.009）b
大孢子囊的产孢数	2.040（0.025）b	2.309（0.029）a	2.065（0.025）b

注：表中括号内的数值为标准差，a、b、c 表示差异显著性（Turkey 检验，$P<0.05$）

2. 数量性状的居群遗传分化（Q_{ST}）与分子标记的居群遗传分化（F_{ST}）的比较

3 个居群间的 F_{ST} 平均值为 0.155，其 95% 的置信区间为 0.082~0.227。关于 F_{ST} 值与数量性状 Q_{ST} 值的比较在 3 种假设条件下进行（表 6-11）。

1）在假设同一基因型的个体为全同胞家系时，第二时间间隔的平均发育速率的 Q_{ST} 值最高，为 0.678；大孢子叶高度的 Q_{ST} 值最低，为 0.371。所有性状的 Q_{ST} 值的置信区间与 F_{ST} 值的置信区间重叠。

2）在假设同一基因型的个体为克隆家系时，Q_{ST} 值为 0.487（大孢子囊的宽度）~0.771（大孢子叶的宽度），两个时间间隔的平均发育速率、每个植株的叶片数目、大孢子叶基的宽度、大孢子囊的长度、大孢子囊的宽度、大孢子囊的长宽比和每个大孢子囊的大孢子数共 8 个性状的 Q_{ST} 值显著大于 F_{ST} 值。

3）在假设同一基因型的个体为自交系时，Q_{ST} 值为 0.657（平均叶片面积）~0.848（叶片数），有两个时间间隔的发育速率、每个植株的叶片数、平均叶片面积、大孢子囊的长度、大孢子囊的宽度、大孢子囊的长宽比和每个大孢子囊的产孢数共 8 个性状的 Q_{ST} 值显著大于 F_{ST} 值。4 月 29 日测量的植株高度的 Q_{ST} 值，由于其后验分布为双峰分布，因此不能与 F_{ST} 值进行比较（Waldmann et al.，2005）。在假设为全同胞家系时，所测量性状的 Q_{ST} 值与等位酶标记的 F_{ST} 值相近。

显然，在假设为克隆家系和自交系时，各有 8 个主要的数量性状的 Q_{ST} 值均大于 F_{ST} 值，即意味着这些性状存在地方适应性。

表 6-11　在 3 种假设条件下的 Q_{ST} 值与 F_{ST} 值的比较

性状	全同胞				克隆				自交系			
	Q_{ST}	95% L_1	95% L_2	与 F_{ST} 比较	Q_{ST}	95% L_1	95% L_2	与 F_{ST} 比较	Q_{ST}	95% L_1	95% L_2	与 F_{ST} 比较
平均生长速率 1	0.616	0.059	0.973	NA	0.721	0.111	0.987	−	0.801	0.172	0.993	−
平均生长速率 2	0.678	0.072	0.978	NA	0.771	0.113	0.988	−	0.841	0.183	0.995	−
平均发育速率 1	0.553	0.171	0.909	NA	0.690	0.292	0.952	+	0.802	0.452	0.976	+
平均发育速率 2	0.542	0.187	0.903	NA	0.680	0.313	0.948	+	0.798	0.464	0.974	+
植株高度 1	0.727	<0.001	0.991	NA	0.777	<0.001	0.995	NA	0.869	0.002	0.997	NA
植株高度 2	0.611	0.031	0.977	NA	0.715	0.061	0.988	−	0.799	0.130	0.994	−
叶片数	0.656	0.148	0.958	NA	0.768	0.233	0.981	+	0.848	0.324	0.989	+
平均叶片面积	0.387	0.071	0.857	NA	0.525	0.133	0.924	+	0.657	0.238	0.960	+
大孢子叶高度	0.371	0.030	0.912	NA	0.487	0.057	0.950	+	0.607	0.108	0.975	−
大孢子叶基宽度	0.550	0.197	0.906	NA	0.686	0.317	0.952	+	0.804	0.205	0.974	−
大孢子囊的长度	0.544	0.184	0.907	NA	0.683	0.313	0.951	+	0.800	0.487	0.974	+
大孢子囊的宽度	0.548	0.199	0.904	NA	0.685	0.315	0.951	+	0.800	0.477	0.976	+
大孢子囊的长宽比	0.514	0.164	0.900	NA	0.655	0.282	0.947	+	0.777	0.442	0.973	+
大孢子囊的产孢数	0.547	0.178	0.913	NA	0.685	0.303	0.952	+	0.801	0.471	0.975	+

注：95% L_1 和 95% L_2 分别为 95% 置信区间的下限和上限。NA 表示不能进行比较。当置信区间不重叠时，Q_{ST} 被视为显著性大于（+）或小于（−）F_{ST}；当区间重叠时，二者相近

3. 中华水韭的居群遗传复壮

对居群及物种的遗传复壮的核心问题是在充分研究居群遗传性状的基础上，立足于利用现存的居群内和居群间的遗传差异进行居群遗传复壮。

（1）中华水韭居群间和居群内的差异

通过对现存 3 个中华水韭居群进行严格的同园实验与多重比较分析发现，在所测得差异的 10 个性状中，松阳居群与建德和休宁居群的差异较小，分别有 4 个和 5 个性状有显著性差异；而建德居群与休宁居群的差异极大，有 9 个性状有显著性差异。中华水韭主要依靠水流进行孢子和孢子体的传播（Caplen and Werth，2000）。野外调查中发现，中华水韭的 3 个居群之间呈间断的岛屿状分布。这种特殊的地理分布阻止了居群间的基因流动，从而使居群间分化明显。

野外调查发现，休宁居群大小仅为 300 株左右，其生境遭到严重破坏。对于生境遭到破坏及片断化的物种来说，其残留居群一般要经历遗传上的"瓶颈"（Young et al.，1996），这些幸存的居群急剧减小（叶其刚和李建强，2003），一般会因近交而导致生活力降低（Groombridge et al.，2000）。松阳居群（550~900 株）较大，可能是由于原来大居群的残留，生境被破坏的时间较短，因而保留了较高的适合度。此外，野外调查表明松阳居群的中华水韭处于恶劣的生境伴生物种竞争中。从实验来看，松阳居群虽然具有最快的生长速率和发育速率，以及最多的叶片数目，但其植株最矮，且产生的孢子量也最少；建德居群（2 万~3 万株）最大，处于国家一级水源的淡水性沿岸潮间带，土壤为寡营养型沙质土，生境中的伴生竞争物种较少，建德居群具有较低的生长速率、发育速率和较少的叶片数目，但每个大孢子叶可产生较多的大孢子，这可能是中华水韭居群适应进化的特征性表现和适应性生殖策略，体现了营养生长和生殖生长之间的权衡（trade-off）（McDowell and Turner，2002）。

（2）确立居群复壮方式

上面的居群遗传研究在假设居群为全同胞家系时，所有测量性状的 Q_{ST} 值与 F_{ST} 值相近，表明没有地方适应性的存在；在假设居群为克隆家系和自交系时，各有 8 个性状的 Q_{ST} 值大于 F_{ST} 值，居群的地方适应性表现得极为明显。我们根据中华水韭的基本繁殖特征及其所处生境的属性推测，中华水韭在自然生境中通常以克隆繁殖、自交系或杂交繁殖的混合。因此，研究数据在假设为自交系、克隆家系时，分别有 8 个不同性状的 Q_{ST} 值显著大于 F_{ST} 值，几乎覆盖了全部研究的数量性状，表明歧化选择效应产生的地方适应性后果（local adaptive consequence），特别是发育速率、叶片数、平均叶片面积、大孢子囊的长度、大孢子囊的宽、大孢子囊的长宽比和大孢子囊的产孢数，对中华水韭适应野外生境非常重要。因此，不同地区居群间移植个体会造成因生态机制而产生的远交衰退非常明显。

（3）居群复壮计划实施要点

　　通过在同一条件下对濒危物种进行同园实验，测量濒危物种与适合度有关的数量性状，可以区分表型的环境变异和遗传变异，对实现濒危物种的有效管理和制定保育策略有重要的参考价值。中华水韭的多数数量性状在居群间存在显著性差异的研究结论，表明残存居群数量性状的差异是有遗传基础的，而非表型的环境变异的结果。①中华水韭休宁居群的个体最少且受人为干扰最为严重，大部分数量性状的平均值均最低，因此对该居群进行保护的优先性最高，可以通过促进居群内的基因流来提高该居群的适合度。②松阳居群较大，但生长的海拔最高，人为原因造成的原始生境的水位周期性变化的节律被打乱，导致一些陆生植被的入侵，伴生物种竞争最强烈，虽然同园实验表明该居群个体具有最快的生长速率和发育速率，以及最多的叶片数目，但植株最矮，且产生的孢子量也最少，居群明显表现出对环境变化的适应能力有限。在进行就地保护时应注意剔除竞争性杂草、恢复流水生境，提高其自然竞争的能力和居群内的基因交流。③建德居群是我国发现的最大的中华水韭自然野生居群，目前受人为干扰较小，每个大孢子囊的产孢数在 3 个居群中是最多的，表明其有性生殖能力是最强的，野外调查到的幼苗数量多也证实了这一观点；应尽量减少人为干扰，维护其遗传多样性。

　　总之，中华水韭不同居群间的移植可能会产生潜在的远交衰退的风险。而且由于可能存在地方适应，相互移栽的个体也可能存在因不适应新迁入的生境而死亡或生殖适合度降低的风险。因此主要采用促进居群内基因交流的方法，特别是对建德和松阳居群，而避免用居群间相互移植个体从而促进居群间基因流的方法来进行遗传复壮。迁地保护的居群也不应该混合定植在一起，以免发生潜在的远交衰退。

（叶其刚　康　明　黄宏文）

第三节　虎　颜　花

　　虎颜花（*Tigridiopalma magnifica*），又名大蓬莲、熊掌等，隶属于野牡丹科（Melastomataceae）虎颜花属（*Tigridiopalma*），本属只有虎颜花 1 种，该种是我国植物学家陈介于 1979 年发表的广东省特有的珍稀濒危植物（陈介，1979）。该种已被《中国物种红色名录》定性为濒危物种（EN）。

一、生物学特性及自然分布

　　虎颜花为多年生常绿肉质草本，具近木质化的短匍匐茎，直立茎极短，被红色粗硬毛；幼叶叶柄密被红棕色毛，幼叶在光照强度较低时呈红色，成熟叶片大，长 20~30cm，有时直径可达 50cm 以上。蝎尾状聚伞花序腋生，花序梗长 24~30cm；花期约为 11 月，果期翌年 3~5 月（张宏达和缪汝槐，1984）。虎颜花叶片硕大，叶形美观，耐阴性强，花蕾小巧玲珑、鲜艳欲滴，花和叶互相衬托，相映成趣，观赏价值高，是一种优良的观赏花卉，可作为高档观叶植物用于室内和庭园观赏。室内观赏时可用来点缀客厅、会议室、卧室、阳台、橱窗等；庭院中常用于荫蔽处栽培或盆栽于花廊下作摆设，是一种值得推广的新型观叶植物（曾宋君，2005）。

虎颜花在自然生长时对环境要求比较苛刻，通常着生于岩壁上，并要求有良好的森林提供荫蔽和较高的湿度，这是影响其大量生长的一个十分重要的因素，只要森林遭到破坏，就会直接威胁它的生存。目前，有关虎颜花的标本共有 10 份，全部存放于中国科学院华南植物园标本馆，最早的标本由高锡朋于 1931 年 3 月 25 日采于广东省信宜县*大雾山，其他标本采于 20 世纪 50 年代和 2001 年。主要采集于广东茂名市大坡区格巷乡、信宜市大雾山和龙观乡、电白县罗坑等地。近年来，中国科学院华南植物园的李龙娜、曾宋君等对虎颜花的资源进行了初步调查，发现在茂名市大坡区格巷乡已经没有虎颜花的存在，但在阳春市鹅凰嶂自然保护区、阳春市圭岗镇、高州市马贵镇马贵村、电白县河尾山林场等地发现了该种新的分布区，如图 6-14 和图 6-15 所示（李龙娜等，2009；Ren et al.，2012）。

图 6-14　虎颜花的自然分布地点

1. 阳春市圭岗镇大河村；2. 阳春市圭岗镇河坪村；3. 鹅凰嶂自然保护区大江口；4. 阳春市八甲镇草塘；5. 高州市马贵镇马贵村；6. 高州市马贵镇龙坑村；7. 高州市古丁镇旺沙村；8. 高州市大坡镇贺坑村；9. 高州市大坡镇坑场村；10. 高州市深镇镇大田村；11. 大雾岭自然保护区；12. 鹅凰嶂自然保护区

---

* 1995 年经国务院批准撤消信宜县，建立信宜市（地级市）

图 6-15 虎颜花自然分布地点的生境（另见文后彩图）

A. 阳春市圭岗镇大河村的虎颜花群落；B. 阳春市圭岗镇河坪村的虎颜花群落；C. 鹅凰嶂自然保护区大江口的虎颜花群落；D. 阳春市八甲镇草塘的虎颜花群落；E.高州市马贵镇龙坑村的虎颜花群落；F. 高州市马贵镇马贵村的虎颜花群落；G. 高州市古丁镇旺沙村的虎颜花群落；H 高州市大坡镇贺坑村的虎颜花群落

二、群落生态学及生境

通过调查发现，虎颜花仅生于山谷林下阴湿处，溪流或水沟边的石壁，陡坡或岩石积土上，喜荫蔽潮湿的环境，林分郁闭度为 70%~80%，光照强度为 3~23μmol/(m²·s)，空气相对湿度在 70% 以上。虎颜花在不同的坡向上均有分布，表明虎颜花的分布可能与坡向没有太大的关系。虎颜花生长地的土壤 pH 偏酸性，为 4.22~5.39，且各样地土壤 pH 与周边对照土壤相比没有显著性差异。

据统计，在 11 个样地 1100m² 虎颜花集中分布的群落中，共有维管植物 146 种，隶属于 71 科，其中茜草科（Rubiaceae）11 种，桑科（Moraceae）9 种，禾本科（Gramineae）6 种，兰科（Orchidaceae）6 种，山茶科（Theaceae）5 种，37 科只有 1 种。不同样地虎颜花群落的植物组分大部分不同，可见虎颜花没有特定的伴生植物（Ren et al.，2012）。

三、植物园迁地条件下的繁殖研究

1. 种子繁殖

对虎颜花种子的发芽特性进行研究发现，虎颜花种子必须在光照的情况下才能萌发，而在自然状态下可能由于种子太小，易被冲进泥土、见不到阳光而难以萌发。

光照对虎颜花种子萌发率的影响见图 6-16。在连续黑暗的条件下，种子萌发率为 0；在 12h 光照、12h 黑暗的光暗周期下，$0.02\mu mol/(m^2 \cdot s)$ 的光照强度就可以诱导种子萌发，说明虎颜花种子对光敏感，且敏感性很高。光照强度对种子萌发率、平均萌发时间和萌发速率有显著的影响。在 $0.02\mu mol/(m^2 \cdot s)$ 的光照强度下，种子的平均萌发时间最长（约 10.8 天），萌发速率最小（约 1.7 天），最终萌发为 34.67%；随着光照强度的增加，种子萌发加快，萌发率提高，在 $0.1\sim10\mu mol/(m^2 \cdot s)$ 的光照强度下，种子的最终萌发率、平均萌发时间和萌发速率都没有显著的差异；在 $15\mu mol/(m^2 \cdot s)$ 和 $26\mu mol/(m^2 \cdot s)$ 的光照强度下，种子的最终萌发率显著高于在其他光照强度下，但它们之间的最终萌发率、平均萌发时间和萌发速率没有显著差异（表 6-12）。

表 6-12　不同光照强度对虎颜花种子最终萌发率、平均萌发时间和萌发速率的影响

光照强度/[$\mu mol/(m^2 \cdot s)$]	最终萌发率/%	平均萌发时间/天	萌发速率/（颗/天）
0.02	34.67±3.33c	10.83±0.67a	1.65±0.12c
0.1	52.00±2.00b	9.60±0.32b	2.83±0.30b
0.3	51.00±3.71b	8.80±0.37bc	3.27±0.56b
1	49.00±5.03b	9.27±0.18bc	2.56±0.41bc
5	54.00±9.17b	9.00±0.23bc	3.11±0.59b
10	55.33±7.69b	8.84±0.63bc	2.83±0.20b
15	60.00±3.06a	8.77±0.08bc	3.50±0.20ab
26	76.67±7.42a	8.10±0.42c	4.44±0.40a

注：同一列中不同字母表示不同处理间在 $P=0.05$ 水平上具有显著性差异

2. 虎颜花离体再生体系的建立

华南植物园对虎颜花进行了大量的组培繁殖研究，建立了完善的组培快速繁殖体系，其核心技术环节包括以下几部分。

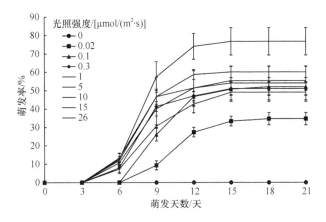

图 6-16　不同光照强度对虎颜花种子萌发率的影响

（1）植物生长调节剂对叶片不定芽的诱导

　　虎颜花叶片在没有添加植物生长调节剂的 MS 培养基上没有不定芽产生；在添加 1.0 mg/L NAA 的 MS 培养基上仅有不定根产生；在添加 2.0mg/L NAA 的 MS 培养基上在叶片不同部位同时产生不定芽和不定根；在添加 4.0mg/L NAA 的 MS 培养基上仅有不定芽产生；在分别添加 4.0mg/L BA 和 0.5mg/L TDZ 的 MS 培养基上有少量不定芽和大量愈伤组织产生。不定芽诱导的最佳培养基是添加 2.0mg/L 6-BA、0.1mg/L TDZ、3%蔗糖和 0.75%琼脂的 MS 培养基；40 天后诱导率为 88%，每个外植体平均出芽数为 7.6 个（Zeng et al.，2008）。

（2）不同水平的 BA 和 NAA 对不定芽增殖的影响

　　将叶片诱导的丛生芽切成单芽转入含有不同水平 BA 和 NAA 的增殖培养基，培养 30 天后继代一次，观察并统计不定芽的长势和增殖系数，筛选出不定芽增殖最佳培养基为 MS 培养基附加 2.0mg/L 6-BA、0.5mg/L NAA、3%蔗糖和 0.75%琼脂，增殖系数为 5.7。而 MS 培养基附加 1mg/L 6-BA 和 0.2mg/L NAA，增殖系数为 3.5，芽健壮，芽高 1.8cm，该培养基适合作为壮苗培养基（Zeng et al.，2008）。

（3）不同水平的 NAA 或 IBA 对试管苗生根的影响

　　丛生芽在未添加植物生长调节剂的 1/2 MS 培养基上生根率低，为 50%，根纤细。添加 IBA 后，生根率升高，当浓度为 0.5mg/L 时，生根率 96%，并且根生长健壮，与添加 NAA 相比，生根效果更好，添加高浓度的 NAA（0.5mg/L、1.0mg/L）和 IBA（1.0mg/L）时，生根率低，而且根短小，没有根毛。最佳生根培养基为 1/2 MS 培养基附加 0.5mg/L IBA、3%蔗糖和 0.75%琼脂（Zeng et al.，2008）。

（4）试管苗移栽

将具健壮根系的试管苗炼苗一周后进行移栽。移栽的基质采用泥炭土、河沙、蛭石经比例为 1∶1∶1（*V/V/ V*），覆盖薄膜，加湿、遮阴栽培，30 天后试管苗的成活率可达 95%以上。撤去薄膜后，幼苗能很快适应，生长健壮（Zeng et al., 2008）。

（5）试管苗的栽培

虎颜花离体繁殖的试管苗的生长状况和试管育苗得到的实生苗相似，一年中有两个生长旺盛的时期，3~5 月和 9~10 月；6~8 月和 12 月~次年 2 月生长得相对缓慢或为停滞期。栽培 1 年以上的植株便能开花，花期为 11 月。虎颜花因高温、干旱会出现焦叶现象。主要虫害有蜗牛、毛毛虫、蛞蝓等，在夏、秋季比较厉害，虎颜花的组织培养和自然回归 如图 6-17。

图 6-17　虎颜花的组织培养和自然回归（另见文后彩图）
A. 母本植株；B. 消毒后存活的 30 天叶片；C. 分泌物严重, 褐化死亡的 15 天叶片；D. 叶片诱导不定芽；E. 叶片同时诱导不定芽和不定根；F. 叶片诱导愈伤组织；G. 不定芽的增殖；H. 瓶苗移栽；I. 回归成活的植株

四、自然回归研究

在回归之前，我们对虎颜花现存 11 个点的分布及拟回归的 3 个点进行了生境观测，

结果发现虎颜花所在群落的植物种类基本不相同，因此植被不是其生境的决定因子。而林下弱光强及土壤高湿度则是重要的因子，如图 6-18 和图 6-19 所示。

将通过无菌萌发得到的虎颜花实生苗和通过组织培养获得的试管苗再引入到离村庄较远、人类活动相对较少、种群数量较少的阳春市圭岗镇河坪村和鹅凰嶂自然保护区，扩大种群数量，进行种群重建。由于虎颜花生境特殊，靠近溪流，湿度很大，移栽的小苗不容易因缺水而死亡，但是植株在石壁或岩石上不容易固定，而种植在石壁下相对平坦的地方又很容易被水流冲走和被凋落物覆盖。回归苗的成活率为 50%左右，其中相对远离水流的鹅凰嶂保护区大江口的含有野生虎颜花植株的样方内的引种苗成活率较高，为 58.15%。回归苗和野生苗生长情况没有明显的差异，平均叶数分别为 3.32 和 3.30，冠幅增加均很少。

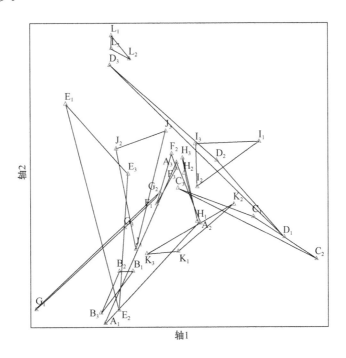

图 6-18 虎颜花 11 个自然分布点和 3 个回归地点的除趋势对应分析结果
A. 大河村；B. 河坪村；C. 大江口；D. 草塘；E. 马贵村；F. 龙坑村；G. 旺沙村；H. 贺坑村；I. 坑场村；
J、K.东塘；L、田心

在大江口、鹅凰嶂和非产地田心农场进行的回归实验中，在回归种植 11 个月和 34 个月后，各个点的平均冠幅没有显著性差异，在成活率方面，异位回归地点田心农场与产地鹅凰嶂相比也没有显著性差异，平均成活率均为 33.33%。

虎颜花种群的现有分布区狭窄，呈斑块状零散分布且已经出现萎缩趋势。种群内植株数量少，多为小种群或较小种群。种群对生境的要求较为苛刻，生存适应能力较差。生活史存在薄弱环节，种群的自然更新状况不良。虎颜花的保护可以通过鹅凰嶂和大雾

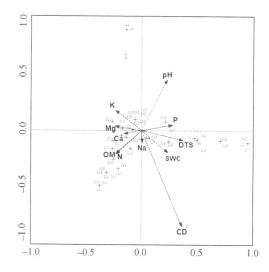

图 6-19　11 个研究样点的植被及其生态因子的典型相关分析结果

岭这两个自然保护区的就地保护、植物园的迁地保护及生物技术和生态恢复技术集成的回归技术实现。我们还尝试对优良株系进行组织培养快速繁殖，生产大量的商品苗满足人们对新奇花卉的追求。

（任　海　曾宋君）

第四节　疏花水柏枝

疏花水柏枝（*Myricaria laxiflora*）为我国长江三峡库区消涨带生长的特有地方种。三峡工程的建设淹没了疏花水柏枝原始的自然分布区，导致该物种野生自然居群消失，使其成为因三峡工程建设而野外灭绝的唯一物种因而受到广泛的关注（吴金清等，1998；黄真理，2001；王勇等，2002）。中国科学院武汉植物园等科研单位对该植物进行了抢救性的保护并开展了系统、深入的研究。

疏花水柏枝是柽柳科（Tamaricaceae）、水柏枝属（*Myricaria*）的一种多年生灌木。该科全世界有 4 属 120 余种，属欧亚温带高山属。中国有 10 种 1 变种，除疏花水柏枝外，其余 9 种主要分布于西藏和西北地区海拔 1000m 以上的山地（张鹏云和张耀甲，1984；魏岩等，1999）。疏花水柏枝是该属唯一分布于长江干流三峡流域消涨带的狭域种。因此，疏花水柏枝对于研究水柏枝属乃至柽柳科的分类和系统发育，研究我国低海拔季节性水淹区及特殊生境植物的适应性进化特点均具有重要的意义。在江河湖泊消涨带生长的植物通常具有耐水淹、反季节生长等特征，与陆地植物相反，这类特殊植物在夏、秋季被水淹没，生长停止，以种子、根、茎度过水淹期，在冬、春季水位下降时露出水面，开始生长。疏花水柏枝为水柏枝属唯一冬季不落叶的常绿灌木（熊高明，1997），对于研究植物的适应性进化和水-陆过渡带生态系统具有重要的价值（王勇等，2003）。

一、分类学地位、自然分布及野外灭绝的原因

1. 分类学地位

柽柳科（Tamaricaceae）由法国人 Desvaux 于 1825 年建立。在该科建立之前，Linnaeus 在他的 *Genera Plantarum*（1737）和 *Species Plantarum*（1753）两本专著中，建立了柽柳属（*Tamarix*）和琵琶柴属（*Reaumuria*），首先记载了产于欧洲（德国）的 1 种水柏枝并将其置于柽柳属内，即 *Tamarix germnaica*，他建立的柽柳属中包括了后来的水柏枝属。1825 年，Desvaux 从柽柳属中分出一些种，建立了水柏枝属，并以柽柳属、琵琶柴属和水柏枝属为基础建立了柽柳科（张鹏云和张耀甲，1984，1990；张元明等，2001a）。

水柏枝属为灌木，全世界约有 13 种，分布于欧、亚两洲北温带，以喜马拉雅山脉为分布中心，主要分布于我国西藏及其邻近地区，其特有种较多，占本属的 46%（张鹏云和张耀甲，1984）。我国约有 10 种 1 变种，主要分布于西北及西南地区，西藏种类最多，有 7 种，其他分布区依次为新疆（5 种）、青海（4 种）、甘肃（4 种）、云南（3 种）、陕西（3 种）、宁夏（3 种）、四川（2 种）、山西（2 种）、河南（1 种）、河北（1 种）、内蒙古（1 种）、湖北（1 种）等（张鹏云和张耀甲，1984）。主要生境为河谷沙滩、湖边沙砾或江河沿岸的石砾质山坡，为重要的水土保持和防浪固堤植物。

疏花水柏枝最早的标本由 A. Davidi 采自于湖北西部巴东县一带的长江峡谷中，1888 年，法国人 A. R. Franchet 将其作为柽柳科水柏枝属水柏枝（*M. germanica*）的变种处理，命名为 *M. germanica* var. *laxiflora*。此后近 100 年中，人们对其缺乏重视和关注。1984 年，我国植物分类学家张鹏云和张耀甲在进行水柏枝属的分类研究时，比较分析了我国所产的水柏枝属植物的标本，发现其与欧洲产的水柏枝标本存在较大的差别，认为水柏枝为典型的欧洲种，它广泛分布于斯堪的纳维亚岛、西欧、中欧及苏联的欧洲部分，是林奈根据德国的标本描述的种，在中国没有分布。他们将原订为变种的 *M. germanica* var. *laxiflora* 提升为种，即疏花水柏枝（*M. laxiflora*）（张鹏云和张耀甲，1984）。

疏花水柏枝为常绿灌木，高约 1.5m；老枝红褐色或紫褐色，光滑，当年生枝绿色或红褐色。叶密生于当年生绿色小枝上，披针形或长圆形，长 2~4mm，宽 0.8~1mm，先端钝或锐尖，常内弯，基部略扩展，具狭膜质边。总状花序、少数圆锥花序、通常顶生、秋季或为侧生总状花序，长 6~12cm，较稀疏；苞片披针形或长圆形，长 2~3mm，宽约 1mm，先端钝或锐尖，具狭膜质边；花瓣倒卵形，长 5~6mm，宽 2mm，多数为白色、少数粉红色或淡紫色；花丝 1/2 或 1/3 部分合生；子房圆锥形，长约 4mm。蒴果狭圆锥形，长 6~8mm。种子长 1~1.5mm，顶端芒柱一半以上被白色长柔毛。通常 5 月始花，

花期可延至 12 月，果期为翌年 6~8 月（张鹏云和张耀甲，1990）。

2. 地理分布、种群大小及野外灭绝成因

对疏花水柏枝分布区最后一次调查（2003 年）结果表明，疏花水柏枝分布于重庆市巴南区至湖北省宜昌市间 12 个县级区域的长江干流消涨带，海拔为 70~155m，北纬 29°41′43″~31°03′57″，东经 106°58′38″~110°55′55″，共有 31 个自然居群约 9 万余株；比已知的分布区增加了 7 个县级区域、18 个居群、8 万余株（图 6-20，表 6-13）（王勇等，2003）。

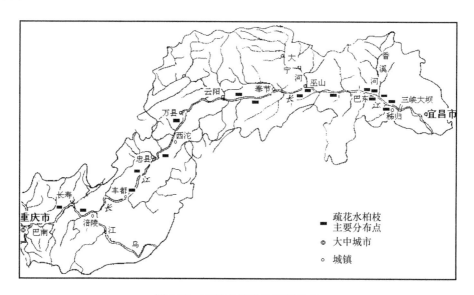

图 6-20　疏花水柏枝的地理分布

表 6-13　疏花水柏枝的地理分布、居群大小和分布区主要环境因子

地理位置	纬度（N）	经度（E）	海拔/m	生境	母岩	江岸地点	居群大小/株
宜昌县美人沱	30°52′46″	110°55′53″	75	平缓沙滩	花岗岩	江北	60
秭归县兰陵溪	30°52′24″	110°55′55″	75	平缓沙石滩	花岗岩	江南	400
秭归县柳林溪	30°53′26″	110°53′06″	76	平缓沙滩	花岗岩	江北	320
秭归县新滩	30°56′10″	110°46′04″	77	平缓沙石滩	石灰岩	江南	100
秭归县望江	31°00′16″	110°40′50″	78	平缓沙石滩	石英砂岩	江北	7 200
秭归县老坟	30°59′54″	110°38′18″	79	陡坡石地	石英砂岩	江北	500
秭归县沙镇溪	30°59′43″	110°37′39″	80	陡坡石地	石灰岩	江南	320
秭归县白水河	31°02′12″	110°30′22″	81	冲击沙滩	石英砂岩	江南	1 700
秭归县谭家河	31°01′52″	110°31′33″	82	陡坡石地	石英砂岩	江南	220
秭归县泄滩	31°00′16″	110°36′11″	83	冲击沙石滩	紫色页岩	江北	1 500
秭归县八斗	31°02′32″	110°30′01″	84	缓坡沙滩	石英砂岩	江北	2 800
秭归县牛口	31°02′29″	110°29′08″	85	冲击沙石滩	石英砂岩	江北	2 500
巴东县信陵	31°02′54″	110°23′40″	87	平缓沙滩	石英砂岩	江北	3 000

续表

地理位置	纬度（N）	经度（E）	海拔/m	生境	母岩	江岸地点	居群大小/株
巴东县楠木园	31°02′24″	110°13′32″	88	平缓沙石滩	石灰岩	江南	200
巫山县培石	31°01′43″	110°05′45″	90	陡坡石地	石灰岩	江南	420
巫山县梁家沱	31°03′29″	109°58′19″	92	陡坡石地	层页岩	江南	450
巫山县跳石	31°03′57″	109°56′47″	92	陡坡石地	石灰岩	江南	500
巫山县油榨渍	31°00′10″	109°40′47″	97	冲击沙石滩	石英砂岩	江北	500
巫山县绣球包	31°02′32″	109°46′11″	95	冲击沙石滩	石英砂岩	江南	350
巫山县下马滩	31°03′12″	109°49′18″	93	冲击沙石滩	石灰岩	江北	420
奉节县二沱	30°58′45″	109°23′28″	108	陡坡石地	层页岩	江南	380
奉节县艾家湾	30°58′45″	109°23′09″	110	冲击沙石滩	石英砂岩	江南	450
奉节县红船湾	30°57′17″	109°17′22″	112	陡坡石地	紫色页岩	江南	800
奉节县黄石嘴	30°57′23″	109°15′17″	113	冲击沙石滩	紫色页岩	江南	1 200
万州区毛肚渍	30°27′02″	108°14′12″	132	平缓沙石滩	紫色页岩	江北	15 000
忠县干井	30°17′48″	108°06′34″	136	江心岛	石英砂岩	江心岛	17 000
忠县塘土坝	30°12′23″	107°58′33″	140	江心岛	石英砂岩	江心岛	11 000
丰都县和平	29°54′28″	107°44′28″	144	冲击卵石滩	紫色页岩	江北	80
涪陵区义和	29°41′43″	107°09′54″	147	江心岛	石英砂岩	江心岛	9 000
巴南区梓桐	29°46′11″	106°58′38″	154	江心岛	石英砂岩	江心岛	12 000

注：重庆市石柱县和长寿区仅有零星分布，此表中没有反映

　　疏花水柏枝的分布以湖北省秭归县的居群数最多，在该县长 67km 的长江两岸分布有 11 个居群，近 18 000 株，特别是从泄滩乡的牛口到归州镇的望江分布着 8 个居群，居群间的间隔小，分布比较均匀；其次，重庆市巫山县 6 个居群 2640 株；奉节县 4 个居群 2830 株；忠县和湖北省巴东县各 2 个居群，分别有 28 000 株和 3200 株；重庆市巴南区、万州区、丰都县和涪陵区各 1 个居群，分别有 12 000 株、15 000 株、80 株和 9000 株；长寿区和石柱县较少，仅有零星分布，而云阳县境内尚未发现分布。就单个居群而言，忠县干井镇的中坝居群（居群以其所在地的小地名命名，下同）最大，在 0.5km^2 的江心岛上分布有约 17 000 株，疏花水柏枝成为该小岛植物群落中最为丰富的优势种；巴南区的梓桐居群、万州区的毛肚渍居群和忠县的塘土坝居群的个体数均在 1 万株以上；丰都县的和平居群和宜昌市的美人沱居群最小，每个居群均不足 100 株。

　　重庆市巴南区的梓桐居群为疏花水柏枝分布的最西端居群，也是其分布在长江最上游的一个居群；同样，湖北省秭归县的兰陵溪居群是疏花水柏枝分布的最东端，也是其分布在长江最下游的居群。在纬度方向上，最北端分布点是巫山县的跳石居群，南端分布点为涪陵区的上中坝居群，其余各居群处于二者之间（图 6-20）。从数量上看，疏花水柏枝的居群数和个体数并不稀有，且在大部分分布点均成为植被群落的优势种，但其分布区均处于三峡水库海拔 175m 以下的水淹区。2003 年 6 月三峡水库蓄水后（正常蓄

水位为 175m），全线淹没了疏花水柏枝的自然分布区，使该物种的自然居群在野外灭绝。

3. 起源进化概要

柽柳科是一个古老的科，多数学者认为，该科 4 属中琵琶柴属处于该科的原始地位，属于白垩纪和古第三纪孑遗的特有植物；柽柳属次之，大约发生于第三纪（早更新世）；水柏枝属则较为进化，可能形成于中新世至上新世之后（张元明等，1998，2001b；侯学里，1987；程争鸣等，2000）。

根据水柏枝属植物的分布格局、生长习性、其生境特点，以及古地中海的西退、青藏高原的抬升、长江古河道的变迁和三峡形成的时间分析，水柏枝属的近祖在中新世以前分布于青藏高原所在的古地中海海岸沙滩生境，在适应海水节律性涨落的过程中形成了其水淹休眠、水退生长的生长节律。中新世至上新世以后，青藏高原逐步抬升，地中海海水西退，水柏枝属的近祖失去原生环境，居群被分隔，并限制性地分布于河湖等水域四周的石砾沙滩地区，分离的各群体在逐步适应各自所处环境的过程中分化形成各个独立的种。其中古川江（现涪陵区以上地区）的分离群体应该是疏花水柏枝的前身（Liu et al.，2009）。由于这里海拔低，气温、土壤和水文条件与古地中海的东海岸相似，因此疏花水柏枝较完整地保持了其祖先的生长习性和遗传基础，如喜盐碱、喜温湿、耐水淹、耐冲刷、水淹休眠、水退生长等特性。喜马拉雅继续抬升、第四纪冰川作用特别是中更新世大姑冰期的冰川作用及其后河流的袭夺作用，长江三峡地段被打通，长江水流改为自西向东，长江三峡逐步形成（唐贵智，2001）。疏花水柏枝的繁殖体顺江传播，遇适生河滩则繁衍、演化，并在后期到达三峡地段（Liu et al.，2009）。受第四纪冰川作用的影响，现重庆市巴南区以上的疏花水柏枝居群已经灭绝，中更新世以后涪陵区至巴南间的繁殖体顺江传播，逐步形成现在的分布格局（Liu et al.，2006）。可见疏花水柏枝可能为水柏枝属中较为原始的孑遗植物，其物种形成于中新世至上新世，其地理分布格局形成于中更新世以后。由于缺乏化石，上述演化只是地质变化与居群分子遗传学数据的关联分析结果，是对疏花水柏枝适应夏季水淹和分布于三峡库区消涨带狭域特点较为合理的解释（Liu et al.，2006，2009）。

1984 年，张鹏云和张耀甲将疏花水柏枝提升为种时，认为该种在形态特征上与三春水柏枝（*M. paniculata*）相近（张鹏云和张耀甲，1984）。张道远和陈之端（2000）对中国柽柳科 3 属 10 种代表植物核糖体 DNA 的 ITS 序列研究发现，疏花水柏枝和宽苞水柏枝（*M. bracteata*）因具有 100%的强支持率而聚在一起，因此认为两者的亲缘关系很近。

二、生境特点及适应性

长江三峡消涨带位于中亚热带和北亚热带的过渡区域，又处与三峡谷地，冬季冷空气难以进入，使该区域成为全国有名的暖冬区。参照库区海拔低于 200m 的万县龙宝、奉节城关、秭归城关和宜昌三斗坪 4 个气象站的多年气象资料，疏花水柏枝生长地的主要气候指标为：年均气温 17.1~19.5℃，1 月平均气温 5.0~7.1℃，7 月平均气温 28.0~29.6℃，≥10℃的年活动积温 5400~6300℃，年雨量 1000~1220mm，无霜期≥有霜期，总体上具有冬暖、春旱、夏淹、秋雨、霜雪少的特点。疏花水柏枝居群的生境在水热条件方面无明显差异，但在年均雾日和年日照时数上差异显著，其中奉节以西的川江段年均雾日在 30 天以上，年日照时数低于 1500h；而峡江段雾日很少，日照时数高于 1600h，说明奉节以东消涨带的日照更充足。由此可见，疏花水柏枝适宜生长于气候温和、夏凉冬暖、雨量充沛、无霜期长的峡谷地区。

疏花水柏枝自然分布于三峡消涨带，受长江水位节律性变化的影响大。消涨带不同区段受淹时间存在差异，与河岸陆地区域紧密相连的消涨带上部区间受淹时间较短，一般不超过 3 个月，中部区间受淹时间为 3~4 个月，江水经常淹没的消涨带下部区间受淹时间超过 5 个月。相应地，疏花水柏枝最长水淹时间可超过 5 个月，通常为 3 个月左右。

三峡库区消涨带地处海拔 175m 以下的河谷地带，由于频繁的人为活动、激烈的江水冲击和季节性的江水淹没，带内难以见到天然的地带性植被——常绿阔叶林，消涨带内主要的植被类型为灌丛、疏灌草丛和草丛，植物种类比较少，群落组成相对简单。受江水水位节律性变化的影响，消涨带内特别是在干流消涨带，植被呈现明显的梯度分层结构：上部消涨带由于受淹时间短，物种相对较丰富，乔灌草均有分布，植被盖度较大；中部受淹 3~4 个月，以灌木和草本为主；下部消涨带受淹长，植物种类少，盖度低，只有一年生草本和少数耐水淹的多年生低矮灌草可在此生长。

长期的自然进化使得疏花水柏枝对三峡消涨带这种夏季水淹、冬季干旱、干扰频繁、植被稀少的环境特点具有特殊的适应性。正常气候条件下，长江三峡江段自 5 月江水上涨，于 10 月回落，疏花水柏枝适应性的反季节生长周期为：水淹期间的 5~10 月停止生长，地上部分死亡，地下根系进入休眠期，10 月至翌年 4 月为其生长发育盛期。疏花水柏枝种子多而轻，在洪水来临之前成熟，具有风媒和水媒传播特征、通常顺水流散播。但是疏花水柏枝种子寿命短、耐旱能力差，导致其狭域生长于三峡库区干流消涨带的中部和下部，而上部分布少，且生长不良。显然，疏花水柏枝对生境的适应性进化导致其自然生境特异、分布狭窄。

三、植物群落结构

受长江三峡消涨带区间内生境单一和季节性水淹的干扰，消涨带的植被以灌丛为主，且群落的物种组成也比较简单。通过对三峡消涨带 145 个典型样地资料的分析表明，疏花水柏枝为该区域的优势种和表征种，疏花水柏枝灌丛为三峡消涨带最重要的植被类型之一（王勇，2001；王勇等，2004）。

根据物种组成的不同，可将疏花水柏枝灌丛分为：疏花水柏枝群落、疏花水柏枝+秋华柳（*Salix variegata*）群落、疏花水柏枝+中华蚊母树（*Distylium chinense*）群落、疏花水柏枝+秋花柳+狗牙根（*Cynodon dectylon*）群落、疏花水柏枝+狗牙根群落、疏花水柏枝+溪边野古草（*Arundinella fluviatilis*）群落、疏花水柏枝+狗牙根+溪边野古草群落、疏花水柏枝+犬问荆（*Equisetum palustre*）群落、疏花水柏枝+球结苔草（*Carex thompsonii*）群落、疏花水柏枝+菵草（*Beckmannia syzigachne*）群落、疏花水柏枝+硬秆子草（*Capillpedium assimile*）群落、疏花水柏枝+芒（*Miscanthus sinensis*）群落等类型。组成疏花水柏枝灌丛的各物种的空间布局各有不同，疏花水柏枝主要生长于消涨带的中部和下部，层盖度为 10%~80%，平均高 0.8~1.5m；秋华柳是消涨带分布最为普遍的灌木，也是疏花水柏枝灌丛的主要组成成分之一，层盖度为 10%~60%，平均高度为 0.6~1.0m；中华蚊母树主要分布于重庆市云阳县以下消涨带的中上部，平均高 0.8~1.2m；其他灌木还有粉团蔷薇（*Rose multiflora* var. *cathayensis*）、轮叶白前（*Cynanchum verticillatum*）等。狗牙根是长江三峡消涨带内分布最为广泛的草本植物，从下游到上游，从下部到上部，几乎随处可见，层盖度为 5%~50%，平均高度为 0.05~0.25m；溪边野古草、犬问荆、球结苔草也是疏花水柏枝灌丛的优势草本植物，多分布于消涨带的中部或中下部，高度为 0.2~0.8m；而菵草、硬秆子草、芒主要分布于消涨带的中上部或上部，高度在 0.8m以上。其他伴生草本植物还有头花蓼（*Polygonum capitatum*）、水蓼（*P. hydropiper*）、萹蓄（*P. aviculare*）、斑茅（*Saccharum arundinaceum*）、丰都车前（*Plantago erosa* var. *fengdouensis*）、芦苇（*Phragmites australis*）、南苜蓿（*Medicago polymorpha*）等，这些植物主要分布于消涨带的中上部和上部。

通过对水淹前（4~5 月）和水淹后（10~11 月）的 28 个疏花水柏枝灌丛典型样方（样方大小：5m×5m）调查资料的统计分析发现，疏花水柏枝灌丛在水淹前每个样方平均有 7 种植物，既有多年生植物，也有一年生草本，疏花水柏枝在群落中的平均重要值为 14.5；而水淹后每个样方仅有 4 种植物，全为灌木和多年生草本，疏花水柏枝在群落中的平均重要值为 43.2，远高于水淹前的平均重要值。

显然，疏花水柏枝是三峡库区消涨带植被中主要的优势灌木之一，具有耐水淹能力强、水淹后恢复生长快的特点，且在洪水消退后，随着时间的推移，疏花水柏枝在群落中的地位逐渐降低；也说明不同植物对消涨带生境，特别是水淹条件的适宜能力的差异。

四、繁殖特征

疏花水柏枝在自然中既有种子繁殖也有无性繁殖。在野外调查中常常可以发现疏花水柏枝的自然压条现象。疏花水柏枝的枝条，无论是一年生枝还是多年生枝，在沙埋后容易产生不定根，与其同域生长的秋华柳等也有这种特性。这种克隆生长的分株开始时依赖母体生长，但随着时间的推移，不定根不断增多，分株逐渐获得自理生活的能力，如果没有意外原因使其过早和母株分离，那么当母株衰老死亡时，分株可能存活下来而独立生长。

种子繁殖是疏花水柏枝的主要繁殖方式，尤其有利于种群的扩展。自然条件下，疏花水柏枝一年开花结实两次，春季在5月、6月，秋季为9~11月。疏花水柏枝的开花时间与植株的水淹时间相关。长江在5月中下旬开始涨水，10月中下旬回落。疏花水柏枝受水淹时，大部分枝叶枯死或脱落，因此露出水面的疏花水柏枝首先恢复营养生长，一段时间后，尚未受水淹的植株或枝条开花结实。由于疏花水柏枝在消涨带空间位置的不同，其水淹时间和露出水面的时间不一致，其营养生长的起始时间和生殖生长的停止时刻存在差异，因此从整个种群上看，疏花水柏枝的花期很长，从5月一直可以持续到12月。比较而言，上游居群开花时间长，如在重庆市巴南区，12月尚有植株开花结实。疏花水柏枝的花序为无限花序，花序自下而上不断开花、结实并产生种子，种子随风散播，遇湿而生。野外调查中发现，在湿润的油砂土上，大量的种子萌芽、生长，经统计，10cm×10cm的小方块上有500株幼苗（吴金清等，1998）。疏花水柏枝虽然果实多、种子数量大，每个蒴果含种子120粒左右，但并不是都能遇到湿润的环境；相反，大量的种子由于土壤干旱或飘落在树叶上而不能发芽。疏花水柏枝的种子寿命短，夏季，在自然状态下，散播的种子在一周内若不能遇上适宜的环境条件，大部分会丧失发芽能力；在低温条件下种子的寿命较长（熊高明，1997）。种子多是疏花水柏枝适应消涨带特殊生境的重要生殖策略（吴金清等，1998）。

疏花水柏枝春季和秋季各发一次新梢，春发枝条和秋发枝条均可用于扦插。疏花水柏枝枝条扦插具有操作简单和易于生根的特点。水插、沙插和土插均可获得良好的生根效果，春发枝条的水插和沙插的平均生根率均在90%以上（熊高明和陈岩，1995；徐惠珠和金义兴，1999）。野外调查中也经常看到随意丢弃在江边的枝条发芽、生根。选择枝条不同部位进行插穗的生根率没有特别差异，相对而言，用枝条的基部插穗的生根率要高一些。在生根剂的选用上，插条经浓度为50mg/L的IBA浸泡20h后的生根率可达100%（熊高明和陈岩，1995）。

五、细胞学研究

何子灿等（2003）首次报道了疏花水柏枝体细胞染色体的核型、性母细胞减数分裂前期染色体的行为和构型。通过观察发现，该种所有植株体细胞染色体数目一致，

$2n=2x=24$，未发现非整倍体类型；核型为 $2n=11m$（2SAT）$+7sm+6st$。最长染色体与最短染色体之比为 2.60，臂比大于 2∶1 的染色体占 37.5%，属于 2B 型，为不对称核型。此外，其染色体还具有两个特殊的形态学特征：①第 9 对染色体明显同源异型，较长的一个为 sm 染色体，臂比值 2.80，另一个为 m 染色体，臂比为 1.24；②第 1 对染色体不是核仁染色体，但在其长臂上有一个明显的副缢痕特征。

关于柽柳科染色体研究，目前国内外学者已报道柽柳属 5 种，水柏枝属 1 种的染色体数目，均为 $2n=2x=24$（翟诗红和李懋学，1986）。鉴于柽柳科植物的染色体数目十分保守，染色体结构研究在该科植物系统学研究中显得至关重要。洪德元（1990）认为，$x=7$ 是整个堇菜目（Violales）的原始染色体基数，在柽柳科起源之前发生了早期四倍化和非整倍下降，导致柽柳科基数为 $x=12$。研究表明，疏花水柏枝的基本细胞学特征是二倍性的，且其染色体组内染色体大小差异显著，以 sm 和 st 染色体为多数，属于不对称核型，并出现次级的染色体结构改变，如第 9 对染色体明显同源异型，表明其核型具有一定的进化特征。

双线期染色体以二价联会为主，但也有三价联会现象，并发现除第 9 对染色体为异型二价体外，还有少数二价联会提早消失呈单价体并出现末端和末端联会二价体。这些现象说明除第 9 对染色体外，还有其他个别同源染色体发生歧化，导致部分结构或质的改变，这些微小的差异从形态上难以识别，但在减数分裂双线期同源染色体的联会行为和构型特征上能够反映出来。

六、居群遗传学特征

开展濒危植物遗传多样性及居群遗传结构的研究对于认识其生物学特性并制定有效的迁地保育计划是必需的。疏花水柏枝作为三峡大坝建成后唯一一种全部被淹没的地方特有木本植物，迁地保育是避免该物种灭绝的有效手段。从居群遗传基础探讨疏花水柏枝狭域分布和濒危的遗传学原因，同时为迁地保护制定科学的取样策略。李作洲等（2003）通过对分布于重庆市奉节县沿长江下游的 13 个自然居群和中国科学院武汉植物园迁地保护居群的疏花水柏枝的等位酶进行遗传多样性研究发现（表 6-14），疏花水柏枝具有较高的遗传多样性，物种总水平上每个位点平均等位基因数为 2.0，多态性位点的比率为 84.6 %，观察杂合度为 0.406，显著高于预期杂合度 0.368；自然居群平均水平分别为：$A=1.8$、$P=78.7\%$、$H_o=0.408$、$H_e=0.317$；多态性位点比率最高的为新滩居群（92.3%），最低的为沙镇溪居群（61.5），而观察杂合度则以望江居群最高（0.500），沙镇溪居群最低（0.310）。中国科学院武汉植物园迁地保护居群的遗传多样性指标（$P=84.6\%$、$H_o=0.445$）高于自然居群平均水平。

表 6-14　疏花水柏枝的居群遗传变异（括号内是标准差）

自然居群	No.	N	A	P	H_o	H_e	F	江岸地点
跳石	1	20	1.8（0.1）	76.9	0.448（0.10）	0.336（0.06）	-0.311	南岸
培石	2	21	1.9（0.1）	76.9	0.459（0.10）	0.315（0.06）	-0.389	南岸
楠木园	3	22	1.8（0.1）	76.9	0.343（0.08）	0.281（0.05）	-0.203	南岸
信陵	4	20	1.9（0.1）	76.9	0.433（0.09）	0.334（0.06）	-0.242	南岸
牛口	5	21	1.8（0.1）	76.9	0.434（0.09）	0.312（0.06）	-0.351	北岸
唐家河	6	21	1.8（0.1）	76.9	0.401（0.09）	0.304（0.06）	-0.231	南岸
白水河	7	20	1.8（0.1）	76.9	0.406（0.10）	0.311（0.06）	-0.139	南岸
泄滩	8	21	1.8（0.1）	76.9	0.371（0.08）	0.299（0.06）	-0.260	北岸
沙镇溪	9	21	1.8（0.1）	61.5	0.310（0.08）	0.247（0.05）	-0.194	南岸
望江	10	22	1.8（0.1）	84.6	0.500（0.07）	0.380（0.05）	-0.335	北岸
新滩	11	20	1.9（0.1）	92.3	0.425（0.08）	0.340（0.05）	-0.188	北岸
柳林溪	12	21	1.8（0.1）	84.6	0.370（0.07）	0.324（0.04）	-0.147	北岸
美人沱	13	22	1.9（0.1）	84.6	0.398（0.07）	0.334（0.05）	-0.196	北岸
自然居群平均水平			1.8（0.1）	78.7（7.1）	0.408（0.05）	0.317（0.03）	-0.245	
物种总水平		272	2.0（0.1）	84.6	0.406（0.07）	0.368（0.05）	-0.106	
武汉迁地居群	14[*]	21	1.8（0.1）	84.6	0.445（0.08）	0.355（0.05）	-0.257	

注：N 为实际取样数；A 为每位点的等位基因平均数；P 为多态性位点比率；H_o 为观察杂合度；H_e 为预期杂合度；F 为固定指数。* 为中国科学院武汉植物园的迁地保护居群

疏花水柏枝遗传结构分析表明，疏花水柏枝各居群间存在较大的遗传分化。13 个自然居群的总的遗传多样性 H_T = 0.3733，其中居群内保持的遗传多样性（H_S）为 0.3168，居群间遗传多样性 D_{ST} 为 0.0565，遗传分化度 G_{ST} = 0.1514，表明总遗传多样性的 15.14 % 来源于居群间的遗传变异，84.86%属于居群内遗传变异，说明各居群间已有一定程度的遗传分化。疏花水柏枝自然居群间的遗传一致度相对较高（0.838 ~ 0.998），遗传距离较小（0.002 ~ 0.176），居群间平均遗传一致度约为 0.923；牛口居群与唐家河居群遗传一致度最高（0.998），跳石居群与沙镇溪居群遗传一致度最低（0.838），居群间的遗传一致度的高低在空间上有呈跳跃分布的趋势，可能暗示疏花水柏枝在长江三峡库区消涨带特殊生境有特殊的居群分化的规律。然而，Liu 等（2006）在更大地理尺度通过对覆盖从秭归到巴南整个疏花水柏枝全生境的 9 个自然居群的 AFLP 分析表明，尽管地理邻近的自然居群间存在较高的遗传相似性和连接性，但整体上疏花水柏枝的自然居群具有较高的遗传分化（F_{ST} = 0.463）和有限的居群间基因流。同时，这些自然居群的遗传多样性水平具有沿长江自上而下逐渐增高的趋势。类似于等位酶结果，中国科学院武汉植物园迁地保存居群的 AFLP 分析结果也具有较高的遗传多样性水平（H = 0.260），表明

这些迁地保育样本较好地保存了疏花水柏枝原有的自然遗传多样性和变异。

植物的遗传多样性水平及其结构与其生物学特性、生境和起源进化是密不可分的，其中繁育系统、分布范围、生活型及花粉和种子传播方式影响最大（Hamrick and Godt，1996b；王洪新和胡志昂，1996）。疏花水柏枝的高遗传多样性同样与其特殊的生物学特性、起源进化历程和生境适应紧密相关。作为多年生灌木，其花为两性花，总状花序，花瓣粉红色或淡紫色（张鹏云和张耀甲，1984，1990）；花粉粒为球形，体积大（张元明等，2001a），花期长（徐惠珠和金义兴，1999），符合虫媒传粉的特性，其同科近缘的柽柳属（*Tamarix*）中一些植物被作为重要的蜜源植物（张金谈，1990）；但其也有风媒传粉的可能，其种子多而轻且亲水，具有风媒散播和顺水传播的特性，但寿命短（徐惠珠和金义兴，1999），符合高遗传多样性植物的特征。疏花水柏枝的固定指数 F 在所有居群及总群体中均为负值，表明在该种中存在充足的杂合基因型个体，是否暗示疏花水柏枝种内存在自交同配衰退？还是存在某种选择机制？目前尚未见相关研究报告。武汉植物研究所三峡课题组在其迁地保护研究中，曾进行过自花授粉实验，未观察到结籽（吴金清，未发表资料）。疏花水柏枝生长于长江三峡消涨带，生境恶劣，可能在选择上偏向于具有杂种优势、生命力强的杂合基因型个体。此外，疏花水柏枝极易扦插繁殖（熊高明和陈岩，1995；徐惠珠和金义兴，1999），野外呈丛状生长，其进行的无性克隆生殖（吴金清等，1998），也有利于进一步固定杂合基因型。

疏花水柏枝的虫媒或风媒传粉、种子风媒及顺水传播（含营养繁殖体），有效地增加了居群间的基因交流（$N_m = 1.294 > 1$），在一定程度上防止了地理邻近居群间的遗传分化（$G_{ST} = 0.1514$），居群间有较高的遗传一致度（0.838~0.998）；又因长江三峡的地形地势复杂，虫媒或风媒传粉，种子的风媒散播被限制在较近的范围，种子或营养繁殖体的顺水传播则成为较远距离居群间的基因单向流动方式，使其多态性位点比率自上而下表现出增高的趋势；然而，下游居群能否接纳上游居群输出的个体，又与其居群本身地点有关，一般河水转折回旋地段（如牛口、望江、新滩）能相对较多地截获迁入者，使得疏花水柏枝居群间遗传一致度高低表现为交替分布。因而疏花水柏枝在其整个生境内的基因流方式呈现一种类似经典的复合种群模式（metapopulation model），但是仅具有沿水流方向的居群间的单向长距离遗传交换和连接（Liu et al.，2006）。

物种的濒危是其内在遗传多样性基础与外界生境互作的结果，因不同的时期、不同的物种而有区别。贫乏的遗传基础将给其带来更大的潜在危险性，而本研究发现疏花水柏枝具有较高的遗传多样性水平，其遗传基础较丰富，遗传多样性的缺乏不是其濒危的主要原因，其狭域分布更可能是环境变迁的结果。从某种意义上说，疏花水柏枝不是濒危种，而是第四纪冰期影响后的古孑遗种。对包括疏花水柏枝在内的整个水柏枝属物种居群的亲缘地理学分析表明，相比形态上近缘的物种，如三春水柏枝和宽苞水柏枝等，疏花水柏枝的起源相对古老，受到古地中海衰退和青藏高原的抬升，以及第四纪冰期等诸多地质气候事件的综合影响而幸存于长江三峡上游古川江部分（Liu et al.，2009）。然而，其自然居群群口的扩散明显受制于三峡廊道的贯穿和古长江水流自西而东改向的影响，并逐步形成现有的复合种群生长模式。因此，三峡工程的兴建导致人为地抬升库区水位，淹没其全部自然生境，是其野外居群灭绝的直接原因。基于迁地保存的疏花水柏枝样本所保留的遗传变异基础，对疏花水柏枝进行野外恢复和自然居群重建具有较大的可行性。

七、迁地保护与野外居群恢复策略

疏花水柏枝是因三峡工程建设而导致野外灭绝的在我国狭域分布的特有植物，曾受到国内外学者的广泛关注。显然，疏花水柏枝的自然属性并不濒危，其野生自然居群高达 31 个，有 9 万余株个体，物种遗传多样性高，居群遗传特征、生存繁衍正常。但疏花水柏枝均生长于海拔 155m 以下，低于三峡工程海拔 175m 的水库淹没线，三峡水库淹没了其全部自然生境，使其成为野外灭绝种。挽救因人类活动导致野外灭绝的植物并保护其遗传繁衍潜能，既是人类义不容辞的责任、也是深入研究迁地保护与野外回归的理论和实践的重要命题。

中国科学院武汉植物园等单位自 20 世纪 90 年代初以来系统地开展了对疏花水柏枝的抢救性收集、迁地保护及野外回归等研究工作，并在中国科学院武汉植物园建立了迁地保护基地和种质保存基地。后陆续在湖北宜昌三峡植物园、湖北秭归县兰陵溪等地建立迁地保护基地。同时，在对疏花水柏枝自然分布全区域进行实地调查、抢救性收集和迁地保护研究的基础上，选择了秭归四溪风景区、三峡坝区沙滩地进行野外回归的实验研究。为了提高迁地保护的有效性并促进野外回归的实施，1999 年以来，该园组织有关科研人员对当时已知居群和迁地保护居群的进行了遗传结构和遗传多样性的研究，对迁地保护资源进行了系统的评价，并对稀有和特有基因型个体进行了再收集和迁地保护，致力于疏花水柏枝物种完整性和遗传完整性的迁地保护和野外回归。

在三峡工程启动前和兴建过程中，中国科学院武汉植物园对疏花水柏枝实施了系统的迁地保护及保育策略的研究，并在该植物园建立了迁地保护基地。李作洲等（2003）对该植物园迁地保护的混合群体进行了遗传多样性评价，结果表明：疏花水柏枝迁地保护居群的遗传多样性指标为：$A = 1.8$，$P = 84.6\%$，$H_e = 0.445$，$H_o = 0.355$，基本上保持了疏花水柏枝野生居群的遗传多样性，高于自然居群平均水平，部分指标甚至超过了居群总水平。同时，居群比较分析表明，迁地保护群体与望江居群的遗传一致度达 0.997，其次是新滩居群（遗传一致度为 0.986），但与白水河居群的遗传一致度最低（0.885），迁地保护群体与野外居群的平均遗传一致度为 0.937，聚类分析也表明迁地保护群体与望江居群同源性最高。因此，迁地保护群体与望江居群（A=1.8，P=84.6%，H_o=0.500，H_e=0.38）一样具有较多杂合基因型的个体。迁地保护群体的高遗传多样性在一定程度上反映了迁地群体来源于遗传多样性最高的望江居群的非随机采样收集效应。迁地保护群体虽然涵盖了较多的物种遗传多样性，但其缺乏上游居群的特有基因型个体，特别是体现居群遗传完整性的稀有基因或野外居群取样收集的代表性的缺失。巴东和巫山分布居群的取样收集少，特有、稀有基因型贫乏是存在的主要问题。根据研究结果，武汉植物园于 2001~2003 年在三峡库区蓄水前，按照"随机取样、均匀分布、全面覆盖"的原则，对疏花水柏枝的 31 个自然居群按 40~100 株/居群进行了补充取样收集，进一步完善了迁地保护群体的遗传完整性。

野外回归是确保濒危或野外灭绝物种生存和适应性进化的最终目标。在迁地保护成功实施后，野外回归研究及其回归计划与策略的制定和实施尤为重要。科学地选择和布局回归地，实行多地点综合回归的措施是野外回归计划的首要任务。疏花水柏枝的生境特殊，特别是具有对夏季水淹、冬季温暖的水文和气候条件要求，因此在回归地点的布局上宜按照"生境相似、方便管理、多地保存"的原则和方法来选定。研究人员在疏花水柏枝自然分布区同纬度的水域周边选取多个地点进行了野外移植和回归迁移补充计划，如香溪河、大宁河、乌江等较大支流流域海拔 175m 以上的消涨带、三峡大坝至葛洲坝之间的长江两岸沙滩和清江的河岸带等是实施野外迁移和回归较理想的地点。然而，疏花水柏枝的生态适应性及遗传适应性机制的研究仍然薄弱，回归居群管理及监测任重道远。实验研究发现，迁地移植、野外移植及回归移植均出现了相关技术瓶颈，如移植于武汉植物园和秭归四溪景区的疏花水柏枝，在汛期若不漫灌降温则会生长不良；春、夏季若不适时除草和适当施肥也会导致其正常生长受阻，且使种群呈萎缩之势。说明夏季水淹对疏花水柏枝的生存和正常生长具有重要作用。夏季水淹对疏花水柏枝生长的作用表现在 3 个方面：一是降温；二是抑制其他植物生长；三是补充速效养分。喜马拉雅山脉是水柏枝属的发生和分布中心（张鹏云和张耀甲，1984），其生境气候寒冷，植被较少。疏花水柏枝为该属植物的偏东南和低海拔分布种（王勇等，2003），三峡库区的非水淹地段和武汉市的炎炎夏日及迁地环境激烈的物种竞争可能对疏花水柏枝的正常生长发育不利；相比而言，在三峡消涨带，夏季水淹使得不耐水淹和耐水淹能力弱的植物消亡或抑制其生长，并提供一个相对低温的环境，客观上为疏花水柏枝在洪水期的休眠生存和在枯水期的生长创造了有利条件。也说明疏花水柏枝在汛期非水淹条件下的生长能力弱，在与其他陆生植物的生存竞争中处于劣势，而水淹有利于疏花水柏枝的生存。同时，夏季的洪水带来新鲜的泥土和泥沙，更新了土壤，补充了营养，为疏花水柏枝的下一生长季提供了速效、易吸收的营养物质。实验观察还发现，冬季低温不利于疏花水柏枝的生存。1996 年，武汉冬季气温低，造成迁地保护于武汉植物园的疏花水柏枝部分死亡。三峡库区消涨带是暖冬区，冬季气温较高，加上水体的放热保温作用，可能是疏花水柏枝在此正常生存而在三峡以下长江两岸没有分布和在武汉生长衰退的一个较合理的解释。可见疏花水柏枝对环境的要求较严格，夏季水淹和冬季温暖对其正常生存很重要。开展疏花水柏枝生态适应机理和居群遗传适应性及演替规律的研究，探索库区新消涨带植被恢复重建途径与方法及其野外回归地的长期监测，对于该物种的长期保存、回归自然及库区新消涨带和其他类似区域的植被恢复均具有十分重要的意义。回归研究实践也对后续为其选择更合适的永久回归生境地点奠定了坚实的基础（图 6-21）。

原始生境中的疏花水柏枝　　　　　　　　武汉植物园迁地保育圃

野外回归居群

图 6-21　疏花水柏枝的野生、迁地与回归居群（另见文后彩图）

（王　勇　刘义飞　黄宏文）

第五节　新疆沙冬青

沙冬青属（*Ammopiptanthus*）是我国荒漠区系植物的重要组成部分和具有特殊进化

地位的沙漠植物类群，对研究我国西北地区荒漠地带的发生和发展、古地理和古气候的变化，以及古代植物区系的变迁和豆科植物的系统发育等具有重要的科学价值。作为中亚荒漠区特有的常绿阔叶灌木，沙冬青还具有防风固沙、绿化荒漠的重要生态意义（蒋志荣，1994），而且其枝叶入药，具有祛风湿、活血、止痛的功效，具有较高的药用价值（许国英等，1994；布日额，1997）。但沙冬青分布范围狭小，生境严酷，又遭受人类活动的破坏，其数量正在不断减少，现已濒临灭绝，该属仅有的两个种：新疆沙冬青（*Ammopiptanthus nanus*）和蒙古沙冬青（*A. mongolicus*），分别沦为濒危和渐危物种，被列为国家 II 级和 III 级重点保护野生植物（傅立国，1991）。新疆沙冬青的分布范围极为狭窄，尽管建立保护区使其种群得到了一定的恢复，但依然未脱离濒危状态（杨建中，2002）。多年来，一些学者对沙冬青和新疆沙冬青开展了保护生物学的研究（王烨等，1991；潘伯荣等，1992；潘伯荣和黄少甫，1993；尹林克和王烨，1993；刘玉红等，1996；刘果厚，1998，1999；刘果厚等，2001；汪智军等，2003；刘美芹等，2004），获得了宝贵的基础数据。深入、系统地研究以新疆沙冬青为代表的沙冬青属植物的濒危机制并制定科学的保育策略，不仅可以为沙冬青属植物的科学、有效的保育提供坚实的基础，而且对其他沙漠植物的有效保育有极其重要的指导意义。

一、新疆沙冬青的分类地位、与姊妹种的关系、自然分布及濒危等级和现状

1. 沙冬青属的分类地位

沙冬青属隶属于豆科（Leguminosae）蝶形花亚科（Papilionaceae）黄华族（Thermosideae），是亚洲中部荒漠特有的、中国荒漠唯一的常绿阔叶灌木；是第三纪古地中海沿岸的中生植物，是古地中海退缩、气候旱化过程中幸存的残遗物种之一。该属植物原属于黄花木属（*Piptanthus*），后来才独立出来成为一个新属（沙冬青属），隶属于豆科蝶形花亚科的坡塔里族（Podalyrieae）（Cheng，1959）。Yakovlev 于 1972 年建立了黄华族，包括原隶属于广义坡塔里族的 6 属约 47 种植物。本族是豆科的进化主干之一，处于承前启后的关键地位，对于研究槐族（Sophoreae）、染料木族（Genesteae）等的系统演化有重要意义。国产黄华族有沙冬青属、黄华属（*Thermopsis*）和黄花木属共3 个属（彭泽祥和袁永明，1992）。

游离氨基酸组成分析表明 3 属植物代表种间的氨基酸组成差异非常明显（彭泽祥和袁永明，1989），酯酶同工酶酶谱分析表明 3 属存在明显差异（刘玉红等，1996），为 3属的系统分类地位提供了支持。彭泽祥和袁永明（1992）以黄华族植物从幼苗到成株的形态解剖、花粉形态、染色体及生化特征等方面的综合研究结果为依据，对国产黄华族植物作修订时，进一步明确了沙冬青属及其两个种的分类地位。

2. 新疆沙冬青与其姊妹种蒙古沙冬青的关系

新疆沙冬青和蒙古沙冬青（又称沙冬青）不仅天然分布隔离，形态上存在差异，分子与细胞学的研究证据也得以证实。该属两个种主要区别为：蒙古沙冬青叶常为复叶，具 3 小叶，小叶为菱状椭圆形到宽披针形；新疆沙冬的青叶常为单叶，小叶宽椭圆形、宽倒卵形或倒卵形；两者种子色泽也存在差异，前者种子扁肾形、黄褐色，新疆沙冬青种子肾形、墨绿色。大多数文献记载，新疆沙冬青植株较蒙古沙冬青矮，故称小沙冬青或矮沙冬青，实际两者的高矮并无差异（潘伯荣等，1992）。

新疆沙冬青和蒙古沙冬青染色体核型研究结果表明，两者染色体基数均为 9，染色体数目 $2n=2x=18$（Fedorov，1969；Boczantseva，1976；冯显逵和宋玉霞，1987；袁永明等，1988；张寿洲和曹瑞，1990；刘玉红等，1996），但其核型公式存在差异，新疆沙冬青核型属于 2A 型，有 $2n=18=8m+2m$（SAT）$+2sm$（SAT）$+4sm$（SC）和 $2n=18=8m$（4SAT）$+8sm+2st$（刘玉红等，1996）两种。而蒙古沙冬青有多种核型：$2n=16=12m+2sm$（SAT），核型分类属于 1B 型（冯显逵和宋玉霞，1988）；$2n=18=4sm+14sm$（2SAT），核型分类属于 3A 型（张寿洲和曹瑞，1990）；$2n=18=10m+4m$（SAT）$+2sm+2st$，核型分类属于 2A 型（潘伯荣和黄少甫，1993）；$2n=18=8m+10sm$（2SAT），核型分类属于 2A 型和 $2n=18=6m$（2SAT）$+10sm$（2SAT）$+2st$，核型分类属于 3A 型（刘玉红等，1996）。

沙冬青的氨基酸总量与一般豆科植物相近，有豆科植物类群的共性（彭泽祥和袁永明，1989；尹林克和张娟，2004）。相比而言，蒙古沙冬青的氨基酸总量高于新疆沙冬青，两种沙冬青都含有较多的谷氨酸、天冬氨酸和亮氨酸。但在氨基酸的组成上，两种沙冬青存在着明显的差异，新疆沙冬青叶片中天冬氨酸、甲硫氨酸、脯氨酸的含量高于蒙古沙冬青，谷氨酸、半胱氨酸、组氨酸、精氨酸和色氨酸的含量则低于蒙古沙冬青；而在种子中，新疆沙冬青的赖氨酸、组氨酸、脯氨酸、亮氨酸等的含量又明显低于蒙古沙冬青。说明在不同的组织部位，两种植物的氨基酸组成也是不同的，甚至在种子中几乎不含胱氨酸，进一步表明两种沙冬青亲缘关系虽然很近，但作为独立种还是有其遗传学基础的（尹林克和张娟，2004）。

3. 自然分布

沙冬青属分布于蒙古的戈壁至阿尔泰东南部、阿拉善、东戈壁西部；内蒙古的西鄂尔多斯、阿拉善；甘肃的河西走廊东部；新疆的喀什地区（克孜勒苏河一带）；吉尔吉斯斯坦的南天山地区。该属为亚洲中部荒漠区喀什-阿拉善间断分布的特有属（赵一之和朱宗元，2003）。

新疆沙冬青在我国的分布面积十分狭小，仅分布于新疆克孜勒苏柯尔克孜自治州的乌恰县和阿克陶县两地，吉尔吉斯斯坦或有分布。位于西南部天山南麓乌恰县和阿克陶县的西部山地（乌恰-康苏间的巴音布鲁提山），集中分布于新疆天山南端与昆仑山西北端的结合部，并向两山延伸。沿天山南脉分布于乌恰县康苏、巴音库鲁提、吐古买提、哈拉峻；沿昆仑山脉分布于乌合沙鲁、吾依塔克、琼布拉克。两山结合部分布于波斯坦铁力克和尔托卡依。水平分布于38°N~41°N，74°E~77°E，垂直分布于1800~2800m。分布区总面积约为4310hm²（潘伯荣等，1992）。

蒙古沙冬青分布于内蒙古自治区的鄂尔多斯市、巴彦淖尔盟*（乌拉特后旗、磴口县）、阿拉善盟（阿拉善左旗、阿拉善右旗、额济纳旗）、宁夏回族自治区（灵武、中卫、贺兰山）和甘肃省（民勤），向北伸入到蒙古荒漠带南端（阿拉善戈壁）。在鄂尔多斯台地西北部、乌兰布和沙漠、腾格里沙漠、巴丹吉林沙漠、库布齐沙漠、宁夏的汝箕沟煤矿及大里湾、西侧峡子沟等处均可见；最南分布到甘肃省的中条山，最东分布点在鄂尔多斯高原中部苦水沟附近的查布庙，最西点为靠近额济纳的雅干低山丘陵前的干河床上。水平分布于37°N~42°N，97°E~108°E，垂直分布于1100~2200m（刘果厚，1998）。

4. 濒危等级与现状

两种沙冬青于1982年被列入《国家重点保护野生植物名录》；1984年国际植物园保护联盟秘书处和世界保护监测中心濒危植物组将其定为"中国和蒙古的稀有、濒危植物"；《中国植物红皮书：稀有濒危植物》认为，新疆沙冬青的现状是，分布范围十分狭小，天然更新困难，目前已陷入濒临灭绝的境地，为濒危种，属于国家二级保护植物、地方一级保护植物；而蒙古沙冬青由于过度樵采，群落遭到严重破坏，分布面积日趋减小，若不加以保护，将面临着逐渐灭绝的危险，为渐危种，属于国家三级保护植物、地方二级保护植物（国家环境保护局和中国科学院植物研究所，1987；傅立国，1991）。

陶玲等（2001）以中国西北荒漠地区50种荒漠植物作为定量研究的对象，根据层次分析法理论，选取珍稀濒危荒漠植物的分布区、分类学地位、生物学指标及利用价值4个指标，将生物学指标量化为乔木、灌木、多年生草本和一年生草本4个指标变量；将利用价值量化为科研、药用、饲（食）用，薪炭用和其他价值5个指标变量，分别构建判断矩阵，通过计算机处理数据，定量研究各指标在珍稀濒危等级综合评价中的权重。研究结果表明：新疆沙冬青等7种荒漠植物被列为一级保护；蒙古沙冬青等19种荒漠植物被列为3级保护。

新疆沙冬青的濒危因素在加剧，一是种子虫蚀率的增加。1986年7月调查10个样方内种子的平均虫蚀率为33%，最高为53%；2003年7月调查12个样方内种子的平均虫蚀率为75%，最高达99%。茧蜂科（Braconidae）的茧蜂（*Bracon* sp.）和螟蛾科（Pyralidae）斑螟亚科（Phycitinae）的斑螟（*Nephopteryx* sp.）两种害虫大量噬食新疆沙冬青种子（杨

---

* 2004年国家批准改原巴彦淖尔盟为巴彦淖尔市

期和等，2004），减少了其天然更新与扩繁的机会，导致其种群难以扩大。二是新疆沙冬青生存与繁殖的生态环境条件恶劣，尤其是天然更新的环境条件恶化，原产地春季的温度虽然达到了种子萌发和生长的条件，但土壤的水分却满足不了需求。三是新疆沙冬青具有药用和薪炭的价值，人为采伐仍在继续。四是其果实形态特殊，花粉不易靠风传播，也难以依靠动物传播，主要靠天然降水形成的地表径流从山坡地带进入谷底或河床内，其天然更新的范围狭窄（潘伯荣等，1992）。

蒙古沙冬青的现状较好，分布范围大，居群数量较多，樵采现象并不严重。而灰斑古毒蛾（*Orgyia ericae*）（又名沙枣毒蛾，属鳞翅目毒蛾科古毒蛾属）病虫害是导致蒙古沙冬青濒危的重要因素之一（王瑞珍等，1992）。但此害虫尚未在新疆沙冬青分布区发现。

二、生境特点与种群特征

1. 生境特点

新疆沙冬青与蒙古沙冬青生存的自然环境条件恶劣，常年干旱，夏季高温，冬季寒冷（图 6-22）。年均降雨量在 100mm 左右，年均蒸发量大于 2500mm，极端高温在 35℃以上，极端低温在–25℃以下。沙冬青属植物主要分布于石质、沙质、石砾质、沙砾质的山坡、沟谷、洪积堆、干河床上。土壤贫瘠，土壤类型多为棕色荒漠土、灰棕色荒漠土，也兼有风沙土或盐化草甸土，土壤有机质含量大多不到 1%，pH 为 7.5~9.0，部分土壤还具碱性化、盐渍化现象。群落属于草原灌木荒漠类型，群落种类组成贫乏（潘伯荣等，1992）。两种沙冬青分布区的气候条件相似（表 6-15）。新疆沙冬青分布在温带荒漠区，属于典型大陆型气候条件。分布区地处雨影带，受塔里木荒漠气候的强烈影响，加之长驱直入的蒙古高压反气旋的侵袭，气候较寒冷、干旱。新疆沙冬青适宜温度的变化范围极大，年气温变化为 64.6~71.4℃。年土壤表面温度变化为 102.7~104.6℃（表 6-15）。通过稳定在 0℃的持续时间为新疆沙冬青的生长季节，则其从 3 月中旬开始生长，至 11 月上旬停止生长。生长期为 230 天左右（王烨和尹林克，1991a）。蒙古沙冬青分布区属于亚洲中部温带荒漠气候，具有常年多风、夏热冬寒、温差剧烈等特点。

两种沙冬青分布区的地貌特征存在一定差异。新疆沙冬青主要分布在海拔 1800~2700m 的西天山与昆仑山结合部的低山带。多为缺乏黄土覆盖的石、砾质山坡、沟谷和石砾质的洪积堆，或和山间沙卵质古老干河床。蒙古沙冬青则分布在海拔 1036~2200m 处，分布区多为固定沙地，地貌平坦，但因受风力吹扬而多为流沙、垄条状半固定沙丘、灌丛沙堆和风蚀地等，沙丘高度一般为 1~3m，个别沙丘高达 5m 以上，为风沙土类地貌。

表 6-15　两种沙冬青分布区的气候条件*

物种	地点	年平均温/℃	极端高温/℃	极端低温/℃	地面极端高温/℃	地面极端低温/℃	≥10℃平均积温/℃	年平均降雨量/mm	年平均相对湿度/%	年平均蒸发量/mm	年平均日照时数/h	年平均无霜期/天
新疆沙冬青	乌恰	6.8	34.7	-29.9	65.9	-36.8	2529.3	163.3	46	2564.9	2797.2	227.7
	哈尔峻	8.7	39.0	-32.4	71.4	-33.2	3563.3	113.4	46	2609.0	2822.7	114.4
	克孜勒苏	12.9	41.2	-24.4	68.5	-30.1	4697.7	76.0	41	3229.3	2756.6	107.5
	阿克陶	11.3	39.4	-27.4	73.5	-31.5	4127.5	163.3	52	2427.5	2858.4	145.8
	阿合奇	6.2	36.4	-27.2	70.0	-33.0	2424.3	184.6	48	2501.4	2988.6	194.3
蒙古沙冬青	磴口	9.7	39.4	-32.6	68.5	-36.6	3300.0	144.6	47	2500	3264.0	156
	民勤	7.4	38.1	-28.8			3248.8	110.0	47	2644	2832.1	164
	额济纳	>7.3	41.4	-35.3				37.9		3746		
	沙坡头	9.6	38.1	-25.1	74.0		3200.0	186.2	40	3064	2778.0	165
	吉兰泰	8.6	40.9	-31.2			3661.6	104.7		3005.2		160
	石嘴山	8.2	37.9	-28.4			3251.7	188.1		2443.5		188
	巴彦浩特	7.5	36.6	-31.4			2998.4	182.8		2349.2		183
	乌拉特	6.5	42.0	-41.0			3168.3	98.8	39	3715.4	3640.0	140

*新疆沙冬青的资料源于新疆气象局"地面气候资料（1951~1980 年）"，蒙古沙冬青是根据多方面资料的汇总

图 6-22　新疆沙冬青自然生境及野外植株开花状态（另见文后彩图）

新疆沙冬青植株多生长在干旱的山坡地，其坡度多为 20°~40°，山谷底部的卵石滩上生长的新疆沙冬青，其坡度不大（一般不超过 6°）。土壤瘠薄，多砾石、岩石，粗砾多裸露于地表，植被稀疏，土壤保水性能差，分布区土壤具碱性盐渍化现象，有机质含量少，多在 1%以下，个别地段达 1.7%（潘伯荣等，1992）。

通过 2003 年对两种沙冬青分布区的 31 个居群样地土壤（0~20cm）的进一步调查分析可知，土壤有机质含量为 0.1%~1.0%，速效氮含量为 9.5~24.8mg/kg，速效磷含量为 0.9~4.4mg/kg，速效钾含量为 45 347mg/kg，土壤 pH 为 7.6~9.0，全盐量为 0.033%~0.628%。说明两种沙冬青在天然分布中均具有适应盐碱的能力（王烨和尹林克，1991b）。

2. 生态群落与种群特征

新疆沙冬青群落为荒漠植物群落类型，该植物因长期适应干旱少雨的气候和石质化强烈、土壤瘠薄的基质环境，而向旱生化方向发展，并逐渐成为一种荒漠种类。其常在干旱山坡、谷地、剥蚀残丘或石质干河床上与膜果麻黄（*Ephedra przewalskii*）、木贼麻黄（*Ephedra equisetina*）、喀什菊（*Kaschgaria komarovii*）、无叶假木贼（*Anabasis aphylla*）、紫菀木（*Asterothamnus fruticosus*）、裸果木（*Gymnocarpos przewalskii*）、合头草（*Sympegma regelii*）、琵琶柴（*Reaumuria soongorica*）等超旱生灌木和小半灌木形成群落（张立运和海鹰，2002）。由于其天然分布区气候十分干旱，石质裸露，土壤贫瘠，群落种类组成极为贫乏，因此其群落内多为耐旱的灌木、小灌木和半灌木，菊科蒿类植物较多、禾本科草类少，属于旱生、旱中生的荒漠草原成分，有种子植物约20科，50余种，其中藜科植物占首位（约15种），其次为菊科（约8种），而豆科、十字花科、蒺藜、麻黄科、禾本科、蓼科等也占据着一定的地位（侯文虎，1988）。

蒙古沙冬青分布区属于荒漠化草原向草原化荒漠过渡地带，荒漠植被占主导地位，以干旱性灌木或半灌木种类为主，有野生植物约176种，分属于34科。主要科按种类数排列的顺序如下：藜科（31种）、菊科（25种）、豆种（22种）、禾本科（19种）、蓼科（9种）、十字花科（7种）、蒺藜科（6种）、其他（57种）。

通过2003年对两种沙冬青不同居群设置样方进一步调查发现，新疆沙冬青样方（10个）中出现的植物有17科26属约34种，分别是菊科（5属）、豆科（3属）、藜科（2属）、百合科（2属）、旋花科（2属）、麻黄科（1属）、鸢尾科（1属）、紫草科（1属）、禾本科（1属）、伞形花科（1属）、白花丹科（1属）、裸果木科（1属）、唇形科（1属）、大戟科（1属）、蒺藜科（1属）、柽柳科（1属）、景天科（1属）。

蒙古沙冬青样方（23个）中出现的植物有18科51属约73种，分别是藜科（9属）、菊科（7属）、禾本科（7属）、蒺藜科（6属）、豆科（5属）、蓼科（3属）、百合科（3属）、柽柳科（1属）、旋花科（1属）、十字花科（1属）、榆科（1属）、车前科（1属）、蔷薇科（1属）、紫草科（1属）、远志科（1属）、萝摩科（1属）、马鞭草科（1属）、大戟科（1属）。

沙冬青属植物呈条带状或团块状聚集分布。以新疆沙冬青或蒙古沙冬青为主要建群种的群系称为沙冬青荒漠群系，属于草原化灌木荒漠类型。在我国，温带荒漠植被类型分类系统的位置为：荒漠（植被型）→灌木荒漠→草原化灌木荒漠→沙冬青荒漠。沙冬青荒漠的植物组成以亚洲中部区系成分为主，同时还有较多的古地中海成分在内，如裸果木、半日花、琵琶柴、骆驼蓬、白刺等，也不乏东古北极成分，如阿尔泰狗娃花、瓦松、黄芪等。尤其是蒙古沙冬青荒漠中的蒙古和蒙古戈壁特有成分表现得较为突出。沙冬青群落组成成分少，结构简单，植物群系成分单纯。群落结构可分为3层：上层主要由沙冬青组成，或与麻黄、锦鸡儿、霸王、四合木等灌木混生共同构成；中层由半灌木（如刺叶棘豆、驼绒藜）或小灌木（如琵琶柴、绵刺等）层片构成；下层为小半灌木（如菊类、蒿类）和丛生禾草（如小针茅、细柄茅、隐子草）；个别群落地表还有苔藓或地衣层片。先后已有人将新疆沙冬青荒漠群落分为灌生草类-新疆沙冬青灌丛、膜果麻黄-新疆沙冬青灌丛两种类型（侯文虎，1988），或 ①谷底及山间开阔地，膜果麻黄-新疆沙冬青灌丛；②干旱山坡，锦鸡儿-麻黄-新疆沙冬青灌丛；③洪水冲刷地，麻黄-新疆沙冬青灌丛3种类型（李叶春，1989）。

新疆沙冬青具有超旱生、喜光、不耐遮阴、耐旱、耐寒、耐土壤瘠薄、植株矮小、根系发达等特点。两年生主根达1m左右。三年生主根达 1.2~1.5m，侧根展宽 0.7~1.0m。高一般为 0.4~0.7m，个别地段植株高度可达 2m 以上（尹林克和王烨，1993）。因其群落结构简单，仅有灌木、半灌木和草本植物3个层片。而沙冬青是灌木层中最高的，且是唯一的常绿植物，故不受其他植物的遮挡，易接受阳光辐射。但是，调查结果表明，新疆沙冬青无论在阳坡还是在阴坡均有分布，且长势趋同，这说明沙冬青虽然为阳性喜光植物，但仍具有忍耐一定程度庇荫的特性（刘果厚等，2001）。

新疆沙冬青生长缓慢，基茎每扩展 1cm 需要 4.5 年。野生 60 龄的植株高 120cm，冠幅为 200cm×123cm，地径不到 10cm。其地上生物量小，单株干重也不大。蒙古沙冬青在原产地生长也缓慢，17 龄植株高不及 150cm，茎的基部直径仅为 3.2cm。10~15 年生蒙古沙冬青平均高 102cm，地径为 6.53cm，冠幅为 137cm×144cm。如前所述，沙冬青依靠种子自然繁衍，通过野外调查发现，两种沙冬青居群的年龄结构不明显，实生幼苗少见，偶见有萌芽的种子（自然条件相对最好的贺兰山北寺途中及汝箕沟），但翌年并未成苗。因此，其居群自然更新、演替困难，濒临老化、衰退（尉秋实等，2005）。

三、物种的特有生物学特征

1. 沙冬青的主要形态特征

新疆沙冬青（*Ammopiptanthus nanus*），曾称矮黄花木（*Piptanthus nanus*）、新疆沙冬青或小沙冬青。常绿小灌木，高 0.4~0.7m，最高达 2m 以上，冠幅为 0.5~1.5m。老枝粗达 1.5cm，黄褐色或黄绿色，木质部淡黄色；小枝被短柔毛，呈灰白色。托叶披针形，被短柔毛，叶柄长 3~6mm，单叶，极少 3 小叶；小叶宽椭圆形、宽倒卵形或倒卵形，长 2~2.5cm，宽 1~2cm，先端锐尖，基部稍圆，具 3 主脉，两面密被短柔毛，呈灰绿色。总状花序顶生或侧生，约 10 花；花梗长 6~9mm，被短柔毛；萼筒钟形，长 3~4mm，稍被毛，齿三角状；荚果矩圆形，扁，稍波皱，微膨胀，长 3~5cm，宽 1.2~1.5cm，果颈长为萼筒的 2 倍,有喙。种子 1~5 粒,肾形。花期 5~6 月,果期 7 月(刘媖心,1987)。二倍体 $2n=2x=18$。

姊妹种蒙古沙冬青(*Ammopiptanthus mongolicus*)也称沙冬青、冬青、蒙古黄花木(*Piptanthus mongolicus*)。常绿灌木,高 1~2m;干粗达 6cm;小枝粗壮;皮黄绿色,嫩时被灰白色毛;木质枝具暗褐色髓。托叶小,三角形或三角状披针形,与叶柄结合;复叶常具 3 小叶,很少单叶;叶柄长 5~10mm;小叶菱状椭圆形至宽披针形,长 1.5~4cm,宽 6~20mm,先端锐尖或钝,主脉 1,两面密被银白色绒毛。总状花序顶生或侧生;花互生,8~12 朵;苞片宽卵形,长 5~6mm,被白色绒毛;花梗近无毛,长 4~8mm,果颈长达 13mm,中部具 2 小苞片,条形;萼筒钟形,薄革质,长 5~7mm,齿宽三角形,有时 2 齿结合成 1 大齿;花冠黄色,旗瓣倒卵形,长 20~22mm,翼瓣长于旗瓣,矩圆形,爪长约为瓣片的 1/4,龙骨瓣 2 片分离,耳长约 1.5mm;子房具柄,无毛。荚果矩圆形,扁,长 5~8cm,宽 1.5~2cm,先端锐尖,果颈长 8~12mm,含种子 2~5 粒。种子圆肾形,径约 6mm。花期 4~5 月,果期 5~6 月(刘媖心,1987)。二倍体 $2n=2x=18$。

2. 繁育系统

沙冬青的花具有蜜腺,雌、雄蕊存在空间隔离,柱头上具有长而纤细的指状乳突细胞,这些特征均适应虫媒传粉。野外观察发现,蜂类为新疆沙冬青的主要传粉者。然而,由于分布区环境条件恶劣,干旱、少雨、多风沙,在这种条件下传粉者的生存受到影响,靠专性虫媒传粉很难保证生殖成功。蒙古沙冬青花的雌、雄蕊成熟同步,花粉活力与柱头可授期重叠 3~4 天,具有异交和自交混合的传粉对策。2002 年和 2003 年连续两年在中国科学院吐鲁番沙漠植物园进行的授粉实验结果表明,两种沙冬青在同株异花授粉与异株授粉时均可结实。这说明了新疆沙冬青和蒙古沙冬青均为自交和异交二者兼有的混合交配模式。这种混合交配模式也通过应用等位酶估计家系远交率得到了证实。利用具有多态性位点的等位酶对新疆沙冬青柯依儿佣克尔居群 30 个家系 439 粒种子进行的多态性位点远交率检测表明,该居群的多态性位点远交率(tm)为 0.447。

3. 种子特性

新疆沙冬青种子肾形,墨绿色,种皮革质,长 5.5~6.0mm,宽 4.5~4.8mm,厚 1.3~1.5mm,千粒重为 27~39g。野生多年生单株产种量为 75~200g。产地不同,光热条件也不同,使种子在形成过程中的物质积累有所差别。

新疆沙冬青成熟后,果皮不开裂,在原产地,果实虫蛀率高达 90%,野生多年生单株产果量为 1000~3000 枚,产籽量为 75~200g。荚果矩圆形,微鼓胀,少被疏毛,内含种子 3 粒左右。蒙古沙冬青荚果成熟时少或无虫蛀,果皮开裂,少数种子脱落。荚果扁平，长椭圆形，无毛，含种子5粒左右。中国科学院吐鲁番沙漠植物园十年生单株产量为2400枚左右，产籽量为350g左右。种子扁肾形，黄褐色，种皮革质，长为6.0~9.0mm，宽为5.0~7.0mm，厚为1.5~2.0mm。千粒重为39~45g，最重可达54.5g（民勤），种子坚实而致密，约18 340粒/kg。十年生单株产种量约为350g（吐鲁番）。四年生单株产种量为147粒，约重7.0g（宁夏）。民勤产蒙古沙冬青种子一般长8.7mm，宽6.6mm，厚2.0mm，成熟时米黄色，种子纯度可达84%（杨期和等，2004）。

新疆沙冬青发芽率通常为60%~80%，平均发芽天数为2.5~4天。贮藏3年的新疆沙冬青种子发芽率下降得不多，但是活力指数却下降明显，其中发芽指数的降低、发芽高峰期推迟、日平均发芽率和活力指数变小及平均发芽天数的延长，都说明了贮藏3年的新疆沙冬青种子已经开始发生劣变。蒙古沙冬青各项种子活力指标及发芽率均比新疆沙冬青高。蒙古沙冬青种子发芽率一般为85%~90%，场圃发芽率为74%~80%。种子耐贮藏。室内温度在25℃上下时保存3天发芽率可达91%。6年的蒙古沙冬青种子含水率为11.8%，其发芽率仍有74%。密封于陶瓷罐中15年零7个月的种子含水率为5.17%，发芽率为68.0%。种子容易吸水，发芽迅速（王烨等，1991）。

四、物种的系统进化史

沙冬青种属的起源至今尚未完全研究清楚，沙冬青属应为中亚成分的一个变型，分布在亚洲中部，属于比较古老的荒漠植物区系，是唯一残留的常绿小灌木。在系统发育上和热带、亚热带山区（喜马拉雅山区至我国西南地区）的黄花木属（*Piptanthus*）共祖，或许和非洲南部的*Podalyria*更相近，是蝶形花亚科的原始类群。由此可见，中亚成分也是古热带起源的，并与古南大陆植物区系有一定的联系（吴征镒，1983）。

坡塔里族（Podalyrieae）是蝶形花亚科的原始类群。坡塔里族分布在亚洲的3属——黄花木属、黄华属（*Thermopsis*）和沙冬青属在形态上的相似性，显示出它们在演化上的密切联系。根据地史资料可知，自第三纪始新世海退开始后，羌塘及亚洲中部均为亚热带气候。森林有可能从南向北扩展到这里乃至纬度更高的区域。从南半球分布到亚洲的坡塔里族植物的起始类型伴随着森林的扩展必然也会扩展至羌塘和亚洲中部地区。到中新世，喜马拉雅山体大幅度隆升，使亚洲中部气候的旱化大大加强，森林逐渐南移。适应森林类型条件的坡塔里族植物也必然会受到旱化的影响而发生适应性的演化，否则它们就不能生存下来。通过对亚洲这3属的形态、现代地理分布、生长的海拔和生态条件等方面的分析发现，分布到亚洲的坡塔里族植物的起始类型是朝着3个方向演化的，如图6-23（李沛琼和倪志诚，1982）。

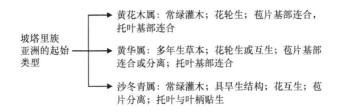

图 6-23　亚洲的坡塔里族植物起始类型的演化方向

1）随着森林向南迁移到中国-喜马拉雅地区的一群，发展成为中国-喜马拉雅特有属——黄花木属（*Piptanthus*）。

2）在喜马拉雅山尚未大幅度上升以前，随着森林分布到亚洲中部的坡塔里族起始类型的群体，由于海退以后森林的南移和旱化的加强，逐渐产生各种旱生结构，如深根、粗根、根处具有木栓组织；茎由绿变黄，由中空变坚实；叶的两面由光滑变为密被银白色毛等，以适应强烈旱化和强日照的生态环境。沙冬青属（*Ammopiptanthus*）就是在这种条件下演化为干旱植物区系中的一个属的。沙冬青属在形态上，如叶、花和果与黄花木属十分相似，因此，直至 1959 年，其在系统上仍被分类学家置于黄花木属中。然而，沙冬属具有的旱生结构则比黄花木属有更进一步的特化，使它有可能在内蒙古和新疆一带极度干旱的荒漠和半荒漠区域内生存下来，并发展成为亚洲中部干旱地区植物区系的特有属。

3）黄华属是在旱化和寒化的生态条件影响下，由常绿灌木习性向多年生草本习性演化的一个类群。黄华属在西藏境内的分布颇为普遍。适应于海拔 3000~4500m 的半湿润、半干旱、由森林向草原过渡的生态条件。黄华属无论在形态、地理分布或生态上都明显地反映出它是介于黄花木属和沙冬青属之间的一个过渡类型（王荷生，1989）。

五、濒危物种的生殖发育及生态环境成因

1. 两种沙冬青的染色体基数、倍性及其核型

对新疆沙冬青和蒙古沙冬青染色体核型的研究较多，该族植物许多属植物的染色体基数均为 $X=9$。研究证明新疆沙冬青染色体基数为 $X=9$，为二倍体，其核型公式为：$2n=18=8m+2m$（SAT）$+2sm$（SAT）$+4sm$（SC）（潘伯荣和黄少甫，1993）或 $2n=18=8m$（4SAT）$+8sm+2st$（刘玉红等，1996）。蒙古沙冬青也是二倍体，但二者核型有所差异。

2. 大、小孢子发生及雌、雄配子体发育

在新疆沙冬青的生殖过程中，没有发现染色体有异常行为。3 月上旬，新疆沙冬青花药内产生次生造孢细胞。次生造孢细胞呈多边形，排列紧密，细胞质浓，将直接发育为近似于球形的小孢子母细胞。随着染色体的出现和核仁的逐渐消失，减数分裂前期Ⅰ结束，小孢子母细胞依次经过减数分裂中期Ⅰ、后期Ⅰ、末期Ⅰ、中期Ⅱ、后期Ⅱ、末期Ⅱ等时期而发育成四分体小孢子。减数分裂为同时型，其减数第1次分裂完成后，不伴随细胞板的形成。减数第2次分裂完成后，形成4个核，接着进行细胞质分裂，逐渐形成自己的细胞壁。四分体由共同的胼胝质包围，排列方式为四面体，少数为左右对称型。刚从四分体释放出来的小孢子，其细胞核几乎位于细胞中央，随着小孢子的不断长大，其细胞逐渐液泡化，当小液泡汇集成大液泡时，细胞质和细胞核被挤到细胞的边缘，出现单核靠边期小孢子，接着其细胞核进行有丝分裂，形成两个核，一个大的营养核和一个靠壁的生殖核。随后，两核之间形成细胞板，并将细胞质分割为不均等的两部分，发育为二细胞花粉粒，其中生殖细胞体积小，紧靠花粉壁，营养细胞体积大，其核位于花粉的中央。花粉粒不断成熟，经收缩期发育为雄配子体。花粉粒大小均匀，染色时着色均匀，籽粒饱满。新疆沙冬青的胚珠属于横生型，具有厚珠心，双珠被；胚囊发育为蓼型。双受精及胚胎发生正常。核型胚乳。从雌性生殖细胞和胚的发生、发育过程来看，无异常发育现象。从而证明新疆沙冬青的濒危与这些结构和过程无关（周江菊等，2005）。

3. 生殖生态环境因素

从新疆沙冬青的生殖生物学特性来看，致其极低的结实率或极少的幼苗更新率可能主要是生殖生态学因素。沙冬青属植物为虫媒传粉植物，蜂类为新疆沙冬青的主要传粉者，但是其分布区环境条件恶劣，干旱、少雨、多风沙，在这种条件下传粉者的生存受到影响，只靠专性虫媒传粉很难保证生殖成功，导致其自然植株结实率低下。同时，虫害或动物的取食导致新疆沙冬青的健康种子率大幅降低，这也是新疆沙冬青致濒的一个重要因素。沙冬青枝叶含有较多生物碱，具有一定的毒性，不为动物所取食，但其果实、种子所含化合物主要以黄酮类为主，没有毒性（许国英等，1994），因而新疆沙冬青果实的虫蛀率很高，一般达50%以上，个别的甚至达80%以上；蒙古沙冬青的虫蛀率略低，通常为30%左右，但由于蒙古沙冬青分布区放牧频繁，而羊喜欢吃沙冬青幼嫩的荚果，因此其成熟的荚果极少，许多成年植株上甚至连一个荚果也没有。植物园内栽培的沙冬青的结实量明显高于野生植株，表明在水分条件较好的情况下，每枝的花（果）数较高，种子败育率明显降低，种子及果实的重量明显增加，因此除在建立自然保护区进行就地保护之外，还必须加强对该种的迁地保护，改善土壤的水肥条件能大大提高沙冬青植株的结实性能。

显然，结实、种子萌发及其幼苗成活对生态因子的限制是沙冬青重要的生殖生态致濒因子。研究表明，干旱导致落地种子不易获得适宜的生长发育条件是造成其稀有濒危的重要原因。水分是种子萌发的主要限制因子，新疆沙冬青种子萌发时需要吸收较多的水分，种子吸水量约达种子干重的 4 倍（杨期和等，2004）。土壤湿度过低，种子无法吸胀萌发；湿度过高，种子虽能萌发，但土壤相对缺氧使有些种子不能萌发，有些种子虽已萌发，但因胚根腐烂而不能出土。新疆沙冬青种子萌发的适宜温度是 25~30℃，然而，在高于 20℃的温度条件下，种子萌发 7 天之后形成的幼苗发霉腐烂率高达 60%以上，14 天后，幼苗几乎全都霉烂致死。分布区内降雨量极低，春季气温适宜，但土壤湿度过低，夏季月平均降雨可达 32.8mm，湿度有时可满足发芽条件，但此时温度又过高。在自然情况下很少见到种子萌发，即使有少量种子萌发，幼苗也因成活率低而很少能正常生长（潘伯荣等，1992）。

六、濒危的居群遗传学因素

1. 遗传多样性及其居群遗传结构

居群遗传学研究显示，无论是采用等位酶遗传标记还是 ISSR 分子标记对两种沙冬青主要居群的遗传多样性及居群遗传结构进行评估，均充分表明新疆沙冬青的居群遗传多样性低（等位酶：A=1.21，P=21.05%，H_o=0.032，H_e=0.040）（陈国庆等，2005）。ISSR：P=12.12%，H_{pop}=0.070（Ge et al.，2005）。作为古老的第三纪孑遗种，新疆沙冬青和同属的沙冬青是中亚荒漠地区特有的常绿灌木。其中新疆沙冬青仅分布在我国新疆乌恰县及相邻的吉尔吉斯斯坦边境地区，分布范围极为狭窄，因此检测到的低遗传多样性与我们的推断相符合。

ISSR 分子标记研究表明，新疆沙冬青与蒙古沙冬青的种间遗传分化显著。蒙古沙冬青和新疆沙冬青共同拥有 154 条带谱中的 57 条，反映出二者拥有共同的进化历史或存在趋同进化。但两物种各自拥有 42 条和 55 条特有带谱，其特异带谱比例达 63%，表明形态相似的两物种间存在明显的遗传分化，两物种在遗传上界限清晰。进一步分析表明两者间存在祖衍生（progenitor-derivative）关系，两者可能是由同一祖先通过自然分布区片断化后的变异进化事件形成的。两物种间的地理隔离起始于早中新世（early Miocene）青藏高原抬升所导致的中亚气候干燥和沙漠的形成。在第三纪，沙冬青的祖先物种可能曾在帕米尔高原（Pamir Plateau）东部边缘到中国的戈壁沙漠区有连续而广泛的分布（江德昕等，1988；刘嫔心，1995），中新世（Miocene）阿拉善高原沙漠化（Guo et al.，2002）和早更新世塔里木盆地的沙漠化（闫顺等，2000）主导了其连续分布祖先种的片断化，沙冬青属两种的遗传分化便因地理隔离而产生，长久的隔离导致两种间显著的遗传分化（Ge et al.，2005）。

蒙古沙冬青的遗传多态性不论是在物种水平（P=39.39%，H_{sp}=0.1832），还是在居群水平（P=18.55%，H_{pop}=0.106），均明显高于新疆沙冬青（物种水平：P=25.89%，

H_{sp}=0.1026；居群水平：P=12.12%，H_{pop}=0.070）。但是，与其同域分布的其他沙漠植物，如四合木（*Tetraena mongolica*）相比（Ge et al.，2003），蒙古沙冬青和新疆沙冬青的遗传多样性均较低，其原因可能有 4 个：首先，可能是其祖先种本身的遗传变异程度较低，尽管子遗植物通常期望含有较高水平的遗传多样性（Comes and Kadereit，1998），蒙古沙冬青和新疆沙冬青可能起源于遗传衰退的居群；其次，沙冬青的自交亲和性、传粉者的依赖性繁育系统、多生花序及种子的重力近距离散播很容易导致居群内近亲个体间的交配或自交，导致近交衰退，降低居群内的遗传多样性；再次，更新世气候波动中气温的反复升降导致其居群的反复扩张和收缩，奠基者效应和瓶颈效应可能起主要作用，分布较广泛的蒙古沙冬青居群内的低遗传多样性及狭域分布的新疆沙冬青整体的低遗传多样性可能正是这种作用的反映；最后，人口的爆发性增长与薪材的毁灭性利用导致两物种的居群大小急剧衰减，所形成的小而隔离的居群因遗传漂变而导致目前低水平的遗传多样性（Ge et al.，2005）。

蒙古沙冬青与新疆沙冬青遗传变异水平的差异可能与它们的地理分布范围有关。一般狭域分布的稀有物种的遗传多样性低于广域分布物种的遗传多样性水平（Gitzendanner and Soltis，2000）。蒙古沙冬青与新疆沙冬青有相似的生物学或生态学特性，但前者的遗传多样性明显高于后者，可能是因为后者有更为狭窄的限制性地理分布（Ge et al.，2005），也可能反映出新疆沙冬青所经历的遗传瓶颈更为严重。

居群遗传结构分析和分子方差分析表明两种沙冬青具有明显的遗传分化，蒙古沙冬青的居群遗传分化（Φ_{st}=37.43%）要强于新疆沙冬青（Φ_{st}=21.62%），但内蒙古区域内蒙古沙冬青的居群遗传分化（Φ_{st}=28.4%）仅略高于新疆沙冬青。虽然新疆沙冬青居群间的基因流（N_m=0.805＜1）约为蒙古沙冬青（N_m=0.418）的两倍，但两者均不足以抵挡小居群随机遗传漂变所带来的居群遗传分化。蒙古沙冬青区域间的遗传变异比例（24.93%）大于区域内居群间（20.68%），说明区域间居群的远距离隔离导致了蒙古沙冬青居群间的高遗传分化（Ge et al.，2005）。

蒙古沙冬青的居群遗传分化明显强于新疆沙冬青，可能应归因于两者居群的地理片断化的差异，蒙古沙冬青具有较广泛的分布区，但片断化严重，部分居群间的距离较远。分子方差分析所揭示的区域间遗传变异占有较大的比例（24.93%），而内蒙古区域内蒙古沙冬青居群间的遗传分化（28.4%）与新疆沙冬青居群遗传分化（21.6%）相比略高，这可能正是由于居群片断化与地理隔离因素的影响（Ge et al.，2005）。尽管新疆沙冬青居群的遗传分化弱于蒙古沙冬青，但两者均呈现出显著的居群遗传分化。除了生境片断化影响外，其繁育系统也有重要影响。沙冬青的自交亲和性与传粉者依赖性表明其可能为混合繁育系统，但其种子重力近距离散播，可能加剧近交效应。新疆沙冬青及内蒙古区域内蒙古沙冬青居群的遗传分化度与远交物种相一致（Nybom and Bartish，2000），除了可能与沙冬青进化历史瓶颈所导致物种整体遗传多样性低下的因素有关外，可能还与环境一致性选择有关。沙冬青所受到的缺水和极端温度、严酷沙漠环境的一致性选择，可能会剔除各居群的不适应性变异，降低居群遗传分化度，使其居群遗传分化明显低于其他混合交配系统或近交繁育系统的平均值。很明显，两种沙冬青的居群间基因流均较小（N_m=0.418 或 0.805，小于 1），不足以抵挡小居群随机遗传漂变所带来的居群遗传分化（Real，1994），也反映出沙冬青的昆虫依赖性传粉还是被限制在较短的距离内，种子的重力散播特性不可能使其远距离散播有效，这也将促进其居群内分化（Ge et al.，2005）。

2. 新疆沙冬青濒危的居群遗传学因素

物种濒危的机制一直是遗传学家和生态学家争论的焦点。一些学者认为，居群或物种的绝灭更多时候是因为生态和群口因素（ecological and demographical reason），而非遗传变异的缺乏（Hamrick and Godt，1996b；Schemske et al.，1994）；更多学者倾向于认为，遗传变异的维持对居群适应当前和未来的环境变化是至关重要的，遗传变异水平低的物种更容易受到环境变化的影响而面临灭绝的风险（Barrett and Kohn，1991；Newman and Pilson，1997；Soulé and Mills，1998；Fleishman et al.，2001）。就新疆沙冬青而言，贫乏的遗传变异基础很可能源于物种形成早期或其进化历史中所经历的遗传瓶颈事件，这些虽然不一定是其最主要的致濒原因，但也是重要的因素，薄弱的遗传基础在很大程度上使物种的进化潜力和适应能力受到限制。结合生境生态、进化及其繁育系统分析可知，新疆沙冬青可能在物种形成时经历了奠基者效应，或者新疆沙冬青在进化过程中经历了由环境气候变化引起的遗传瓶颈效应，导致遗传变异大量丧失（陈国庆等，2005；Ge et al.，2005）。新疆沙冬青目前已经呈现片断化岛屿分布，作为长寿命沙漠植物，目前可能检测不到近期的生境片断化对其等位酶遗传结构的影响（陈国庆等，2005），但 ISSR 分析表明沙冬青已经出现明显的居群遗传分化。而且同渐危的蒙古沙冬青相比，濒危的新疆沙冬青拥有更低水平的遗传多样性（Ge et al.，2005），说明沙冬青遗传多样性的缺乏对其濒危有明显的影响，薄弱的遗传基础可能降低其应对环境变化的潜力，而使其在生境恶化或人类活动的干扰中趋于濒危。目前沙冬青的低水平遗传多样性给其进一步应对环境变化的潜力带来威胁，如何保育其现有的遗传基础和维持其遗传多样性水平不再降低，是制定和实施其保育或恢复策略时需要重点考虑的内容。

七、物种的保护与恢复策略

1. 沙冬青的综合致濒因素与迁地保护的原理和方法

总体而言，沙冬青的濒危状况是其进化历史事件、生境的恶化、繁殖生物学与生态学特性、薄弱的遗传基础、传粉者的不断丧失及人类的干扰破坏等多方面因素的综合作用形成的结果。新疆沙冬青和蒙古沙冬青两姊妹物种分别起源于祖先物种的片断化居群，奠基效应使其遗传基础薄弱，而其进化历史中气候的反复波动导致其居群的反复扩张和收缩，从而使其经历多次历史瓶颈事件，进一步削弱其遗传基础，其应对环境变化的潜力也逐渐被削弱。面对日益恶化的严酷环境，尽管其在长期的进化中形成了适应强烈旱化和强日照生境的特性，在绝大多数植物已在本地灭绝时，它们也逐步走向濒危。蒙古沙冬青的遗传基础强于新疆沙冬青，其趋于濒危的程度也有所缓和。虽然沙冬青的减数分裂、大小孢子发育等繁殖生物学特性正常（韩雪梅和屠骊珠，1991；李勇和屠骊珠，1994；李勇等，1994；周江菊等，2005），不是其致濒因素，但其昆虫依赖性传粉特性与分布区环境条件恶劣（干旱、少雨、多风沙）所导致的对传粉者生存的影响、种子萌发生态因子的限制、虫害或动物取食所导致的健康种子率低下等构成了沙冬青濒危的生殖生态限制因子；种子重力散播在一定程度上也限制了沙冬青的基因流，从而促进其近交衰退。随着现在其生境的进一步恶化和人们为了实现其药用和薪炭价值而实施的采伐破坏，本已濒危的新疆沙冬青已经趋于灭绝的边缘，蒙古沙冬青由渐危逐步趋于濒危。

抢救性收集栽培和迁地保护是当前遏制新疆沙冬青濒危情况加剧并走向灭绝的有效措施。其主要措施为：①对新疆沙冬青进行全分布区居群及个体的全面调查和采集。在居群遗传多样性和居群结构评价的基础上，按照极小濒危物种的居群采样原理和方法，进行物种遗传完整性取样收集，并建立迁地保育圃及繁殖圃。②对迁地保育栽培技术及繁殖的原理和方法进行研究，确保迁地栽培植物材料的生长繁育正常，形成"从种子到种子"的全过程。③建立迁地保育居群和个体的遗传亲缘数据库，动态监测居群和个体的遗传及其形态变异，为野外回归的材料选择奠定科学的基础。④深入研究居群繁殖特征及其规律，并研制快速繁殖技术，为野外移植和回归引种计划的实施提供繁殖体保障。⑤结合就地保护居群动态及其遗传结构变异，及时采取迁地、就地综合保护措施，加强居群恢复和野外生态栖息地的长期监测与复壮管理。中国科学院吐鲁番沙漠植物园长期以来从事两种沙冬青植物的迁地保育及其合理利用研究，该沙漠植物园利用得天独厚的荒漠环境有效地进行了新疆沙冬青和蒙古沙冬青的迁地保护，并取得了一批有价值的实验数据和研究结果，为沙冬青的保护和野外复壮，以及野外回归计划的实施奠定了坚实的基础。

2. 就地保护及其保护区建设

鉴于新疆沙冬青的特殊意义，为加强对干旱区珍稀濒危物种和生态环境的保护，深入开展科学研究，促进生态环境的建设，应尽快建立"新疆沙冬青自然保护区"。

克孜勒苏柯尔克孜自治州林业局和克孜勒苏柯尔克孜自治州人民政府曾于 2000 年

将专项报告（科林字〔2000〕135 号文和克政办函〔2000〕27 号文）上报新疆林业局。2002 年，新疆林业局也曾向自治区政府报送关于建立"新疆沙冬青自然保护区"的请示。无论是学术界还是基层保护组织都对建立"新疆沙冬青自然保护区"有很高的共识。特别是针对新疆特殊的自然条件和生物多样性特点，在实施西部大开发战略的过程中，必须重视对生态环境和生物多样性的保护，新建或拟建的各类自然保护区都是有其重要意义的，保护区的建立还可以带动当地的生态环境保护与建设工作，促进地区的经济发展（如发展沙冬青的种苗业）。

蒙古沙冬青群系为我国阿拉善荒漠的一个特有植物群落，它又与四合木、绵刺、半日花、蒙古扁桃等其他珍稀植物共同建群。由于自然历史因素和现实人类经济活动的影响，它们的分布区也有缩小的趋势，因此，设立内蒙古荒漠特有植物物种保护区势在必行。

根据细胞学和分子生物学研究得到的沙冬青遗传多样性及其居群结构特点，在建立自然保护区的同时，人为改变新疆沙冬青和蒙古沙冬青不同居群的自然配置，实现基因流动，从内在机制上保育两种植物的遗传多样性，从而达到真正保护种质资源的目的。迁地保育时要注意收集不同居群的种源，丰富物种基因遗传的异质性。

3. 保护与合理利用并举

植物资源的合理与有效利用，尽可能地增加人工繁殖数量，也是减少野外盗采压力、实现有效保护的必然途径。

新疆沙冬青和蒙古沙冬青是亚洲中部的旱生植物区系中古老的第三纪古亚热带常绿阔叶林的残遗植物，是稀有而珍贵的种质资源，对于研究植物历史地理学、古生物学和古地质学都有重要的科学价值。两种沙冬青是干旱区珍贵的常绿阔叶灌木，具有适应严酷生境的生理生态学特点，可以生存在极端干旱的荒山和石质戈壁上，防风固沙性能良好（蒋志荣，1994），是干旱区可用于绿化荒山的优良树种，同时也可作为北方城市、园林、庭院绿化的重要树种资源，对西北干旱区的生态建设有重要意义（严成和潘伯荣，1991）。沙冬青枝叶可供药用，具有祛风湿、活血散瘀的效用（王庆锁等，1995），还可用作杀虫剂（尤纳托夫，1959）。沙冬青属两种植物的科学价值和经济利用价值（含潜在的利用价值）要求我们应该重视对它们的保护与合理利用。从生物多样性保育与可持续利用的观点出发，保护的策略应从 3 个层面考虑，即生态（景观和生态系统）、物种和基因。同时，新疆沙冬青冬季常绿，春季花繁似锦，园林绿化和观赏的价值很高，是对改善干旱区城镇生态环境具有潜力的灌木。已有专家建议，在我国北方干旱地区可引种栽培沙冬青，以改变北方城市冬季针叶树种不绿的现状。沙冬青可依靠种子繁衍，在保护物种的同时，也可以较好地保护其遗传多样性。应该在干旱区城镇绿化和荒山、荒地生态恢复建设中积极推广两种沙冬青。

4. 物种的恢复策略

沙冬青的恢复策略是以迁地和就地保护的综合措施为基础的。对植物园迁地保育人工管理居群和保护区建立后监测的野生居群都必须加强管理，尤其是虫害的防治，保证果实不被虫蚀，同时采取人工措施扩大居群结构。物种保护的策略除迁地保育和在原产地建立保护区外，还应积极开展回归自然生态系统。对现有野生居群的遗传复壮进行移植也涉及科研和技术方法的不断创新。例如，新疆沙冬青和蒙古沙冬青两种植物遗传多样性的恢复工作，还应注意引进分布于吉尔吉斯斯坦和蒙古国的多居群种源，扩大基因来源。

（潘伯荣　陈国庆　尹林克　葛学军）

第六节　巴 东 木 莲

木兰科（Magnoliaceae）植物是被子植物中较原始、古老的植物类群，是研究被子植物起源与早期演化的关键类群之一，在研究和理解被子植物的起源、演化、迁移、扩散及植物区系等方面有重要的科学意义（林祁和曾庆文，1999；张冰，2001；吴征镒等，2003）。木兰科植物虽然在早白垩纪和第三纪时曾广泛分布于北半球，但在受到第四纪冰川的影响和破坏后，形成了东亚-北美间断分布与由北美向南美迁移的现代分布格局（刘玉壶等，1995；陈涛和张宏达，1996；张冰，2001）。该科现有 15 属约 246 种，其中相当一部分为东亚特有属或特有种。我国有 11 属约 99 种，集中分布于云南、广西、广东等我国的西南部和南部，为木兰科原始类群的保存中心和分化中心（刘玉壶等，1995；张冰，2001；吴征镒等，2003）。因我国近 60 年来各地森林遭受了不同强度的破坏，在景观破碎、生境岛屿化的情况下，其传播和更新受到了很大的影响，生存受到了严重的威胁（王献溥和蒋高明，2001），目前该科已有 70 余种处于濒于灭绝或濒危状态，是被子植物中受到严重威胁种类比例最多的科（刘玉壶等，1997；傅立国，1991；于永福，1999；王献溥和蒋高明，2001；汪松和谢焱，2004）。木莲属（Manglietia）是现存木兰科中最原始的类群，有 30 多种，为东亚特有属（刘玉壶等，1995；陈涛和张宏达，1996；张冰，2001），该属中已有众多物种沦为濒危种。加强木莲属和木兰科种资源的有效保护已刻不容缓。国内外学者对木兰科植物的保护生物学虽然开展了一些研究（潘跃芝等，2001，2003；潘跃芝和龚洵，2002；廖文芳等，2004；Isagi et al.，2000；Kikuchi and Isagi，2002；Pan et al.，2003；Setsuko et al.，2004），但缺乏系统性，尚未见有学者从濒危机制和保育策略方面进行系统而全面的研究。本节以巴东木莲（M.

patungensis）为例，对其濒危机制和迁地保育策略研究相关进展进行梳理，以期为木兰科植物的保育提供参考。巴东木莲是木莲属中分布最靠北缘的物种，为我国特有的濒危树种（傅立国，1991）。系统地研究巴东木莲的濒危机制并制定科学的保育策略，不仅为巴东木莲的科学有效保育提供坚实的基础，而且对木莲属以至木兰科物种的科学有效保育有极其重要的指导意义，甚至对被子植物中其他木本物种的保育有借鉴意义。

一、巴东木莲分类地位、自然分布区及濒危等级和现状

1. 巴东木莲的分类地位

巴东木莲为多年生常绿乔木，隶属于原始类群木兰科现存最原始的属——木莲属，其分类地位有一些争议。该树种最初由我国植物学家胡先骕在湖北巴东发现，并以地名将其命名为巴东木莲（胡先骕，1951）。Chen 和 Nooteboom（1993）认为红花木莲分布非常广泛，其叶的大小和形态、花的颜色及大小在不同的分布区表现出不同的变异，因而主张将巴东木莲并入红花木莲（*M. insignis*）中。刘玉壶等（1996）则认为将巴东木莲依然作为一个独立的物种处理较为合适，李捷（1997b）则对将巴东木莲并入红花木莲没有提出异议，而且认为不必对红花木莲进行种下级别的分类处理。最近对巴东木莲、红花木莲及乳源木莲（*M. yuyuanensis*）3 种木莲属植物的核型研究（孟爱平等，2004）不支持把巴东木莲归并到红花木莲中，认为应该确认其作为独立种的分类地位。在 *Flora of China* 第 7 卷（2008）对木兰科的整理和修订中仍保留了巴东木莲作为独立种的分类地位。

2. 巴东木莲的自然分布区

巴东木莲分布区域狭窄，仅间断而零星地分布于 28°47′10″N ~ 30°51′53″N、107°9′E~110°38′9″ E 之间的鄂西、湘西北和重庆南部，垂直分布仅见于海拔 374~1029m 的常绿阔叶林中（李晓东等，2004）。巴东木莲的分布点记载主要为：湖北巴东县的思阳桥、利川市的毛坝，湖南永顺县的小溪自然保护区、桑植县的天平山、张家界国家森林公园、石门县的壶瓶山保护区、桃源县、澧县和慈利县，重庆南川区的金佛山保护区（傅立国，1991；彭春良等，1998；刘克旺和杨旭红，2001）。我们于 2002~2003 年对巴东木莲的分布区鄂西、湘西、重庆南川进行了考察。在鄂西，除了利川、巴东外，《鄂西珍稀濒危树种》（湖北恩施土家族苗族自治州林业局，内部资料）中还记载恩施市的两河口、来凤县的胡家坪、咸丰县活龙乡坪有该种的零星分布，但我们实地调查发现，除了咸丰活龙茶园的一株为巴东木莲外，其他均为黄心夜合（*Michelia martinii*）等木兰科植物的错误定名。同样，在湖南桃源、沅陵、澧县、慈利等地，人们也将黄心夜合误认为巴东木莲，湖南石门壶瓶山国家级自然保护区记录分布的 5 株巴东木莲（保护区内部资料），经实地察看发现仅有两株为巴东木莲。虽然我们调查发现部分原记录分布点有误，但发

现了两个新分布点，一是湖北咸丰县尖山乡卷洞门村的 4 个自然村发现零星分布有 6 株巴东木莲；二是在湖南桑植八大公山保护区八大公山核心区外围缓冲区五道水乡杨家坪村和元宝村分别发现有该种的小群体分布，天平山核心区外围缓冲区芭茅溪乡楠木坪村和黄连台村有零星分布。在巴东木莲的现实分布区中，除湖南永顺小溪和桑植五道水（含芭茅溪）两个区域为小居群分布外，湖南石门壶瓶山、张家界金鞭溪、湖北巴东思阳桥、利川毛坝和星斗山、咸丰活龙坪茶园和尖山卷洞门、重庆南川金佛山等均为巴东木莲的零星分布点，各点分布少量几株，分布岛屿化和生境片断化明显（表 6-16）。

表 6-16　巴东木莲的地理分布居群状态及居群大小

居群或分布点	分布类型	地理位置	成年植株/幼树	垂直分布	生境状态	备注
湖北巴东思阳桥	单株散生	30°50′58″N~30°51′52″N 110°19′17″E~110°20′29″E	3	536~593	片断化，山脚河边	未见更新幼苗
湖北利川毛坝	单株散生 萌生	30°03′50″N~30°06′42″N 109°00′40″E~110°02′09″E	5/5	766~979	片断化，庭院、田边、山谷	幼苗为砍伐后的萌条，母树附近未见幼树幼苗
湖北利川星斗山	单株独生	30°01′41″N 109°05′58″E	1	741	移栽至房前，原生境已无分布	有人工繁殖幼苗，人工造林200株，成活率不理想
湖北咸丰活龙	单株独生	29°50′21″N 108°47′17″E	1	936	田边林缘	未见更新幼苗，不能正常结实
湖北咸丰尖山	单株散生	29°45′05″N~29°49′34″N 108°51′27″E~108°55′49″E	6	790~1029	次生林，片断化分布	未见幼苗更新，采种破坏严重
湖南桑植巴茅溪	单株散生	29°42′27″N~29°44′17″N 110°03′26″E~110°04′52″E	5/2	374~826	次生林，片断化分布	幼树幼苗远离母树，采种破坏严重
湖南桑植五道水	单优次生林	29°43′39″N~29°44′25″N 110°50′03″E~110°53′56″E	25/50	384~714	次生林，片断化分布成两片	各龄级幼苗幼树均有分布，母树近年采种破坏严重，有盗伐大树现象，幼苗遭偷挖破坏
湖南张家界金鞭溪	单株独生	29°20′26″N 110°26′49″E	1	454	溪边，距旅游线路较近	结实不良，未有幼苗
湖南石门壶瓶山	单株独生	29°57′26″N~30°01′12″N 110°25′33″E~110°38′09″E	2	374~478	次生林，房旁	未见幼苗更新，结实不良
湖南永顺小溪	优势居群	28°47′10″N~28°47′48″N 110°15′18″E~110°15′48″E	130/50	400~550	原始次生林，呈小居群分布	集中分布区域外有少量零星分布，林下分布各龄级幼树，但数量有限

3. 濒危等级和现状

由于巴东木莲分布狭窄，居群或个体的数量少，加之在自然状态下，种子的繁殖能力差，在大多数分布点难以找到自然更新幼苗，分布点的森林曾遭严重破坏，《中国植物红皮书》将巴东木莲及其近缘种红花木莲分别列为濒危物种和渐危物种（傅立国，1991）。巴东木莲被定为国家Ⅱ级重点保护野生植物，红花木莲为国家Ⅲ级重点保护野生植物（许再富，1998）。受 Chen 和 Nooteboom（1993）将巴东木莲并入红花木莲的影响，国务院 1999 年公布国家重点保护野生植物名录时取消了巴东木莲，红花木莲因归并了多个种后，分布范围和群体相应增大，也未列入《国家重点保护野生植物名录》（李捷，1997b；于永福，1999）。但是 Chen 和 Nooteboom（1993）对巴东木莲的修订并没有得到我国植物学家和分类学家的广泛认可（刘玉壶等，1996；刘克旺和杨旭红，2001；孟爱平等，2004；林新春和俞志雄，2004a），巴东木莲在 *Flora of China*（2008）仍为独立的物种。巴东木莲在现有分布区域内仅有两处以小居群的形式分布，其中小溪居群略大，而五道水居群（含幼苗幼树）不到 100 株。小溪居群虽然有更新幼苗，但居群分布区域狭窄，植株也不太多。其他分布点仅有个别植株零星分布，且未见有更新幼苗。我们在调查时发现存在因采种而对巴东木莲严重砍枝的现象，在保护区也存在其被偷偷破坏的现象，偷采种、偷挖幼苗和砍伐现象严重（表 6-16），导致其野生资源量日益减少。按世界保护联盟物种受威胁分类系统标准（Palmer et al.，1997），巴东木莲现处于濒危（endangered）和极危（critically endangered）之间。因此加强巴东木莲的就地保护和迁地保护已刻不容缓。

二、生境特点和居群特征

1. 生境特点

巴东木莲分布在渝东南和湘鄂西交汇的狭窄区域，该区域属武陵山-巫山山系，属于我国中亚热带与北亚热带的过渡地带，气候属于贵州高原气候与江南丘陵气候的过渡类型。对巴东木莲生境的野外调查显示，巴东木莲分布区的自然生境极度退化（图 6-24），已成为濒危生境（李晓东等，2004）。其主要生境特点表现在以下几方面。

1）分布区气候特征与立地条件较适宜各种植物的生长，许多珍稀濒危物种生长良好，是第三纪孑遗植物物种在冰期的庇护所之一。

2）分布区植被遭到严重破坏，生境极度破碎化，居群相互隔离成孤立的小居群或单株散布于农地周围或次生林中；即使在自然保护区的部分原生林中，除小溪居群和五道水居群外，大多巴东木莲也呈单株散生分布。

3）常绿阔叶林中的巴东木莲群体呈小斑块或片状优势林木散生，无大面积连续分布的群体。

4）土著居民和外地商贩常对巴东木莲、黄心夜合等木兰科植物进行掠夺性的采种或采挖幼树、幼苗，甚至砍伐母树或通过高强度的砍枝来获取种子，严重威胁着巴东木莲的生存和发展。

5）除小溪和五道水外的巴东木莲居群个体已存在严重的地理隔离，因生境片断化或环境污染（主要为农药的使用），传粉昆虫（甲壳虫类）和取食鸟类的数量急剧减少，限制了巴东木莲的有效传粉和种子散播，制约着群体的自然更新和扩大。

图 6-24　巴东木莲生境及群落结构（另见文后彩图）

A. 散生于庭院边的巴东木莲大树（湖北利川毛坝）；B. 巴东木莲被砍伐后的萌生幼树（利川毛坝）；C. 散生于次生林中、萌生多年的巴东木莲大树（湖北巴东思阳桥）；D. 破碎的巴东木莲生境（巴东思阳桥）；E. 林下更新实生幼苗（永顺小溪）；F. 更新幼树（永顺小溪）；G、H、I. 巴东木莲小溪居群共优种次生林及其生境

2. 居群特征

巴东木莲居群呈现独生单株、散生单株、萌生幼林、单优种次生林和共优种次生林5 种类型（图 6-24）（李晓东等，2004）。

对现存巴东木莲最大的自然居群——小溪居群的群落结构及其动态进行实地调查表明（李晓东等，2006），巴东木莲群落乔木层共有高等植物 74 种，隶属于 27 科 49 属，其中含裸子植物 2 科 2 种、被子植物 25 科 72 种，含种数较多的科有樟科（6 属 9 种）、山毛榉科（4 属 12 种）、蔷薇科（4 属 5 种）、山茶科（3 属 4 种），占其群落全部物种数的 40.6%。优势树种主要集中在樟科、木兰科、山毛榉科、山茶科及金缕梅科 5 科。群落乔木层的总盖度为 80%。

群落乔木层可分为 3 个亚层，第一亚层林木高度在 15m 以上，常绿阔叶树种个体（49%）与落叶阔叶树种个体（48%）基本上各占一半，裸子植物约占 3%。在该亚层，巴东木莲和枫香数量最多，其他伴生乔木树种有利川润楠、银鹊树、银木荷、湘西石栎、榉树、杉木、枇杷、石栎等。第二亚层林木高度在 6~15m，常绿阔叶树（57%）要比落叶阔叶树（43%）更占优势，主要树种有利川润楠、杉木、湘西石栎、香港四照花、南酸枣、巴东木莲、枇杷石栎、银鹊树、拟赤杨和银木荷。第三亚层林木高度在 4~6m，此亚层常绿阔叶树（65%）与落叶阔叶树（35%）相比占绝对优势，主要树种有湘西石栎、鼠刺、利川润楠、香港四照花、银木荷、巴东木莲和枇杷石栎。从群落乔木层的组成看，常绿阔叶成分第三亚层＞第二亚层＞第一亚层，体现出常绿落叶阔叶混交群落向常绿阔叶群落的演替趋势。群落中除巴东木莲外，还有闽楠、花榈木、青檀、榉树、银鹊树、红椿等 7 种国家重点保护植物。

　　群落中共有巴东木莲 103 株，其中径级为 5cm 的小树有 34 株，占 33%。尽管我们这次在样地中只发现了 3 棵高度在 1m 以下的幼苗，但据保护区的有关人员介绍，巴东木莲幼苗原先在群落中有很多，前两年在保护区内修旅游道路时，有些民工将巴东木莲幼苗挖走了。从巴东木莲的径级图可以看出，小溪自然保护区的生态环境是巴东木莲最适宜的生活环境。巴东木莲、利川润楠和银木荷的径级分布均呈正金字塔形，可以维持居群的更新。

　　巴东木莲居群在自然非干扰生境下动态更新良好。调查中发现，巴东木莲的胸围可以达到 453cm（湖北省利川市毛坝新化），而且生长良好，但巴东木莲的生命周期长。小溪保护区内巴东木莲在群落中的重要值为 26.23，仅次于利川润楠的重要值（27.26），且在 47 个样方中有分布，巴东木莲的径级结构呈现出正金字塔形，说明巴东木莲在该群落中是一个优势树种，并且能够进行良好的自然更新；在群落中我们还发现，巴东木莲小树的分布明显受到土壤湿度和林木盖度的影响，土壤湿润和林木盖度在 80%~95%时有利于巴东木莲幼苗和小树的生长。在小溪群落中，利川润楠和巴东木莲的重要值最高，常绿树种在群落中所占的比例较大，因此，群落的建群种是利川润楠和巴东木莲，两种优势树种均有良好的更新储备，使得群落可以长期稳定共存。

三、物种特有生物学特征

1. 巴东木莲的枝、叶、花、果特征

　　巴东木莲为二倍体种，$2n=2x=38$（孟爱平等，2004；林新春，2004）；常绿乔木，高 15~25m，胸径达 120cm；树皮淡灰褐色；小枝灰褐色，无毛。叶互生，革质，倒卵状椭圆形或倒卵状倒披针形，长 7~20cm，宽 3.5~7cm，先端尾状渐尖，基部楔形，全缘，两面无毛，上面绿色，有光泽，中脉在上面，侧脉 13~15 对；叶柄长 1.5~3cm。叶上表皮细胞大小平均为 $1779\mu m^2$，垂周壁波状弯曲，下表皮垂周壁波状至深波状弯曲，气孔器平列型，密度约为 191 个/mm^2（林新春和俞志雄，2004b）。

　　巴东木莲花两性，单生枝顶，白色，芳香；花被片 9，外轮窄长圆形，长 4.5~5cm，宽 1.5~2cm，中轮及内轮倒卵形，长 4.5~5.5cm，宽 2~3cm；雄蕊长 5~8（~10）mm，花药紫红色，药隔伸出；花粉椭圆形，具远极单萌发沟，左右对称，异极，花粉大小为 $31.0\mu m \times 6.7\mu m$（极轴×赤道轴），外壁表面纹饰蠕虫状，远极面可见小穴，侧面和近极面有蠕虫状纹饰，中间杂以小穴（林新春和俞志雄，2003）；雌蕊群窄卵圆形，雌蕊约 55，每心皮有胚珠 4~6（稀 6~8 或 1~3）。聚合果圆柱状椭圆形，长 5~9cm；成熟时淡紫红色，

背缝开裂；种子较小，千粒重 30~50g，近三角状扁卵形，长 5~7mm，宽 3~5mm；假种皮红色，油腻性肉质；外种皮黑褐色，薄骨质，较脆；内种皮薄膜质，鲜种时难以鉴别；胚乳极发达，富含油脂，胚极小，但发育完善；种子具有生理休眠（图 6-25）。

图 6-25　巴东木莲单生枝顶的两性花、果（李晓东于 2002 年 5 月拍摄）（另见文后彩图）

2. 巴东木莲的繁育特征

目前尚未见有关巴东木莲的传粉生物学的研究报道，但是研究表明，木兰科植物单朵花的开放期较短且为雌雄异熟物种（龚洵等，1998；Pan et al.，2003），蜂类昆虫是其花粉的采集者，但主要有效传粉媒介为甲壳虫（Kikuzawa and Mizui，1990；Thien，1974）。巴东木莲及其近缘种红花木莲的单朵花开放时间较短，仅十几小时，当花被片完全张开时，雄蕊就脱落（鲁元学等，1999），因此不可能为风媒传粉；其近缘种香木莲（Manglietia aromatica）的繁殖生物学研究表明，香木莲为雌蕊先熟，传粉昆虫必须钻进花芽或未开放的花朵才能有效传粉（Pan et al.，2003）。从巴东木莲的开花特点推断，巴东木莲与香木莲一样为雌蕊先熟物种，其有效授粉须在其花完全开放之前，蜂类等难以进入未开放花朵的昆虫不可能成为其传粉者，只有像甲壳虫类能钻进未完全开放花朵的昆虫才能成为其有效传粉媒介。巴东木莲等木兰科植物雌雄异熟的生理特性不仅可以避免自花授粉带来的近交衰退，而且有利于甲壳虫的传粉。甲壳虫带着外来花粉进入未开放的花朵给先熟的雌蕊授粉，待雄蕊成熟花开放时，带着刚成熟的花粉离开，进入其他未开放的花朵，进行异花授粉（龚洵等，1998）。野外调查证实，巴东木莲同株异花不亲和。巴东木莲同其他木兰科植物一样，具有虫媒异交繁育系统，甲壳虫类昆虫为其专属传粉者，至于巴东木莲是否具有物种专属的传粉甲壳虫及其具体种类有待于进一步的传粉生物学研究。

巴东木莲与其近缘种红花木莲一样，在花朵开放的第二天，花被片全部脱落，保留棕黄色的幼果，经 15 天的发育后就变成黄绿色，未授粉的幼果在数日后果柄逐渐萎蔫，幼果脱落（鲁元学等，1999）；授粉的蓇葖果开始膨大，受精胚珠逐渐发育成种子，对于单个蓇葖果而言，只要有一粒种子发育，就不会脱落，这与红花山玉兰的结果习性相似（龚洵等，1998）。这种未授粉幼果极早脱落的现象，可能是为了给授粉蓇葖果提供更充足的营养，以利于种子的发育；而保留仅有一粒种子的蓇葖果，是为了珍惜每一个授粉机会，尽可能多地保留种子，以增加繁殖机会。蓇葖果一般在 10 月成熟，为紫红色，背缝全裂，露出带有鲜红假种皮的种子，常引起鸟类的注意而被取食。

木兰科植物种子的特殊结构决定了其种子的特殊散播和萌发策略（刘玉壶等，1997；Pan et al.，2003；鲁元学等，1999）。巴东木莲成熟种子的胚包被有 3 层种皮，油腻性肉质假种皮和骨质外种皮由外珠被发育而成，膜质内种皮由内珠被发育而成，种子萌发孔（珠孔）位于三角状扁卵形外种皮底边的正中，是胚完成生理后熟和萌发时的吸水、呼吸与胚根生长通道。自然状态下，假种皮在潮湿的环境中会腐烂退去或经鸟取食后而被消化掉。假种皮腐烂的同时，也极易使胚或胚乳感染病菌而失去活力并腐烂；鸟取食消化假种皮时也会消化部分种子的胚或胚乳，但总有少部分完好的种子被排出体外，落在适宜生境中，顺利萌发。虽然鼠类和猴类动物也采食其果实或种子，但它们会将种子咬烂而不能成为巴东木莲种子的有效传播者，因而鸟类是其自然条件下的种子散播者。

巴东木莲种子富含挥发性芳香油，种子易失水，寿命短，且具有生理后熟性，也就决定了其特定的萌发策略。首先需退去假种皮，鲜艳的颜色有利于吸引鸟类而帮助其退去油质假种皮，同时完成散播；人工可采用及时浸泡搓洗的方法去除假种皮。其次需要一段时间和足够的水分来完成其生理后熟，确保巴东木莲种子能及时进入湿润土壤中，经历长时间的低温解决后熟问题。最后，其胚乳丰富且富含油脂，呼吸作用强烈，需要充足的空气，土壤的透气性和透水性也是巴东木莲种子顺利萌发的限制因素之一。这种萌发策略也可能正是造成自然分布的巴东木莲总是生长在潮湿的溪沟两侧，且为板页岩发育的疏松沙壤土上的原因之一。

巴东木莲近缘种红花木莲的种子生理和萌发实验研究表明（周佑勋，1991）：①新采集的红花木莲种子在黑暗中不萌发或萌发率低，光照条件下萌发率可以略为提高，种子具有生理休眠特性；②胚乳极发达，胚极小，但形态发育完善，胚形态发育不是引起种子休眠的原因，种皮对种子的透性有一定的影响，也不是引起种子休眠的主要原因；③用 1500ppm GA_3 溶液处理新采集的种子可以在黑暗中充分萌发，暗示其种子休眠与内源促进物质的缺乏有关；④层积处理 80~120 天可以完全解除种子休眠而使其充分萌发，低温干藏不能解除种子休眠，而且腐烂率高；⑤种子萌发对光有一定的要求，光照对种子的萌发有明显的促进作用，层积处理和变温可以减弱对光的要求。研究表明，红花木莲蓇葖果成熟后炸出的种子及时采用清水浸泡揉搓去掉假种皮后，立即播种或用湿沙低温贮藏（5~10℃）并于翌年春季播种，均具有高发芽率（80%以上），5℃湿沙贮藏种子萌发率可达 94%；最适萌发温度为 20~25℃（鲁元学等，1999）。巴东木莲与红花木莲极近缘，并有学者将两者归并为一个种（李捷，1997b；Chen and Nooteboom，1993），两者具有相近的种子生理和萌发率。

四、巴东木莲的系统进化史

木莲属是现存木兰科植物中最原始的类群，我国西南的康滇古陆和华南古陆为该属的起源中心和早期分化中心，经迁移扩散，该属在白垩纪至第三纪广泛分布于北半球，历经第四纪冰期，其中绝大部分区域灭绝，仅孑遗于东亚和东南亚的热带亚热带区域，形成东亚现存特有分布（吴征镒等，2003）。化石孢粉和现代孢粉的比较结果表明，在我国甘肃酒泉发现的早白垩纪凡兰今阶（Valanginian）至阿尔必阶（Albian）的木兰花粉和现代的毛果木莲（Manglietia hebecarpa）、海南木莲（M. hainanensis）的花粉相似（刘玉壶等，1995），其内部结构和外部形态都具有许多原始特征（刘玉壶，1984；徐凤霞和吴七根，2002）。尽管因为落叶木莲的发现和木兰属的多系类群，一些学者将木莲属并入木兰属（李捷，1997a；孙卫邦和周俊，2004；Figlar and Nooteboom，2004），但基于叶绿体 DNA 序列（王亚玲等，2003；Shi et al.，2000；Ueda et al.，2000）和 ndhF 序列（Kim et al.，2001）的分子系统学证据表明木莲属是一个单系类群，而且其序列相对保守。形态分支分析也支持木莲属为单系类群，但与木兰属皱种木兰组或称厚朴组（Rytidospermum）的关系密切（Li and Conran，2003）。杂交实验表明，木莲属属内杂交亲和，而与木兰属存在生殖隔离（龚洵等，2001）。在木莲属内，大叶木莲（M. megaphylla）、大果木莲（M. grandis）相对原始，滇缅木莲（M. hookeri）较为原始，包括巴东木莲在内的红花木莲物种复合群也较为原始，香木莲（M. aromatica）进化水平较高，可能为木莲属与华盖木属的过渡类型（吴征镒等，2003）。落叶木莲在该属中进化水平高，为木莲属的特化类群，反映出木莲属与木兰属的过渡特征（俞志雄，1994；郑庆衍，1995a，1995b；孙卫邦和周俊，2004）。

巴东木莲与红花木莲、木莲（M. fordiana）、乳源木莲、马关木莲（M. maguanica）、滇缅木莲、海南木莲（M. hainanensis）及其变种光木莲（M. hainanensis var. globra）等十几个分类群亲缘关系很近，构成近缘种复合群，在地理格局上形成狭域分化，呈水平或垂直替代分布（吴征镒等，2003）。有学者干脆将它们合并为一个多型种（李捷，1997b；Chen and Nooteboom，1993）。同木莲属其他物种一样，巴东木莲为系统发育进化原始类群，由起源于我国康滇古陆和华南古陆早白垩纪的木莲原始种演变、分化而成（刘玉壶等，1995）。可以推断，当祖先种不断迁移扩散、积累分化，形成祖先姊妹类群并于晚白垩纪至第三纪广布于北半球的同时，分布于起源中心及周边区域的木莲祖先类群可能存在广泛的基因交流，分化缓慢，只是随着喜马拉雅造山运动、青藏高原进一步抬升等一系列地质事件所造成的生境变迁和复杂化后，其才开始分化。使得现存木莲属的种间形态和基因水平都相当保守，碱基序列缺乏差异（王亚玲等，2003）。第四纪冰期北半球大陆的绝大部分区域遭受冰河的破坏，其植被灭绝，而木莲原始起源地及周边区域因喜马拉雅的隆升形成了一系列特异的小生境，成为孑遗生物避难所，但冰川运动还是将木莲原先的连续分布割裂成狭域的斑块，使得木莲居群经历遗传瓶颈。冰期后，岛屿化的木莲居群因缺乏基因交流而分化，在我国的西南-华南-华中等区域，形成了狭域分化，并作水平或垂直替代分布具有异质居群结构的多型种，并进一步分化，形成了包括 10～12 种的复合种系（吴征镒等，2003）。其中孑遗于我国渝东南至湘鄂西的居群演变为巴东木莲，在人类干预压力下，其生境进一步破碎，成为岛屿化零星分布，处于灭绝的边缘（李晓东等，2004；傅立国，1991）。

五、巴东木莲濒危的生殖发育及生态环境因素

1. 巴东木莲的生殖发育特征概要

减数分裂是有性生殖的前提，减数分裂染色体的行为特征直接反映有性生殖产物的遗传基础，还关系到配子体和胚胎的发育问题。何子灿等（2005）对巴东木莲及其近缘广布种乳源木莲减数分裂过程中染色体的形态和行为进行了比较观察，为进一步研究濒危植物巴东木莲的濒危机制提供了细胞遗传学证据。

巴东木莲体细胞染色体数目为 $2n=2x=38$，终变期和中期Ⅰ一般形成 19 个二价体，但少数花粉母细胞出现 1 个四连体。在中期Ⅰ观察到四价体为"十"字形，或呈链状。少数细胞出现了 2 个单价体，可能是联会失败或联会提前消失所致。随机统计 113 个后期Ⅰ细胞，发现有 23.0%的细胞中有 1~7 个迟滞染色体或断片。中期Ⅱ时子细胞染色体形态和着丝点清晰，可通过半核型分析来研究配子体的核型特征。随机统计 65 个后期Ⅱ细胞，有 29.2%的细胞中出现了迟滞染色体或断片，较后期Ⅰ时期发生频率增高，同时迟滞染色体数目也有所增加，最多可达 11 个。

乳源木莲体细胞染色体数目为 $2n=2x=38$，终变期和中期Ⅰ形成 19 个二价体，未出现四价体等异常情况，中期Ⅰ时平均每个细胞染色体构型为 19 个二价体，后期Ⅰ时仅 9.5%的细胞有迟滞染色体。减数分裂后胞质分裂与红花木莲、巴东木莲一样为修饰性的同时性。中期Ⅱ时子细胞染色体形态和着丝点清晰，后期Ⅱ时有 8.8%的细胞有 1~2 个迟滞染色体。统计 277 个花粉，发现有 21 个空苞（占 7.6%），与后期Ⅰ和后期Ⅱ时出现迟滞染色体的频率基本相同。

巴东木莲自发的染色体断裂与同臂内倒位杂合子的形成可能有一定的关系。巴东木莲和乳源木莲减数分裂后期Ⅰ和后期Ⅱ出现的迟滞染色体等染色体行为异常现象的发生频率明显不同，以后期Ⅱ为例，乳源木莲减数分裂相中有迟滞染色体的占 8.8%，迟滞染色体数不超过 2 个；巴东木莲减数分裂相中除迟滞染色体数可在 1~11 个外，迟滞染色体和断片的发生频率高达 29.3%。巴东木莲减数分裂过程中染色体组表现出迟滞染色体与染色体的断裂频率很高的异常现象可能会影响配子体的发育。

目前的研究表明，红花木莲、灰木莲（*M. glauca* var. *sumatra*）及落叶木莲的孢子发生和配子体发育基本相似，基本上均属于正常发育，仅少数雄配子在发育中败育，雌配子败育则发生在胚囊发育成熟后、受精前（潘跃芝等，2001；潘跃芝和龚洵，2002；肖德兴和俞志雄，2004；Liao et al.，2000；Pan et al.，2003）。香木莲雄配子发育正常但萌发异常，雌配子发育过程中有少部分异常，败育主要发生在胚囊发育成熟而受精前（潘跃芝等，2003；Pan et al.，2003）。巴东木莲与红花木莲极近缘，甚至被认为是一个种（Chen and Nooteboom，1993；李捷，1997b），二者小孢子减数分裂过程相似，因而我们推断，巴东木莲的大、小孢子发生和雌、雄配子的发育与红花木莲相近。但巴东木莲小孢子减数分裂过程中存在一定比例的染色体异常现象，可能使少部分小孢子在发育中败育，同样也可能导致少部分大孢子在发育中败育，但大部分大、小孢子可能像红花木莲一样能够发育成熟。雌配子受精前的败育可能是木莲属植物在长期进化过程中形成的一种防止

自交的繁育机制，虽然会造成栽培植株和散生孤株结籽率的低下，但对于自然生境下的居群，若有效传粉者存在，应不会产生极大的影响。野外调查发现巴东木莲孤树不结实，散生植株（株间距≤5km）有少量结籽，居群分布植株结实情况良好，且林下幼苗更新较好。可见巴东木莲部分配子体受精前败育并不是致使巴东木莲濒危的主要因素，只是在生境遭受严重破坏，导致有效传粉者缺少或片断化生境，造成植株隔离而缺乏外源花粉的情况下，结籽率急剧降低，而成为巴东木莲地方绝灭的主要因子。

2. 生殖生态环境因素

从木莲属的生殖发育看，巴东木莲能否正常结籽取决于是否存在良好的生殖生态环境，如有效传粉者数量、居群大小、植株间距、光照条件等。其自然繁殖成功与否还取决于是否具备良好的种子萌发生态环境，如种子捕食者与散播者，土地湿度、温度、透气性，光照，土壤，种子病虫害等。

木兰科植物的有效传粉者为甲壳虫类昆虫（龚洵等，1998；Kikuzawa and Mizui，1990；Thien，1974），且与木莲属雌雄发育异熟、寿命短的特性相匹配。有效传粉者的属种专属性和数量可能直接关系到木莲属植物结籽率的高低，目前尚缺乏相关研究。传粉者的生物学和生态学习性及传粉者与木莲属植物相互作用的研究应是木莲属繁殖生态学研究需要关注的重点。

野外调查发现，巴东木莲居群大小和植株间距对其结实情况有重要影响，散生母树间距超过一定距离（5~10km）就不能结实，而适当间距（<5km）时的散生母树有少量可结实。这是因为巴东木莲除了自花授粉隔离外还存在自交不亲和机制？或是缺乏有效传粉者？还是有效传粉者活动范围有限或者是花粉寿命短，在花粉携带过程中就已经失去活力？开展深入的自然生境模拟授粉、受精，传粉者行为与习性以及花粉寿命等研究等将有助于解答上述相关问题。巴东木莲居群中的上层大树和林缘植株结实情况良好，说明除传粉者因素外，光照对巴东木莲的结实也有较大的影响。一是光照可能影响植物的自身调节，其生殖生长需要足够的光照；二是处于开阔而光照充足条件下的花蕾更有利于吸引传粉者，同时也有利于传粉者携带花粉离开。

巴东木莲种子结构的特性决定了其种子成功萌发必须及时除去油质假种皮，并于细润、透气的土壤中完成生理后熟。自然条件下鸟类既是捕食者又是其种子的散播者，形成木莲植物与鸟类间互惠的相互作用的形成。鸟类散播种子时既有随机性又有一定的规律，巴东木莲种子量往往成为一个重要因素，如果巴东木莲有一定的居群大小，结籽量较多，鸟类捕食者就可能在该区域停留一段时间，将捕食的种子消化假种皮后散播在该区域，最后种子萌发成幼苗；如果巴东木莲母树散生，结实量又少，鸟类捕食其种子后飞走，自然不能将种子散播于当地，母树附近自然难以有幼苗更新。鸟类随机散播的种子只有落在适宜萌发的环境中，而且不受病、虫、兽害，才能成功萌发，也就决定了大部分区域的木莲属植物在世代更替中为随机散生状态。

湿润的土壤、较长时间的低温、良好的土壤透气性和透水性、萌发期温度等成为巴东木莲种子萌发的限制因素。经冬季低温完成生理后熟导致的种子萌发期的最适温度在20～25℃，高于30℃或长期为10℃低温均可造成种子霉烂而发芽率低下；成功萌发的幼苗易受阳光灼伤，周围环境是否具备荫蔽条件关系到幼苗能否健康生长（鲁元学等，1999）。

可见巴东木莲传粉、结实、种子散播与萌发等任何一个繁殖生态环节被破坏或受到干扰，都会导致巴东木莲濒危。木莲属植物雌、雄配子的发育特性和种子的结构特征，是其长期进化的结果，有利于木莲属植物避免近交衰退，保持强壮的生命力和良好的适应性；长久以来，良好的繁殖生态环境能够使其顺利完成结籽、散播、萌发等生殖更新过程，成为现存最古老的植物类群之一。但在环境不断恶化的今天，其经历长期进化的雌、雄配子发育特性和种子结构，则成为其濒危的内在因素。

六、居群遗传学特征

物种濒危的机制一直是遗传学家和生态学家争论的问题之一，遗传学家偏重于遗传基础，而生态学家则强调生态环境的作用（Spielman et al.，2004）。毫无疑问，遗传变异是物种适应环境变化和保持进化潜力的物质基础。尽管研究人员普遍认为生境破碎和栖息地的丧失是物种灭绝最直接的原因，但是，有大量理论和实验的研究结果表明，遗传多样性的丧失可以削弱物种生存的能力，进而增加物种灭绝的风险（Falk and Holsinger，1991；Frankham et al.，2002）。从物种进化生存的观点来看，适度的遗传多样性水平对物种保持适应环境变化的能力和持续进化的潜力具有重要意义，稀有濒危物种的遗传学问题已受到保护生物学家的普遍重视（Frankel，1974；Frankel and Soulé，1981；Frankham，1995；Westemerier et al.，1998）。开展稀有濒危物种自然居群的遗传多样性与遗传结构的研究，有助于深入了解稀有濒危物种受威胁的原因和现状，同时也是制定合理保育策略的理论基础。我们采用等位酶和 AFLP 标记对巴东木莲现存的自然居群进行了遗传多样性与遗传结构的研究（何敬胜和黄宏文，2003；何敬胜等，2005a），并采用空间自相关分析方法分析了巴东木莲居群遗传变异的空间结构（何敬胜等，2005b），以探讨巴东木莲濒危的遗传学因素。

1. 巴东木莲的遗传多样性与遗传结构分析

等位酶遗传标记的遗传多样性分析的结果表明，巴东木莲具有较高的遗传多样性：在居群水平上，其平均多态性位点比率（P）为 48.1%，每个位点平均等位基因数（A）为 1.57，平均预期杂合度（H_e）为 0.192。多态性最高的是利川居群（$P=63.2\%$、$A=1.84$、$H_e=0.257$）；其次是咸丰居群（$P=63.2\%$、$A=1.68$、$H_e=0.249$）；多态性最低的是石门居群（$P=21.1\%$、$A=1.21$、$H_e=0.114$）。在物种水平上，平均多态性位点百分数（P）为 68.4%，每个位点等位基因平均数（A）为 1.89，平均预期杂合度（H_e）为 0.209。对具有较高遗传多样性的利川和咸丰居群的保护对巴东木莲的进化有重要的意义。

固定指数（F），又称内繁育系数，可以用来衡量居群偏离 Hardy-Weinberg 平衡的程度。巴东木莲 13 个多态性位点中有 6 个位点的固定指数显著偏离该平衡，其中 5 个为负值，平均值 $F=-0.191$，说明巴东木莲居群的杂合体轻微过量，纯合体略显不足。巴东木莲总的位点平均等位酶遗传多样性（H_T）为 0.306，各位点差异较大，从 0.055（$Acp-1$）

到 0.660（*Gpi-1*），并且大多数遗传变异存在于居群内（H_S=0.26）。居群遗传分化系数（G_{ST}）为 0.165，平均基因流（N_m）为 1.27，说明巴东木莲 16.5%的遗传变异分布于居群间，并且居群间存在一定的基因交流。各多态性位点分化程度的 χ^2 检验表明，在 13 个位点中有 11 个位点分化达到显著或极显著水平，反映出巴东木莲居群呈现出一定程度的分化。

居群间遗传一致度从 0.939（利川与石门居群）到 1.000（利川与芭茅溪居群），平均为 0.973，与物种种内居群间的一致度相符（Crawford，1989）。各居群间遗传距离与地理距离的相关性分析表明两者存在弱正相关（r=0.215；P > 0.5），与根据 Nei（1978）遗传距离的 UPGMA 聚类分析结果相一致。从聚类图（图 6-26）中我们可以看到，距离相近的利川、咸丰、五道水与芭茅溪居群优先聚类，并成为主聚类组，反映出它们之间较近的遗传关系；而巴东、石门、小溪居群与主聚类组明显分离，显示出相对较大的遗传分化。

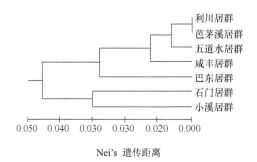

Nei's 遗传距离

图 6-26　巴东木莲 7 个居群的 UPGMA 聚类图

用 AFLP 分子标记对巴东木莲的遗传多样性进行分析结果表明，尽管总体水平的多态性位点比率高达 52.60%，但在居群水平上具有较低的遗传多样性，平均多态性位点百分率为 P＝24.86%，平均遗传多样性为 H＝0.104，Shannon 指数 I＝0.150。各居群遗传多样性差异较大，石门居群两个体间仅有 7 个标记的差异，多态性位点百分比（4.62%）和遗传多样性（H=0.020，I=0.028）极低，湖南小溪、五道水和湖北利川 3 个居群的遗传多样性相近，以小溪居群为最高（P=36.42%，H=0.148，I=0.216）。

居群遗传结构分析表明，总遗传多样性（H_T）为 0.171，居群内遗传多样性（H_S）为 0.104，居群遗传分化系数（G_{ST}）达 0.357，平均基因流 N_m= 0.90，说明有 1/3 以上的遗传变异分布于居群间，居群间存在微弱的基因流动，不足于防止因遗传漂变而引起的居群遗传分化。各多态性位点分化程度的 G^2 检验结果表明，在 91 个 AFLP 多态性位点中，有 72 个位点在居群间分化程度达到显著或极显著水平；同时基于个体 AFLP 单元型数据的遗传距离的分子方差分析结果表明，尽管巴东木莲的大部分遗传变异来源于居群内个体间（79.69%），仅少部分遗传变异来源于居群间（20.31%），但显著性检验表明居群间的变异已经达到极显著水平（P<0.001），反映出巴东木莲居群间存在一定程度的遗传分化。

2. 巴东木莲的居群遗传特征与致濒的遗传因素探讨

前人的许多研究认为，濒危、特有植物具有较低的遗传多样性（Soltis et al.，1992）。但是也有研究表明，部分稀有植物也可能具有较高的遗传变异程度（Williamson and Werth 1999；Gitzendanner and Soltis，2000；Brzosko et al.，2002；López-Pujol et al.，2002）。虽然巴东木莲已经成为片断化居群结构，沦为濒危植物，但本研究结果表明，该物种具有较高的等位酶遗传多样性，明显高于多年生木本特有种的平均值（Hamrick and Godt，1996a）；也高于其他木兰科植物，如美国东南部的地方种 *Magnolia fraseri*（H_e=0.111），*Magnolia mactophylla*（H_e=0.055）和 *Magnolia tripetala*（H_e=0.055）（Qiu and Parks，1994）。AFLP 分析表明，巴东木莲在 DNA 水平的遗传多样性为 H_T=0.171，H_S=0.104。虽然尚未见木兰科其他物种的 AFLP 遗传多样性的研究报道而难以进行比较，但巴东木莲的 AFLP 遗传多样性显著高于华木莲（落叶木莲）的 ISSR 遗传多样性（廖文芳等，2004），与其 RAPD 遗传多样性相近（林新春等，2003）。

巴东木莲较高的等位酶遗传多样性可能与其繁育系统等生物学特性、生活习性及生境特点有关。首先从木兰科植物的传粉特性来看，该科植物的花大而且颜色鲜艳，具有虫媒传粉植物的特征（Thien，1974；刘玉壶等，1997；潘跃芝等，2003），有利于保持遗传多样性。巴东木莲居群中实际的杂合体比率略高于理论预期值，这也与其虫媒传粉的繁育特性相符合。其次，巴东木莲为长寿命多年生的树种，而且其种子萌发能力较强（Fu，1992），在相当长的时间内可以保持其遗传多样性。最后，巴东木莲所处的华中地区及长江流域地形复杂、气候差异显著，在第四纪冰川期成为许多第三纪古老植物和特有植物的避难所，并且形成一个遗传多样性孑遗中心，也是木兰科植物的现代分布中心和多样性中心之一（陈涛和张宏达，1996），与受第四纪冰川影响更大的北美相比，更有利于物种在冰期保持遗传多样性，从而降低冰期后的瓶颈效应。

各自然居群的遗传多样性存在差异，AFLP 分析表明，DNA 水平的遗传多样性与居群大小呈正相关。两个最大且自然更新较好的五道水与小溪群两居群的 AFLP 遗传多样性水平相对较高，但仅有 11 个个体的利川居群也有着相近水平的 AFLP 遗传多样性，表明两居群可能经历过瓶颈效应。

尽管目前巴东木莲居群已经严重片断化，但以上研究显示，巴东木莲的遗传多样性主要保持在居群内，居群间仅保持少部分的遗传多样性。等位酶分析表明，居群间遗传多样性仅有 16.5%（G_{ST}=0.165），其遗传分化程度仅略高于多年生木本特有种的平均值（G_{ST}=0.141）（Hamrick and Godt，1996a）。分子方差分析表明，居群间 DNA 水平的遗传变异为 20.31%，依然处于中等水平（Nybom，2004）。地理居群间仍存在一定的基因流 [N_m=1.27（等位酶）或 0.90（AFLP）]，表明巴东木莲虽然有一定程度的居群分化，但分化较弱，与目前巴东木莲居群间还保持着较近的遗传距离或较高的遗传一致度的情况相吻合。巴东木莲为长寿命物种，现存个体多为成年大树，因而其遗传多样性水平及居群分化应该是生境破坏前历史居群残留状况的反映，基因流数据也是巴东木莲各居群大小降低前的历史基因流。聚类分析表明地理距离相近的居群并不一定优先相聚，反映出已呈岛屿状分布的巴东木莲居群，由于空间距离较远且有大的山脉阻挡，居群间隔离严重，遗传漂变可能正在或逐渐起作用，现实的遗传分化已经不再遵守 Wright（1978）居群地理距离分化模式，今后这种效应就会越来越明显。巴东木莲现存较高的遗传多样性可能只是一种暂时的现象，如不及时制定保育策略来保护现有居群，其遗传多样性将无法长久保持。

距离隔离作用（即限制的基因流）是导致遗传变异斑块状分布的主要因素（He et al., 2000），种子植物中基因的流动主要通过传粉和种子散播来实现。居群个体的地理分布式样和传粉与种子散播的生物学及生态学特性往往可以确定植物基因流动的模式，进而影响居群遗传变异的空间结构（表 6-16）。像其他木兰科植物一样，巴东木莲具有甲壳虫类专属性传粉（Thien，1974；刘玉壶等，1997）和鸟类取食种子、消化假种皮然后散播的种子传播特性（潘跃芝等，2003）。通过对巴东木莲现存两个较大居群个体等位酶遗传变异进行空间自相关，结果分析发现，小溪居群与桑植居群（分五道水和芭茅溪两个亚居群）的遗传变异空间格局存在较大差异，反映出不同类型自然居群有不同的内部遗传变异空间分布模式。在集中连续分布的小溪居群内，显著性相关的 Moran's I 值仅占 17.8%，表明该居群内大多数等位基因的遗传变异缺乏空间自相关，基因型随机分布。巴东木莲集中分布于保护区的核心地带，较少受到人为影响，从而表现出自然状态下的空间结构模式。由于该居群个体分布较为连续，不存在地理隔离，因此花粉在居群内个体间的传播基本不受距离的限制，居群内存在较广泛的花粉流；鸟类的活动使得种子在较大范围内随机散播，带动长距离的基因交流，减少地理差异对遗传变异的影响，使得巴东木莲的遗传变异在小溪居群内形成随机分布的空间格局。而该居群的固定指数小于零，也暗示了该居群个体间的随机交配。相反，在桑植居群，砍伐幼苗和种子采集造成栖息地片断化的情况比较严重，各分布点内个体成簇分布，传粉者主要在邻近个体间移动，因而斑块间的花粉流动减少了，在一定程度上限制了基因流，使基因型严重偏离随机分布，形成较强的空间结构。在空间自相关分析中，显著性相关的 Moran's I 值在等频率和等地理距离分析中（样对数为 75 或 76）分别占到 42% 和 40%，且绝大多数达极到显著水平（$P<0.01$），表明遗传变异基本呈非随机分布。等间隔划分中，在 10 个等级中连续 3 个等级（7~14km）样对数为零，说明巴东木莲在此栖息地的不连续分布，即生境的破碎、片断化。该居群的两个亚居群的固定指数（F）大于零，说明各亚居群纯合子过量，杂合子略显不足，意味着存在近交或居群亚结构（Hartl and Clark，1997），这与遗传变异的聚集分布相一致。近交及有限的基因流会进一步降低亚居群的遗传多样性，形成异质居群结构，产生更强的遗传变异空间格局。

尽管巴东木莲较好的历史遗传基础有利于巴东木莲在经历冰期瓶颈效应后得以长期生存，而现实遗传基础的流失已经开始危及巴东木莲适应生境变化的潜能。现存巴东木莲小居群或极小居群中的遗传多样性水平极低，说明其遗传均质性严重，已经影响到其子代的繁育，如在巴东、咸丰、石门等低遗传多样性居群中，已难以发现更新幼苗或幼树。而且片断化的居群已经产生斑块状的遗传变异空间分布，形成异质亚居群结构，开始体现近交效应，居群生存更新状况要比小溪居群差。可见巴东木莲较薄弱的遗传基础是导致巴东木莲濒危的重要因素之一，如果其遗传多样性继续流失，特别是稀有等位基因的丢失，将进一步降低其适应环境变迁的潜力，加剧其濒危状况，增加自然居群地方灭绝的危险。种种迹象表明，巴东木莲在近代具有连续的分布区，其现代分布格局的形成和濒危状态与人类活动密不可分，近百年来社会的快速发展，人类对木材与粮食的需求急剧增加，导致对森林的掠夺性经营和大量的农田开发，从而使得其生境不断片断化、岛屿化。同时也导致其传粉媒介和种子萌发条件丧失，使巴东木莲逐步失去居群繁衍的机会。如巴东、利川、咸丰、石门等受人类活动影响较大的居群，其内植株已呈星散分布，且难以发现幼苗或幼树。片断化岛屿分布的居群间的隔离将日趋严重，并将进一步影响居群间的基因交流。显然，人类活动对其生境的破坏可能是导致巴东木莲濒危的首要和直接原因，而且还在不断地加剧（如掠夺而破坏性的采种等），保护和恢复巴东木莲的良好生境是当务之急。但遗传基础的作用也不容忽视，随着时间的推移，遗传多样性的丧失就会显现，其濒危状态进一步加剧。

七、巴东木莲的保育及回复策略

1. 巴东木莲致濒因素的综合分析

总的来看，巴东木莲的濒危状况是其经历冰川毁坏所造成历史瓶颈效应后，由自身的繁殖生物学特性、遗传多样性丧失、生境的退化、传粉者和种子散播者的不断丧失，以及人类的干扰破坏等多方面因素综合作用形成的结果。第四纪冰川使巴东木莲大部分地方居群灭绝，只有处于少数几个庇护所的居群得以幸存，而成为子遗居群，使其经历严重的瓶颈效应。巴东木莲及其近缘种的雌雄异熟、发育成熟大孢子受精前的迅速败育（潘跃芝等，2001；潘跃芝和龚洵，2002；肖德兴和俞志雄，2004；Liao et al.，2000；Pan et al.，2003），以及同配不亲和机制的共同作用所形成的远交繁育生殖生物学特性，成为现今其濒危的主要内因；尽管远交繁育系统有助于维持其较高的遗传多样性，但当其成为孤树或者群体严重遗传均质化时，繁育及演替将严重受阻；同时，其专属传粉甲壳虫类昆虫的种类及数量也成为重要的传粉生态控制因素。巴东木莲种子结构、萌发特性及其鸟类散播特性是其濒危的第二个主要内因，即使巴东木莲结实后可以产生大量的种子，在自然条件下只有极少数的种子得以萌发，鸟类散播的特性使巴东木莲的外向扩散为随机零星散生式，鸟类活动及其数量成为种子散播萌发关键的生态控制因子之一；巴东木莲的居群大小和居群动态结构又可以影响传粉者和种子散播者的活动与数量，相对于片断化小岛屿分布的小居群，连续分布的大居群可以吸引较多的传粉者和种子捕食者（鸟类）并使之停留更多的时间，有利于居群的繁育更新。人类的干扰破坏使得巴东木莲的生境大量丧失，环境不断恶化，传粉生态或种子散播萌发生态也遭受破坏，同时居群个体数量剧减，除小溪居群外，几乎所有的巴东木莲自然居群已经成为片断化分布，正在逐步走向地方灭绝。此外，巴东木莲遗传多样性的丧失已经开始降低巴东木莲适应环境变迁的潜能，片断化分布、具异质亚居群结构的桑植居群已经开始体现出近交效应，可能有逐步增强亚居群遗传均质性的危险。目前巴东木莲分布区域人类干扰破坏严重，过度地采集木兰科植物种苗，是巴东木莲等木兰科植物濒危的主要和直接因素。

2. 巴东木莲的保育策略

濒危植物的保育分为就地保护和迁地保护两种相互补充的保护方法。就地保护就是在濒危物种的自然生栖地和自然环境中进行保护，一般通过建立保护区或国家森林公园进行保护管理，是最行之有效的方法。迁地保护是就地保护的必要补充，可以确保植物居群或个体在不可逆转的生境丧失、野外灭绝的情况下，在迁地保护基地得以长期保存，成为物种恢复重建的基础。

根据巴东木莲致濒机制与濒危现状，我们建议应同时加强巴东木莲的就地保护和迁地保护。就地保护的策略和措施是：①湖南永顺小溪居群群体最大且更新较好，具有完整的居群结构，并位于保护区的核心区域，受到了较好保护，今后应主要加强动态监测和病虫等灾害的防治，尽管该居群有相对较高的 DNA 水平的遗传多样性，但其等位酶遗传多样性（历史）相对较低，可以考虑适当引进历史遗传多样性高的利川和咸丰居群的后代，以进一步增加其遗传多样性。②位于保护区外围缓冲区的桑植居群，具有一定数量的群体，尚能自然更新，但依然受到了一定程度的破坏（幼苗采挖或采种），目前已呈片断化岛屿式亚居群分布，有着居群衰退的危险，应进一步加强对该居群的就地保护，最好是将其划入核心区，提升该居群的保护管理水平，限制人们对该居群生境的进一步破坏，如成年母树的砍伐、幼苗的采挖及掠夺性的采种，以保证该居群的自然更新。③位于非保护区而历史遗传多样性最高的利川和咸丰居群受到了更严重的破坏（砍伐母树或掠夺性采种），已成为零星分布，其传粉繁育和自然更新已较困难，同时该区分布有相当数量的红豆杉等其他濒危植物物种，迫切需要建立保护区进行就地保护，对散生巴东木莲母树登记造册，重点保护。④巴东居群作为巴东木莲的发现地和物种命名地，虽然没有建立综合性保护区的必要，但应建立巴东木莲保护点，加强就地保护。⑤在就地保护中，除了保护巴东木莲本身和生境不受破坏外，应重点加强对传粉昆虫甲壳虫类和种子散播者（鸟类）的重点保护。

根据巴东木莲的繁殖生物学特性，一旦巴东木莲成为孤树或母树间隔距离超过一定距离，其传粉繁育就会成为障碍，从而不能发育更新，最终导致地方居群灭绝。巴东木莲的大部分居群已处于散生状态，基本上难以自然更新，桑植居群也开始片断化衰退，巴东木莲的迁地保护势在必行。①其取样策略可以着重考虑遗传多样性高的五道水和小溪居群，同时应考虑在利川和咸丰这两个植株散生而历史遗传多样性相对较高的居群取样；石门和巴东居群分别只有 2 或 3 个个体，但与其他居群存在较大的遗传差异，应该将两居群的个体考虑在迁地保护的取样范围内。②为了使迁地保护居群能够实现种子到种子世代更替，迁地保护基地应有相应的甲壳虫类传粉昆虫的存在。③木莲属属内物种间具杂交亲和性（龚洵等，2001），近缘种若栽植在一起或相距较近，可能因杂交同化而出现远交衰退的遗传学风险。

3. 物种的恢复策略

目前除了小溪居群内巴东木莲为连续分布外，其他居群均已片断化，绝大多数处于难以自然更新的孤立散生状态。而小溪居群分布区域较小，区域性的局部自然灾害往往就可能使其灭绝。对巴东木莲的居群恢复应引起保护生物学家的重视。针对巴东木莲各居群的状况，可以采取人工辅助恢复的居群策略：①位于保护区核心区的小溪居群，目前其居群结构动态、生长繁殖健康度和自然更新状况均较好，但居群面积过小，可以考虑在周边缓冲区或实验区内栽植部分人工繁育的巴东木莲苗木，以混交林方式构建几个人工亚居群，已达到扩充该居群当地分布区域。②桑植居群存在生境破坏现象，已呈片断化异质亚居群结构，暂时尚能自然更新，但亚居群间较大的地理间隔已经影响到亚居群的基因交流，可以考虑在亚居群间相互引种，补充各亚居群的遗传基础，防止遗传均质化导致的近交衰退，在亚居群间隔地段，可以人工繁育、补充栽植巴东木莲。③咸丰和利川居群已呈零星散生状态，且间距较大，传粉严重受到限制，居群不可能自然恢复壮大，只能人工恢复。采用扦插、嫁接、组织培养等无性繁殖方法对母树进行克隆苗木繁殖（黄运平等，1998；黄运平和李毅，2002；陈发菊等，2000），并引进其他居群个体的后代，充实居群遗传多样性，在其居群区域内选择适宜的生境以混交林的方式构建人工亚居群。④石门和巴东居群目前仅分布有 2 或 3 株母树，其居群恢复工作中应引进小溪或桑植居群的后代，进行人工恢复，并优化其居群大小及结构。

（李作洲　李建强　李晓东　黄宏文）

参 考 文 献

布日额. 1997. 蒙药孟和哈日嘎讷(沙冬青)的生药学研究. 中国民族医药杂志, 3(1): 41.

陈发菊, 张丽萍, 卢斌, 李玲, 张先琼. 2000. 长江三峡珍稀植物——巴东木莲冬芽的组织培养. 生物学通报, 35(6): 36-37.

陈国庆, 黄宏文, 葛学军. 2005. 濒危植物矮沙冬青的等位酶多样性及遗传分化. 武汉植物研究, 23: 131-137.

陈家宽, 王海洋, 何国庆. 1998. 江西境内珍稀植物普通野生稻和中华水韭产地的考察. 生物多样性, 6(4): 260-266.

陈介. 1979. 野牡丹科一新属——虎颜花属. 云南植物研究, 1(2): 106-108.

陈进明, 王晶苑, 刘星, 张彦文, 王青锋. 2004. 中华水韭遗传多样性的 RAPD 分析. 生物多样性, 12(3): 348-353.

陈涛, 张宏达. 1996. 木兰科植物地理学分析. 武汉植物学研究, 14(2): 141-146.

陈媛媛, 叶其刚, 李作洲, 黄宏文. 2004. 极濒危植物中华水韭休宁居群的遗传结构. 生物多样性, 12(6): 564-571.

程争鸣, 潘惠霞, 尹林克. 2000. 柽柳属和水柏枝属植物化学分类的研究. 西北植物学报, 20: 275-282.

冯显逵, 宋玉霞. 1987. 宁夏部分乔灌木树种染色体数目初报. 宁夏农林科技, (1): 28-29.

冯显逵, 宋玉霞. 1988. 沙冬青的核型研究. 宁夏农林科技, (3): 29.

傅立国. 1991. 中国植物红皮书——稀有濒危植物(第一册). 北京: 科学出版社.

龚洵, 潘跃芝, 杨志云. 2001. 木兰科植物的杂交亲和性. 云南植物研究, 23(3): 339-344.

龚洵, 武全安, 鲁元学, 张彦萍. 1998. 栽培红花山玉兰的传粉生物学. 云南植物研究, 20(1): 89-93.

国家环境保护局, 中国科学院植物研究所. 1987. 中国珍稀濒危保护植物名录(第一册). 北京: 科学出版社, 39-61.

韩雪梅, 屠骊珠. 1991. 沙冬青大、小孢子与雌雄配子体发育. 内蒙古大学学报(自然科学版), 22(1): 119-126.

郝日明, 黄致远, 刘兴剑, 王中磊, 徐惠强, 姚志刚. 2000. 中国珍稀濒危保护植物在江苏省的自然分布及其特点. 生物多样性, 8(2): 153-162.

何敬胜, 黄宏文. 2003. 巴东木莲等位酶遗传多样性的分析. 武汉植物学研究, 21(6): 544-546.

何敬胜, 李作洲, 黄宏文. 2005a. 濒危物种巴东木莲的等位酶遗传多样性及其保护策略. 生物多样性, 13(1): 27-35.

何敬胜, 李作洲, 黄宏文. 2005b. 濒危物种巴东木莲的等位酶遗传变异的空间自相关分析. 云南植物研究, 27(1): 171-180.

何子灿, 蔡清, 刘宏涛, 李建强, 黄宏文. 2002. 珍稀濒危蕨类植物中华水韭染色体数目的研究. 武汉植物学研究, 20(3): 241-242.

何子灿, 黄宏文, 吴金清, 蔡青. 2003. 濒危植物疏花水柏枝核型及其染色体双线期构型研究. 染色体学进展: 221-224.

何子灿, 李晓东, 李建强. 2005. 巴东木莲花粉母细胞减数分裂观察. 植物分类学报, 43(6): 526-532.

洪德元. 1990. 植物分类学. 北京: 科学出版社: 314-315.

侯文虎. 1988. 残余植被新疆沙冬青灌丛的初步研究. 中国植物学会《中国植物园》. 北京: 生物学杂志社, 7: 57.

侯学里. 1987. 中国温带干旱沙漠区植被地理分布. 植物学集刊. 北京: 科学出版社: 37-66.

胡先骕. 1951. 湖北一种新木莲属. 植物分类学报, 1(3): 335-336.

黄运平, 李毅. 2002. 巴东木莲嫁接繁殖初步研究. 武汉科技学院学报, 15(3): 22-23.

黄运平, 张安民, 谭鉴锡. 1998. 巴东木莲简易扦插繁殖技术研究. 林业科技, 23(2): 12-14.

黄真理. 2001. 三峡工程中的生物多样性保护. 生物多样性, 9(4): 472-481.

江德昕, 何卓生, 董凯林. 1988. 新疆塔里木盆地白垩世孢粉组合. 植物学报, 30(4): 430-440.

蒋志荣. 1994. 沙区常绿灌木沙冬青的防风固沙改土效能研究. 甘肃农业大学学报, 29(1): 83-86.

李捷. 1997a. 木兰科植物的分支分析. 云南植物研究, 19(4): 342-356.

李捷. 1997b. 中国木兰科植物修订. 云南植物研究, 19(2): 131-138.

李龙娜, 陈永聚, 曾宋君, 黄祖富, 徐翊, 叶华谷, 王少平, 段俊. 2009. 虎颜花的资源调查及濒危原因初步分析. 广东园林, 31(4): 12-15.

李沛琼, 倪志诚. 1982. 西藏豆科植物区系的形成与分化. 植物分类学报, 20(2): 142-156.

李晓东, 黄宏文, 李建强, 昝艳燕. 2006. 湖南小溪自然保护区巴东木莲群落结构. 武汉植物学研究, 24(1): 31-37.

李晓东, 黄宏文, 李作洲, 何敬胜, 李新伟, 李建强. 2004. 濒危植物巴东木莲的分布及保护策略. 武汉植物学研究, 22(5): 421-427.

李叶春. 1989. 常绿灌木小沙冬青调查研究初报. 新疆林业科技, (1): 55-57.

李勇, 屠骊珠, 朱宇, 关力学. 1994. 沙冬青小孢子发育的超微结构研究. 内蒙古大学学报(自然科学版), 25(2): 190-195.

李勇, 屠骊珠. 1994. 沙冬青成熟胚囊助细胞的超微结构观察. 内蒙古大学学报(自然科学版), 25(4): 450-455.

李作洲, 王传华, 许天全, 吴金清, 黄宏文. 2003. 三峡库区特有植物疏花水柏枝的保护遗传学研究. 生物多样性, 11: 109-117.

梁开明, 林植芳, 刘楠, 张倩媚, 任海. 2010. 不同生境下报春苣苔的光合作用日变化特性. 生态环境学报, 19(9): 2097-2106.

廖文芳, 夏念和, 邓云飞, 郑庆衍. 2004. 华木莲的遗传多样性研究. 云南植物研究, 26(1): 58-64.

林祁, 曾庆文. 1999. 湖南木兰科植物研究. 中南林学院学报, 19(3): 23-28.

林新春, 俞志雄, 裘利洪, 肖国民, 刘力. 2003. 濒危植物华木莲的遗传多样性研究. 江西农业大学学报, 25(6): 805-810.

林新春, 俞志雄. 2003. 9种木兰科植物的花粉形态观察. 浙江林学院学报, 20(4): 353-356.

林新春, 俞志雄. 2004a. 江西木兰科植物的初步整理. 植物研究, 24(1): 9-15.

林新春, 俞志雄. 2004b. 木兰科植物的叶表皮特征及其分类学意义. 浙江林学院学报, 21(1): 33-39.

林新春. 2004. 巴东木莲的染色体计数. 江西林业科技, 1: 9.

刘果厚, 高润宇, 赵培英. 2001. 珍稀濒危植物沙冬青、四合木、绵刺和半日花等四种旱生灌木在环境
　　胁迫下的生存对策分析. 内蒙古农业大学学报, 22(3): 66-69.

刘果厚. 1998. 阿拉善荒漠特有植物沙冬青濒危原因的研究. 植物研究, 18(3): 341-345.

刘果厚. 1999. 三种濒危植物种子萌发期抗盐性、抗旱性研究.内蒙古农业大学学报(自然科学版), 21(1):
　　32-37.

刘克旺, 杨旭红. 2001. 湖南木兰科植物分类和地理分布的研究.武汉植物学研究, 19(2): 121-127.

刘美芹, 卢存福, 尹伟伦. 2004. 珍稀濒危植物沙冬青生物学特性及抗逆性研究进展. 应用与环境生物
　　学报, 10(3): 384-388.

刘星, 庞新安, 王青锋. 2003. 中国 3 种水韭属植物自然居群水体化学性质特征及差异性研究. 植物生
　　态学报, 27(4): 510-515.

刘星, 王勇, 王青锋, 郭友好. 2002. 中国水韭属植物的染色体数目及其分类学意义. 植物分类学报,
　　40(4): 351-356.

刘媖心. 1987. 包兰铁路沙坡头地段铁路防沙体系的建立及其效益. 中国沙漠, 7(4): 1-10.

刘媖心. 1995. 试论我国沙漠地区植物区系的发生与形成. 植物分类学报, 3(2): 131-143.

刘玉红, 王善敏, 王荷生. 1996. 试论沙冬青属的染色体地理.地理研究, 15(4): 40-47.

刘玉壶, 罗献瑞, 吴容芳, 张本能. 1996. 中国植物志(第 30 卷, 第一分册). 北京: 科学出版社: 221-222.

刘玉壶, 夏念和, 杨惠秋. 1995. 木兰科(Magnoliaceae)的起源、进化和地理分布. 热带亚热带植物学报,
　　3(4): 1-12.

刘玉壶, 周仁章, 曾庆文. 1997. 木兰科植物及其珍稀濒危种类的迁地保护. 热带亚热带植物学报, 5(2):
　　1-12.

刘玉壶. 1984. 木兰科分类系统的初步研究. 植物分类学报, 22(2): 89-109.

鲁元学, 武全安, 龚洵, 张启泰, 张彦萍. 1999. 红花木莲有性繁殖和生态生物学特性的研究. 广西植物,
　　19(3): 267-271.

马国华, 吕金凤, 胡玉姬, 张新华. 2012. 一种报春苣苔叶柄扦插诱导不定芽和不定根的繁育方法, 中
　　国: ZL201110269949.8.

孟爱平, 何子灿, 李建强, 王恒昌. 2004. 三种木莲属(木兰科)植物的核型研究. 云南植物研究, 26(3):
　　3-320.

孟繁松. 1998. 长江流域脊囊属化石的研究及现代水韭的起源. 植物学报, 40(8): 768-774.

潘伯荣, 黄少甫. 1993. 沙冬青属的细胞学研究.植物学报, 35(4): 314-317.

潘伯荣, 余其立, 严成. 1992. 新疆沙冬青生态环境及渐危原因的研究. 植物生态学与地植物学学报,
　　16(3): 276-382.

潘跃芝, 龚洵, 梁汉兴. 2001. 濒危植物红花木莲小孢子发生及雄配子体发育的研究. 云南植物学研究,
　　23(1): 85-90.

潘跃芝, 龚洵, 梁汉兴. 2003. 濒危植物香木莲的胚胎学研究. 武汉植物学研究, 21(1): 1-8.

潘跃芝, 龚洵. 2002. 濒危植物红花木莲大孢子发生及雌配子体发育的研究. 西北植物学报, 22(5):
　　1209-1214.

庞新安, 刘星, 刘虹, 吴翠, 王晶苑, 杨书香, 王青锋. 2003. 中国三种水韭属植物的地理分布与生境特
　　征. 生物多样性, 11(4): 288-294.

彭春良, 夏晓敏, 颜立红, 曾志新, 邹建文. 1998. 湖南木兰科植物分类及地理学分析. 中南林学院学报,
　　18(1): 65-69.

彭泽祥, 袁永明. 1989. 中国豆科黄华族植物种子游离氨基酸组成及其系统学意义. 西北植物学报, 9(1):
　　26-30.

彭泽祥, 袁永明. 1992. 中国豆科黄华族植物系统订正. 西北植物学报, 12(2): 158-166.

任海, 简曙光, 刘红晓, 张倩媚, 陆宏芳. 2014. 珍稀濒危植物的野外回归研究进展. 中国科学: 生命科学, 44(3): 230-237.

任海, 彭少麟, 张奠湘, 简曙光, 韦强, 张倩媚, 刘念, 李世晋, 陈文杉, 庄益智. 2003. 报春苣苔的生态生物学特征. 生态学报, 23(5): 1012-1017.

孙卫邦, 周俊. 2004. 中国木兰科植物分属的新建议. 云南植物研究, 26(2): 139-147.

唐贵智. 2001. 长江三峡地区新构造、地质灾害和第四纪冰川作用与三峡形成图集. 武汉: 湖北科学技术出版社.

陶玲, 李新荣, 刘新民, 任珺. 2001. 中国珍稀濒危荒漠植物保护等级的定量研究. 林业科学, 37(1): 52-57.

汪松, 谢焱. 2004. 中国物种红色名录(第一卷). 北京: 高等教育出版社.

汪智军, 李行斌, 郭仲军, 巴哈尔古丽. 2003. 新疆14种珍稀濒危植物资源现状及保护. 中国野生植物资源, 22(2): 15-17.

王荷生. 1989. 中国种子植物特有属起源的探讨. 云南植物研究, 11(1): 1-16.

王洪新, 胡志昂. 1996. 植物的繁育系统、遗传结构和遗传多样性保护. 生物多样性, 4: 92-96.

王庆锁, 李勇, 张灵芝. 1995. 珍稀濒危植物沙冬青研究概况. 生物多样性, 3(3): 153-156.

王瑞珍, 马秀珍, 李莉. 1992. 沙冬青新害虫——沙冬青木虱. 内蒙古林学院学报, 14(1): 1-4.

王献溥, 蒋高明. 2001. 中国木兰科植物受威胁的状况及其保护措施. 植物资源与环境学报, 10(4): 43-47.

王亚玲, 张寿洲, 崔铁成. 2003. *trnL* 内含子及 *trnL-trnF* 间隔序列在木兰科系统发育研究中的应用. 西北植物学报, 23(2): 247-252.

王烨, 尹林克, 潘伯荣. 1991. 沙冬青属植物种子特性初步研究. 干旱区研究, 8(2): 12-16.

王烨, 尹林克. 1991a. 19种荒漠珍稀濒危植物的物候研究. 干旱区研究, 8(3): 45-56.

王烨, 尹林克. 1991b. 两种沙冬青耐盐性测定. 干旱区研究, 8(2): 20-22.

王勇, 厉恩华, 吴金清. 2002. 三峡库区消涨带维管植物区系的初步研究. 武汉植物学研究, 20: 265-274.

王勇, 吴金清, 黄宏文, 刘松柏. 2004. 三峡库区消涨带植物群落的数量分析. 武汉植物学研究, 22: 307-314.

王勇, 吴金清, 陶勇, 李作洲, 黄宏文. 2003. 三峡库区消涨带特有植物疏花水柏枝的自然分布及迁地保护研究. 武汉植物学研究, 21: 415-422.

王勇. 2001. 三峡库区消涨带植被的研究. 武汉: 中国科学院武汉植物研究所硕士学位论文.

尉秋实, 王继和, 李昌龙, 庄光辉, 陈善科. 2005. 不同生境条件下沙冬青种群分布格局与特征的初步研究. 植物生态学报, 29(4): 591-598.

魏岩, 谭敦炎, 尹林克. 1999. 中国柽柳科植物叶解剖特征与分类关系的探讨. 西北植物学报, 19: 113-118.

吴金清, 赵子恩, 金义兴, 沈泽昊. 1998. 三峡库区特有植物疏花水柏枝的调查研究. 武汉植物学研究, 16: 111-116.

吴征镒, 路安民, 汤彦承, 陈之端, 李德铢. 2003. 中国被子植物科属综论. 北京: 科学出版社: 57-95.

吴征镒. 1983. 中国植被. 北京: 科学出版社.

肖德兴, 俞志雄. 2004. 华木莲花药的发生发育. 热带亚热带植物学报, 12(4): 309-312.

熊高明, 陈岩. 1995. 三峡库区特有植物疏花水柏枝的扦插繁殖初报. 生物多样性, 4: 25.

熊高明. 1997. 疏花水柏枝种群生态学及繁殖研究. 武汉: 中国科学院植物研究所硕士学位论文.

徐凤霞, 吴七根. 2002. 木兰科种子内种皮合点区形态及其系统学意义. 植物分类学报, 40(3): 260-270.

徐惠珠, 金义兴. 1999. 三峡库区特有植物疏花水柏枝繁殖的初步研究. 长江流域资源与环境, 8: 158-161.

许国英, 潘伯荣, 谢明玲. 1994. 沙冬青生物碱成分研究. 干旱区研究, 11(1): 50-52.

许再富. 1998. 稀有濒危植物迁地保护的原理与方法. 昆明: 云南科技出版社.

闫顺, 穆桂金, 许英勤. 2000. 罗布泊地区第四纪环境演化. 微体古生物学报, 17(2): 165-169.

严成, 潘伯荣. 1991. 蒙古沙冬青的园林价值. 干旱区研究, 8(3): 68-69.

杨建中. 2002. 克州小沙冬青的分布及保护利用研究. 新疆林业, (3): 44.

杨期和, 葛学军, 叶万辉, 邓雄. 2004. 矮沙冬青种子特性和萌发影响因素的研究. 植物生态学报, 28: 651-656.

杨伟, 叶其刚, 李作洲, 黄宏文. 2008. 中华水韭残存居群的数量性状分化和地方适应性及其对保育遗传复壮策略的提示. 植物生态学报, 32(1): 143-151.

叶其刚, 李建强. 2003. 浙江省中华水韭分布现状与濒危原因. 武汉植物学研究, 21(3): 216-220.

尹林克, 王烨. 1993. 沙冬青属植物花期生物学特性研究. 植物学通报, 10(2): 54-56.

尹林克, 张娟. 2004. 不同环境下沙冬青属植物的蛋白质氨基酸变化. 干旱区研究, 21(3): 267-274.

尤纳托夫 A A. 1959. 蒙古人民共和国植被的基本特点. 李继侗译. 北京: 科学出版社: 249.

于永福. 1999. 中国野生植物保护工作的里程碑——《国家重点保护野生植物名录(第一批)》出台. 植物杂志, (5): 3-11.

俞志雄. 1994. 华木莲属——木兰科一新属. 江西农业大学学报, 16(2): 202-204.

袁永明, 彭泽祥, 任廷国. 1988. 兰州及其邻近地区几种植物的染色体. 西北师范学院学报, 1988 专辑 1 号: 58-63.

曾宋君. 2005. 珍稀观叶植物——虎颜花. 花木盆景: 花卉园艺, (12): 39.

翟诗红, 李懋学. 1986. 柽柳属植物染色体数目. 植物分类学报, 24(4): 273-274.

张冰. 2001. 木兰科(Magnoliaceae)植物区系分析. 广西植物, 21(4): 315-320.

张道远, 陈之端. 2000. 用核糖体 DNA 的 ITS 序列探讨中国柽柳科植物系统分类中的几个问题. 西北植物学报, 20: 421-431.

张宏达, 缪汝槐. 1984. 中国植物志(第五十三卷). 北京: 科学出版社: 249-251.

张金谈. 1990. 现代花粉应用研究. 北京: 科学出版社: 403-404.

张立运, 海鹰. 2002. 《新疆植被及其利用》专著中未曾记载的植物群落类型 I 荒漠植物群落类型. 干旱区地理, 25 (1): 84-89.

张鹏云, 张耀甲. 1984. 中国水柏枝属的分类研究. 植物研究, 4(2): 67-80.

张鹏云, 张耀甲. 1990. 中国植物志, 第 50 卷, 第 2 分册. 柽柳科. 北京: 科学出版社: 142-177.

张寿洲, 曹瑞. 1990. 沙冬青染色体数目及核型的研究. 植物分类学报, 28(2): 133-135.

张元明, 潘伯荣, 尹林克. 1998. 中国干旱区柽柳科植物种子形态特征及其系统学意义. 植物资源与环境, 7: 22-27.

张元明, 潘伯荣, 尹林克. 2001a. 中国柽柳科花粉形态研究及其分类意义的探讨. 西北植物学报, 21: 857-864.

张元明, 潘伯荣, 尹林克, 杨维康. 2001b. 中国柽柳科植物的研究历史. 西北植物学报, 21: 796-804.

赵一之, 朱宗元. 2003. 亚洲中部荒漠区的植物特有属. 云南植物研究, 25(2): 113-122.

郑庆衍. 1995a. 华木莲学名的订正. 南京林业大学学报, 19(1): 46.

郑庆衍. 1995b. 木莲属一个种的新称. 植物分类学报, 33(1): 180.

周江菊, 唐源江, 廖景平. 2005. 矮沙冬青小孢子发生和雄配子体发育的观察. 热带亚热带植物学报, 13: 285-290.

周佑勋. 1991. 红花木莲种子休眠生理的初步研究. 种子, 56: 10-13.

Barrett S H, Kohn J R. 1991. Genetic and evolutionary consequences of small population size in plants: implications forconservation. In: Falk D A, Holsinger K E. Genetics and conservation of rare plants. London: Oxford University Press: 3-30.

Boczantseva V V. 1976. Chromosome numbers of two shrubs from the family Leyuminosae. Bot Zh, 61: 1441.

Brzosko E, Ratkiewicz M, Wróblewska A. 2002. Allozyme differentiation and genetic structure of the Lady's slipper (*Cypripedium calceolus*) island populations in north-east Poland. Botanical journal of the Linnean Society, 138(4): 438-440.

Caplen C A, Werth C R. 2000. Isozymes of the *Isoetes riparia* complex.I. Genetics variation and relatedness of diploid species. Systematic Botany, 25(2): 235-259.

Chen B L, Nooteboom H P. 1993. Notes on Magnoliaceae III: The Magnoliaceae of China. Annals of the Missouri Botanical Garden, 80(4): 999-1104.

Chen Y Y, Yang W, Li W, Li Z Z, Huang H W. 2009. High allozyme diversity and unidirectional linear migration patterns within a population of tetraploid *Isoetes sinensis*, a rare and endangered pteridophyte. Aquatic Botany, 90(1): 52-58.

Cheng S H. 1959. *Ammopiptanthus* Cheng f. a new genus of Leguminosae from central Asian (in Russian). Bot Zh, 44: 1381-1386.

Comes H P, Kadereit J W. 1998. The effect of quaternary climatic changes on plant distribution and evolution. Trends in Plant Science, 3(11): 432-438.

Crawford D J, OrnduffEnzyme R. 1989. Electrophoresis and evolutionary relationships among three species of Lasthenia (Asteraceae: Heliantheae). American Journal of Botany, 76(2): 289-296.

Devol C E. 1972. A correction for *Isoetes taiwanensis*. DeVol Taiwania, 17(3): 304-305.

Falk D A, Holsinger K E. 1991. Genetics and conservation of rare plants. New York: Oxford University Press.

Fang Y Y, Cheng J D. 1992. *Isoetes sinensis* Palmer. *In*: Fu L G, Jin J M. China plant red data Book-rare and endangered plants. Beijing: Science Press: 17.

Fedorov A A. 1969. Chromosom numbers of flowering plant. Leningrad: Academy Sciences USSR, Komarov Botanical Institute: 314.

Figlar R B, Nooteboom H P. 2004. Notes on Magnoliaceae IV. Blimea, 49: 87-100.

Fleishman E, Launer A E, Swltky K R, Yandell U, Heywod J, Murphy D D. 2001. Rules and exceptions in conservation genetics: genetic assessment of the endangered plant *Cordylanthus palmatus* and its implications for management planning. Biology Conservation, 98: 45-53.

Frankel O H, Soulé M E. 1981. Conservation and evolution. Cambridge: Cambridge University Press.

Frankel O H. 1974. Genetic conservation: our evolutionary responsibility. Genetics, 78: 53-65.

Frankham R, Ballou J D, Briscoe D A. 2002. Introduction to conservation genetics. Cambridge: Cambridge University Press.

Frankham R.1995.Conservation genetics.Annual Review of Genetics, 29: 305-327.

Fu L K. 1992. China plant red data book: rare and endangered plants (Vol.1). Beijing: Science Press.

Ge X J, Yu Y, Yuan Y M, Huang H W, Yan C. 2005. Genetic diversity and geographic differentiation in endangered *Ammopiptanthus* (Leguminosae) populations in desert regions of northwest China as revealed by ISSR analysis. Annals of Botany, 95: 843-851.

Ge X J, Yu Y, Zhao N X, Chen H S, Qi W Q. 2003. Genetic variation in the endangered Inner Mongolia endemic shrub *Tetraena mongolica* Maxim (Zygophyllaceae). Biological Conservation, 111(3): 427-434.

Gitzendanner M A, Soltis S. 2000. Patterns of genetic variation in rare and widespread plant congeners. American Journal of Botany, 87(6): 783-792.

Gravuer K, von Wettberg E, Schmitt J. 2005. Population differentiation and genetic variation inform translocation decisions for *Liatris scariosa* var. *novae-angliae*, a rare New England grassland perennial. Biological Conservation, 124(2): 155-167.

Griffith K, Scott J M, Carpenter J W, Reed C. 1989. Translocation as a species conservation tool: status and strategy. Science, 245: 477-480.

Groombridge J J, Jones C G, Bruford M W, Nichols R A. 2000. Conservation biology: 'ghost' alleles of the Mauritius kestrel. Nature, 403: 616.

Guo Z T, Ruddiman W F, Hao Q Z, Wu H B, Qiao Y S, Zhu R X, Peng S Z, Wei J J, Yuan B Y, Liu T S.

2002. Onset of Asian desertification by 22 Myr ago inferred from loess deposits in China. Nature, 416: 159-163.

Hamrick J L, Godt M J W. 1996a. Effect of life history traits on genetic diversity in plant species. Phil Trans Roy Soc London Biol Sci, 351: 1291-1298.

Hamrick J L, Godt M J W.1996b.Conservation genetics of endemic plant species. *In*: Avise J C, Hamrick J L. Conservation genetics: Case history from nature. New York: Chapman and Hall, 281-304.

Hartl D, Clark A.1997.Principles of population genetics. 3rd ed. Sinauer Sunderland, Massachusetts, USA.

He T H, Rao G Y, You R L, Ge S, Hong D Y. 2000. Spatial autocorrelation of genetic variation in three stands of *Ophiopogon xylorrhizus* (Liliaceae s.l.). Annals of Botany, 86: 113-121.

Hickey R J. 1986. On the identity of *Isoetes triquetra* A. Braun. Taxon, 35: 243-246.

Hickey R J, Macluf C, Taylor W C. 2003. A re-evaluation of *Isoetes savatieri* Franchet in Argentina and Chile. American Fern Journal, 93(3): 126-136.

Hufford K M, Mazer S J. 2003. Plant ecotypes: genetic differentiation in the age of ecological restoration. Trends in Ecology and Evolution, 18: 147-155.

Isagi Y, Kanazashi T, Suzui W, Tanaka H, Abe T. 2000. Microsatellite analysis of the regeneration process of *Magnolia obovata* Thunb. Heredity, 84: 143-151.

Kang M, Ye Q G, Huang H W. 2005. Genetic consequence of restricted habitat and population decline in endangered *Isoetes sinensis* (Isoetaceae). Annals of Botany, 96: 1265-1274.

Kikuchi S, Isagi Y. 2002. Microsatellite genetic variation in small and isolated populations of *Magnolia sieboldii* ssp. *japonica*. Heredity, 88: 313-321.

Kikuzawa K, Mizui N. 1990. Flowering and fruiting phenology of *Magnolia hypoleuca*. Plant Species Biology, 5: 1400-1406.

Kim S, Park C W, Kim Y D, Suh Y. 2001. Phylogenetic relationships in family Magnoliaceae inferred from *ndhF* sequences. American Journal of Botany, 88(12): 717-728.

Lande R. 1988. Genetics and demography in biological conservation. Science, 241: 1455-1460.

Lande R. 1999. Extinction risk from anthropogenic, ecological and genetic factors. *In*: Landweber L A, Dobson A P. Genetics and extinction of species. Princeton: Princeton University Press: 1-22.

Li J, Conran J G. 2003. Phylogenetic relationships in Magnoliaceae subfan. Magnolioideae: a morphological cladistic analysis. Plant Systematics and Evolution, 242: 23-47.

Liang K M, Lin Z F, Ren H, Liu N, Zhang Q M, Wang J, Wang Z F, Guan L L. 2010. Characteristics of sun- and shade-adapted populations of an endangered plant *Primulina tabacum* Hance. Photosynthetica, 48(4): 494-506.

Liao J P, Chen Z L, Cai X Z, Wu Q G. 2000. Embryology of *Manglietia glauca* var. *sumatra* and *Michelia guangxiensis* and the abnormal development. *In*: Liu Y H, Fan H M, Wu Q G, Zeng Q W. Proceedings of the international symposium on the family Magnoliaceae. Beijing: Science Press: 177-187.

Liu H, Ren H, Liu Q, Wen X, Maunder M, Gao J. 2015. Translocation of threatened plants as a conservation measure in China. Conservation Biology, 29(6): 1537-1551.

Liu H, Wang Q F. 2005. *Isoetes orientalis* (Isoetaceae), a new haxaploid quillwort from China. Novon, 15: 164-167.

Liu Y, Wang Y, Huang H. 2006. High interpopulation genetic differentiation and unidirectional linear migration patterns in *Myricaria laxiflora* (Tamaricaceae), an endemic riparian plant in the three gorges valley of the Yangtze River. American Journal of Botany, 93: 206-215.

Liu Y, Wang Y, Huang H. 2009. Species-level phylogeographical history of *Myricaria* plants in the mountain ranges of western China and the origin of *M. laxiflora* in the three gorges mountain region. Molecular Ecology, 18: 2700-2712.

López-Pujol J, Bosch M, Simon J, Blanché C. 2002. Allozyme variation and population structure of the very narrow endemic *Seseli farrenyi* (Apiaceae). Botanical Journal of the Linnean Society, 138: 305-314.

Lü J F, da Silva J A T, Ma G H. 2012. Vegetative propagation of the *Primulina tabucum* by petiole cutting. Scientia Horticulturae, 134: 163-166.

Ma G H, He C X, Ren H, Zhang Q M, Li S J, Zhang X H, Eric B. 2010. Direct somatic embryogenesis and shoot organogenesis from leaf explants of *Primulina tabacum*. Biologia Plantarum, 54(2): 361-365.

McDowell S C L, Turner D P. 2002. Reproductive effort in invasive and non-invasion *Rubus*. Oecologia, 133: 102-111.

McKay J K, Latta R G. 2002. Adaptive population divergence: markers, QTL and traits.Trends in Ecology and Evolution, 17: 285-291.

Nei M. 1978. Estimation of average heterozygosity and genetic distance from a small number of individuals. Genetics, 89: 583-590.

Newman D, Pilson D. 1997. Increased probability of extinction due to decreased genetic effective population size: experimental populations of *Clarkia pulchella*. Evolution, 51: 354-362.

Nybom H, Bartish I V. 2000. Effects of life history traits and sampling strategies on genetic diversity estimates obtained with RAPD markers in plants. Perspectives in Plant Ecology, Evolution and Systematics, 3(2): 93-114.

Nybom H. 2004. Comparison of different nuclear DNA markers for estimating intraspecific genetic diversity in plants. Molecular Ecology, 13: 1143-1155.

Palmer M A, Hodgetts N G, Wigginton M J, Ing B, Stewart N F. 1997. The application to the British flora of the World Conservation Union's revised red list criteria and the significance of red lists for species conservation. Biological Conservation, 82(2): 219-226.

Pan Y Z, Liang H X, Gong X. 2003. Studies on the reproductive biology and endangerment mechanism of the endangered plant *Manglietia aromatica*. Acta Botanica Sinica, 45 : 311-316.

Petit C, Fréville H, Mignot A, Colas B, Riba M, Imbert E, Hurtrez-Boussés S, Olivieri I. 2001. Gene flow and local adaptation in two endemic plant species. Biological Conservation, 100: 21-34.

Pfeiffer N E. 1922. Monograph of the Isoetaceae. Annals of Missouri Botanical Gardern, 9: 79-232.

Qiu Y, Parks C R. 1994. Disparity of allozyme variation levels in three *Magnolia* (Magnoliaceae) species from the southeastern United States. American Journal of Botany, 81: 1300-1308.

Real L A. 1994. Ecological genetics. Princeton J: Princeton University Press.

Ren H, Zhang Q M, Wang Z F, Guo Q F, Wang J, Liu N, Liang K M. 2010a. Conservation and possible reintroduction of an endangered plant based on an analysis of community ecology: a case study of *Primulina tabacum* Hance in China. Plant Species Biology, 25: 43-50.

Ren H, Ma G H, Zhang Q M, Guo Q F, Wang J, Wang Z F. 2010b. Moss is a key nurse plant for reintroduction of the endangered herb, *Primulina tabacum* Hance. Plant Ecology, 209(2): 313-320.

Ren H, Zeng S J, Li LN, Zhang Q M, Yang L, Wang J, Wang Z F, Guo Q F. 2012. Community ecology and reintroduction of *Tigridiopalma magnifica*, a rare and endangered herb. Oryx, 46(3): 371-398.

Schemske D W, Husband B C, Ruckelhaus M H, Goodwillie C, Parker I M, Bishop J G. 1994. Evaluating approaches to the conservation of rare and endangered plants. Ecology, 75: 584-606.

Setsuko S, Ishida K, Tomaru N. 2004. Size distribution and genetic structure in relation to clonal growth within a population of *Magnolia tomentosa* Thunb. (Magnoliaceae). Molecular Ecology, 13(9): 2645-2653.

Shannon C E, Weaver W. 1949. The mathematical theory of communication. Urbana: University of Illinois Press.

Shi S, Jin H, Zhong Y, He X, Huang Y, Tan F, Boufford D E. 2000. Phylogenetic relationships of the Magnoliaceae inferred from cpDNA *matK* sequences. Theoretical and Applied Genetics, 101(5-6): 925-930.

Soltis P S, Soltis D E, Tucker T L, Lang F A. 1992. Allozyme variability is absent in the narrow endemic *Bensoniella oregona* (Saxifragaceae). Conservation Biology, 6: 131-134.

Soulé M, Mills L S. 1998. No need to isolate genetics. Science, 282: 1658-1659.

Spielman D, Brook B W, Frankham R. 2004. Most species are not driven to extinction before genetic factors impact them. Proceedings of the National Academy of Sciences of the USA, 42: 15261-15264.

Storfer A. 1996. Quantitative genetics: a promising approac h for the assessment of genetic variation in endangered species. Trends in Ecology and Evolution, 11: 343-348.

Takamiya M, Watanabe M, Ono K. 1994. Biosystematic studies on the genus *Isoetes* (Isoetaceae) in Japan. I. Variations of the somatic chromosome number. Journal of Plant Research, 107(3): 289-297.

Takamiya M. 2001. *Isoetes sinensis* var. *sinensis* in Korea (Isoetaceae: Pteridophyta). Fern Gazette, 16: 169-177.

Taylor W C, Hickey R J. 1992. Habitat, evolution and speciation in *Isoetes*. Annals of the Missouri Botanical Garden, 79(3): 613-621.

Taylor W C, Lekschas A R, Wang Q F, Liu X, Napier, N S, Hoot S B. 2004. Phylogenetic relationships of *Isoetes* (Isoetaceae) in China as revealed by nucleotide sequences of the nuclear ribosomal ITS region and the second intron of a LEAFY homolog. American Fern Journal, 94(4): 196-205.

Thien L B. 1974. Flora biology of Magnolia. America Journal of Botany, 61: 1037-1045.

Ueda K, Yamashita J, Tamura M N. 2000. Molecular phylogeny of the Magnoliaceae. *In*: Liu Y H, Fan H M, Wu Q G, Zeng Q W. Proceedings of the international symposium on the family Magnoliaceae. Beijing: Science Press: 205-209.

Waldmann P, García-Gil M R, Sillanpää M I J. 2005. Comparing Bayesian estimates of genetic differentiation of molecular markers and quantitative traits: an application to *Pinus syvestris*. Heredity, 94: 623-629.

Wang Q F, Liu X, Taylor W C, He Z R. 2002. *Isoetes yunguiensis* (Isoetaceae), a new basic dioploid quillwort from China. Novon, 12: 587-591.

Wang Z F, Ren H, Li Z C, Zhang Q M, Liang K M, Ye W H, Wang Z M. 2013. Local genetic structure in the critically endangered, cave-associated perennial herb *Primulina tabacum* (Gesneriaceae). Biological Journal of the Linnean Society, 109: 747-756.

Wang Z F, Ren H, Zhang Q M, Ye W H, Liang K M, Li Z C. 2009. Isolation and characterization of microsatellite markers for *Primulina tabacum*, a critically endangered perennial herb. Conservation Genetics, 10(5): 1433-1435.

Westemerier R L, Brawn J D, Simpson S A , Esker T L, Jansen R W, Walk J W, Kershner E L, Bouzat J L, Paige K N. 1998. Tracking the long-term decline and recovery of an isolated population. Science, 282: 1695-1698.

Williamson P S, Werth C R. 1999. Levels and patterns of genetic variation in the endangered species *Abronia macrocarpa* (Nyctaginaceae). American Journal of Botany, 86(2): 293-301.

Wright S. 1978. Evolution and genetics of populations. *In*: Wright S. Variability within and among natural populations. Chicago: University of Chicago Press: vol. 41978.

Yang R C, Yeh F C, Yanchuk A D. 1996. A comparison of isozyme and quantitative genetic variation in *Pinus contorta* ssp.*latifolia* by F_{ST}. Genetics, 142: 1045-1052.

Yang X Y, Lü J F, da Silva J A T, Ma G H. 2012. Somatic embryogenesis and shoot organogenesis from leaf explants of *Primulina tabacum*. Plant Cell, Tissue and Organ Culture, 109: 213-221.

Young A, Boyle T, Brown T. 1996. The population genetic consequences of habitat fragmentation for plants. Trends in Ecology and Evolution, 11(10): 413-418.

Zeng S J, Li L N, Wu K L, Chen Z L, Duan J. 2008. Plant regeneration from leaf explants of *Tigridiopalma magnifica* (Melastomataceae). Pakistan Journal of Botany, 40: 1179-1184.

彩　　图

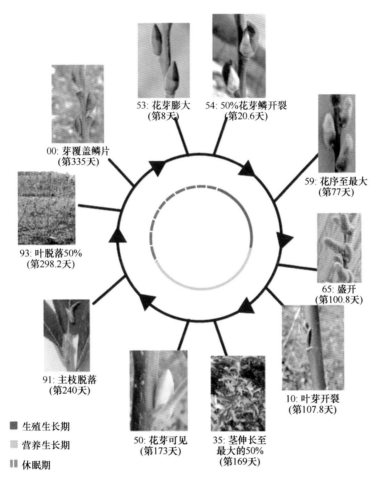

53: 花芽膨大
(第8天)

54: 50%花芽鳞开裂
(第20.6天)

00: 芽覆盖鳞片
(第335天)

59: 花序至最大
(第77天)

93: 叶脱落50%
(第298.2天)

65: 盛开
(第100.8天)

91: 主枝脱落
(第240天)

10: 叶芽开裂
(第107.8天)

■ 生殖生长期
■ 营养生长期
‖ 休眠期

50: 花芽可见
(第173天)

35: 茎伸长至
最大的50%
(第169天)

图 3-4　细柱柳（*Salix gracilistyla*）年度物候周期及物候期平均日数物候期平均日数为 2007 年和 2008 年
记录数据。年度物候周期分为营养生长期、生殖生长期和休眠期（Saska and Kuzovkina，2010）

00：休眠。芽完全闭合，可见一小孔直径<2mm

01：芽开始膨大。鳞片覆盖着白色的毛状体

03：芽膨大末期。鳞片密被棕色毛

07：萌芽始期。叶芽紧闭，被棕色毛

09：鳞片分离，见绿尖，被棕色毛

图 3-5　猕猴桃'海沃德'Actinidia deliciosa 'Hayward'萌芽（Salinero et al.，2009）

11：可见展叶并与枝端分离

18：8片或更多叶片展开，但未达最终大小

19：最早展开的叶片完全发育

图 3-6　猕猴桃'海沃德'*Actinidia deliciosa* 'Hayward' 展叶（Salinero et al.，2009）

51：花芽膨大。芽闭合，无花梗，萼片被毛

53：花芽生长。芽闭合，花梗延长

55：萼片开始分离。始见花冠，花梗继续伸长

56：萼片继续分离，花梗伸长。花冠明显，
长于花萼，花色变白

57：花冠中空，1片花瓣分离

59：许多花瓣分离，雌蕊短于花萼

图 3-7　猕猴桃'海沃德'*Actinidia deliciosa*'Hayward'花序发生（Salinero et al.，2009）

60：最早的花开放，花冠钟形

65：盛花，至少50%的花开放

67：最早的花瓣褪色或脱落

69：开花末期，见坐果

图 3-8　猕猴桃'海沃德'*Actinidia deliciosa* 'Hayward'开花（Salinero et al.，2009）

71：果实达最终大小的 10%

79：果实达最终大小的 90%。

图 3-9　猕猴桃'海沃德'*Actinidia deliciosa*'Hayward'果实发育（Salinero et al.，2009）

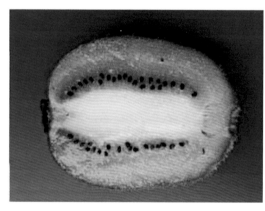

85：果熟，种子黑色，果实开始变软

85：果熟，果实开始变软

图 3-10　猕猴桃'海沃德'*Actinidia deliciosa*'Hayward'果熟（Salinero et al.，2009）

91：枝发育完成，顶芽已发育，叶依然绿色

92：叶变色开始

93：落叶开始

95：50%的叶脱落

97：几乎所有的叶脱落

97：所有的叶脱落

图 3-11　休眠

右下图为猕猴桃'海沃德'*Actinidia deliciosa* 'Hayward'休眠（Salinero et al.，2009），其余为银杏 *Ginkgo biloba*

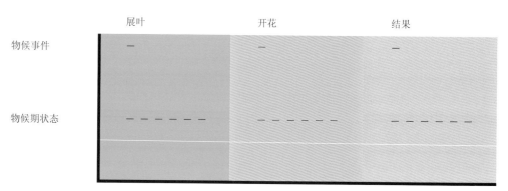

图 3-12 物候事件监测与物候期状态监测

图 3-15 标准植物名牌范例

A. 植物名牌基本内容；B. 一般植物名牌；C. 珍稀濒危植物名牌

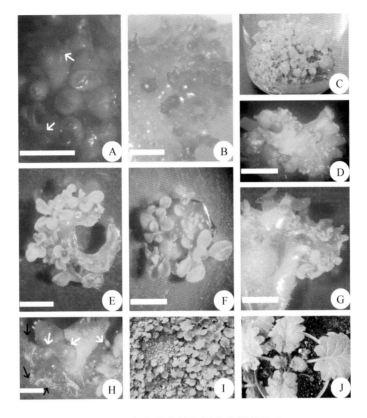

图 6-7　报春苣苔的组织培养繁育技术

图 6-8　报春苣苔的扦插繁育技术

图 6-9　报春苣苔组织培养后的蹲苗和野外回归实验

图 6-12　田心保护区的报春苣苔在野外形成自然更新二代

图 6-15　虎颜花自然分布地点的生境

A. 阳春市圭岗镇大河村的虎颜花群落；B. 阳春市圭岗镇河坪村的虎颜花群落；C. 鹅凰嶂自然保护区大江口的虎颜花群落；
D. 阳春市八甲镇草塘的虎颜花群落；E.高州市马贵镇龙坑村的虎颜花群落；F. 高州市马贵镇马贵村的虎颜花群落；G. 高
州市古丁镇旺沙村的虎颜花群落；H 高州市大坡镇贺坑村的虎颜花群落

图 6-17　虎颜花的组织培养和自然回归

A. 母本植株；B. 消毒后存活的 30 天叶片；C. 分泌物严重，褐化死亡的 15 天叶片；D. 叶片诱导不定芽；E. 叶片同时诱导不定芽和不定根；F. 叶片诱导愈伤组织；G. 不定芽的增殖；H. 瓶苗移栽；I. 回归成活的植株

原始生境中的疏花水柏枝　　　　　　　武汉植物园迁地保育圃

野外回归居群

图 6-21　疏花水柏枝的野生、迁地与回归居群

图 6-22　新疆沙冬青自然生境及野外植株开花状态

图 6-24　巴东木莲生境及群落结构

A. 散生于庭院边的巴东木莲大树（湖北利川毛坝）；B. 巴东木莲被砍伐后的萌生幼树（利川毛坝）；C. 散生于次生林中、萌生多年的巴东木莲大树（湖北巴东思阳桥）；D. 破碎的巴东木莲生境（巴东思阳桥）；E. 林下更新实生幼苗（永顺小溪）；F. 更新幼树（永顺小溪）；G、H、I. 巴东木莲小溪居群共优种次生林及其生境

图 6-25　巴东木莲单生枝顶的两性花、果（李晓东于 2002 年 5 月拍摄）